U0336692

Nachrichten aus einem unbekannten Universum
Eine Zeitreise durch die Meere

Frank Schätzing

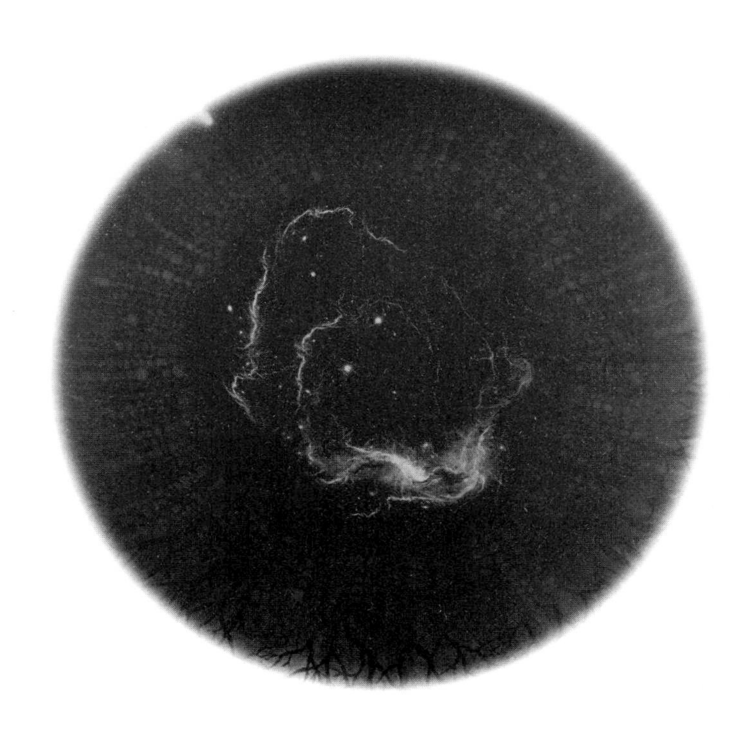

海

另一个未知的宇宙

[德] 弗兰克·施茨廷——著　丁君君 刘永强——译

后浪出版公司 | 四川人民出版社

导读　行走在海洋大道上

你可以想象这本《海：另一个未知的宇宙》是一对科学精神和文学浪漫紧紧拥抱的连体婴，你也可以想象它是两条红、绿花色完全不同的蛇，相互缠绕，难舍难分地携手前进，但最重要的是你读它的时候，脑中要有一个非常想知道海洋中古往今来到底发生了什么事的求知渴望，心中却要怀着文学家说故事时无拘无束、飞扬跳脱的轻柔情怀，才有办法从第一页读到最后一页。

我自己看这本书时，则犹如行走在弗兰克·施茨廷为世人所搭建的一条“配有玻璃的水下林荫道”上，从远古海洋的诞生开始，一直连接到将来未知的世界，边走边看着窗外众生的出生与幻灭。一路上有惊讶，有感叹，但更多的是庆幸自己能进入这条海洋大道中，看清来路与前程，并在喜欢的场景前徜徉踱步。

从书一开始时，在《前天》，施茨廷就为科学书籍下了一个谦逊但真实的注解：“科学中从来不存在绝对之说，它只是无限接近的艺术”，我则觉得“书”本身就是一种生命体，读者，甚至作者，都应该了解，书中的资讯原本就会再成长、进化、变形（重新诠释），甚至淘汰，就像生物一样，它通常以最适合当时环境的面貌呈现，但绝不是“最好”的。也正因为如此，当我看到这本书中许多资讯的表达有不同角度时，产生的反应或许不再是批判，而是更进一步求真的好奇。

生命从《昨天》开始，当偶然形成的有机分子突然开始“故意而重复”复制自己时，海洋中无法遏止的演化史诗就壮丽地往前写了。它其实进一步衍生出来全球的历史，因为主流论述还是认为陆地上的生物源自海洋中。不过施茨廷努力收集了各家学说，再加上他文学笔触的渲染性，给了我们缤纷多变的绚烂与迷惑，这种风格在一般讲究知识传递的科普书籍中是极为少见的。不过那又如何呢？他引用的理论基本上都是有证据、有所本的，其中的真实性或不真实性，和许多主观的、自恋的、自以为是的“签名装饰着我们文凭的人”一般无二，只是后者以道貌岸然的口吻说出，以卫道者的心情辩护自己，但却忘记了知识的本质并不是创造信仰，而是唤起人们对更多知识的好奇、探索与追求。

我并不希望读者全盘接受施茨廷的所言所述，就个人看法而言，他其实有蛮多论点加了许多想象和太远的、不够严谨的连结。不过，我真的很喜欢他对古代海洋生态的描述，三叶虫、海蝎、菊石、奇虾，盾皮鱼、腔棘鱼、蛇颈龙、滑齿龙、薄片龙、龙王鲸、巨齿鲨……以及这些生物之间相互逃避、捕食的惊奇故事。在这之前少有人对它们的生态习性、生活行为立书作传，顶多不过是学术期刊中对放在博物馆里一堆冷冰冰的化石所做的科学论述。为此，我曾花了十年时间发展虚拟实境展演技术，好在屏东国立海洋生物博物馆的世界水域馆里，重现世界第一场、观众可身历其境、体验远古海洋生态的海底剧场。唉！可惜叫好胜于叫座。而今看到施茨廷在这本书中讲述活灵活现的故事，许多主角都和海生馆中每天演出的角色系出同门，真是心有戚戚焉。这不正是真正的海洋古生物教育吗？观众欢天喜地地逛博物馆！读者爱不释手地翻科普书！

《今天》的世界真实多了。潮汐、海浪、洋流、海啸，甚至贯穿各大洋间的温盐环流，清楚说明了海洋的律动，以及它所孕育的大千世界里，千千万万生命间环环相扣的生态脉络，其中的珊瑚礁是现知海洋中生物多样性最高的生态系，多彩多姿，也最为大家耳熟能详。

倒是有关深海的描述，值得多用些心去读。深海是近年来在海洋生物研究方面进展最快，也收获最多的领域之一，诚如书中所言，海洋占地球面积三分之二，其中五分之四是深海，但所有人类和潜水机器人实地考察过的海底地壳加起来只有五千平方公里，不过千万分之零点一六，就好比外星人只看到人的一根毫毛，却要描述人的全貌一般，真是所知有限，更是潜力无穷。不过我非常希望人们在探索了这个尚是“无限未知”的深海世界，获得了丰盛的生命知识飨宴之后，不是另一个掠取和灭绝的开始，而是如何保护、合理利用永续共存的美丽新世界。

施茨廷在《今天》的章节中，透露了许多人文的情怀，或许真正发生在自己身边、看得见的事，更能让人有所感触吧！他说浮游生物随波逐流，就像追逐虚荣的人在“美元的潮流”中沉浮，现在可能要改成“欧元潮流”了；他说“只要我们永远希望在异类身上发现人性化的东西，我们就永远无法理解外星人或虎鲸”，真是给许多不自觉、滥用同理心、自以为是万物之灵的人一记当头棒喝。对自然界的万事万物，我们必须有人性，必须有责任感，必须同情，必须宽容，但千万不是自以为是，自我中心的主观判断表现。

他说“我们得学会区分智慧和智能”，真有见地！智慧是宽广高远，洞烛先机，创造幸福，防患未然；智能或许只能找眼挑错，逗趣搞笑，左闪右躲。读到这里，你会不会觉得和现今自己周遭所见所闻的人，颇有似曾相识之感？

努力再努力，我们终于来到了《明天》。明天是什么样子呢？施茨廷给了读者许多的希望，从海洋中找到能源，从海洋中找到新药，从海洋中找到食物，从海洋中找到新的居所，甚至到其他的星球上寻找海洋！但是我觉得他一直想传达两个想法：科技和梦想会给我们新的希望，而自然和演化，则永远会给我们意外，真是两条无法融合，红绿各异，但一直相互缠绕着前进的诡异的蛇呀！

《后天》在这本书中已是余韵了。经过了前面溯古贯今，波澜壮阔的大风大浪，后天的文字只是让我们在收敛沉淀、回归现实时，再做一些提醒似的反省和洗涤，并且努力地想在最后一分钟，为读者保留下一盏希望的火种。

真有趣呀！一本部头这么大的海洋科普文学，遍搜了古往今来有关海洋物理、化学、生物、地质、工程、环保资讯的书籍，却用如此多的文人情怀、人文关怀，以及若有似无的科幻想象情节，如缠七彩杂色的丝缕般，糅合在一起，的确给人全然不同的阅读经验。或许作者在写这本书时不自觉得反映了他自己的人生，多彩多姿，充满惊奇，不循旧规，却不虚此行。

方力行

台湾海洋生物馆前馆长

目　录

来吧！我们不醉不休！畅饮吧！

献给索罗和洛伊

前天

柏林酒馆

前天。前天发生了什么事?

凌晨四点，有三个男人在柏林莱蒂森酒店的酒吧里喝酒。掐指算来，这已是一年前的事情了，但下面的一段对话又似乎是两天前的。

“你为《群》作了那么多调查研究，后来都用上了吗？”汉纳斯问道。

汉纳斯是科学杂志*PM*的主编。他端着酒杯，若有所思。

“其中一部分，10%到20%。”我答道。

“那就是说其中的80%都没用上，真可惜。你有没有兴趣为我们写点什么？很简单的工作，只需翻翻你的数据就行了，写一些关于海洋的精彩文章。”

我的手里也端着一只酒杯，男人们举杯时通常都慷慨大方。

“当然，”我说，“写点什么呢？深海技术？水力发电厂？洋流？巨浪？珊瑚礁？进化？生命的起源？微生物？寒武纪时期的物种多样性？还是鲨鱼？”

“对，就写这些。”

“写多少呢？”

汉纳斯犹豫了片刻，说道：“不一定只写一篇文章，我的想法是连续三四篇，写一个系列。”

我在脑子里将这个建议思忖了一番。

“好，”我说，“为什么不写呢？”

“算起来也不过50页到60页稿子，”基彭霍尔&维驰出版社的主编赫尔格出神地喝着马提尼伏特加，一边说道，“篇幅够出版一本书吗？”

赫尔格说话时的样子仿佛依然在深思熟虑。但我了解自己的朋友，我知道，此刻他的想象早已驰骋千里。

“你想把它写成《群》的姊妹篇？”他继续问道。

“差不多。”

“一本薄薄的小书，方便携带。”

“对，因为经常有人提问：《群》中到底有多少是真的？哪些是真实的？哪些是虚构的？这本书写出来的话，我可以回答一部分问题。此外，还能参加下届莱比锡书展。”

“你知道莱比锡书展是什么时候吗？这样你只有一年时间准备。”

“不就是一本小书嘛，顶多150页，没问题。”

我们又喝了点酒。伏特加是一种奇怪的东西，它的成分包括稻谷、酒精和解决问题的良方。这一夜，我们的智慧所向披靡。

汉纳斯觉得这个主意很好，赫尔格也认为不错，我也这样想。接着，我就开始在啤酒垫和餐巾纸上勾勒这本书的目录。

目录很长。

而且愈来愈长。

我原本想解释一下，海洋里的生物如何产生，如何从单细胞发展成多细胞，再从多细胞发展到今天的程度，然后就能……

不对，错了。首先要说明水是怎样到地球上来的。也就是说得从这颗行星的形成开始，然后谈到生命的变化和效应、进化和环境的彼此影响，以及其他……直到人类开始出现的时代。这本书第一部分讲述过去，第二部分描述现在，第三部分展望未来。关键是，我得分毫不差地描绘出当今海洋生物的全景图，理清生物之间错综复杂的依附关系，但这些关系在一滴水中就……

是的。考察“水”是首要任务，还有洋流，以及受到月球影响的潮汐活动……

有趣。如果没有月球，地球会是什么样子？也许会有另外一种大气层，因为……

关键是大气层。无论如何我都得写一个关于微生物的章节，它们会借助阳光释放出氧气……

太阳。宇宙。银河系。其他行星上是否也有海洋呢？那里也会有生命体吗？地球之外的生命体说不定像寒武纪的生物……

寒武纪！必须写一章寒武纪。那时期有着货真价实的怪物，比如奇虾，那可是寒武纪时期的大白鲨……

哦，对了，鲨鱼……

“这可不是本小书，”赫尔格干巴巴地评论道，“这是一部史诗。”

“没关系，我能写出来。”

“你确定吗？我们说的是一年。书展差不多就在后天。”

“他已经做过研究了。”汉纳斯温和地说。

“就是。我能写完！我写！现在距离后天还有不少时间，我明天就开工。”

“好，干杯！”大家都很开心。

喝了这杯酒也就等于盖了章，跟签字画押一样。前天我做了一个承诺——这种承诺，只有凌晨4点还坐在酒吧里的人才会做。

前天。前天怎么了？

大爆炸！

前天，宇宙从一个“点”诞生，大约在137亿年前，至少我们看到的是这样，宇宙延展开来，地球形成，我们就生活在上面。根据宇宙的标准，这就是昨天，它影响着我们如今的存在，仿佛它刚刚才发生，不到一秒钟前，人类才响亮地对世界喊了一声“我思故我在！”

十二个月在我的感觉中仿佛只是两天前，又仿佛是永恒的一半。

十二个月前，我写下了本书第一章的第一句话。

原本我预计写150页，结果变成了洋洋洒洒的好几百页：这是一部海洋和人类起源的编年史，一部我这辈子最想诉说的历史。这部历史章节繁多，我在500多页的《群》中，仅仅用了其中的一小部分。

它起始于约137亿年前，那时，时空和物质突然拓展开来，里面布满了形成太阳、行星和海洋的基本粒子。它起始于柏林的一家酒吧，起始于你开始阅读的这一刻。它一再重新开始，每次都略有不同。形形色色的理论或彼此指责，或友好共处，数据和事实像棋盘上的棋子般被来回挪动。每次一有新的认识，我们就会更加迫切地问自己：我们从哪儿来？我们将面临什么？我们该怎么办？每个人的头脑里都在不断发生思维的大爆炸，生成银河、恒星、行星和生命。我们不停地根据行为选择来调整自己的知识水平，我们想理解、想归类、想得出结论、想找到自己，或至少想找到一本《地球人使用手册》，以便学习如何与这个已经变样的家园打交道——这个家园，大部分都坐落在深度在海平面11公里以下的地区。

不，《海，另一个未知的宇宙》并非一种关于终极智慧的结论。这种结论永远都不会产生。很多次，我都想以最新的有效版本重新去讲述海洋和人类在地球上所扮演的角色。在学校里，我们以为教师讲授的知识就是绝对的知识。但科学中从来不存在绝对之说，它是无限接近的艺术，不是下定义，而是围绕；不划定界限，而是创造过渡；不信教条，而是相信发展。它无法证实什么，只能通过剔除变量而得出一个尽可能清晰的认识。严格来说，自然法则也只是一种假说。如果每次松手苹果都掉到地上，当然会产生一种绝对性的说法。但是，这些相关法则全都来自于相同的实验。直到现在，这些实验依然毫无例外地得出同样的结论。

不，你在这本书中找不到绝对的真理，找到的只是一个可能性极高的故事，这种可能性是在世界范围内研究的暂时本质。例如，本书附录中地质学时间轴上的年份并非绝对数字。上网查一查，你就会发现地质年代的起始时间是有变化的，甚至有时会多出一个时期，比如近几年来发现的埃迪卡拉纪[1]。请你暂且不要追问最终的数据，因为你什么也找不到。每次有新的认识时，坐标的尺度都会发生变化。附录里的“地质年代表”是专家们最近达成的共识。或许你也听说过关于霸王龙的讨论。这种巨型蜥蜴的相貌几乎每个月都会被修改，人们一会儿说它是瘸腿的食尸动物，一会儿说它是赛跑健将和充满活力的捕食者，甚至有专家认为它是食草动物。

因为网友对同一事件总是各执一词，所以有人认为网络让人变得愚昧。但事实绝不是这样。早在网络诞生之前，人们对事实就各有各的看法了，只不过我们在学生阶段对此了解很少，也没有比较的机会，只有一位向我们传授“神圣真理”的教师。今天，我们能不断对比，从不同的观点中总结自己的认识。通过接触知识和重整概念，我们能看到认识形成的过程。

我们历史的全景图有模糊的角落，这一点毫无疑问。

但正因为这样，它看起来才如此壮观华丽。历史上最美妙的油画里，有许多正是出自印象派画家之手。莫奈、西斯莱、毕沙罗或雷诺阿的主题，都是通过观赏者的想象才精确化的，而并非借助画笔的准确描摹。现代人阐释世界的方法也与这些图画类似，没有什么是固定不变的，万物都在变化。许多人因此而感到不安，我却觉得备受鼓舞。积极主动地参与认识过程，不是比被动接受一些磐石般牢固的事实还要有趣吗？这样可以认识到运动中有变化、变化中有机遇、模糊中有未来的真理。我们的各种认识——包括对现有物种和已消失物种的外貌和行为、自然现象、因果关系、人类的角色和人类物种的未来的认识——都在呼吸着、发展着，经历蜕皮、成长、变形、成形的过程。通过好奇、开放与想象力，每个人都被邀请一起跟踪和塑造这一过程。

这本书不是教科书，也不是宣言。它并不宣扬任何教条，它是一

1　埃迪卡拉纪（Ediacaran）：几年前才在地质学时间表上新标出的一个地质年代，指6.3亿到5.42亿年前的时期，即寒武纪之前。这个时期出现了一批独一无二的生命形式。

部惊险类读物。地球的发展史充满离奇曲折的故事，期间发生的事件其实并不复杂，一点也不无聊，只是有些人喜欢把它弄得复杂而无聊。这些人大家都认识——他们的签名装饰着我们的文凭，当然为我们签名的还有另外一些人，在这些人的课堂上，即使下课铃响了，我们仍会继续坐在那儿认真听讲。他们是了不起的叙述者、冒险家和时空穿梭者。

本书的目的很简单：令你愉快，激起你了解更多知识的兴趣。你可以随心所欲地阅读它，跳着读或一口气读完。大多数章节都自成一体。

我的建议是，我们一起回溯，尽量接近原点，从那里起步，跟着时间飘荡。在某些地方，你也可以合上眼睛打个盹儿，或者打电话和朋友聊聊天，比如在穿越物理和化学的无底深渊时，这些内容会出现在“进化女神的手提包”这一章节中；某些学术考察是不可避免的，或许你恰好乐在其中呢，譬如35亿年前的一只原始细胞[1]里有什么玩意儿？这样的问题也很有趣。如果你认为这一路上接触的离子、同位素、大分子、糖、脂肪、酸和碱等专有名词太多，那就尽管恍神吧，没关系。等真正有趣的故事开始时，我会叫醒你的。没有人会为你打分，我们是在旅行，旅行就是完全放松。

前天。前天怎么了？

对了，大爆炸。

我们对大爆炸了解得并不多，只知道它极有可能发生过。人们以一些美妙的展示表现了大爆炸[2]后的最初几秒。关于这一瞬间，宇宙的诞生——所谓的“奇点[3]”——人们无法以已知的物理法则进行解释。

1　原始细胞（Protozellen）：地球早期的细胞，没有细胞膜，只能在海底黑烟囱的缝隙里发育成长。

2　大爆炸理论（Urknall）：目前关于宇宙产生的主流理论，即宇宙起源于一个从物理上无法测量的点。大爆炸并不等同于爆炸，大爆炸突然衍生出了空间、时间和物质。我们可以借助大爆炸理论描述早期的宇宙，但这一现象本身——也叫奇点——却无法用通行的物理学解释。

3　奇点（Singularität）：指独一无二性，人们也以此描述技术进步的未来点。一般意义上，奇点是数学和宇宙论的概念。黑洞内部被描述为奇点，因为在这里所有物理学意义上的单位都已失效。根据大爆炸理论，宇宙就诞生在这样的一个奇点中。

时空与物质爆炸之前的大前天发生了什么？为什么会发生大爆炸？没有人能说清楚，我反正对此一无所知。

不过，我能告诉你昨天发生了什么。

昨天

雨　季

进化女神必然心满意足，否则她不会沉睡了漫漫30亿年。

或许进化女神对自己的成就已深感骄傲，觉得无须再上一层楼了。当然，大分子的细胞膜的确是一大发明，颇能令人浮想联翩。然而漫漫35亿年中，她为何只创造出了单细胞生物？为什么没有任何更复杂的生命形式，没有腿，没有牙齿、眼睛，哪怕是一些勉勉强强分出了上下身的爬行生物？为什么进化女神停滞了这么久才继续冲劲十足地着手生命的实验，创造出愈来愈复杂的有机体？

似乎她此刻才意识到自己已误了工期。

上帝抱怨道："请你看一下订单，我的订单上已写明，寒武纪初期就应该有霸王龙。什么？你只造出了贝壳和蜗牛？还不赶快干活去！"

生命史中并不存在什么进化订单。

或许我们可以换一种方式来提这个问题。为什么进化女神创造的生命日趋复杂？其实大自然的发展并没有呈现出明显的"进步"趋势，虽然我们一厢情愿地以偏概全。当然，人比单细胞动物聪明，然而人类也更为脆弱。复杂性令我们虚弱，只要气温稍有变化或股市稍稍低迷一些，我们就会不堪重负。然而细菌却不畏严寒酷热，能经受火山爆发、彗星撞地球式的大灾难，无论是在滚烫的深海温泉还是南极的冰天雪地，无论是在岩石中还是在你的面包里，细菌都能随遇而安。总之，细菌比人类活得更潇洒。其实它们才是完美的终极进化产品，然而出于某种原因，进化还是选择了继续向前走，一直走到细胞生命开始写作、阅读为止。

要弄懂这个问题，我们先得了解进化女神的本来面目——进化是无数偶然事件的牺牲品，她从未想过要去创造生着蟹螯、长着柄眼或打着阿玛尼领带的生物。当然，让细胞批量生产是一项伟大的壮举，这一点毋庸置疑。但话说回来，进化女神从过去到现在所做的一切，无一不是既有条件带来的后果。而这些条件又完全听任地球的指挥——地球就像喜怒无常的女明星，时而六亲不认，时而温柔可亲。有时她还要求人们在遵从其绝对权威的前提下持续改造自然环境。

面对各种气候、地质乃至宇宙条件的影响，进化不得不经常有所行动。因此，想到进化女神在长达30亿年的时光中一直成功地制造着单细胞生物，人们不能不惊叹莫名。因为以一切可能的方式打击萌芽中的生命，一直是年轻地球的一大嗜好。而且，细胞并非从一开始就是细胞，其中还涉及时间速度以及因果循环等问题，尤其……

就此打住！

一无所有——137亿年前宇宙大爆炸

我们还是先往回走，走到最前端，走到大爆炸之前。你看见什么了吗？没错，一无所有。之所以一无所有，是因为那时还没有宇宙，但是这种虚无恰恰导致了自身的覆灭。人类在丈量自己时，不仅要考虑长、宽、高等数据，还应考虑到自己的“使用期”，就像商品一样。但是大爆炸之前并不存在时间，换言之，时间还没溜进宇宙。没有时间，就没有时间中的过客。

然而大概在137亿年前，一件不可思议的事情突然发生了：一无所有的虚空中骤然诞生了时间和空间，两者开始迅速延展。面对这一事件，就连史蒂芬·霍金也语焉不详。接下来，无数事件以惊人的速度相继发生，即使只是探讨年轻宇宙生命的头三秒，人们就得穷尽书海。然而如果你认为那只是一段事件"繁多"的时期，那就得小心了。我们完全有理由相信，那时的时间速度比今天要高出很多倍。想象一部以快动作镜头拍成的电影——电影中的动作与正常时间中的动作一模一样，只是一切都快了三倍。这种快节奏的播放速度类似一种时间的高速度，而电影中的角色却完全不会因此手忙脚乱。在他们眼中，一切并无异样。而且，即使他们知道自己只是电影里的角色，并看见了观众所在的世界，他们仍会认为他们要比我们所在的世界快三倍。

时间是一种相对概念，它受各种各样的因素影响。重力会令时间摧折、紧缩、弯曲或倒流。今天，时间在宇宙的不同区域以不同的速度流淌。各个宇宙时区的人均会认为自己体验的时间才是绝对的时间，但只有一个独立于时间之外的观察者才会发现其中的巨大区别。

因此，一个过程的快慢，或一段时期的长短其实只是观察者的一家之言——换言之，只是一个时间测量者的一家之言。然而直到今天，"独立于时间之外的观察者"依然只是高等数学的假设物，因此我们只能满足于自己的片面性，将30亿年视为一段漫长无比的时期。既然那时根本没有人来确立时间的标准，因此"快""慢"之类的概念完全可有可无。长短并无意义，3秒和30亿年之间并无区别。时间长短的计量其实并不依赖于时间单位，而是取决于事件的丰富程度。这点我们均有亲身体会。在无聊至极的场合——譬如岳父在婚礼上致辞时，或政客对尖锐问题作答时——十分钟漫长得如同行走在荒芜的沙漠中，然而情意绵绵的夜晚却如流星般稍纵即逝。这样看来，30亿年的单细胞生命或许只是一瞬间，而开天辟地的三秒却是一种永恒。因此，人们不能因为地球历史中的主要角色是细菌，就指责进化女神玩忽职守。这种看法实在有失偏颇。

再回到大爆炸的话题上。时空继续扩展充盈，而宇宙则渐渐冷却。其实冷却也是一个相对概念。5000℃或许已酷热无比，电子在这样的高温中疯狂飞转，然而即便这样的速度也无法逃脱质子的吸引力。因此，一个电子总是围绕着一个质子运转，这样就产生了氢原子。

大爆炸之前，宇宙无限稠密而且均匀。而在此之后，物质间产生了缝隙，光能借着物质传播。而且，由于光子[1]能够穿越固体微粒，因此它们无须冲撞或撕扯物质。这样一来，物质终于获得了稳定的结构。氢构成了星云，星云愈积愈大，愈积愈沉，最后终于不堪重负而塌陷收缩。群星产生了，它们像高压锅一样，蓄积着巨大的压力，以致内部的氢都融合成氦。三个这样的氦原子核在一起便生成碳，碳原子核继续融合氦，就会变成氧。正是在这样的过程中，今日宇宙的基本元素一一形成，世界开始熠熠生辉。

随着宇宙的冷却，愈来愈多的空间变成了荒芜的沙漠。恒星之间充满着虚空，飘荡着无数自由的微粒。星体散发的强烈紫外线阻止了一切可能的邂逅。然而气态星云中的情况却恰恰相反。那里的物质密度如此之大，无论是紫外线还是任何其他光线都无法渗入。因此星云总是漆黑一团，而且寒冷无比——-240℃。这样的寒冷恰好能够形成分子，而这样的密度更适合产生星体。

无数新星体相继诞生。许多恒星走到了生命的尽头，由于自身的重力而不断向内塌陷收缩，直至达到最高密度。其后果只有一个——一场华丽的爆炸。这场爆炸将炽热的恒星气体甩向宇宙太空，甩向宇宙诞生时产生的氢分子云，而氢云十分乐意接纳死去的恒星留下的沉重玩意儿[2]。于是，在十亿个未成熟的银河星系中，氢与氧初次邂逅，两种元素不断融合，直到在冰冷尘粒的表面形成一种全新的分子——水。

1　光子（Photonen）：物理学区分了有形的（有重量的）和虚拟的（无重量的）基本粒子。光子属于虚拟粒子，是电磁射线的基本组成部分。人们通常认为光子是量子光，即根据量子理论可测量的最小光量。

2　指原子量较大的元素，包括氧、碳等元素。

点燃新火炉——太阳系形成

90亿年的时光匆匆流逝。星辰诞生，星系形成，像宇宙之轮一样生生不息。幼年时期的宇宙环境并不理想，星星们吵嚷不休。我们的星系（银河系）也是好争夺地盘的侵略者之一，它与邻居们冲突不断，野心勃勃而且态度恶劣，无数次冲撞后最终创造出了一团物质丰裕的黑色云状物，或许一颗相邻恒星的爆炸也帮了一下忙。无论如何，云状物不断萎缩，终于在内部点燃了一个新的火炉——太阳。那些没有熔化的物质，尤其是灰尘构成的气体，开始围绕新的大火炉旋转移动。正是这种旋转的离心力使得这一气体和物质的混合体没有被其他年轻的星体吞噬。反之，这个灰尘云团却不断向外扩张，并形成了一个由岩石和冰粒组成的巨大平滑的圆盘——原始行星盘。

水也在不断旋转的太阳之雾中漂移并凝固成冰。太阳中轴附近的温度高达1200℃，因此水在此处很难停留。只有岩石内部的水才能保存下来，岩石外部的水都会化为蒸汽。围绕太阳形成的内环由岩石构成，这些岩石一块又一块地缓缓结合，从很小的尘粒开始，互相冲撞，然后永不分离。漩涡状的尘雾中雷电交加。物质不断地结合成愈来愈大的团块，形成无数小行星般大小的岩石，而每一块岩石都在靠近其他岩石。

如果有人打算谱写一首具有终极意义的爱之歌，他或许应该考虑将其献给重力。重力才是最独一无二的吸引力！我们的太阳诞生约100万年之后，原始行星盘附近的尘粒中诞生了30颗小行星，它们是太阳的宠儿，围绕着太阳运转，在狭窄的空间中竞争。某些时候，它们会狭路相逢——有些行星会离开自己的轨道，沿椭圆形轨迹向对方靠近，最终以每小时几万公里的速度相撞。只有大行星能承受撞击的压力，吞噬小行星。

一亿年的时间就这样流逝了，太阳的内环上终于诞生了四个阶段性赢家。这四颗行星你争我夺，力图夺得唯一一份光辉的未来，其中的三颗心满意足地占据了不太有利的地盘，有两颗行星尤其靠近太阳，第四颗稍远，然而最终的赢家只有一个——第三颗行星，我们的地球。

早期的地球是炙热的地狱！它经常接待一些小小的“不速之客”，在外来星体不断撞击的过程中，这颗行星渐渐成长。它吸收了外来星体内部的液化水蒸气，将其像大衣般披挂在自己外部。婴儿阶段的地球质量只有今天的三分之一，幸而有那些飞来飞去的宇宙物质不断使它壮大。地球面临的挑战者日益增多，质量愈来愈大，水愈来愈多。就在这时，一颗巨大的星体忽然朝地球迎面扑来，大得令地球无法将它一脚踢开。[1]

忒伊亚[2]是一颗与火星大小相近的小行星，偶然间撞上了地球，其撞击造成的残骸飞向了宇宙。24小时之内，地球周围竟形成了一圈碎石环。后来，大部分碎片仍然回归年轻的地球，与其融为一体，为这个新世界添砖加瓦。另外一些碎片在重力的作用下聚集成团，构成了地球的盟友——月球。如此，地球才通过宇宙动乱的考验，获得了属于自己的卫星。

原本的世界末日竟变成了新的起点。

与忒伊亚相撞后，我们的行星变得更稳定、更巨大也更有力。当然时间又经过了5亿年，直到当时的大火球——今天令我们安居乐业的地球——获得了一层较为稳定的外壳。由于来自外界的撞击从不间断，有机分子很难结合，但是地球却也因此获得了自己的内部结构。各种不同重量的元素随着岩石和流星降临到地球表面，沉重的铁元素由于引力聚集在地核中，而较轻的物质则围绕地核形成了不同的地层。

无数气体争先恐后地从炙热的熔岩流中逃逸出来——二氧化碳、氮气、氨气、甲烷，当然最主要的还是水蒸气。整个太阳系的外层笼

1　这里指的是月球形成的四种理论中的“撞击说”，另外三种为“分裂说”、“捕获说”和“同源说”。

2　忒伊亚小行星（Theia）：在研究月球形成的过程中，科学家所假设的一颗小行星。在距今45亿年前，忒伊亚撞击了地球，其撞击后的残骸在其周转轨道上聚合，进而形成今天的月球。

罩着一层由物质块、颗粒物、碎片构成的球状云雾，水正是由此诞生的。太阳内环的变动尚未平息，远离阳光的地方又出现了新的行星。它们形成时留下的大量残骸由等量岩石和冰块构成，这就是彗星。

彗星冲向地球，弥补了地球在“忒伊亚大冲撞”中失去的水分。

蒸气层再次变得稠密，直到牢牢地覆盖了地球。随着蒸气层密度增加，接二连三的爆炸所产生的热量更难离开地球。行星变成了一个蒸笼，其表面开始熔化，耀眼的红色岩浆淹没了一切。地球表面温度高达1260℃，气压相当于100个大气层所产生的压力。行星表面覆盖着两片大洋，其中一片由水蒸气构成，底下则是会渐渐吸收上方蒸气的岩浆海。此时若有新的岩块撞击地球，蒸气层也不会变厚，因为熔岩会立刻吞噬刚产生的蒸气。

后来，这些“太空导弹”愈来愈少。

天气预报——300℃的倾盆大雨

地球刚诞生时曾有一层薄薄的大气，然而当时的地球又小又轻，引力还不足以使大气层与不断干扰地球的太阳风暴抗衡。年轻的大气层很不稳定，在产生月球的那次大冲撞中，大气层被甩入了太空。而现在的形势则好多了，地球已拥有足够的重量，能够防止新生的炙热蒸气层遁入太空。由于流星雨减少，地球渐渐拥有了一个固定的表层，气候也渐渐凉爽，也因此产生了一种陌生的新现象——下雨。

倾盆大雨！

然而，称之为雨或许并不恰当。

没有任何一家电视台敢播放这样的天气预报：大雨温度超过300℃。在100个大气压以及如此高温下，水才能凝结成雨。大雨持续下着，这一终极恶劣气候持续了几千年。大气层中的所有水分都落到了地球表面，1.5亿兆吨的雨水轰轰烈烈地倾泻下来。第一次大降雨之后，地球冷却了，云层产生，新的雨水又降下来。然后又有了云，又有了雨。云，雨。日复一日，年复一年，几百万年就这样过去了。

水是一种罕见的分子聚合物，其内部一片混乱，仿佛罗宾·威廉斯演唱会的前几百排歌迷。水的诞生多亏了当时缺少两个电子的氧。由此氧进入原始云层后，得找到两颗氢原子，从而变成一个两极分子，一端呈阴性，另一端呈阳性。这便是水分子，其质子对和电子对喜欢吸引其他水分子中和自己不同的另一面，并互架桥梁。这种氢键桥很微弱，远不如分子中原子之间的吸引力，单是高温便能击溃这种桥梁。然而在适当的条件下，水分子之间能够发生一触即断的短暂结合，每一秒钟的结合次数高达几十亿，这是一场无穷无尽的分子乱舞，一片混乱，却连绵不断，结果便形成了流动的水。

当时还没有可观的山脉，地球就像月球一样，浑身布满火山口，整个行星的地表渐渐沉入水下，只有最高的火山顶才能露出水面。此外，降雨还将大气层中的二氧化碳冲了出来，二氧化碳便与凝固的岩浆发生了反应，释放出岩浆内部的矿物质。这样，海水中才有了盐——我父亲曾哄骗我说，海水之所以咸是因为曾有一个水手把抹了盐的早餐蛋掉入了大海。我当时并未接受这一说法，然而一个六岁的孩子也无法用更好的理论来反驳他。

一片原始海洋出现了，这片海中没有任何生命。

没有人能在那样的海洋中游泳。海水的温度极高，平均深度达3.5公里，当然与地球约6500公里的半径相比，这点深度实在不值一提。海洋的水来自太阳内环的天体和从寒冷的远方飞来的彗星。两种水拥有不同的年龄和来源。某些水分子产生于太阳系诞生之前，某些产生于恒星之间。在降临地球之前，这些被冻结成冰块的水分子一直在太阳系的外侧游荡。然而无论来自何处，它们现在已融为一体。

水不停地浇灌着地球。

火山的侧面渐渐被侵蚀。雨水将玄武岩冲入了由众多炎热岛屿环抱和蓄积的水中，海底的沉积物不断加厚。沉积物质日渐增多，重量高达几百万吨，终于，海底下薄薄的地层崩塌、熔化了。一些熔岩流回到地层上方，和不断增厚的沉积物层融为一体，并与其发生反应，变成了一种即将完全改变世界面目的物质——花岗岩。

花岗岩比玄武岩轻，质地却极为坚硬。新的岩块中不断产生大块花岗岩，某些岩石竟与瑞士国土面积大小相当，某些则只有孩子们的操场大小。刚开始时，这些岩石都埋在水下，后来，浮力原理让它们浮出了水面，因为它们比海床物质的密度更小。因此，40亿年之前，第一批岛屿终于冉冉升出海面，这些岛屿不再是火山爆发的产物。

随着岛屿的浮现，原始海洋的时代结束了。

新一轮循环开始了，旧的土地腐化，新的土地诞生，这一过程持续了几百万年。几公里厚的沉积层压在玄武岩构成的海底上，更轻巧的花岗岩岛屿不断成长，开始与沉重的周遭环境抗衡。最后，岛屿周围的地壳终于裂开，陆地从海底升上来。这是一个不断重复的漫长过程，海面下薄薄的地壳不断破裂，新的熔岩流入了沉积层，而花岗岩质的土地不断扩张，直到它们彼此相遇。狭路相逢后，每一块陆地都不甘示弱，于是它们被缓缓流动的海洋地壳挤在一起，在赤道附近连成一片巨大陆地。这片广袤的陆地被称作超大陆，在之后的几百万年中，类似的超大陆不断涌现。然而这依然不是地球今日的面貌。

距离我们的时代25亿年前，超大陆基本上只包括今天的北美洲和澳大利亚，以及非洲和早期欧洲的一部分。世界史上的第一块大陆是一片空旷死寂的岩石沙漠，到处是耀眼的岩浆，很难称得上赏心悦目。

然而，海洋深处却在悄悄活动着。

分子开始舒展筋骨，互相试探，结成联盟。随着超大陆的第一个板块浮出水面——那是40亿年前的事情了——大自然又获得了一个新的帮手。这位帮手一直耐心等待着，等待最厉害的宇宙冲撞渐渐平息。

当然，荒寂的地球依然不时迎来一些大大小小的不速之客——小行星坠入海洋、撞击大陆，还有一些小型陨石，其中有些大小相当于马略卡岛和西西里岛。幸而地球已度过了最可怕的炼狱时代。新来的帮手环视地球一圈，干劲勃发。这一刻，她相信生命的创造已万事俱备，于是她开始着手工作。

这位帮手就是进化女神，她早已胸有成竹。

正如每一位优雅的淑女，她带着一个手提包。

看得见的土地

你们想看进化女神的手提包吗？没问题！然而在此之前，我们还需要好好研究一下地球的结构。因为也许正是这承载着古老地球的结构力量导致了地球的分裂。如果大自然没有送给我们的行星一帖重要处方——板块构造，也许地球上永远不可能出现生物。

向地心出发——不断移动的地球结构

如果你小时候读过儒勒·凡尔纳的小说《地心历险记》，那么你或许已和他一起经历了一次惊心动魄的地心之旅。然而在真实的生活中，这样的旅行其实没有那么浪漫。要深入地球的心脏，我们需要一种配备强劲空调的抗高温旅行器，而且沿途完全没有风景可看。

在凡尔纳的小说中，科学家们在地心发现了迷宫般的洞穴群、地底海洋和罕见的巨大蘑菇，电影版本还为故事添加了各种各样的滑稽角色，最后整个团队在一次火山喷发中沿着火山口冲上了地面。从史前的死亡之地中沿着燃烧的火山口飞出来，然后毫发无损地落到大海里，这位法国人的想象力实在是令人叹为观止。

然而事实上，我们完全不可能以这种方式逃出虎口，更不可能享受如此舒服的降落过程。相反，我们要借助一个超级大钻头才能深入地球的岩石圈中冲破这层坚不可摧的地壳，而且在70公里到100公里深处时，温度将会上升到令人难以忍受的程度。

岩石圈的海洋地壳与大陆地壳好似漂浮在一片奇特大洋上的岛屿，软流层[1]是缓慢移动的滚烫岩石构成的具有流动性的层圈，其厚度能达到200公里。而地壳的一部分就像糖浆上的巧克力片一样，在软流层上流动着。倘若我们的旅行器能够承受这一座1200℃到1500℃的高温炉，那么我们就能穿越软流层。

下一个挑战则是地幔以及随之而来的更酷热的高温。地幔厚度达2860公里，比软流层更黏稠，它同样以每年几厘米的速度向前移动。然而令我们苦不堪言的不仅是高温，同时还有巨大的压力。但我们勇敢非凡、不畏困难，克服了这一关，终于在单调的红色岩浆簇拥下抵达了一处光芒四射的地域——地核的外部。

在此之前，我们一直在岩石中穿行，而现在我们抵达了液态金属的王国——外核，这里的金属主要是铁，还带有少量镍。到了这时候，你大概得用湿手巾擦脸了。在接下来的2250公里的路途中，温度将达到非人类的4000℃。然后，我们的钻头撞上了有趣的东西——某种坚硬的物质。

谁住在这里？

没有人。地球的内核阻止了我们——内核与外核的成分都是金属，然而内核是固态金属。这里的强大压力不允许任何物质流淌、移动。为了抵达凡尔纳所描写的地心，我们还得再次启动钻头，往下钻610公里，其实这一工作不做也罢。地核酷热无比，中心的压力高达3600千巴，从地质学意义上而言当然非常有趣，但对于游客而言，其无聊程度不亚于沃尔夫斯堡的夜色。

1　软流层位于地幔上部，原本就是高温熔融的岩浆。由于地幔的主要构成矿物斜方辉石对水的溶解度突然降低，较多的水便保留在组成上部地幔的橄榄岩中，因此软流层的黏滞度比地幔其他部分更小，流动性更高，岩石圈便能在其上发生漂移，形成地壳变动。

因此我们还是打道回府为妙。

走了这一趟，我们毕竟还是知道了以下这些事实——地球的一部分是液态，内部一直运动不息，温度奇高，而且压力足以杀人。这是一个以慢动作缓缓沸腾的地狱。我们就生活在这一地狱的表面——我们之所以能生存，是因为薄薄的地层没有完全封闭，而是被分成了碎块，在软流层的岩浆大洋上漂浮。

如果地球不是这样龟裂粗糙，将会发生什么状况？请想象一下蒸锅中的鸡蛋。这是一场力的争夺，气体想逃逸出来，而固体则停滞不前，蛋壳遭受着上下左右的各方压力。这还只是一个普普通通的早餐鸡蛋。如果你在将鸡蛋放进沸腾的水之前没有在壳上敲开一个小洞，那么鸡蛋就会爆炸。只有这样，它才能释放出蒸汽，并在几分钟之后变成固态，获得一种新的稳固性。

地球的原理亦然。当然，不同之处在于人们不能剥开地球的外壳，将其切碎涂在面包上，因为地壳之下依然上演着各种各样的闹剧，内部和外部的纷争无休无止。一个封闭的地壳必须如同橡胶一样灵活，才能承受住这样的闹剧。因此岩石圈绝不能一动不动，所以自然女神好心地将它切成了小型地块，各自漂流，偶尔聚首，互相推挤、抬升，平衡自己内部的压力。

除了美国中西部的一些地区——在那里，达尔文进化论就足以招来惨祸[1]——今天的人们已普遍接受了板块构造说。然而20世纪60年代时，很多地质学家仍然不相信板块能够移动。

其实早在20世纪初期，一位德国极地研究者就已向人们证明，自然女神才是谜语的发明者。1910年某日，阿尔弗雷德·魏格纳神色凝重地盯着世界地图，发现南美洲和非洲大陆似乎能够拼合起来。于是他详细考察了地球上所有的岛屿和大陆，最后他坚信，这些岛屿陆地无一不是来自于一块远古时期分崩离析的巨大陆地。

1　美国中西部以主张神创论的虔诚基督徒居多，部分州的高校近年来甚至禁止在校教授达尔文学说。

差不多同时期，古生物学[1]家也有重大发现——来自大洋两岸的远古生物化石具有相同的特征。非洲动物怎么可能去过南美洲？用什么交通工具？如果是植物的枝叶或许还有可能，风把它们沿着海面吹过了大洋，可是鳄鱼和蝎子也能这么幸运吗？对于魏格纳而言，这一点就是远古大陆存在的铁证。远古大陆是当时唯一一块首尾相连的大陆，生命在其中自由流散到了各个角落。魏格纳将这一巨大陆地命名为“整大陆”。由于科学家们多多少少有一种奇怪的强迫症，非要把一切事物都译成希腊语或拉丁语，因此远古大陆就变成了“盘古大陆”[2]（Pangaea）——Pan为整体，Gaea为大地。

幻想家总免不了遭人讥讽的命运。魏格纳的观点让他饱受嘲讽，可是他并不气馁。其实在文艺复兴时期，已有眼尖的聪明人通过地图得出了类似的结论，可是要让学术界明白这一点，实在太过困难。

当时流行的说法是奥地利地质学家爱德华·聚斯的坍缩论。根据聚斯的观点，早期的地球温度极高，而且体积十分庞大。在几十亿年的时光中，地球的部分热量被散发出去，因此温度逐渐降低，体积也逐日缩小，宛如一个皱巴巴的苹果内部坍陷成一团。聚斯宣称，山峦正是由此诞生，大地向内收缩，形成盆地，这样水才开始流淌，汇成海洋。

而魏格纳则反驳道，皱苹果无法表现出大陆的结构。一个热度均匀流失的行星应均匀坍陷，虽然会形成褶皱，却不会变得崎岖不平、满身疮口。此外，魏格纳还指出，人们已证实花岗岩比海底岩石轻，因此，大陆不会像坍缩论认为的那样沉入海底，它们会一直漂浮在海面上，不可摧毁，永不沉没。

1915年，魏格纳公开了他的“大陆漂移说”。不出所料，这本《大

1 古生物学 / 古植物学(Palaeontologie/Palaeobotanik)：关于以往地质年代中的生物的科学。古生物学主要以发现的化石为依据，古植物学是其分支之一，主要研究过去时代的植物。

2 盘古大陆（Pangaea）：三叠纪时代巨大的原始大陆，字面的意思是指“所有的土地”，然而当时所有的土地都在仅有的一块大陆上。

陆和海洋的起源》激起了人们的热烈讨论。聚斯愤怒地批驳魏格纳，他呼吁道，正派的地质学家不应理睬此人——阿尔弗雷德·魏格纳并非科班出身，只是天文学家和气象学家。然而板块构造说很快便深入人心，聚斯的坍缩论只能甘拜下风。令人惋惜的是，魏格纳没能好好享受自己的成果。1930年，在他五十岁生日的那一天，由于寒冷的天气或心肌梗塞，魏格纳在格陵兰去世——这位勇敢而有远见的研究者毕生从未真正自圆其说过。有时他宣称太阳和月亮的重力导致陆地分离，有时他又幻想两极到赤道之间存在一种牵引力，因此，所有陆地都周期性地向赤道靠近。

倘若这位大陆漂移说之父手头有卫星的测量数据能够长期观察地球表面，相信聚斯的坍缩论立刻就会自行坍缩。通过测量数据我们了解到，大陆每年会移动3厘米到5厘米的距离。可怜的魏格纳却因此被人讽刺为童话大叔，令人联想到《一千零一夜》和《格林童话》的作者，但他或许也能因此找到一些慰藉——讲童话故事的人也能赢得世界声誉。

魏格纳对地球内部的情况知之甚少，否则他会意识到板块移动的始作俑者是地幔中的对流。地幔岩浆在地底不停翻滚，温度不断上升。而温度愈高，它们的比重就愈小，愈容易向上移动。为了保持平衡，温度较低的岩浆因比重较大而不断下沉，这样一来，对流循环才能一直持续下去。岩浆不断上升，为自己开辟道路，直到它们与海底的水接触，然后冲破海底，形成几百米深的裂谷。熔岩流从这里呼啸而出，在冰冷的海水中凝固，增加了海底的质量，并挤压着海底。这一分水岭的两边都渐渐隆起了一些透气的山岩——中洋脊——由于新的熔岩不断涌出，海底也开始缓缓漂移。

直到今天，这一过程依然持续不休。远离裂谷后，海底开始缓缓冷却，变得更坚固、更平坦。几百万年后，它和陆地不期而遇，由此产生了一个重要的问题——何去何从？

既然海底很不安分，人们自然不能在这里兴建海滩城市。然而我们也知道，陆地比海底更轻——所有陆地重量的总和只占地球重量的0.4%。因此，沉甸甸的海洋地壳钻到了大陆板块下方，挤进了地幔，然后融为一体。这一现象被称为“隐没”[1]。

有一个证据是：大陆的内核已有35亿年历史，而最古老、最完整的海底的年龄却只有2亿年。和陆地不同，岛屿是海底的一部分，随着海一同漂来漂去。再过几百万年，兰萨罗特、福门特拉等岛屿会和摩洛哥相撞，在撒哈拉以西的海滨大陆边缘撞成碎片。因此你大可不必犹豫，有机会的话赶紧再去加纳利群岛转一转。

然而并非所有的大陆边缘地区都会出现隐没带。相反，地质学认为大陆边缘也有活动和稳定之分。我们可以想象一个陆地四面受敌的情况，譬如东临大西洋、西接太平洋的美国，两片大洋的海底都在不断漂移。换言之，美国受到两边的挤压。在活动式大陆边缘两侧的板块总是一上一下地互相推挤，而稳定式大陆边缘则是两侧板块和平共处，相安无事。在稳定式大陆边缘地带，较浅的大陆架向海洋延伸开去，积聚沉积物慢慢形成新的陆地。而另一方面，强烈的板块挤压会在活动式大陆边缘形成弧状护城河般的海沟和城墙般的火山岛链，并引发强烈的地震。每当两块板块因长期碰撞而终于碎裂时，就会发生地震。这时，大范围破裂的海床则会反弹，而正是这种现象造成了2004年底的南亚海啸事件。[2]

在我们举的例子中，美国大陆——更精确地说是美国所处的北美板块——被挤向西移动，在太平洋中与另一块向东移动的板块相撞。这种力与力的抗衡令美国人很头疼。美国西海岸的居民们一直在等待一场“巨震”，也就是一场可能吞没旧金山、洛杉矶和温哥华的毁灭性大地震。事实上，整个太平洋周围的海岸都属于主动式大陆边缘区，

1　隐没（Subduktion）：地球板块不断运动，如果一块板块——通常是海洋板块——潜入大陆板块下方并融入地心，这一过程就被称作隐没。

2　两个长期处于挤压状态的板块由于不断碰撞而碎裂，此时原本紧绷的压力忽然减轻，原本下陷的海洋板块会突然反弹。在板块反弹的作用力下，海水会发生大范围震动，从而产生海啸。

即地震多发区。

据我们了解，世界的大陆板块有七个，此外还有一些小型板块。就外表而言，这些板块令地球看起来宛如一块摔碎的圣诞巧克力球。由于地球的这种形貌，曾经有家大型报纸小心翼翼地探讨了一个问题——地球是否会在不久的将来分崩离析？那张报纸将一个满身裂纹的地球置于头版，看起来仿佛再有一次小地震，整个世界就会裂成碎片。

然而请你尽可能放心，正是这些裂纹维持着地球的稳定。板块相撞造成的地震其实只是小动荡，可以说是正常的地质运动，否则我们的行星早就灰飞烟灭了。

顺便提一句，这种构造循环同时也在美化人类。它能够令捕获岩——来自地底200公里深处的岩石——堆积在大陆火山的喉部，连玛丽莲·梦露都是捕获岩的崇拜者！当然她从未听说过捕获岩，她只知道人们能用这种岩石来做什么，正是这一点令她对捕获岩大唱赞歌——捕获岩是钻石的主要来源。

当然，地质构造不仅能令陆地不断组成新的格局，而且也能让海洋经历沧海桑田的变换。在海洋底部，巨大的板块四处漂散，沿着中洋脊裂谷产生了一条数百米深、六万公里长的山脊，这是世界上最大的山脉。随着地质结构的每一次变化，海流也在变动，海洋和陆地生物的生存条件也会随之改变。这是因为海洋在很大程度上影响着气候。这一点我们随后还会探讨。

那么现在，你可以一窥进化女神的手提包了。里面充满了生命！

进化女神的手提包

单细胞动物占据海洋之后，生命开始开枝散叶。关于这一过程的理论著作简直汗牛充栋。进化生物学家和分子基因学家能够有理有据地说明：多细胞生物如何诞生，为什么古生代初期有机体会长出牙齿、钳子和甲壳，为什么每个人都应该在自己的相册里放一张海口虫的照片——海口虫是脊椎动物的祖先，曾经生活在寒武纪的浅滩中，看起来有点像远古时代的香肠。

然而当人们提出“鸡和蛋”的问题时，情况就复杂了。到底谁先谁后？先有新陈代谢还是先有细胞？如果没有新陈代谢，细胞怎么可能产生？而如果没有细胞，新陈代谢又如何发生？从无机物到有机物，从有机物到有生命的物质，其间的分水岭到底在哪里？

生命究竟是从何时开始存在的？真的存在这个分水岭吗？

创世纪的想象——寻找人和猩猩的共同祖先

无数宗教都为这个问题找到了答案——神灵为死寂的物质注入了生命，神采用的工具类似于一种软件，俗称灵魂。获得灵魂后，神所造的物体站起来，伸展身体，然后开始歌颂上帝的功德无量。事实上，这种创世纪的想象的确令人心情舒畅。老实说，谁愿意承认自己是细菌或一种史前香肠状鱼类的后代子孙呢？

这里存在一个棘手的问题——如果进化的过程平坦无阻，没有发生任何突变，那么人类和动物之间就不会存在那些我们津津乐道的巨大差异。而且根据上述观点，人类并非生命的终极产品，而只是一个中间阶段，是生命目录中无数变体中的一种。虽然人类具有惊人的认知能力，但是从基因上而言，我们只是生命链条上的一个中继点，而这条链条的历史延伸到40亿年之前，通向一个前途未卜的未来。

我们暂且假设上帝的“灵魂造物说”成立，那么接下来，我们得自问一句：生命是否就等同于灵魂，而动物是否也有灵魂？因为这是一个必然的结论——生命是以灵魂的形式被注入死寂的物质，这样的物质才不再是无用的废物。既然猩猩也在雨林中生存、呼吸、挠痒，这就说明它们同样也被上帝注入了灵魂。

很多宗教领袖都指出，真正的灵魂包括良知、伦理道德感受以及区分善恶的能力，因此猩猩的灵魂和人类的灵魂完全不可同日而语。然而另一方面，这些信徒却又笃信只有上帝的气息才能创造猩猩，虽然这些动物根本不懂得去尊重神的恩赐，宁愿大啃香蕉也不愿说一声谢谢。无论如何，所有神学家在我提到的上述观点上完全保持一致——猩猩也有灵魂，但它们的灵魂不能永生。

同样的情况还适用于卷毛狗、金仓鼠、鲱鱼、蛔虫等一切爬来游去的生物，它们在灵性上跟人类都不是同一水准。在这方面，我们尽可心安，到了天堂后，我们终于不再受到蚊子、壁虱和蝎子的骚扰。

尽管如此，还有两个未解的难题。首先，回溯人类发展的历史时我们发现：历史愈往前，我们的祖先就愈像猩猩。显然不存在一个从非人类到人类的分岔点。几十年来，人类学家们一直在寻找这个著名的消失环节——人猿和人类笃定的共同祖先。

今天的人们认为，黑猩猩是我们最近的亲戚，正是出于这个原因，我们才喜欢给它们穿裤子，戴傻乎乎的帽子。人类和黑猩猩的基因具有98.7%的相似性。逻辑上，两者在远古时代的森林中必然曾有过共同的祖先。根据分子生物学家探讨得出的结论，这个祖先应该生活在约600万年之前。他们相信，此后不久，这一生物就分化成了黑猩猩和人类物种——俗称永生灵魂的载体。原则上，人们认为这是一条线性的发展线索，就像汽车的生产线一样。

然而人类毕竟不是奔驰S级产品，根本没有人找得到这一共同祖先的遗体。

1994年，有人在埃塞俄比亚发现了440万年前的史前人类化石，这些化石被命名为“拉密达猿人”。人们欢欣鼓舞，宣称终于发现了那个消失的环节。四年之后，人们又挖出了比拉密达猿人早80万年的“拉密达猿人亚种”的牙齿和骨骼，然而两者均不是人类的始祖。

2000年在肯尼亚被发现的“千年人”也没有资格自称为后来的黑猩猩和人类的唯一祖先。“千年人”的风头现在又被在中非乍得发现的最古老的头盖骨“撒哈人猿乍得种”盖过了。据称，“撒哈人猿乍得种”早在650万年前就尝试过直立行走。

这些古代的先生们究竟更接近猩猩还是更接近人类，目前还不得而知，然而有一点是肯定的——人类和人猿并没有唯一的共同祖先。原始人的发展、猿类到人类的过渡是一个流动的过程，发生在不同的时间和不同的地点。毋庸置疑，非洲是人类的诞生地，然而诞生人类的摇篮却远远不止一个。

此外，原始人也分化出了一些种类，如南方古猿和埃塞俄比亚种。不知何时，原始人忽然抬起了自己鼓鼓的头颅，一晃眼成为卢多尔夫人、巧人、直立人、智人，在世界历史中留下了自己的足迹。其中还有一种“智人中的智人”，他们非常偶然地一直坚持到了今天。证据显示，他们是唯一一支出于认知目的从土里挖掘自己祖先的原始人后裔。

总而言之，人猿和人类之间并没有一个明显的分水岭，其发展的线索也不是一条直线。法兰克福的研究者弗里德曼·施勒克也认为：“在生物进化几亿年的历史中，任何新的发展线索都不会独出一脉，而是拥有诸多根源和无数变体，而人类的进化又怎么会例外呢？”

因此，目前人们的看法是：600万到800万年前，非洲的气候发生突变，热带雨林覆灭，大量的平原都变成了草原。在此之前，人猿一直在树林中跳来跳去地讨生活。某些人猿已学会了沿着树枝垂直攀爬的本领，尽管只是极少数。

随着植被的消失，跳来跳去的时代也结束了。这时，独特本领使人猿保住了性命——在地面上，目光所及的范围愈广，察觉猛兽的时机就愈早。自此之后，它们开始用后肢行走，空出双手从事其他活动，例如使用工具。那么，此时的人猿是否已进化成了人类呢？石斧是上帝对我们的馈赠吗？很遗憾，黑猩猩也会用小棍子掏美味的虫子吃。

工具的使用并非一蹴而就，而是一个逐步发展的过程，它刺激了人猿大脑的活动，使人猿被迫变得愈来愈聪明。

在接下来的几百万年中，非洲出现了各种各样的人猿新变种，他们或互相残杀，或成对结盟，发展出自己的文化。有些物种被淘汰，有些适应了变幻莫测的环境，创造力不断增强，愈来愈接近人类。人猿开始直立行走，发明各种各样的石斧……

现代人类学未料到生命竟如此花样百出，他们的研究均建立在经典的谱系上。然而生命则是一丛盘根错节的灌木，在这团混沌中，动物和人类的界限已全然模糊，难以分辨。

到底谁获得了永生的灵魂？

就像动物和人类的区别一样，有生命和无生命的差异也同样模糊不清。细胞有灵魂吗？为什么没有呢？上帝的造物蓝图中必然也有小小的单细胞灵魂的一席之地。然而细胞并不是从天而降的，它们拥有一段悠久而奇妙的历史，经历了各种各样的发展阶段。如果人们固执地坚持灵魂说，那么每个分子也应拥有灵魂，只要它们行为正派，也能进入天堂——当然，到了这一步，大多数宗教都会撤退了。

那么，到底什么是生命？如果真能找到一个可信的答案，相信不仅仅进化生物学家会欢呼雀跃，在我看来，这也几乎是世间最刺激的问题。就像永恒、最大和最小、起始和结束问题一样，这个问题将我们置于一种类似的境地中。

当我们丢弃惯用的刻度尺，不再用它来测量时空时，在我们面前就会展现一个新宇宙，这里不存在任何突如其来的转变，找不到任何因果链条，只有一团各种因果前后纠结的混沌——这是一个万物流变的宇宙。

要评判生命和生的价值，这一认识非常关键，因为它能够让那些笛卡尔[1]主义者哑口无言——这些人笃信著名理性主义者笛卡尔的观点，认为动物只是机器。笛卡尔对人类和动物作了明确的区分，他认为非人类的生物缺乏一切思考和感觉的能力。很多哲学家都高高兴兴地继承了他的观点，如黑格尔认为动物只是一种供人类驱使的工具。

多年来，笛卡尔的这种观点渐渐被扭曲成赤裸裸的人类中心论的犬儒主义。一位法国哲学家的理论在后人手中竟变成了一种借口，人们借此推脱自己的道德立场，进行动物试验，开办大规模养殖场。这也说明在树立伦理典范时，纯自然科学的观念对我们的帮助颇为有限。在伦理行为中，无论科学家还是神学家都无法为我们提供正确的方向。况且我们的道德标准仅仅依赖于一个伦理标尺，不幸的是，每个人心中的标尺都有所不同。

海洋里的混乱宴会——生命的起点

无论如何，我们毕竟还是知道地球上何时出现有据可查的生命。最古老的生物化石来自于35亿到40亿年前。这一资料来自单细胞生物的发现——最早生物的形貌被印在了岩石上。然而这些发现却不能告诉我们生命发展的起点。要确定这样的起点，我们需要一把标尺——其刻度是我们自己后加的，事实上却不存在这样的标尺。况且，远古

---

1 笛卡尔（Rene Descartes,1596-1650）：法国历史上最著名的哲学家、物理学家、数学家、生理学家，欧洲近代哲学的先驱，提出了“我思故我在”的著名论断。

的生命很有可能经历过多次独立的发展过程，或许有几百万次。

在进化女神发明细胞膜之前，人们无法记录这样的过程。因此我们只能在黑暗中摸索，那是真正的黑暗，因为深海就是一片黑暗。深海环境使得复杂分子的结合能够更早发生，因此，生命物质的诞生很有可能发生在深海之中。

生命是联姻的产物。如果弱小的分子结构总是一直老死不相往来，就很难发生化学反应，而40亿年前的地球环境也并不适合这样的联姻。当时，海洋包裹着整个世界，海水深度平均达到10公里。在这样的海洋中，碳和氢刚刚坠入了爱河，下一个小行星就已呼啸而至，棒打鸳鸯，罗密欧和朱丽叶惨遭拆散，只得各自飘零。

那时的地球是一个蒸笼，不断有新的东西被扔进来。熔岩等热流令海水沸腾不止，可怕的闪电撕裂大气层，爱情在这样的环境中毫无容身之处。

深层海洋区的环境也不尽如人意，在汹涌滚烫的熔岩的压力下，海洋地壳分离、漂移。熔岩冷却后，形成多孔的枕状结构。水渗入地底后又邂逅了滚烫的岩浆，被煮沸后再次喷发出来，像高达400℃的沸腾喷泉一样从刚刚成形的海底喷发出来。这些水将炙热的地底下所有的气体和矿物质都带了出来，如氢、硫化氢、氨等。在自由的水流中，这些物质和熔化的金属——铁、铜、锌、镍——发生了化学反应，形成了硫化金属链。

这一过程导致了两个结果：一方面，喷发出来的水被染成了黑色。海洋地质学家已经多次研究过这样的喷口，并借助强光灯将其拍摄了下来。在录像上，我们的确能看见一股沸腾的混浊液体强劲地喷涌不止。另一方面，喷涌到一定高度后，这些黑色的混合物又落回了海底，沉淀在一起，围绕喷口形成了一个烟囱。随着时间的流逝，这些烟囱的高度达到了五十多米。这些喷口被称为“培养基烟囱”或“黑烟囱”[1]。

即使在未来，深海地区也无法贯彻禁烟活动。水流不断上升回落，循环不止。今天这些烟囱周围有很多寄生物活动着，然而在冥古代，那里还没有产生任何会爬行或游泳的生物。

还没有。因为这些烟囱的外侧边缘沉积着很多硫化铁的细微气泡。

生命就在这些气泡中！

当时，周围海水的温度约在20℃到30℃之间。气泡中狭窄空间的温度高达100℃，充满各种化学物质，全是滚烫海水喷发时带出来的。就像所有拥挤的空间一样，这些物质开始聊天进而产生好感，而小气泡防止了大海再次棒打鸳鸯，它们终于交上了朋友。

化学联姻发生并维持下来了。气泡中充满了能量，这样的环境更有利于分子的结合。氢和碳这对苦命情人终于结为连理，于是，以碳元素为基础的结合发生了，这是生命产生的决定性条件。

进化女神这位勤劳的员工投入了工作。她从硫、氧、氢和碳中创造了活跃的醋酸，而醋酸又激发了柠檬酸的循环。这一循环或许是一切新陈代谢循环中最关键的一环，因为正是它促成了生命基本元素的产生。氮和醋酸又带来了氨基酸。到了这一步，在生物课上没打瞌睡的人应该会精神一振了。氨基酸？这个我知道，是的，生命的基本元素开始成形了。氨基酸结合在一起，构成了缩氨酸，而缩氨酸又组合成了长链的蛋白质。

啊，蛋白质！难道这就是生命了吗？

很难说。但它们肯定是有机结合物。其中有很多碳水化合物，生命的一切条件都具备了。然而我们看到的依然只是积木不是成果，成果应大于各个零件的总和。进化女神还有一些工作。

1　黑烟囱／热液喷口（Schwarze Raucher/Hydrothermale Schlote）：深海中的火山喷口，经常见于中洋脊的山脉高处。在这里，地心喷射出300℃左右的热水，其中含有硫等多种矿物质。矿物沉淀物在喷口附近堆积，形成烟囱，其周围聚居着复杂的生命群体，小至细菌、贝类、鱼、蟹，大至巨型蠕虫。所有这些生物都不需要光照，其生命能量并不依赖光合作用，而是化合作用，以此加工来自地心的矿物质。

她多么勤奋啊！在她的管理下，气泡中的生物工厂有了极大的生产力，各种各样的新物质争相涌现。四种碳氮化合物组成了环状，产生了对我们影响深远的核酸碱基，它们又被称作腺嘌呤、鸟嘌呤、胞嘧啶或尿嘧啶。核酸还需要一些新朋友，于是核糖来了，还有磷酸。这些物质组合成了一个长长的著名分子“核糖核酸”——简称RNA。

这种新型的酸不仅能够提高氨基酸的反应灵敏度，同时还能进行自我复制。此外，它还需要一种特别蛋白质的协助——酵素，幸而它能够自己生产酵素。最后产生的新型RNA能够自己制造蛋白质。这样的循环生生不息。

这时，腺嘌呤、鸟嘌呤、胞嘧啶和尿嘧啶们已学会了说话，它们的语言是无声的，更类似于一种密码：每三个碱基组合成一个字母，这个字母会将一个氨基酸指派给一个蛋白质，这样一来，氨基酸会获得一个固定的秩序。不同的组合格局会形成不同的字母，而氨基酸也会以相应的次序进行编排。在不断的改变过程中，蛋白质的工作能力不断得到提高。进化女神做得得心应手，她的一切工作环节都遵循一种残酷的竞争原则——蛋白质如果不是为了不断复制RNA呕心沥血，说不定已经被进化女神淘汰出局了。适应能力最强的物质才能留在竞技场上，而其他的则被扔进了历史的垃圾桶。

放荡不羁的原始大洋[1]深处是一个所有人都参与的大型混乱宴会，甚至在舒服的硫化铁泡沫中开始阶段也颇为混乱，然而现在，秩序产生了。

纵情风流的日子结束了！现在，我们想变成鱼、鸟和人。请按次序排队。

某一天，尿嘧啶休息了一下，或许它只是睡着或逃课了，不管怎样，一种与尿嘧啶结构相似的碱基——胸腺嘧啶——占据了尿嘧啶的位置。同一时间，核糖抱怨自己丢失了一个氧原子。看起来这些只是

1 原始大洋（Panthalassa）：原始时期唯一一片海洋的名字，存在于前寒武纪末期到侏罗纪时期，这片海洋覆盖着地球。

微不足道的小事。然而这件事的后果却十分严重：一个无比稳定的新分子产生了，它有一个长得吓人的名字，没有人能说出这个名字，因此今天我们一般只采用它的简称：DNA——脱氧核糖核酸。

DNA的出现委实是一场革命，然而为此它不得不牺牲自己的本性。作为基因码的内存，DNA成了不可取代的角色，然而它却为此失去了催化功能，也就是说，它不能自行将这些编码转化成蛋白质。它需要RNA的翻译，两者相携相伴，一同走过了一段日趋复杂的道路。

啊，生命！这就是生命了吧？！

目前看来是的。在上述过程的某一阶段生命产生了，产生在这些字里行间。

我们甚至可以宣称细胞的诞生，当然它还没有获得细胞膜。但这个细胞已五脏俱全，甚至开始了第一轮新陈代谢。此时，我们依然身在黑烟囱的足下。在这个庞大的热泉边，生命开始运转。滚烫的化学混合物依然喷涌不止，为气泡里的物质提供能量。有营养的物质经由细孔穿越硫化铁外壳，转变成蛋白质与糖，而无法再利用的物质则被排泄掉。作为健康消化的结果，进化女神发明了排泄。

某些新产生的大分子勇敢地离开了气泡，踏上了漫游世界的征途。有些离家出走的家伙命运坎坷，被抛进了凶险莫测的大海，而有些则驻留在烟囱壁上小小的细孔中。我们可以将它们称为“原始细胞”，此时，它们开始繁衍后代。它们适应了各种各样的环境，无论条件好坏、温度冷热或周围的酸碱性如何。

适者生存。这些物质适应了环境，原始生命的各种变种迅速增多。

史前时代的热闹上海——原始细胞有了细胞膜

我们来拜访一下这个烟囱吧。它是一个56米高的庞然大物，里面不断涌出黑色的云状物。在烟囱的外壁上，一个规模庞大的原始细胞群成长了起来，这是冥古代和史前时代的上海。新的碳化物不断产生，

RNA不断变异，这些碱基字母正在书写着历史。这时，在烟囱左方的第76452个气泡中，两个分子链打算一起干一番大事业。它们围着彼此走了几圈，仿佛有些犹豫，它们不知道这一步将大大加快生命发展的步伐吗？为什么还要犹豫，勇者必胜！来吧，看看结果如何……

烟囱突然开始战栗，愤怒的抱怨声此起彼伏。烟囱壁上出现了裂缝，整个岩浆平原都陷入了震动。地下的热流变得愈加强烈。烟囱顶部开始龟裂，块状物落下来，摔到烟囱底部。短短几秒之内，气泡之城已被摧毁，烟囱壁上骤然出现了一条几米长的裂缝。突然之间，一切都在颤抖。这是对小上海的致命一击。烟囱开始坍塌，在地震带来的巨大气流的压力下完全崩裂。废墟零落四散，整个基地的繁华顷刻间灰飞烟灭，就像巴别塔一样。

地震渐渐平息后，繁荣的烟囱大都市只剩下一片废墟。所有气泡都被摧毁，而气泡居民都被卷入了巨大的海流。失去了自己的保护伞之后，原始细胞扩散到了原始大洋中，那些野心勃勃、要干一番大事业的细胞也免不了相同的命运。我们永远无法知道两个分子链的结合到底带来了什么。硫化铁的膜层不仅为它们的发展提供了催化剂，同时，这些气泡也是那些早期生命的身体，而现在，那些生命永远流失在海水中。在海洋的这一部分，大自然终于战胜了生命。

然而不必担忧，这种灾难简直是家常便饭。但对进化女神而言，这些情况就像是西西弗斯[1]式不断重复上演的麻烦。进化女神，一个做事井井有条的淑女，一想到自己要不断从头开始，心里就不禁觉得十分难受。

只要原始细胞还住在硫化铁气泡中，生命发展的希望就会十分渺茫，热流和地震迟早会扼杀这些烟囱。今天，如果能够预知自然灾害，我们还能疏散城市。遗憾的是，原始细胞还不懂得排队逃离城市，它们不会收拾自己的细软然后逃到内陆。地震发生时，它们甚至都不懂

1　西西弗斯（Sisyphus）：古希腊神话中的人物，以狡黠反抗神的权威，死后在冥土受罚，日复一日地推巨石上山，推到山顶后巨石又会落下。

得稍微移动几步，它们和自己的城市血肉相连，不可分割。

在这种绝望的境地下，进化女神想到了自己的手提包。

我们不得不承认，手提包是人类文明最伟大的成果之一。我喜欢将手提包视为进步的工具，毋庸置疑，它展现了女性物种的优越性——如果有人仔细研究过手提包里的东西，那么他一定会赞成我的观点。

手提包守护着女人最真实的自我，换言之，从手提包即可读出她们的性格密码。令我们男人永远惊异不解的是，为什么我们从餐厅洗手间出来后根本没有任何改变，而女人们出来后却焕然一新、光艳照人？

问题的答案就藏在手提包里。

男人的家当都在鼓鼓的裤袋里——车钥匙、钱和香烟，而女人竟能随身带着一大堆紧身衣，以免在重要的关头措手不及。她们像变魔法般从包包里拿出一本记事本，写下约会日期；宽大的钱包能装下卡片、零钱、小便条和照片。争夺好男人时，她们的武器库里包含梳子、发蜡、香水、眼线笔、指甲油和唇膏，这些是她们攻城略地的武器；手提包的内袋里还放着隐形眼镜、看书用的眼镜和一本好书，放着耳环、钥匙链、内裤、备用的尼龙丝袜、阿司匹林，以及众人皆知的避孕药。除此之外，还有手机，男人经常将手机放在夹克上的小袋里，而女人则不然。

毫无疑问，如果遇上火灾或洪水，或突然要在陌生的地方过夜，女人远比男人准备充分，因为她们有万能的手提包。《欢乐满人间》中的仙女保姆玛丽甚至从自己的手提包中取出了一个完整的衣架，因为担心衣服放在衣柜里会起皱。

如果没有手提包，女人无疑会倒退好几步，沦落到男人目前的发展阶段。如果没有手提包，女人的基因编码就会丧失殆尽。那时，女人不得不像男人一样，将日常用品摆放得乱七八糟，而且大部分物品只能放在家中，她们得到处找东西。那时，女性的奇迹将成为历史。

如果女人的手提包破了，那么事情就很有趣了：这一刻，袋子主人的真面目将被揭露，她的内心世界将会掉得满街都是，或落进小水沟，或被汽车压扁。“我是谁？”这位女士脸上的表情仿佛这样说。我还是人吗？我还是生命体吗？不，我只是一个没有了手提包的女人，连原始细胞都不如。我的熔岩烟囱坍塌了，我被抛到了生命之外，被抛进了冥古代！

进化女神意识到，硫化铁气泡中的各种有机结合物和大分子需要某种能够将它们封在一起的东西，这样即使离开火山烟囱的故乡，它们也不会走散。因此，进化女神创造了一些原始细胞，那是一种油脂，就像一件有弹力的大衣，能够将细胞包围起来。这样，一种双层膜产生了，它能够允许某些分子通过，同时又能将水隔离在细胞外部。这是一层小小的外膜，它能够脱离烟囱的束缚，在广袤的海洋中悠游，同时又能将细胞内部的东西留在自己身边——这对细胞生存能力的提高具有极大意义。

进化出细胞膜后，生命就能够自由扩散，而不必担心大自然的可怕威力，至此，一切复杂生物的基本条件已准备完毕。一个装满基因信息的小包，一个实用的小包，这就是进化女神的手提包。

细胞已完成了。

这种膜囊不断发展，产生了形形色色的结果。各种各样的细胞产生了，我们称之为真菌[1]。这种细菌具有极强的忍耐力，然而某一个变种细菌的抵抗力更为强悍，即所谓的古生菌，它们由坚固的外膜包裹，由于其特殊的结构和抵抗力，它们能够抵御极端的气温，并提高了酸的浓度。严格来说，古生菌并非细菌，它们的新陈代谢与真菌不同，因此其学名为“古菌”。

1　真菌（Eubakterien）：自古以来类似细菌的单细胞生物，可生活于无氧状态下，而且常见与其他微生物共生，如硫菌。

史上第一次“人口”爆炸——细胞发展史

真菌和古菌共同构成了原核生物（Prokaryota)的家族。“Karyon”是希腊语中的“核”，而原核生物则是细胞核进化出来之前的细胞。当时的细胞还没有核。手提包里的东西乱糟糟地挤在一起，不过没有关系。最关键的一点是，真菌和古菌从现在开始能够自由地向海洋四处扩散了。

生命力更强的古菌几乎散落到各个角落，开始迅猛繁殖，占领了多个热腾腾的海底泉、火山口和含盐量极高的浅水海域。真菌虽然更为挑剔，但它们的家族也在急速壮大。原核生物的阵容在短短的时间内不断增大，简直堪称史上第一次“人口”爆炸。上述说法所采用的理论由格拉斯哥环境研究中心的迈克尔・拉塞尔和杜塞尔多夫的威廉・马丁共同提出，同时也是目前关于生命起源的最有说服力的理论。事实上，关于此事的理论层出不穷。在过去的几十年里，科学界一再提出不同的模式来解释细胞发展的历史，然而其中最精确、最合情合理的理论还是这一种。

胚种论也很流行。这可能是埃里希・冯・丹尼肯最推崇的一种理论，因为根据这一观念，生命来自太空，生命力十足的细菌孢子来自无垠的宇宙，随着陨落的冰块来到地球。人类对这些细菌孢子进行科学研究，外星的朋友们一定会很开心。在某种程度上，胚种论可能也不无道理，很遗憾的是，他们无法回答关于这些外星细胞是如何产生的问题。或许其他星球上的过去和现在也充满着黑烟囱。

毫无疑问的是，在5亿年的漫长岁月中，地球不断遭受外来者的轰炸——甚至那些尾部由无比细微的尘状物构成的彗星也不例外。这些彗星带有很多有机物质，碳氢化合物、氮碱基、氨基酸、氧、甲醛和氢氰酸。太空冰雹渐渐平息后，某些彗星掠过地球时并没有坠入海中，而只是用尾巴轻拂了我们一下，几万兆的化学物质以这种方式融入了海水中。因此，天外来客并没有对地球的生命作出太多贡献，至于是否有有机物随着它们来到地球，相当值得怀疑。

在这个领域，有一个概念我们都很熟悉：原始混沌。这个概念的背景是化学家斯坦利·米勒于1953年进行的一次实验中得出的。他的看法是：海水被汽化后作为雨水重新落回地球，这是一个众所周知的循环。每次有水分子逃脱时，纯粹的水蒸气就会升起，离开那些被海水融化的物质。这一循环不断地重复着。

海中的风暴不断掀开海面，与原始大气层中的气体建立了一种巨大的接触面，碳、氢、氧和硫不断被海水容纳。这样一来，海水中溶解的物质日益增多，新分子开始被生产出来。水不啻是全世界通用的溶解剂。数以万计的各种结合产生了，它们被地球内部的热量、被海面上的雷暴的电子暴、被太阳的紫外线吞噬。然而它们的数量和种类依然不断壮大，史前混乱的地球变成了进化女神的游戏室。

米勒相信，史前地球的雷暴扮演着极为重要的角色。

为了论证自己的理论，米勒在一个烧瓶里装了制造人工闪电的电极，然后将沸腾的水、甲烷、氨和氢的混合物导入烧瓶。这些混合物的成分类似于热泉的喷涌物。闪电带来了极高的电流，令各种物质互相发生反应。证据显示，在短短几天之内就产生了氨基酸——米勒踏上了科学怪人之路，创造了生命的温床。然而他无法说明这些零件是如何在波涛汹涌的大海中连成整体，并结合成高级分子的。目前米勒的理论是，这些结合应该发生在一些平静的水域，如池沼、水洼、风平浪静的海湾，然而他自己对这一解释也不甚满意。

另一种理论认为，生命产生于洋冰上。在化学物质丰富的条件下，洋冰中的凹洞为原始细胞的诞生提供了条件。然而根据这种说法，生命产生的年代将会大踏步地延后——37亿年前，地球上并没有冰块。

还有一种理论认为，生命的摇篮是淡水湖；也还有人相信生命并非诞生在水中，而是出现在岩石中，或地下晶体岩中。

或许每种说法都有自己的道理。

可以肯定的一点是，为了培养一个原始细胞，周围环境必须提供某种良好的可能性条件。而当时的地球正处于出生前的阵痛之中！天文学家弗雷德·霍伊尔质疑：这几乎相当于龙卷风在废车场吹出一辆劳斯莱斯的概率。而英国动物学家和进化研究者威·霍·索普补充道，生命产生的概率相当于猩猩在瞎按打字机时打出一篇莎士比亚作品的概率。在两种情况下，偶然性具有同样重要的作用。

然而反过来说，人们也可以理直气壮地怀疑究竟是否有这样的偶然性。或许事实是，一切已被尝试殆尽，该来的终究会来。两个科隆人在科隆相遇的概率或许很大，而两个科隆人在南极邂逅的可能性同样也有，只是低于前一种情况而已。

我们可以想想，30亿年是否是一段漫长无比的时间？

我们也可以再想想，30亿个30亿年的尝试是否就能获得足够多的成果。

人们或许会这样认为，但进化女神会说，那算什么，我还没有开始呢！这样说来，生命的诞生到底是非常可能还是非常不可能的事情呢？到了本书的最后一部分，我们会踏入太阳系以外星球上的陌生海洋，那时我们再回头探讨这个问题。现在，我们先停留在地球上的水域中。

一个细胞的成就

如果将两只兔子放在一个从未有过兔子的陌生星球，那么它们必然会迅速繁殖，很快创造出一个庞大的兔子家族。澳大利亚人开始警觉了。兔子的性爱极为简洁，也就是说，当一只雄兔和一只雌兔交尾时，他会在她的耳畔轻声安慰道："不要害怕，一点都不疼。怎么样，不疼吧？"兔子的繁殖极有效率，它们的性爱之悦如此短暂，后代却多如牛毛。兔子不注重爱抚，爱抚对于它们而言只是例行公事，绝不拖沓。结束之后，它们会在一边休息。兔子不得不大量繁殖，因为它们不喜欢死亡，却不幸成为各种肉食动物的盘中餐。因此它们的策略便是以量取胜。因此啮齿目动物才能在进化中稳稳占据一个地盘，从来不需为节育环、避孕药和避孕套之类的玩意儿费心。

显而易见，繁殖不仅仅是为了乐趣。我们虽然有理由指责进化女神为人过于死板，但是她这样做也有自己的想法。如果年轻的单细胞动物还得向另一个单细胞动物的父亲提亲，那么我们或许永远不会存在。

地球上第一批新陈代谢的生物甚至根本没有性爱，要不然一切就太复杂了。单说前戏吧：今天不行、你不是我喜欢的类型、我今天头疼、十分钟之后有客人要来、不能在这里啊亲爱的……什么？老天，难道我们能在人来人往的海洋里亲热吗？

古菌和真菌则选择了另一条路——分裂。一个细胞分裂成两个与母体相同的新细胞。如此看来，DNA似乎是永恒不灭的，因为它总能炮制出自己的翻版，而翻版又会继续生产自己的翻版……永无止息。所有的翻版都具备和母体相同的化学能量。因此，化学家将它们称为战胜时间的分子。每一次分裂的时间约为20分钟到30分钟。单细胞的数量就这样不断增加，到了某一天——就像澳大利亚的兔子一样——细胞占领了世界。

它们改变了周围的环境。

此时，一些古菌开始在新陈代谢中将甲烷排出体外。甲烷是一种温室气体，大量的甲烷进入大气后，会造成地球温度的升高。原始大气层接收了释放出来的甲烷，并将其保存了起来。今天，由于自由的氧气，大部分进入大气层里的甲烷会在十年内慢慢消失。但那时的甲烷分子却能够存在一万年，它们渗入了当时遍布地球的水蒸气、二氧化碳和氮气当中，刚刚冷却下来的地球又开始升温。然而这一次，地球没有变成大火炉，却形成了一种适合生命滋长的气候环境。而且一定分量以上的甲烷甚至能产生冷却作用，因为它的分子组合成链状，能够制造出一种削弱太阳辐射的蒸气。

无论如何，原始细胞开始蓬勃生长，同时它们还能以自己的排泄物和残骸为其他细胞提供能量。依然还有一些原核生物生活在海底，然而它们已不再依赖于海底的热泉。众多原核生物聚集在海面附近的水域。火山岛屿附近有很多含硫丰富的温泉，很多原核生物都以温泉中丰富的碱性物质为养料，同时也发现了一种新的、取之不竭的丰富能源，这种能源来自于太阳。

进化女神的第二项伟大创造便是光合作用。

没有光合作用，我们便无法呼吸。只要海洋依然沸腾不止，海底的玄武岩依然熊熊燃烧着，那么大气层就会充满储存热量的二氧化碳。经年累月的大雨将很多钙、碳酸盐沉淀物冲进了大海。那些在火山上累积几百万年的物质聚集在海洋中，这些物质包括铁、镁及各种硅化物。尤其大气中的氮在这里保存了下来。在原始大气层下，人类绝对无法生存，当时的大气相当于今天金星的大气层环境。

25亿年前，海洋中发生了一场巨大的变动，其影响遍布整个地球，并完全改变了地球的面貌。这一变革的始作俑者却是小小的蓝绿藻[1]，它们学会了一种天才的手法。嬉皮士们未能完成的伟业——只依靠空气和爱情生活——它们以自己的方式实现了。

它们依赖光而生活。

光本身并不仅是一种亮度。光由光子组成。光子是一种没有身体，能量却极强的微粒，它们以各种不同的波长与我们相遇。聪明的进化女神暗自思忖着：光或许能为生命做点什么？于是光子在蓝绿藻的内部遇到特殊的薄膜时，能量便被储存在那里，这一过程称为光反应[2]。这层薄膜的功能类似一种蓄电池，它储存了阳光。第二个阶段是暗反应，此时能量发生化学变化，得以从水和二氧化碳中制作出糖，即碳水化合物，这便是细菌的营养。于是这一组合完成了。

如此而已。

“氧”竟是个问题？！——第一次物种灭绝

一些听起来简简单单的事情实际上非常复杂，在这一过程中，分子发生了各种变化，尤其水被分解了。（针对那些希望了解得更详细的人：在光合反应中，一些电子被削弱了，细菌想要更换这些电子，于是它四处寻找，最后在丰富的H_2O中找到了电子。而为了获得水的电子，细菌不得不将水分解为氢和氧。）

直到此时，氢一直是化学反应的一部分，它的作用并不显著。它

1　蓝绿藻（Cyanobakterie）：蓝绿藻并非真正的藻类，甚至不具备真正的细胞核。蓝绿藻先于其他细菌获得了光合作用的能力，因此在生命史上有着举足轻重的意义。

2　光合作用的光反应在叶绿体的类囊膜上进行，吸收光能转换为化学能，进行水的分解，产生氧、ATP等物质。

负责促成二氧化碳的合成，主要存在于铁和水当中。不过现在，它终于自由了。刚开始时，它和从海底火山涌出的硫、铁进行了新的组合，这些硫铁元素在结合中被氧化。如此一来，铁不再能溶解，只能聚合成长长的分子链，由于自身重量，它又落回到深海中并沉淀起来——我们今天的大多数铁矿都来自那个时期。

然而事实证明，蓝绿藻无疑是当时的兔子家族。在那些阳光充足的平坦水域，它们制造了大量的自由氧，以致很多氧已无法留在水中，而是化为气体进入了大气。这样一来，整个行星的表层都被氧化了。矿石——红色铁矿——见证了这一过程，通过这种赤铁矿我们可以想象到，当时的地球曾锈迹斑斑，仿佛一辆老汽车。但是问题其实并不在这里。

什么？氧曾是一个问题？

很遗憾，的确是这样。蓝绿藻只对氢感兴趣，氧对于它们而言毫无用处，因此惨遭抛弃。这些坏蛋，破坏环境的冷酷罪人，狼心狗肺的下毒者，它们只在乎自己的利益。它们这种没头没脑的行为给当时的生物带来了灭顶之灾。

或许进化女神自己也没有预料到发明细胞膜和光合作用会引发这样的后果，正是她求新求异的嗜好造成了第一次物种灭绝。然而这位女士并没有太多同情心，不会多愁善感。事已至此，木已成舟，她没有哀叹，而是想办法将生命引入全新的轨道。

饥饿的结果——蓝绿藻变成叶绿体

她花了很长时间苦思冥想：接下来应该如何处理真菌？

复习一遍：真菌（Eubakterien），它和古菌都没有细胞核，因此我们统称为“原核生物”。它们是第一批细胞生命，后来的细胞变体都由此而出，分别适应了自己所在的环境，其中也包括冒冒失失造成氧气污染的蓝绿藻。

二十多亿年前，一些疯狂的原核生物决定不再甘于同类的平庸，它们不断生长、生长，个头远远超过了同类。这些巨型家伙感觉到一种迫切的饥饿感。它们虽改变了自己的细胞壁，然而作为海洋中的新贵，一层细胞壁无法满足需求，它们需要第二层。内部的细胞壁负责守护它们的基因组织，而外壁则构成了一种类似外部胃的组织供它们生活。很快，它们开始无所顾忌地吞噬周围那些不幸进入自己捕食范围的东西。无数细菌都惨遭这些比自己身形大一万倍的捕食者的毒手。在这些大胃王手下，一切都岌岌可危。这些饥饿的猎手最终进入了我们的教科书，它们是三分天下的先辈：动物、植物和菌类。

人类呢？不好意思，人类纳入动物门下。

“Eu”在古希腊语中意为“好”。今天的社会有好人，当时的地球上也有好细胞。好细胞就是有细胞核的细胞，幸亏它们有细胞内膜才有幸被生出来。在膜囊内，大分子和遗传信息DNA揉成一团，DNA被划分为形形色色的染色体，以便将遗传特征输送到细胞外膜中。

然而为了获得第二层细胞膜以茁壮成长、饱食终日，真菌还付出了代价——失去了光合作用的能力。而光合作用当时正值流行的巅峰，无数年轻有为的时髦蓝绿藻在浅水域穿来穿去，在光天化日之下大肆繁殖，到处乱扔氧气。

渐渐地，那些大家伙们开始觉得若有所失，担心自己走上绝路，于是改变了自己的习惯。它们吞下那些呼吸阳光的小细菌之后，并不予以销毁，而是提出了一个交易。这些吸氧的小细菌在真菌细胞膜的保护下，教会了自己的房东如何与氧气打交道，如何使用太阳能。

这一刻，史上第一次出现了同居现象，科学上将其命名为“细胞内共生”[1]，也可称为“第一号公寓”。

真菌大家庭的成员不会争执，也不会乱扔东西。平心而论，蓝绿

1 内共生（Endosymbiose）：一般对共生的理解为，彼此互相利用的生命共同体，如较高等的生物和细菌之间的共生现象。而内共生则是较小的共生生物生活在较大的共生生物体内，比如共生在生物体的肠子里。

藻毕竟改变了世界的面貌，这些年轻气盛的细胞后来发展成了叶绿体。今天，叶绿体是绿色植物中所有光合作用的催化剂，它们利用色素或叶绿素来储存阳光，并将阳光输送到各个光合作用膜处。在这里，就像我之前所说的那样，阳光被转化成了糖。植物的生长需要糖分，那些没有被直接消化的糖被储存起来，以便日后转化成糖。在某种程度上，它们也能在夜间借助暗反应进行这种把光转化为生命能源的艺术。

此时，一切植物的祖先终于诞生了：绿藻。绿藻的出现引发了一轮新的循环。愈来愈多的氧气被释放，物种的进化发展愈加迅猛。直到3亿5000万年前，地球上物质的生长和消耗逐渐平衡，这时，氧气才占据了约1/5的大气层。因此我们必须对蓝绿藻表示衷心的感谢和赞赏，幸亏它们，我们才有了这21%至关重要的元素。

光合作用对我们的贡献还不止于此，它保护我们幸免于太阳的迫害。太阳的毁灭性射线一直狠狠地折磨着年幼的地球，陆地上的生命几乎无法滋长。因此，生命的历史必然由海洋来书写，因为只有海底深处才能为生命提供摇篮。然而当大量氧气涌入大气层时，太阳的紫外线有可能撕裂这层氧气，幸好臭氧构成了一层保护伞。遗憾的是，由于人们的冒失行为，今天的臭氧层已出现破洞。

性

亲爱的，我们来谈一谈性……

正如上文所言，进化女神起初对性并没有太大兴趣。对她而言，细胞的分裂繁殖似乎更有可行性。当时进化女神做了很多实验，创造出了无数令人眼花缭乱的基因变体。有些变体很壮实，充满希望，有些则弱不禁风。在这样的情况下，如果一个细胞能够适应当时的生存条件，而且勤劳不懈地将自己的遗传基因复制下去，将是非常有意义的事。

但是细胞的分裂也有缺点，就拿分裂的速度来说：太快了。你可能听说过一个关于米粒的传说。这个故事的背景有时被说成是中国，有时又是印度。两个国家都声称发明了象棋游戏。我们暂且以印度版本为准，这个故事是说，印度国王谢尔汗痴迷于象棋游戏，非常想结识发明象棋的人。因此他的军队搜遍了全国，最后找到了一个名叫布迪兰姆的老人，一位数学老师。这位老人被带到国王面前，并受到极尊贵的待遇。谢尔汗宣布，老人可以要求一份奖赏，因为他的天才发明为国王的生活带来了快乐，国王愿意满足他的一切要求。

这位老师要求国王让自己考虑一段时间。第二天，他告诉国王，自己只是一个平民，只想要一些米。具体方案是：在棋盘的第1格中放

1粒米，第2格放2粒，第3格放4粒，第4格放8粒，第5格放16粒，一直放到最后一格，每一格中的米粒数都应是前一格的2倍。

谢尔汗很生气，觉得对于一个国王而言，这样的赏赐简直微薄得可怜。他认为自己的慷慨遭到了侮辱，然而君无戏言，因此他答应了老人的请求，每一天都赏他一些米粒，数量是前一天的2倍。这个乘法游戏让他深感无聊，又有些恼火。到了第10天，他赐给老人512颗米粒，已够吃一顿晚饭了。到第12格，米粒数已增加到2048颗，然而这也不算多。第二周之后，国王依然没有什么感觉：第14格中放的米粒数为8192颗，这算什么？然而，象棋大师统计了一下自己已经得到的米粒数，竟已有15359颗。这时国王才开始起疑心，他没有预料到这样的结果。看起来老家伙的收获一点也不少。然而国王总是国事繁忙，又有后宫佳丽，不久就淡忘了这件事。

到了第64天，象棋大师脸色苍白地来到国王的大殿中，结结巴巴地禀告说，赏赐的米粒已无法集齐。国王摇摇手，丝毫不信。他平生从来没有欠过别人的债，而他的赏赐只是一袋米而已——好吧，或许是几袋米，完全不必大惊小怪，怎么会出问题？

象棋大师开始号啕大哭，并叫来了宫廷的数学师傅。师傅向谢尔汗解释道，一面棋盘由64格组成，如果以2的倍数计算米粒的话，可以用一种指数来表示，不幸的是，这一指数很快水涨船高，变成了天文数字。到了第21天时，国王已欠布迪兰姆一百多万粒米，当时还没有到棋盘的一半。

谢尔汗很不高兴，他这才意识到自己的处境十分不妙。于是他开始计算这笔债务，然而其数额实在大大超过了他的支付能力，难道老家伙要将他一把掏空？

“我们会尽最大的能力来支付你。”国王硬着头皮说。

数学师傅摇摇头。

“这笔债已不在您的能力之内，陛下。整个王国的米粒也不够这个数。如果您信守诺言的话，请买下全世界的土地，将它们全部变成稻田，您还得抽干所有的海洋河流，让北极融化。当您将所有的这些土地都种上稻谷之后，或许才有可能满足布迪兰姆的愿望。”

“到底有多少粒米呢？”谢尔汗问道。

“18,446,744,073,709,551,615粒。”数学家说，“恕我冒昧，陛下，您破产了。”

要了解情况，我们可以稍稍换算一下：10克米大概有400粒。这样算来，布迪兰姆的赏赐相当于461,168,601,843吨稻谷——几乎是今天世界稻谷年产量的80%。

幸而君主集权制有一个附带的好处：君主可以随心所欲地砍臣子的头。因此，在这种局势下，必然有人建议谢尔汗以斧头来抵债。毫无疑问，老人肯定愿意为了自己聪明的脑袋而放弃几颗傻米粒。但是没有人知道他的动机：他好端端地为什么要那么多难以保存的米粒？

这位老人显然缺乏经济头脑，但他无疑有惊人的计算能力。只需一张64格的棋盘，以一粒米起家，就足以摧毁整个帝国。平心而论，这个国王的脑袋的确不怎么好使。类似的故事也发生在澳大利亚：一群长耳朵的兔子差点毁了整个国家。同样，如果单细胞生物无限分裂下去，数量疯狂增长，那么它们很快也会走到末日。如果以64次分裂为一个周期的话，那么一个单细胞生物在两天之内就会分裂出几兆亿个分身，而这些分身又会在接下来的两天内继续分离出几兆亿的后代。虽然单细胞生物个头不大，但也不可小觑。有人计算过，如果它们毫无顾忌地繁殖下去，那么几天之内，整个地球就会完全被它们覆盖。

精彩！最早的物种竟自己闷死了自己。

两性战争——多细胞受到青睐

当时的地球上依然火山爆发不断，小行星频频来访，还有独一无二的发明——令90%的生物很快一命呜呼的氧气时代。可是这样的发展无比缓慢，需要几百万年的时间。毋庸置疑，该有人来管管了。

进化女神首先规定：对所有的细胞不能一视同仁。这一措施在某种程度上缓解了当时的问题，令地球幸免于爆炸，然而人口依然拥挤不堪。这样想来，手提包的主意似乎变得不那么可爱了。

想一想，手提包及其里面的东西每半个小时就会自我复制一次……

太可怕了！

所有的盛宴都会在转眼间烟消云散，自助餐台上全是手提包，通往洗手间的路上也全是手提包，无数唇膏、眼影堵塞了我们的城市。到了那个时候，或许我们的大气层也充斥着高浓度的香水味儿，只有卡尔·拉格菲尔德这样的时尚大师才有勇气用鼻子呼吸。

进化女神思忖着：应该再往前走一步，阻止细胞的自我分裂。可是如果这样做的话，它们该怎样繁殖呢？有没有一个两全其美的解决方法？比如说它们可以继续自我分裂，但应有不同的特点——还有一个更好的办法：让它们两两相遇，然后共同制造下一代！

不错，的确不错！应该让各种各样的细胞先约会，然后两两繁殖。只有一对细胞建立了联系，继续分裂才有可能。

那么在这两个细胞中，究竟哪一个才能分裂呢？

嗯，这样也不行。约会策略虽然能够缓解细胞的疯狂分裂繁殖，但是问题依然存在：最后产生的依然是完全一模一样的分身后代。但即便如此，双性细胞的主意听起来依然不错。

这时，进化女神突然眼前一亮！

如果让一种受精和一种受孕性别的细胞共同繁殖，那么其产生的后代将综合父母双方的遗传基因。这个婴儿细胞将成为一个全新的、独立的个体，与父母同时存在。它继承了父母双方的基因，却又超出了两者之和。就这样，我们无限自豪地宣布：健康的细胞宝宝诞生啦。

进化女神不需要完全摒弃分裂繁殖原则，反之，她只需抛弃单细胞生物即可，多细胞生物才是重要角色。

我们不知道进化女神究竟如何迈出了她天才的第三步。或许当时有些细胞虽然能够分裂繁殖，然而分离出来的两个细胞宝宝却不能完全分开，而是像连体人一样形影不离。这样的双细胞成了一种独立的生物，它继承了父母的双倍基因，同时又不容易发生变异。而双细胞又分离出四细胞、八细胞……直至无穷无尽。

然而进化女神还有别的打算，她的目标是特殊化。因此她采取了一个措施：只有某些特定的细胞才能进行繁殖。为此她又修改了分裂过程，取消了对称分裂，因为在此之前，一切分离出来的细胞都与母体具有完全相同的特征。自此开始，新的细胞虽然与长辈的基因密码相同，却是完全不同的个体。随着时间的流逝，这一过程渐渐演变成了有等级的工作。只有大型细胞才能繁殖自我——它们生出胚细胞，而胚细胞有简单的基因码，它们通过减数分裂形成，即所谓的成熟分裂。有两种不同的胚细胞：卵子细胞个头较大，永远驻守在自己的载体中；精子细胞个头娇小，行动灵活，能够离开自己的载体，帮卵子受精。

大概在15亿年之前，两性战争就已爆发——同时开始的还有细胞联盟的历史，细胞们开始争城占地、吵闹不休。两性的革命其实在元古代就已爆发，并非首次发生于伍德斯托克[1]。

其实，双性受精的原则并不是什么新发明。早在细菌时代，性已是家常便饭，细菌们虽然没有雌雄之分，却懂得交换自己的基因信息。它们的外壳上有线状的肢节，能够运送基因。这些细菌能够很快地穿透对方的外壳，然后植入自己的基因信息。整个过程无关快感，唯一的目的只是彼此交流基因，使自己的物种类型日趋复杂。

红皇后之争——战战兢兢的生存之道

原则上，细胞分裂甚至比奥地利阿尔卑斯多夫的近亲繁殖还糟糕，因为复制出来的细胞完全一样。如果外部环境突然恶化，那么它们会

1　伍德斯托克，1969年8月15日到17日，于美国纽约州苏利文县附近举办的音乐节，吸引了约45万人观看。在20世纪60年代的世界学潮运动中，伍德斯托克所提倡的“和平、反战、博爱、平等”等理念对后世有深远影响。

全体死亡。距今25亿年前的氧气中毒事件就是一个很好的例子：物种的生命总是命悬一线，多次与灭顶之灾擦肩而过。

更高等的生命之所以能够诞生，还得归功于当时的局面——细胞终于不再只有一种。当时出现了各种各样的细胞，其中的某些细胞挨过了大灾难。也就是说，基因的混杂有百利而无一害：有机体各行其道，开枝散叶，愈来愈多的物种适应了外部环境。直到今天，细菌们还在进行这种原始性爱，然而其结果却令人头疼不已：通过这种性爱，它们能够对抗生素产生免疫力，令我们的生命岌岌可危。这是一场无穷无尽的战争。

进化生物学家将这场战争称为“红皇后之争”。

刘易斯·卡罗写过一篇《爱丽丝镜中奇遇记》——《爱丽丝梦游仙境》不为人知的续篇。这个故事中，爱丽丝邂逅了红皇后——一枚性格古怪的棋子，借助黑暗的力量统治着她的王国。在她的地盘中，时间和空间都失去了效力。有一次，红皇后要求和爱丽丝赛跑，然而不管她们如何努力，却怎么都不能迈出原地一步。红皇后跑得像魔鬼一样，爱丽丝模仿她的动作，然而两人依然在原地踏步。

“难道周围的东西在和我们一起跑？”爱丽丝绝望地喃喃自语，然后一头趴倒在草地上。

“唉，”她对同样气喘吁吁的红皇后说，“在我住的地方，如果人要到另外的地方去，像我们刚才那样跑步就可以了。”

红皇后摇着头说：“你们真懒！在我的国家，如果你想待在原地不动，就得拼命往前跑，如果你想去别的地方，就得以两倍的力气拼命跑。”

令人惊讶的是，红皇后的理论恰好说明了进化的最高原则：原地踏步者必将被淘汰。达尔文虽然提出了进化的优胜劣汰原则，却忽视了这一点。他认为物种之间的权力关系最终会达到一种平衡。然而事实证明，人们津津乐道的自然“平衡”其实只是一厢情愿。大自然从未有过平衡。在大自然的各个前线上，战火永远熊熊燃烧、经久不息。

无论一个物种适应周围环境的能力多么强大，它必须永远保持警惕，因为敌人同样具有优秀的适应能力。赢家永远忧心忡忡，因为竞争者的队伍永远在不断壮大。所有人都绞尽脑汁，花招迭出，无论是物种之争，还是进化和大自然之争，没有任何一家能够真正笑傲江湖。

生命之所以成为可能，是因为物种学会了随机应变，先找到安家之地——黑烟囱，然后再离家出走。接下来，它们又学会将阳光转化成能量。必要时，它们还对大气层出手，改善周边环境，虽然它们差点因此招来灭顶之灾，但进化女神一直在孜孜矻矻地寻找新的途径。

生命的历史中没有永远的赢家，只有暂时的胜利，转眼间竞争者便会赶上来，超过领先者。唯独播撒病菌的细菌拥有极强的应变能力，医药业无论如何发达，都永远追不上它们的步伐。地球上所有的生物都避不开这轮惊心动魄的优胜劣汰，能够保住自己的地位，就已经是很了不起的成就了。

只有找到最佳的应敌策略，某一物种才能暂居上风。放眼望去，无数个红皇后简直充斥了整个宇宙。几乎所有的自然变故都突如其来。从没有人提醒过细菌：释放氧气对于大多数生物而言都是一个疯狂得无以复加的主意——当然，幸亏有细菌的这一举动，人类才能存在。如果那些已灭绝的生物在死后还能抱怨一两句，那么它们必然会破口大骂进化女神，怪她犯了许多愚蠢的错误。然而实际上，进化女神从来不犯错，当然，她的行为也永远不会完美无缺。

进化女神从来没有陷入死胡同，一切只是看问题的角度不同。

众多物种纷纷死去，此话不假，然而它们活了多久真有那么重要吗？

恐龙活到了6500万年前，而智人直到10万年后才学会使用汤匙，这差异真有那么关键吗？

所有诞生在地球上的物种，在有生之年曾追随着世界的步伐，这才是人们最应当关注的问题。

在遥远的某一天，地球将会被太阳——太阳无疑也是一个胖乎乎的红皇后——吞没。那时，大自然中的生命将再次归于尘土，或再次破土而出。或许早在那一天来临之前，人类就已经掌握了星际航行的科技，我们将和外层空间的红皇后们争斗不休，逼得她们无路可走。毕竟，我们也是红皇后。

和有限的生命赛跑——创造优质的基因

回到我们刚才的话题上——在元古代，物种只有借助纷繁复杂的基因多样性才有可能保住自己的小命。因此，性变成了一件很有意义的工作。不可否认，性是一份辛苦的差事，常常令人失望，有时甚至粗暴不堪。人们费时费力，还得掏钱吃昂贵的晚餐，不过作为混合基因的程序，性的确再适合不过了。

通过这种方式，遗传基因中的缺陷不再像细胞分裂一样一对一地传到下一代身上，而是在不断的混合中被渐渐剔除。每一代人的基因和分子结构与祖辈都不太一样。这一过程愈快、愈稳定，寄生物和细菌就愈难消灭个人或整个人类。

性以多样性为目的，它让人们更有效地利用环境和能源。因为毕竟人人有别，不会发生众人哄抢一块地盘的局面。此外，由于一样米养百种人，人们的口味也会有所差异，有人欣赏蓝眼睛，有人欣赏灰眼睛——各有所爱。今天的世界中，99.9%的非植物生命都有性生活。

或许有人会严肃地问：为什么女人不能像蚜虫那样独自传宗接代?蚜虫甚至还能自我分裂，就像4000万年来一直过着惬意的无性生活的轮虫那样——起码它们是这么宣称的。可是话又说回来，从来没有一只轮虫能有幸成为宇宙先生或登上《花花公子》的封面。我们还是老老实实地承认吧，性爱有很多优点，如果没有性，我们的存在会丧失很多乐趣。

单性繁殖和无性繁殖当然可以考虑，然而这样的生活毕竟缺乏热力，而且我们也知道这一选择的后果——一模一样的生物。在与红皇后的赛跑中，这些生物很快就会被远远甩在后面。因此进化女神才创造了两种性别，让他们不断糅合自己的基因和性格，制造出更优质、更新颖的结晶，因此世上才会出现不会倒车的男人和不懂得倾听的女人。

真菌和细菌喜结连理之后，进化成了更先进的物种，将多细胞生物推上了历史的快车。它们体内的细菌变成了粒腺体，这些粒腺体至今依然生活在动植物和菌类的细胞中，仿佛小小的化学加工厂，将氧、糖和脂肪转化成能量。

当时很多单细胞生物都具有惊人的活动能力，某些体内生成了一些蛋白质骨架，因此能通过收缩动作来移动身躯。此外，这些蛋白质的功能还类似于肌动蛋白和肌球蛋白，就像人类身体上的肌肉组织一样。还有一些单细胞生物有鞭毛，就像小小的螺旋桨一样推着它们运动。进化女神尝试了令人目不暇接的动力系统，这些对多细胞生物提供了极大的方便，因为它们即将登上生命史的舞台。

那么，最早的多细胞动物到底是什么模样呢?

它们的相貌恐怕令人不敢恭维：身体应该是长长的条形。作为真菌的复制体，在海中四处游荡的流浪生活让它们受益匪浅。由于它们个头不小，因此能够躲过猎食生物的毒爪，毕竟那些捕食者对它们有些望而生畏。另一方面，这些生物很快结成了联盟，因为它们的集体愈大，鞭毛也会相应增多。随着时光的流逝，这些复制生物渐渐演变成了独立而复杂的生命，它们开始受精繁殖，在自己的体内孕育下一代。

局势顷刻间翻转：受精卵子的分裂速度远远低于自由的单细胞生物——在人类身上，卵子的一次分裂大约需要16个小时。最重要的一点是，分裂出来的子细胞彼此截然不同。多细胞生物已不再是微生物的聚合体，相反，细胞们正在同心协力地推动有机体的发展——这才是多细胞生物赖以生存的奥秘。几次分裂之后，胚胎已形成了不同类型的细胞，这些细胞虽然具有同样的基因编码，却各有所长，能对自己的DNA进行功能编制。

一个生长了5个月的人类胚胎拥有约200种不同的细胞，各个细胞的功能都已被预先设定。有些细胞将成长为眼睛，有些成为手臂，有些则是骨骼或血细胞等等。同样的基本条件将转变成不同的有机组织。

正因为多细胞生物拥有形形色色的不同细胞，地球上的生命才没有被自己扼杀。身体的某个有机组织发展完毕时，会停止其分裂能力，保持优美的造型，完成各种困难的工作，而繁殖的任务就落在卵子的肩上，只有卵子才拥有完整的基因信息。

除此之外，性爱还给这个世界带来了自然死亡现象。在此之前——除了外部环境带来的毁灭性影响——细胞基本上永恒不灭。而身体细胞则会渐渐衰老、死亡，因此某一天，整个有机体也会随之覆灭。原始海洋中的生命永恒不死，而到了这一刻，生命被赋予了界限，这是进化女神向地球抛出的救命索，如不这样，整个星球会被挤爆。

为了在宇宙中占据一个位置，享受呼吸、饱食、性爱以及一生之福，生物需要付出代价——生命的有限性。

海龟能活200年之久，而蝼蛄的生命则宛如朝露。而无论是海龟还是蝼蛄都不会因为自己的年岁长短而大动干戈，唯独人类会这样做，因为他们被赋予了思考能力，这种能力时时调唆他们，让他们怨天尤人。其实，渴望长生不老是一种十分愚蠢的愿望。如果大幅度地拉长人的生命，那么所有人都会成为永远的退休银发族。

统计学者曾经计算过，如果一个人每天开两个小时的车子去上班，那么在一生之中，他总共得花6个月的时间等红灯。这应该已是极限了。而且，如果长生不老的话，总有一天我们会看完所有的电影，到了一千岁时，我们最终会忍无可忍，谋杀喋喋不休的老伴，最后被送进监狱。

人人为我。无数细胞，一具躯体。性爱，死神。在30亿年的漫长时光中，进化女神绝对没有坐视不管，她的成就令人叹为观止。到目前为止，地球上的生物依然是一些小不点。最早的多细胞生物个头很小，而且大部分都不幸早夭。它们的生存如履薄冰，刚刚打算成家立业，天气预报就送来了坏消息。

雪球和气垫

约14亿年前，真菌的进化终于告一段落。当时的地球上还没有大块陆地，露出海面的陆地大约只占整个地球面积的5%，新生的大陆还躺在海面之下。平均算来，当时的海洋深度低于今天。历史见证了第一块超大陆——凯诺兰大陆——的崛起和消亡。

大约在10亿年前，巨大的陆地破水而出。度过了2亿年的萌发期之后，这些陆地终于初步构成了地球母亲的形貌。当然，那时的地球和今天完全两样。有一块名叫罗迪尼亚的超大陆随后也诞生了，然而地球进入冬眠期后，这片陆地也瓦解了。因为又1亿年之后，地球上发生了一件很不寻常的事情，这件事大大影响了生命的发展。

冰封的世界——温室效应加速了冰河期的到来

地球变冷了。

其实，冰河期并不是什么奇怪的事情。冰河期就像令人讨厌的岳母一样，时不时偷袭一下地球，颐指气使半天之后又扬长而去。据我们目前的了解，最早的冰河期大概发生在23亿年之前。严格说来，一个大冰期是由数个连续的冰河期–间冰期循环构成的。如果天气预报又声称“这一季太冷”时，你千万别生气。我们正生活在两个冰河期之间，虽然所有人都笃信“全球气候变暖”，虽然布什总统也一心一意想把冬季大衣扔进历史堆里。事实上，距今最近的冰河期大约发生在10000年到11000年以前，从地球的历史来看，几乎只是眨眼间的事，而下一轮冰河期也已迫在眉睫。至于确切时间，我们目前还不知道，根据预测，大概在5000年到15000年之后。奇怪的是，目前的温室效应实际上加快了冰河期到来的步伐。

我们还应了解的一件事情是，墨西哥湾暖流——多亏了这股暖流，欧洲人才能享受如此温暖的气候——并非在“流动”，而是受到了一个庞然大“泵”的吸引。温暖的水比冷水轻，因此暖流会在上方。流到北方后，水流的温度会发生较大幅度的下降。温暖的墨西哥湾海流渐渐冷却，流到格陵兰之前时，最终由于自己的重量而演变成了沉降流，坠落到3公里深的格陵兰盆地底部。然后这股深水海流再由此流回到南部。另一个造成水流下坠的原因是它的含盐度：含盐较大的水比淡水更重。

地球的气候变暖时，北极的冰川会开始融化，而冰川由淡水构成。融化的冰川将稀释北方海水的含盐量，这样一来，海水会变轻，无法下坠，也无法形成对流，此时，墨西哥湾暖流将不再长流不止。

抛开即将来临的冰河期不谈，经历了约6个冰河期之后，地球已经心有余悸。元古代末期的冰河期对所有生物都是一记毁灭性打击。今天，我们发现一些巨大的冰川碎石块，并将碎石称为冰碛。澳大利亚的冰碛最厚可达6公里。上世纪中期，人们在世界各地发现多块冰碛岩[1]。据考证，这些碎石块应来自同一时期——8亿年到6亿年前，这些发现证实了我们的猜测：当时的地球被重冰覆盖。我们还考察过其他区域的冰碛，结果令人跌破眼镜。显然，当时被冰封的并不仅仅是某些区域，而是整个地球——地球变成了一个闪闪发光、庞大无比的宇

1　冰碛岩(Tillite)：流动冰川中沉积下来的碎石，今天我们能通过冰碛岩层研究从前的冰河期。

宙雪球。

刚开始时，人们或许会觉得难以置信。即便有各种科学佐证，雪球假说听起来也的确有些疯狂。我们无法想象，究竟是什么造成了如此大规模的全球冰河期。

科学计算证明，一旦南极和北极的冰块进入了纬度30°的区域，地球就会被完全冰封。因为南北极的冰块能够反射阳光，将大部分热能送回宇宙中，也就是说，被反射的阳光愈多，地球的温度就会愈低。从某一程度开始，全球冷却的趋势将无法阻挡。因此，纯白色的地球并非耸人听闻。然而如果这种假说正确——地球该怎样才能重整旗鼓呢？

学界一直在激烈争论的一个问题是：所谓的瓦兰吉尔冰期[1]真的冰封了整个地球吗？是否有少数地区幸免于难呢？赞成完全冰封说的科学家认为，大气中的二氧化碳完全有能力逆转局面，将完全冬眠的地球唤醒。

证据显示，当时有一些大型火山突破了冰雪盔甲，向大气层释放了大量二氧化碳。一般情况下，二氧化碳会和钙发生反应——这些钙产于风化的岩石中，然后被河流带人海洋——生成石灰，可是既然陆地已被冰雪覆盖，钙当然也不例外。于是大气层中的二氧化碳愈积愈多。几百万年后，大气的二氧化碳含量终于达到了今天的350倍，于是地球的温度开始上升，赤道附近的冰块终于开始消融，一轮新的生命循环开始了。最上方的冰面开始蒸发，由二氧化碳和水蒸气构成的外衣令地球温度骤增。冰雪退出陆地后，大量含钙的石块露了出来，与大气中过量的二氧化碳发生反应，形成巨大的石灰沉淀物，今天人们正是借助这些石灰块才能猜测当时的情况。

而反对雪球假说的人则指出，完全的冰封会扼杀一切生命。况且，那些为地球解冻的大量二氧化碳根本不可能在短时间内进入大气。这

1　瓦兰吉尔冰期：（Varanger-Eiszeit）也被称为“成冰纪”（Cryogenian），距今约8亿5000万到6亿3000万年。

一过程需要3000万年到4000万年的时间。而等到那一天，多细胞生物早已灰飞烟灭。

人们各执一词、争论不休。拥护雪球说的人反驳道：我们还应考虑到那些首先解冻的区域产生的水蒸气，考虑这些水蒸气和二氧化碳的共同作用。这些人认为，在当时产生的温室条件下，温度在很短的时间内就已达到了50℃，这样的温度完全能够解冻地球。而有些人则怀疑水蒸气和二氧化碳对全球暖化的作用，认为甲烷才是造成碳元素增多的主要原因。

事实上，在瓦兰吉尔冰期，海洋沉淀物中的确储存了大量甲烷水合物。目前，这些甲烷水合物正在融化，在它们的作用下，地球将很快变成一个大烤箱。这一说法虽然得到了反对派的认可，但依然有人坚持认为，赤道附近应该存在一个狭长的无冰区，在这一地区中，有机生物还能继续进行光合作用。这是被大多数人所接受的一种理论。当然还有另外一种可能的情况：冰河期中，生命又回到了自己的摇篮中——海底的液态热泉。无论如何，它们在那里度过了一段不错的时光。

古生物学家伯恩德-迪特里希·埃德曼——我们在下文还要谈到他——从这种假设中得出了很诱人的结论。诚然，冰河期之后的生命获得了极大发展，光合作用展现了自己的巨大作用。真菌之所以能够活下来，完全是因为它们的粒腺体能够承受氧气。因此，第一批多细胞生物完全依赖太阳的营养才生存下来——当然，那是在无冰区。

目前已经没有人怀疑地球曾经大雪封山——不管是100%还是90%。现在的问题是“为什么”。以下为你列出了一些理论：

当时的阳光没有今天强烈，其辐照程度比现在低6%。的确没错，然而冰河期之前的太阳差不多也这样，因此一个行星绝不会在一夜之间被冻成雪球。

或者来自太空的星际尘雾横亘在太阳和地球之间，吞噬了光与热。

或者火山大举爆发，令世界陷入一片昏暗。

或者罪魁祸首是各个大陆，因为我们都知道，陆地不肯乖乖待着不动，总是动来动去。当所有的陆地都聚集在赤道时，海流无法摄取足够的热量，当罗迪尼亚超大陆崩塌时，局势才终于发生了改变。

类似的理论还有很多。有人认为是因为地轴发生了倾斜。实在无法自圆其说时，人们总会怪罪那些来自太空的超级大流氓——宇宙导弹，它的确为地球上的生命带来了不少问题和苦难。这些都自有其道理，或许正是在所有这些因素的共同作用下，地球才会被完全冰封。然而毋庸置疑的一点是，进化女神创造的孩子们非常惊险地躲过了这场灾难。如果没有真菌和光合作用，我们今天或许依然还住在黑烟囱里——这还只是最好的假设。

6亿年前，瓦兰吉尔冰期终于结束——随即而来的是一个新的时代，关于这个时代，我们直到现在依然所知甚少。

欢迎来到伊甸园——埃迪卡拉纪

在这个时代，我们又见到了老朋友——进化女神的虾兵蟹将。阳光普照在海洋上，浅水区的海底也见到了天日，生命蠢蠢欲动。看起来显然有不少生物都从冰河期中成功逃生了。古菌、细菌和真菌们揉揉眼睛，将寒冷逐出了自己的细胞膜，然后开始考虑下一步的计划。

此时，蓝绿藻的黏液已覆盖了海底，海面上则长出了毛茸茸、密麻麻的红藻。一些海生蓝绿藻在海岸找到了安家之地，建起了真正的巨型城市——叠层石，今天我们有幸还能一饱眼福,这种粗大柱状而有着波浪状分层的石灰岩逐日向上生长。这些都是蓝绿藻的殖民地，也被称为微生物层。它们还能加工阳光和浮游物，分离出碳酸盐。这些碳酸盐形成了沉积物，每一层石灰都在加高这些建筑。叠层石城市的规模日益壮大，城市的主人稳稳坐在最上方，不断进行光合作用，辛勤地生产石灰岩。

史前的城市建筑业早在35亿年前就已出现。叠层石属于地球生物构建的首批工程，而石灰之城及其建筑者更是大大提高了大气中的氧气含量。庞贝已沉入水底，总有一天威尼斯也会被水淹没，但是今天的人们依然能发现繁华的叠层石城市，譬如澳大利亚西部的鲨鱼湾。这些家伙的确懂得建筑！目前，联合国教科文组织已将鲨鱼湾列入世界自然遗产。蓝绿藻如果得知这一喜讯，肯定也会欢欣鼓舞。

瓦兰吉尔冰期之后，进化女神开始快马加鞭地工作。未来霸主的祖先已经各就各位：动物、植物和菌类。菌类早已宣布自己不再依赖真菌，然而另外两族此时还有些犹疑不定，不知道自己究竟该成为动物还是植物，或是其他什么玩意儿。

其实，人们在最近几年才划归出了埃迪卡拉纪这一地质学时代。在此之前，人们对前寒武纪最后9000万年发生的事情几乎一无所知。没有人知道是什么导致接下来的寒武纪突然生机勃勃、物种竞放。

根据正式的纪年史，寒武纪开始于距今5亿4200万年之前，随着进化女神一声令下，无数种高等有机生物仿佛凭空一跃而出，它们有脚有眼，长着钳子、甲壳、鳃、鳍、内脏，而且胃口极好，对友善的邻居们虎视眈眈。究竟是什么事件引发有机生物如此令人咋舌的出场，如此突如其来的发展？这就好像一些穿着兽皮的原始人，刚才还嘟嘟囔囔地挥着大棒在树丛中乱跑一气，下一秒突然变成刮了胡子的现代人，坐在飞机中向外招手致意，嘴里还说着一些“我思故我在”、“$E=mc^2$”的聪明话。必然有某件事导致了这一转变，那是一个沉入历史的王国，它在单细胞和复杂的动物世界间架起桥梁，在短短几百万年的时间中，这些动物已画出了上百个蓝图。

很遗憾的是，化石并非十分可靠。坚硬的物质能够在沉积物中完美地保存下来，而柔软的物质转眼间就被打家劫舍的细菌们吃得干干净净。在寒武纪之前，多细胞动物无一不是软乎乎的家伙，当然也有一些例外情况。这些柔弱的家伙经常被掩埋起来——对于科学界而言，这无疑值得庆幸，这样我们才能了解它们软弱的一面。

事情是这样的：瓦兰吉尔冰期结束时，倾盆大雨将大量聚集的二氧化碳冲出了大气，并将各个大陆变成了一片泥泞。大型雪崩不时发生，雪块从陆地轰轰烈烈地流入大陆架的海洋中。谁要是运气不好，恰好碰上一次这样的雪崩，就会被急流带走，而且还会被密封保存，使其免受细菌和寄生物的困扰。一些甲壳纲的化石证明，这些生物在窒息之前曾尝试过从这些突如其来的雪块中逃生。惨遭掩埋的生物有些正在蜕皮，有些正在做爱，还有些正在吃饭，或在享受午后的小憩。古生物学家们都很希望找到这种高死亡率的事故地点。在闪电般的密封过程中，柔软的肌体被保存了下来，这样专家才能直接研究某种本已消失的物种。

相比之下，一般的海洋生物化石比较难保存下来。海中的家伙们虽然总是在海底度过生命的最后一刻，却很少享受到土葬的待遇。海洋板块在移动的过程中潜入了大陆板块之下，进入软流层中，在那里带着所有坟墓一同熔化，然后永远消失。海床很少与大陆边缘发生冲撞并褶曲成山，最终加入大陆的阵容——若是如此，化石数量一定非常可观。阿尔卑斯山脉和落基山脉就是这样诞生的，因此人们才能在陆地上发现很多早已消失的海洋生物的化石。

早期生物死亡高发地带之一是南澳大利亚的弗林德斯山脉，这可能是人们最不可能猜到的一个地方。早在20世纪初期，德国地质学家就全面考察了当地的埃迪卡拉山区，然而他们并没有意识到自己发现了什么。只有澳大利亚人雷金纳德·斯普里格发掘出了真正的宝库。在曾经构成了浅海区海底的沉积物中，他发现了一些不明生物留在石头上的印记。

埃迪卡拉岩层的岩石可追溯到6亿年前，也就是地球再次暖化的时候。本来斯普里格负责的是一项完全与此无关的考察任务：研究古老的铅矿。他是矿业专家，主要在一些古生物学家足迹罕至的地区工作。不过斯普里格在化石方面颇有慧眼，他发现的东西看起来像一堆小煎饼、羽毛和叶片，没有甲壳或其他坚硬的身体组织。这些化石无疑属于多细胞生物——或套用专业术语“文德阶生物[1]群”：海蜇、珊瑚、水母和腔肠生物，但是没有任何一个和之后时期的动物有任何相像之处。那么它们究竟是什么生物？不明飞行物？

之后的几年中，人们就这些化石的真实面目进行了激烈的争论。目前，人们在全球各地又有不少新的发现，从加拿大的纽芬兰、英国，一直到俄罗斯。这些有机物后来大多被冠上了名字。

狄更逊类拟水母长得像一个会游泳的、加热后的大型立体唱片，基本上和今天任何一种生物都不存在可比之处。查尼欧类海笔石动物呈叶片状，以一种类似郁金香根茎的足部支撑自己，固定在地面上。帽森类拟水母就像飘浮的热气球或旋转木马的顶部结构一样，能在查尼欧类海笔石动物中从容穿梭。查尼欧类海笔石动物在水中轻盈地漂流，金博拉虫在它们之间艰难地跋涉，长着一个长长的、可弯曲的象鼻，背部有柔软的甲壳，看起来神似坦克。也有些人觉得金博拉虫长得像被嚼碎的软糖，头上还顶着奇形怪状的头盔。

埃迪卡拉岩层的化石有一个很大的缺点：化石都被埋在一些粗颗粒的沉积物中，细节上不免有些缺憾，然而却能激发人们无穷的想象。比如说，Pteridinium和恰尼虫究竟是什么玩意儿，竟能长到两米长？根据其脉络状的残留物，人们猜想那是一些蕨类植物，根部如同铁饼一样扎在地面上——Pterdinium在希腊语中的含义是“盘根错节的蕨类”。无论如何，起码它们还能令人联想起什么。在这个疑云重重的时代，很多生物完全不为人所知。那些玩意儿到底是蠕虫，还是煎鱼排？还有一种在纳米比亚褐色岩石上被发现的生物，人们根本搞不清楚那到底是动物还是植物，甚或两者都不是。

德国地质学家阿道夫·塞拉赫是备受争议的人物，其对埃迪卡拉

1　文德阶生物（Vendobionten）：一种很难明确归入动物、菌类或植物范畴的生物化石。有科学家推测，地质史上的埃迪卡拉纪可能出现过进化生物的第四王国——文德阶生物，有1/4以上的生物在这一阶段进行演化，但现在这些生物早已灭绝。某些科学家相信，经过仔细研究后，这些生物可被归入已知的菌类。

地区的动物看法独具一格。他是图灵根的古生物学教授，曾在耶鲁大学讲学，1992年还获得了瑞典皇家学会颁发的克莱福奖。

20世纪90年代末期，塞拉赫将动物的诞生时间向前推进了至少10亿年。虽然他没有否认前寒武纪中出现了软躯体动物、海绵等早期生物，但他坚信，埃迪卡拉纪中的那些光怪陆离的生物是进化女神的一场幻梦——尽是一些巨大的单细胞生物，身体扁平，心地善良。幸亏它们的体形宽大，能够从海洋中摄取养分。这些生物的身体可被分成多个蓄满水的、逐个缝接的小单位，似乎没有内外器官之分，更没有嘴巴、肠道和肛门。

塞拉赫研究这些稀奇古怪的生物愈久，就愈觉得似曾相识，直到某一天，他终于恍然大悟：原来是气垫！进化女神发明了气垫。这些生物与常见的橡胶气垫床唯一不同的地方在于，它们是活生生的生命。

毋庸置疑，甲壳纲、鱼类、禽鸟以及其他各种动物并非由气垫进化而来，而且我们也从没见过使用活塞呼吸的人类。这一点塞拉赫很明白。进化女神尝试了一些孕育生命的新途径。塞拉赫教授相信，除了菌类、植物和动物三大王国之外，史上还有一个文德阶生物群时代，正如某些自恃“永垂不朽”的物种一样，这个王国也沉入了历史的深渊。

持这一看法的塞拉赫为自己招来了不少敌人，这些人认为塞拉赫的观点宛如天方夜谭。20世纪60年代中期，人们还在埃迪卡拉岩层的化石中发现了一些骨骼状的针形生物，类似现代的海绵动物。金博拉虫显然应该是蜗牛的祖辈，只是外壳较软而已，而且完全具有被烹制成美食的天分。戏水的旋转木马则被视为水母动物的祖先，“煎鱼排”很可能是最早的蠕虫。

人们甚至还发现了最早的环节动物、节肢动物以及棘皮动物。人们还在岩石间发现了斯普里格蠕虫的化石，看起来类似一条轮胎的印记，头上还戴着一顶帽子，有人声称，斯普里格蠕虫也不过是一种环节动物。

塞拉赫则叱之为“荒唐”，他认为文德阶动物群是极为独特的生物，“此时尚无多细胞生物，因为文德阶生物群的外观太奇特了，若称它们为现代动物的祖先实在不妥，倒不如说多细胞生物是踩着这些生物的足迹成长起来的，就像后来的哺乳动物摆脱了恐龙的阴影才发展起来的一样”。而红皇后可能会说：“原地踏步者必将被淘汰。”这样看来，文德阶生物群肯定偷懒了一会儿，因此被逐出了赛场。或许是因为太心慈手软了，它们是软躯体动物嘛，也难怪。

到底谁说的有理？

我们还是来看一看早期的海洋。当时的海洋并非完全深不见底，在地球暖化的过程中，世界各地的海平面都在升高，淹没了海拔较低的海岸区域，形成了一些气候温和、广袤无垠的浅海区。这是一个真正的伊甸园，没有战争，没有喧嚣，没有人会对邻居“动口”。

吃与被吃？什么意思？什么叫自相残杀？不，气垫生物们从来没有这样的念头。它们亲密无间、随风吟唱，如果有手臂的话，它们甚至还会彼此拥抱。这些长得宛如游泳唱片般的生物们懒洋洋地沐浴在阳光里，活在田园牧歌中。它们心地善良、自由自在。活在海底的生物将自己固定在地面上，因为海底铺着一层滑溜溜的微生物“毛毯”。这些微生物只有几毫米，从沉积物中摄取养分，互不干扰。蓝绿藻、海藻和菌类共生共灭、共享食物、相亲相爱。你是否已被感动得热泪盈眶了？

美国地质学家马克·麦克梅纳明在他的《埃迪卡拉乐园》中就描述了这样的景象。他认为，当时最高等的生物均过着一种平静和谐的生活，直到约5亿4500万年前，一些强悍的武装分子终结了它们的生命。

这些乖巧的海洋生物没有嘴巴和食道，它们究竟如何生存？麦克梅纳明和塞拉赫都相信复杂的生命经历了两轮发展。麦克梅纳明猜测流动的海水中有丰富的营养物质，此外，这些微生物团体已经放弃了自己的斗篷，只用外面的皮肤来消化食物。它们通过翻卷自己的外皮来向前运动。

如果塞拉赫和麦克梅纳明的观点成立，那么埃迪卡拉纪的确是另一种生物的时代。如果它们坚持存活下来，那么今天的世界或许充满了聪慧的大型单细胞生物，而阿玛尼的时装就不再由T型台上的模特儿们穿出，上场的反而是气垫生物。其实气垫生物也有一些好处——谁要是惹了我，我就放他的气！可是话说回来，谁要是像这样大刀阔斧地改写进化史，肯定会给自己惹来麻烦。

随身带着气垫的细胞——动物的祖先

反对气垫说的人指责塞拉赫等人没有睁大眼睛好好去看。纵然软躯体动物无法在粗糙的石英岩中留下清晰的影像，但也不能凭此编造出一堆“智慧外星生物”说。这些生物明显生有触须、生殖腺、鳃、头和肠子。这些先生们应该先把眼镜擦干净，不要胡说八道，那些不是动物是什么？

非常有趣。塞拉赫或许最终只能接受这种说法：那些只是后期的生物的祖先而已。在很长一段时间内，埃迪卡拉时期的生物与寒武纪的生物拥有相同的生存环境，因此前者很有可能是环节动物、水母和珊瑚的祖先。

和埃迪卡拉生物群并肩发展的还有动物。

根据塞拉赫的考证，动物的诞生或许更早于前者。研究者们在中国南部发现了一些前寒武纪动物胚胎的陡山沱岩层，那是一些灰蓝色的微型细胞球，有些正在分裂，有些即将成长为动物的雏形。既然已有这些动物，为什么还要同时造出另外那些奇形怪状的生物呢？况且，巨型单细胞动物原本长得并不稀罕，譬如塞拉赫就曾写道：生在深海的丸壳亚纲就是今天的一种巨型单细胞生物，它长着多个细胞核，细胞骨架能让它支起半个身体。它的个头与埃迪卡拉生物群相似，并且具有塞拉赫提到的原始动物的气垫状结构。

目前，愈来愈多的人认为这种所谓的气垫生物为动物。这种说法成立与否引出了另外一个同样棘手的问题：寒武纪是否发生过一次物种大爆发？

塞拉赫最近承认，某些奇特的有机物的确有可能是海绵的祖先。然而他和麦克梅纳明依然只代表学界的少数派力量，坚信存在过另一支生命发展的脉络。而且塞拉赫还解释了为什么这些生物后来从地球上消失了，他所用的观点却恰恰是反对派的意见：这些软躯体动物被吃得一干二净。

对此麦克梅纳明感到非常遗憾："一种智慧生命形式被扼杀了，它与今天的生命截然不同。埃迪卡拉生物群是生命的第二次实验，这种生命形式大幅提高了其他行星上有智能生物的可能性。"

他的看法或许并不正确。无论如何聪明，太过善良的人难免遭人毒手。无论如何，红皇后可不是一个善主！

2004年5月，埃迪卡拉时期被正式晋封列名地质纪年史，即6亿3000万年前到5亿4200万年前之间的前寒武纪阶段。同时，埃迪卡拉时期还标志着元古代的结束。元古代是寒武纪之前的第二个阶段，第一阶段是在25亿年前结束的太古代。至于元古代这个概念是否还有意义，尚待讨论。元古代的含义翻译过来是"动物之前的时代"，而这一说法早就站不住脚了，动物的历史早已开始。

还剩最后一个问题：如果塞拉赫描述的那些生物的确与后来的生物没有血缘关系，那么我们又回到了最初的问题——一切如何在一夜之间发生？虽然进化女神从古到今一直神通广大，但魔法好像并非她的强项。因此地质学家和古生物学家普遍认为，进化女神引爆了一个生态大炸弹，即寒武纪的物种大爆发。很多人都赞同这一观点，当然，其反对者的阵容也同样壮大。

谁知道呢？

严阵以待

那本是一个平常无奇的日子。

一轮光芒四射的太阳从水面升起，连水底都被晒得暖洋洋的。此前的几周中，天空一直乌云密布，倾盆大雨下个不停，小小的浅海区气氛阴沉。而现在，三叶虫[1]的眼睛终于感受到了明媚的阳光。阳光在粗糙的沙粒间映射着，海面上波光粼粼。就一种几百万年前才取代了没有四肢和器官的软体动物而言，三叶虫的相貌的确值得肯定。它那每一颗凸起的眼睛约由500至上千个晶状体构成，这些晶状体彼此相邻，让它的视觉影像鲜明而完整。它的很多伙伴并没有这样美丽的眼睛，有些家伙眼睛中的晶状体散漫无序——这样的话，怎么可能以理智的目光看世界？还有一些很快又丢失了自己的眼睛，盲目地爬行在寒武纪早期的世界中。

1　三叶虫（Trilobiten）：一种节肢动物，种类非常丰富，其化石频繁被发现，因此也被称作“化石大亨”。三叶虫诞生于寒武纪时期，一直活到2.5亿年前的二叠纪。它们的外形很像穿着盔甲的小虾，大小不同，有些长眼睛，有些没有。

谁是午餐——三叶虫历险记

可是小小的三叶虫却与众不同！今天，它刚刚褪下了以前的外衣，现在正披挂着新外壳四处闲逛，崭新的铠甲在阳光中熠熠生辉，然而这层甲壳并没有完全硬化，因此聪明的三叶虫懂得躲在石头底下。可是阳光却将它引诱到了外面的世界。它那椭圆形的铠甲下面是15对长着鳃的足肢，坚硬的头盔上还装备着小刺，因此它能够灵活地在蕨类植物和汹涌的海藻间穿行。拥有这么多合作无间的脚，小三叶虫应该感到自豪才对，可是三叶虫却不懂什么叫骄傲。它的感觉很迟钝，最多懂得什么叫“惬意”，大多数情况下它总是很惶恐，而且永远饥肠辘辘。饥饿驱走了一些恐惧，它发现自己怎么也吃不够。今天，三叶虫朦朦胧胧地预感到自己会有一顿大餐。

三叶虫的触须能够探测环境，区别最细微的水压差异，分辨压力究竟来自水流还是经过的生物。它那两片块状的尾巴激动地颤抖着，触须上的味觉探针发现了一顿美食。在不远的地方，有一种条状的东西正躺在沙间，一动不动。三叶虫犹豫了一下，终于抵挡不了香味的诱惑，向那东西跑去。那是最美味的腐肉！三叶虫并不害怕捕猎，然而如果能够省去费时费事的埋伏工作岂不更好？多少次，它还得忍受沙子的味道。现在，它该好好享受一顿美食了，趁着还没有人打算来吃它的时候。

小三叶虫正准备用餐时，天空忽然阴暗了下 来。一个巨大的东西从天而降，完全挡住了它的视线，两个针状的钳子朝它扑来。这一刻，三叶虫完全无须思考——当时它也不会思考。基因告诉它接下来应该怎么做。在电光石火的一瞬间，就在魔爪伸来的一瞬间，它蜷成了一个球。它身体的四个部分上有彼此吻合的凹槽，能够将它的内部保护得密不透风。当捕食者即将抓住它时，它已变成了一个棘手的小刺球，唯独它的眼睛还在眼睑下窥视着。它发现情况很不妙。

不管这个捕食者是何方神圣，它肯定和自己一样饥饿无比。

这下糟了。要是它的甲壳再硬一些就好了！蠢虫子，都是它害得小三叶虫忘了自己的处境，放松了警戒。它感觉自己被抓了起来，然后，它的面前出现了一张巨大的圆嘴巴，里面长着尖尖的牙齿，牙齿后面裂开了一个大洞，这就是它生命的终点了。可怜的它，每日在觅食、风暴和火山爆发之间苟活着，这些柔软的小腿、触须和美丽的眼睛都将被吞噬，直到一点不剩，甚至没有人会记得它。

不行，绝对不可以！必须要想法逃脱，否则以后的寒武纪就会失去三叶虫的足迹了。

就在那张垂涎欲滴的大嘴咬住它的最后一刻，小三叶虫突然以迅雷不及掩耳的速度伸长身体，那对牙齿惊险地从它身边擦过。那个大家伙似乎没有预料到猎物会如此反抗，或许它太过性急了。现在，小三叶虫逃脱了魔爪，掉进沙中，拼命逃跑。而捕食者狠狠甩了一下尾巴，趴下来，紧追不舍。真是一个惊心动魄的早晨！本来这是一个多么美妙的日子，顺利蜕皮、在阳光中漫步、偶遇美食，结果却差点掉进了一个能咬碎三叶虫铠甲的大嘴里！前景实在不妙。

怪物的魔爪伸来了。

然而命运却是慈悲的。小三叶虫命不该绝，在最后一刻溜到了一块扁平的、长满细菌的石头下面。凝固的熔岩在这里形成了一种九曲回廊般的多孔结构，而那个巨型猎人完全无法钻进来。紧追不舍的捕食者立刻止步，以免撞上岩石。三叶虫失去了蠕虫，却捡回了一条命。

一般情况下，这个故事会在捕食者的食道中终结，但是今天我们讲的故事比较温情。在寒武纪的海洋中，长着牙齿的生物是最大的恶棍，而三叶虫做事从来没有计划，更别说B计划了。如果我们的三叶虫个头能再大一些，铠甲更坚硬一些，那么大怪物可能就不敢对它下手了。无论如何，有一点不容置疑：如果查尔斯·沃尔科特的马没有在1909年8月突然站立不动，我们今天绝对不会听到这个惊心动魄的故事。

发现锐甲斗士——寒武纪物种大爆发

沃尔科特1850年生于美国纽约，童年时的他就对化石充满浓厚兴趣。虽然他没有接受过高等教育，但是他一生主管过三个重要的国家级科学机构：史密森尼研究中心、美国地质调查局和国家科学院，连总统都巴不得跟他攀交。然而他的马却不在乎他多么有名气，那一天它停住脚不往前走自然有它的原因。这匹马驮着沃尔科特，眼前则是一片泥石流带下来的岩石块。

当时沃尔科特正和家人朋友一同在加拿大落基山脉探险、搜集化石。淫雨霏霏，山区空气令探险队筋疲力尽，而将近六十岁的沃尔科特早已不是少年。然而这位勇敢的地质学家还是跳下马，开始清理面前的路障。这时，他的目光落在一块岩石碎片上。

沃尔科特愣住了。

那块碎石从中一裂为二，裂开的部分上蹲着一个形状奇特的龙虾状生物。不，不是蹲着，而是被石化了，那东西看起来其实并不是很像龙虾，起码不像我们一般用沙拉酱和柠檬汁烹饪的龙虾。这个生物长着触角，那触角向后弯曲，与身体相比显得十分巨大；角上分4个叉，身体节节相连，体侧长着一些带着鳃的细脚。沃尔科特将这个小动物命名为“Marella Splendens”，意思差不多是“美丽的马瑞拉”。他兴奋莫名地在石堆中继续搜索，妻子、儿子、朋友们都上来帮忙。他们一共发现了几千个生物的遗体，有些像“美丽的马瑞拉”那样保存得很完整，有些只剩下碎片。全是一些稀奇古怪的东西：瞪得大大的复眼、甲壳的碎片、触须、螯针、螯、腿部残肢，以及一些看起来完全不像动物的玩意儿。

“我们发现了大批叶足甲壳类生物。”1909年8月31日，沃尔科特在日记中写道。本来他根本不想离开那道山口，然而天气愈来愈坏，他只好放弃。直到1910年夏天他才回到了伯吉斯页岩，即泥石流倾泻地区的上方。

经过调查研究，沃尔科特证实了这些页岩层已有4亿8800万年到5亿4200万年的历史，来自于寒武纪，那正值地球大洪水的时代，所有生物都生活在海洋中。早在1876年，沃尔科特就证明了三叶虫属于节肢动物，并因此一举成名。接下来，他更是声名大噪：到1924年为止，他和助手们一共搜集了65000块化石，发现了100多个物种。

直到今天，伯吉斯页岩依然是寒武纪化石的最重要发现地之一，它孤孤单单地躺在加拿大不列颠哥伦比亚省的翡翠湖国家公园中，周围群山起伏。目前联合国教科文组织接管了这一区域，只有研究人员才可进入，方圆12公里以内无人居住。这里不仅保存了有机物身体坚硬的部分，同时也留存了一些软组织。显然，这些生物就像埃迪卡拉时期的气垫一样被埋在了泥石流之下。

沃尔科特带领的研究小组找到了一些很像蠕虫和水母的生物化石，发掘出了很多触须和肠道组织化石——这些玩意儿可以告诉我们，器官的主人在英年早逝前主要吃了些什么。此外，他们还发现了很多毛皮类的外壳和果冻般的肉组织。这些生物曾经生活在赤道上的温暖浅水域中，离一个巨大的暗礁不远。发生泥石流时，它们被冲走，被埋在暗礁的下方。有些化石上有一些黑色的斑点，似乎当时巨大的压力将它们体内的液体挤了出来。

看来，在单细胞和低等多细胞生物统治了世界35亿年之后，终于发生了一场物种大爆发。转眼之间——几百万年在地球史中不过是匆匆一瞥——地球已成为新型高等生物的乐园。

沃尔科特并不知道史上存在一个埃迪卡拉纪，因此他无须在气垫和动物之间作两难选择，让自己身陷在我们前面提过的那场棘手的大争论中。当然他也会心生疑虑：为什么世界会骤然一变，各种尖牙利齿的斗士们突然占领了整个海洋？他自动将页岩中的生物划归到了动物一类。

沃尔科特最大的贡献在于，他意识到了寒武纪动物的重要性——几乎地球上所有的现代生物都可以在这里找到自己的原型，虽然这些原型的模样有点像外星人。沃尔科特几乎为每一种奇形怪状的生物都找到了它们在进化史上的位置。只有一些残体令他有些理不清头绪，判断上难免有误。譬如，他在研究一些熟悉或陌生有机物的大杂烩时，不小心漏掉了一种极为有趣的生物。第一眼看过去，那堆玩意儿仿佛是两只小虾、一个水母似的环状物，还有一个条状的煎饼在聊天。几个家伙紧紧地贴在一起，亲密得近乎荒唐。然而仔细看过去，那些小虾显得非常奇怪，因为它们似乎没有内脏。那个环状物似乎由一些锯齿状物构成，而小煎饼看上去类似一个被压扁的海参。在这个混乱的场景面前，沃尔科特只能放弃。

直到50年后，英国古生物学家哈里·惠廷顿才灵机一动，提出那不是4个动物，而是1个，这才揭开了这块页岩之谜。他将这些残体与其他一些发现的生物作对比，最后得出了一个惊人的结论：那块煎饼是一具条形躯体的一部分，上面长着翅翼般的环节，还有一个强有力的尾巴。而被沃尔科特误认为是小虾的部分原来是螯爪，两个环节状的巨钳，内部是锯齿结构。此外，那个环状物也并不是水母，而是一个圆形的大嘴，里面长着一圈尖利的牙齿，这个大家伙就用爪子将猎物送进嘴里。

惠廷顿将这种生物称为奇虾，幼年的奇虾就能长到30厘米高，成年后能长到两米。在一个以10厘米到20厘米为标准身材的时代，这样的个头的确令人望而生畏。奇虾几乎什么都吃——如果猎物不能在3秒钟之内躲到岩石下面的话——尤爱捕食三叶虫。你肯定猜到了，让小三叶虫灰头土脸逃跑的就是这个大家伙。

埃迪卡拉时期是一片平静的乐土，而跨入寒武纪之后，生物却忽然面目大变，开始武装自己。新世界的口号是：吃或被吃。从此时开始，世界开始战火不断。奇虾、欧巴宾海蝎、欧登虫不仅学会了坚壁清野，还为自己配备了一些可怕的武器。虽然寒武纪的动物后来也在历史中烟消云散，但它们的生存哲学俨然流传了下来：要么你吃我，要么我吃你。

虽然并非所有的寒武纪生物都是狠角色，但基本上每一个都是严阵以待的斗士。对于人类而言，那个时代的一幕幕就仿佛是发生在遥远的星球上。比如说，泥沙中突然出现了一个以波浪状前进的生物，看起来很像一个金属外壳的城际列车和吸尘器的结合体。那生物的身体圆滚滚的，还长着一根弯曲灵活的管状体，末端却是一根锯齿状的钳子，放到任何一个工具箱中都不显突兀。在那根管状体的上方，5只柄眼炯炯地瞪着四面八方。

1972年，在一次科学研讨会上，人们第一次重构了完整的欧巴宾海蝎样貌。当时，听众的反应是哄堂大笑。在场的一位古生物学家说，进化女神造这个家伙的时候，一定刚吸了大麻。他这样说当然有失偏颇。今天我们对进化女神更为了解，知道她从来不吸毒，而且永远都头脑清醒、大权在握。她对欧巴宾海蝎的爱就像一只雌蜘蛛对孩子的爱一样。换句话说，当贪吃的小吸尘器大限到了，她会毫不犹豫地将它从生命的名单上勾掉。我们应该心存感激：如果长着5只眼睛，配眼镜可是一大笔开销！

浮游螯虾的天敌是欧登虫。欧登虫像一只会游泳的鞋底，长着一张极为女性化的弧形大嘴，尖牙利齿，底盘上还有两只类似眼睛的凹沟。虽然貌不惊人，但它的胃口却大得惊人。酒杯状的海绵长着尖尖的螯针，在泥浆里穿行。而先光海葵——海葵的前身——则随着潮汐摇曳生姿。海里还有一种很特别的生物微网虫，长得像蠕虫，身下却有十几只橡胶般的触足。这个家伙无头无尾，前进的那一段似乎是头部。虽然这个生物没有长眼睛，旁人却总觉得它一直在瞪着自己：它的体侧有一些圆形的结构，直到今天我们还不知道那究竟是肌肉还是铠甲。它经常和帽天山蠕虫狭路相逢。帽天山蠕虫是一种小蠕虫，腿上长着触角，是长脚的美丽马瑞拉虫。这些早期的虾兵蟹将风度翩翩，难免会引起古虫的兴趣。古虫像一个长着桨状尾巴的潜水艇，这种尾巴原本只有盾皮鱼才有。伊尔东钵则长得像降落伞，它优雅地经过某地时，被附近的一只奇虾发现，而后者正在考虑，究竟是马瑞拉虫还是古虫更合它的胃口。一不小心，两个猎物突然都不见了，无奈间，它的柄眼只好盯上了威瓦亚虫。威瓦亚虫有点像一座长鳞的小山丘，身上插着向上弯曲的长剑。它像蜗牛一样在海底沉积物中钻来钻去，嘴巴藏在肚子下面。能撬开这个长刺的坚果吗？捕食者决定以乐观的态度来面对人生。于是，这只寒武纪中最奇特的生物开始逃亡。怪诞虫仿佛是达利的画中物，像一条踩着弯曲高跷的蛇，背部的刺和腿一样长。多少年来，无数古生物学家都被它逼到了疯狂的边缘——它动不动就将自己的上下体对调。海里到处是有坚甲的有爪动物——长脚的环形动物——它们在海绵和海葵间穿来穿去，腿上的钳子将海绵拉得像四层海绵一样，并用锋利的牙齿咬碎它们的外部肌肤。

噩梦？其实也没那么糟糕，和今天的局面大致差不多。

吃与被吃的世界——突破现状是唯一的生存法则

进化生物学家最感兴趣的问题是，为什么进化女神会在寒武纪初期突发奇想地骤然改变了生物的面目，比如说左右对称的身体结构和铠甲。在此之前，多细胞动物一直是软绵绵的家伙，就像毛毛虫一样，最多有1000个细胞。

少数生物似乎学会了为自己的基因分派各种不同的任务，这样它们能够长得更大，身体的不同部位能履行被设定的职能。后来的所有多细胞生物之所以获得了对称的身体构造，是因为长着眼睛、嘴巴和肛门的游泳或爬行生物在运动时需要保持平衡。

只有苏格兰的羊长得令人侧目，人们说它左边的前后腿比右边的要短，这样才能方便它在高地的陡坡上保持平衡。苏格兰的酒保喜欢大谈如何抓害羞的羊。整个过程需要三个男人的参与：一个从后面接近，吓唬它逃走，另一个则守在前面大吼大叫，让它陷入恐慌，这样当它突然一转身时，就会因为自己奇特的身体结构而失去重心滚进山谷中，被第三个苏格兰人擒获。

英国游客往往不知道自己盘中的褐色肉片原是被切开的羊胃，里面填满内脏、燕麦粥和洋葱。他们看见这种奇形怪状的东西总是大吃一惊，只想回到左右对称的英国羊身边。对称的身体好处很多，所以我们才把寒武纪之后的动物称为左右对称动物。

一个比较难回答的问题是：动物的甲壳从何而来？当时的软体动物该不会是突然找到了一个神秘的武器库吧——嗨，真酷，我要这些钳子。

是吗？好吧，那我就拿铠甲。

呸，那东西对你没用，看看这些锋利的假牙，我一口就把你的蠢甲壳咬碎了。

唉，这不可能的，我早就一锤子把你扫到天涯海角了。

或许问题的答案还在瓦兰吉尔冰期中。在几百万年的时间中，浮游的大冰块从大陆上刮下了无数吨沉积物，并将其带进了海洋中。6亿年前，海洋的底部应该布满了冰川冰碛岩。其实在今天，冰川依然不时将一些沉积物带到南极洋的海底。瓦兰吉尔冰期也是如此。我们知道，雪球理论的一个重要证据是人们在世界各地发现的冰碛岩，这些冰碛岩在元古代末期时覆盖了海底，并随着板块运动来到了陆地附近。当地球表面几乎完全被冰雪覆盖，海水冰冻达1500米深时，生命正岌岌可危。世界的大多数区域都已无法进行光合作用。虽然有证据显示赤道附近的一些地区没有结冰，但当时的大多数生命还是面对着一个严峻的抉择：要么灭绝，要么突破。

除了伯吉斯页岩，中国也是地质学家和古生物学家的乐土。人们在扬子台地附近发现了一些原始腹足类和早期腔肠动物，除此之外还有大量的节肢动物、鲎、海蝎、螃蟹以及龙虾的祖先。几乎所有这些虫子都来自澄江化石群。奇虾、欧巴宾海蝎、威瓦亚虫以及15000多种三叶虫生物都被永恒地封存在石头中。扬子台地稳固着中国中南部大部分地区，几乎是寒武纪和前寒武纪化石的天堂，因为这里的一些区域以前曾是细粒沉积物为主的海床，化石的细节得到了良好的保存。

多年以来，德国应用地质科学院的古生物学家贝恩德-迪特里希·埃特曼也参与了此领域的研究。他猜测冰河期中某些生物重返了海底的热泉，然而他并不认为这是退步的举动。相反，有机物只是改变了自己的新陈代谢过程。海底营养丰富，而且温暖如春。然而黑暗中的生活毕竟比不上阳光明媚的礁石海面。那些大烟囱并不会永远保暖，烟囱熄火后，生物们就得搬家——没有地图，没有导航系统，在不见天日的幽暗海底搬家！运气好的话，它们或许能找到新的家园，然而其他移民也会纷至沓来，抢夺生存空间和资源。这些都是它们未曾经历过的生活。

埃特曼认为，事实上死亡的前奏却加快了物种的发展进程。群雄逐鹿、强者独尊，可是所谓的强者不正意味着求新求异的能力吗？软体动物柔若无骨，彼此相敬如宾，而瓦兰吉尔冰期的幸存者却长出了体外骨骼[1]、下颚、牙齿、螯爪、触角、角质鳍、腿，有的甚至长出了眼睛。

不时有丝丝缕缕的光线渗入海洋，滚烫的熔岩有时也能点亮幽深的海底。此时，一切超越同伴的特点都对自己有利。

生存之争突然爆发，因此，生物只能选择向前大跨一步。更何况，在一个外部条件极为恶劣的行星上，甲壳能够为生命提供保障。当时的海洋依然电闪雷鸣，火山爆发不断。

在扬子板块的黑色页岩中，埃特曼和他的同事米歇尔·施坦纳博士发现了三叶虫的祖先。他们在黑烟囱的残余物中发现了早期的软体动物和细菌垫。中国科学家在同一地区还发现了珊瑚虫的螺旋形小胚胎，这些胚胎成熟后应该曾寄居在一些硬质的管道中。

一个中美合作的研究小组在陡山沱岩层中发现了一些身体结构左右对称的生物，这些生物至少生活在寒武纪物种大爆发的5000万年前。Vemanimalcula（春天的小动物）在瓦兰吉尔冰期的末期就长出了食道，

1　外骨骼(Exoskelett)：骨骼结构位于身体的外部，生物靠其坚固性而撑起身体。所有节肢动物都具有外骨骼，就好比是它们的盔甲一样。

消化器官的左右两侧带有对称的空腔，甚至有可能长出了眼睛。埃特曼相信，在深海热泉边，生命开始挣扎不息，并引发了寒武纪的那次物种大爆发——如果只有一次爆发的话。

而这一理论的反对者则认为，早在甲壳动物出现之前，地球上就已产生了结构复杂的多细胞生物，而这些生物之所以未能幸存下来，是因为它们惨遭了无处不在的细菌的毒手。因此，进化女神并没有发明一群硬邦邦的生物，而只是为那些赤裸裸的原生动物穿上了衣服。然而这种说法其实有待商榷，我们现在也知道，在某些条件下，软体动物具有很强的生命能力。

赞成物种大爆发说的研究者们还有另外一种看法：在澳大利亚的南部，人们发现了一个直径为90公里的5亿9000万年前的凹坑。据此看来，很可能是一次陨石撞地消灭了大部分单细胞生物，从而为复杂生命的发展创造了空间。但这种看法目前还颇受争议。

甲壳生物迅猛发展的原因也可能是钙元素的快速增多。在寒武纪初始阶段有一个称为“托莫特期[1]”的地质时代，所谓的“小壳类生物”就来自于这个时期。刚开始时是一些披着金属甲壳的小动物，也有软体动物[2]的祖先。

从时间上来说，这种解释和纽约州大学的科学家提姆·罗温施坦的看法很相近。提姆·罗温施坦分析了众多5亿4400万年之久的盐晶体中的海水，并将其与后来的海水作了对比。在不到3000万年的时间里，海水中的钙元素含量增加了两倍。原因很明显，全球冰封期结束后，陆地开始腐蚀。大量含钙的沉积物进入了海洋，此外，解冻期使海平面不断上升，很多地带变成了浅水海域。碳酸钙是甲壳的重要成分之一。冰河期之前，地球上的碳酸钙尚不足以武装所有生物。而随着生存环境的改变，一些物种满怀感激地接受了这一馈赠，变成了坚硬的装甲车，而另一些生物——尤其是单细胞生物——却渐渐走向了灭亡。

1　托莫特期：因当时一种原始头足纲托莫特螺而得名。

2　原始的双壳纲生物在寒武纪就已存在，但到了奥陶纪才开始兴盛。

这或许能解释当时的物种灭绝现象。或许，只有当前辈们退出舞台时，新的生命才能粉墨登场吧。

最早的外骨骼可能只是对抗自然威力的防身之物，可是后来，生物们却渐渐学会了啃咬叮刺。生存赛跑由此开始了，然而其速度或许并不像我们一直想象的那样迅猛——想想时间的相对性吧。个人的时间观并不值得提倡，因为大家都以一种平均主义的目光来测量世界。我们会觉得在同样长的一段时期内，有时事件纷纷不断，有时又寂然无声、毫无动静。然而事实恰恰相反，事件锻造着、拉伸着时间。

原地踏步者必将被淘汰——物种蓝图雏形齐备

鉴于早期地球的环境条件，复杂的生物、对称的身体、甲壳以及生物多样性并无存在的必要。因此，地球静静等待了30亿年。只有当需要革新时，生命才开始发展。改革发展正是如此。突然之间，按部就班的进步停止了，取而代之的是爆炸式的突变。

人类的历史中也有类似现象。想一想我们的祖先学会直立行走花了多长时间——几百万年。后来人类又花了几千年来享受骑马或坐马车，可是在短短几百年的时间中，交通工具竟发生了彻底的变化。

某人发明了汽油发动机之后，一场变革开始了。1690年，法国人丹尼斯·帕潘制造出了高压蒸汽机的原型，这一机器在1712年通过托马斯·纽科门得到了改进。几十年之后，在1765年，瓦特极大地改善了蒸汽机的性能，并引发了一场工业革命。恰好100年之后的1860年，比利时人埃蒂安·勒努瓦将自己制造的第一个煤气发动机装在三轮汽车上。之后一个名叫尼古拉斯·奥托的科隆人创立了道依茨汽车公司，并在1876年与戈特利布·戴姆勒和威廉·迈巴赫生产出了新款四程循环燃气发动机。10年后，戴姆勒将这一发动机应用在车辆的驱动系统中。汽车的历史只有短短120年，然而想想在这么短暂的时间里有多少令人难以置信的发明：F1、喷气式飞机、空中巴士、航天飞机……

新闻传播业的历史也很相似，史上最早的邮递员是马拉松运动员菲迪皮德斯，此人跑了40公里的路程，为的是向雅典人通风报信。而今天，我们已有了网络。或以摩尔定律为例，此定律描述了计算机科技的发展速度。该定律认为，一个集成电路上的晶体管的数目每两年翻一番，其运作的速度亦然，这一趋势会一直持续下去，直到晶体管的隔离层变成几个原子那么厚。到了那个时候，科技的发展将走上另一条道路——或许是量子计算机。此时，科技发展将以另一个指数来表示。

毫无疑问，几亿年之后的生物在研究我们历史的时候，会把网络的发展视为一场技术大爆炸——他们也会疑惑，为什么在人类600多万年的历史中，会突然出现如此出乎意料的一次大跳跃。这一现象和寒武纪物种大爆发一样，时间的长短并不重要，关键是不断变化的外部环境以及由此诞生的指数。寒武纪生物的武装速度与20世纪下半叶的核军备扩充的速度一样。我们还记得吧，原地踏步者必将被淘汰。证据表明，寒武纪中出现了所有现代的动物种类及其分支，一切未来蓝图均在这一时期被绘制完毕。因此，每个人都应该在自己的相册里放一张海口虫的照片。

20世纪90年代中期，中国科学家在澄江发现了海口虫的遗体。他们发现的东西看起来很像是叶片的叶脉结构。很显然，这种东西支撑了生物身体的内部结构：第一副内骨骼[1]！肌节是一种类似肌肉的身体构造，它们前后排列成一行，形成了一个核心的“脊索”——脊椎的原型。这个动物还长着一副从韧带上生成的背鳍，6对细细的鳃、心脏、主动脉，甚至还有一个大脑，就它那纤细的身体而言，这个脑袋的规模委实不小。它的外部形状看起来类似一条文昌鱼，圆圆的嘴可以帮

1　内骨骼（Endoskelett）：骨架以及类似的支撑结构，从内部支撑着有机体，例如人的脊椎或鱼的鱼刺。

助它从水中过滤浮游生物[1]。

你能想象它的样子吗？好的，现在你可以开始流泪了——这个家伙便是我们所有人的祖先。

也是你的祖先。

从此刻开始，勤奋的进化女神开始夜以继日地工作，直到今天依然不知疲倦。我们还是希望她不要突发奇想，把以前积攒下来的假期一起用掉。

1　浮游生物（Plankton）：希腊语指“四处乱窜的漂流生物”。这些微小的生物体（个头不一）集结成巨大的团体随着波浪来回漂动，因为它们不具有或极度缺乏主动改变运动方向的能力。浮游生物最著名的代表是磷虾和桡足生物，它们是须鲸的主要食物。

冷热交加

生命是虚荣的、背信弃义的。是的，它渴望被发现！同时，它又喜欢小秘密。关于生命登上陆地的时间，学界莫衷一是。确定无疑的一点是，生命登岸的那一天应发生在很久很久以前。在很长一段时间里，人们一直相信生命在4亿4000万年前的志留纪就已登上了陆地，然而地质学和古生物学研究永远在追逐证据，每有新的发现，原先的研究局面就会发生变化，往往是在一夜之间，之前的理论就失去了效力。学界只能忍痛咬牙承认：每次发现新的化石，即便最笃定无疑的事实也会有全盘崩溃的危险。本书也并不奢望成为绝对真理，相反，这本书只是2006年之前的一个缩影。

逃出奥陶纪拥挤的海洋——浮游生物“开疆辟土”

我们已经知道，寒武纪出现了一些异乎寻常的新事物，比如说腿足和眼睛。早在埃迪卡拉纪，已有某些生物长出了极小的根足，能够在海底款款而行，它们还拥有对光敏感的细胞。生出了甲壳之后，这些运动部位的结构更趋复杂。腿具有多种功能，既能追逐自己的午餐，也能在自己变成午餐时逃之夭夭。此外，动物们还能逃脱可怕的自然灾害。在大多数情况下，猎手和猎物的时间都不多，结果当然是腿多者获胜。所以三叶虫才大大咧咧地长着15对腿，而其他家伙的腿脚还在襁褓中呢。

既然长了腿脚，当然要出去走动走动。比如说，有些家伙想去加拿大看看。当然，5亿年前的地球上还没有加拿大，所谓的加拿大只是一汪不知名海洋的海滩而已。我们在安大略湖附近的地区发现了一些原始度假者的足迹，这些足迹被永远封存在沙石中，清晰可见，研究者不难推测出足迹的主人：这些离家飘零的生物是原始螯虾。视觉上，这些小先锋有点像土鳖，长着尾巴和附足。证据显示，它们成群结队地逃离了海洋。海洋中永远危机四伏，因此，它们只得无奈地登上了陆地，虽然很不情愿，更何况那时的陆地乏善可陈。但是陆地却能令它们避开那些无法登陆的敌人们。

目前，研究者认为，生命大约于5亿4000万年前踏上了干燥的陆地。此外，人们还在后来的奥陶纪中发现了最早的陆地植物痕迹——可能是维管植物，至于究竟是什么，目前尚无定论。这些植被对高尔夫球爱好者没有什么吸引力。植被或许一直生长在海岸附近的岩礁上，上面镀着一层轻柔的深绿色。目前所有的证据显示，奥陶纪是孢子植物的诞生期。

进化女神在寒武纪中辛苦劳动了半天之后，现在开始细细打磨自己的造物。奥陶纪开始于4亿8800万年前，这一时期的气候状况很有意思。在两份知名杂志上发表的文章中，我曾分别发现了以下截然相反的叙述："奥陶纪是地球最寒冷的时期之一。"以及"当时的气候十分温暖，或许是地球上最温暖的时期之一。"事实上，这两种说法都有道理。

志留纪开始于4亿4400万年之前，在那之前的4400万年中，地球比之后的任何一个时期都更温暖。而到了奥陶纪的尾声，炎热潮湿的气候突然来了一记大逆转，再次变得寒冷刺骨。那些谈论自然平衡的生态浪漫主义者很有必要去查一查地球历史的沉浮，看看每个时期的总体天气情况。大自然包罗万象，远甚于单纯的平衡。大自然不时从一个极端跳到另一个极端，就像冰河期造成物种灭绝一样。

在温暖的时代，生命迅速茁壮成长，海绵、刺胞动物、海蜇、蠕虫、腕足动物[1]、棘皮动物、文昌鱼和甲壳纲家族的人丁日渐兴旺。新的蓝图也产生了，并引发了奥陶纪初期最重要的事件：广阔的海洋被占领了。

稍等。海洋不是早就被占领了吗？既然海洋是生命的摇篮，为什么那些家伙却只聚在海岸附近和浅水区，而没有进驻到其他所有的水域呢？

其实很简单。举个例子说，你想出门吃饭。你可能会在城内或去附近的村庄寻找一家不错的餐厅，但绝对不会穿越大沙漠或冰雪覆盖的南极洲去找饭吃。奥陶纪的初期也是如此。海岸附近的岩礁和火山口为早期生物提供了丰富的食物，在这种条件下，为什么还要巡游广阔的海洋呢？大陆架上有大量微生物能够消化的食物，因此细菌趋之若鹜。这些细菌是地表生物们的美食，而这些生物同时又是其他动物的猎物。

群落环境宛如国际大都市，拥有各种基础设施，有面包房、肉店、公寓，甚至健身房。我不是开玩笑，今天的很多海洋生物不时会造访礁石，享受一些提供卫生清洁的鱼类服务——那里甚至还有牙医，这些牙医可比人类的同行们更有责任感。水中的牙医会完全钻进病人的嘴巴里，清除牙齿里的剩饭残羹和寄生物。今天的地球拥有科隆、巴黎和洛杉矶等各种各样的大都市，而这些群落环境却不会常常更换自己的基地，因为居民们喜欢过安逸的生活，只有当外界灾害摧毁整个城市时，它们才去寻找新的落脚处。

当时的深海中没有美食，因为食物链还未形成。

海面附近有靠阳光过活的浮游红藻、绿藻和棕藻，此外，海潮中

1　腕足动物（Brachiopoden）：它们经常被当成贝类，其实不然。像贝壳一样，它们有两片壳和一个折纽，但构造完全不同。它们还有一只肉质或纤维质的脚探在外部，以便将自己固定下来。

也有很多自由自在的细菌生物，可是这些对三叶虫或海蝎没有什么吸引力，因为它们喜欢踏着坚实的土地行走。可以说，如果没有一群笔石动物引起了生物的兴趣的话，广袤的海洋到今天或许依然是一片荒芜。

笔石动物是什么？

是一种生物，长得类似于今天的珊瑚虫。这些家伙大部分时间都守在自己的小殖民地上，静静待在小小的囊鞘中。只有这些囊鞘保存到了今天。封存在岩石中的笔石动物外观看起来很像书写在石头上的象形文字，并由此得名。在奥陶纪初期，这些象形文字般的生物慢慢离开了安稳的海床，进驻到广袤的大洋中，开始迅速繁衍。它们的食物是海中的藻类和单细胞生物，其小小的触须可以从海水中过滤出自己的美食。笔石动物被视为最早的浮游生物，不仅因为它们开发了一片全新的生活空间，同时它们也为更大型的生物开辟了大海的荒原，自此之后，这些生物才能以浮游生物为食。远洋中的所有生命都得归功于浮游生物的奉献，如果没有它们，就没有完整的食物链。对于鲸类而言，浮游生物好似我们今天的薯片，只不过比薯片要健康得多。

奥陶纪还出现了第一批双壳纲的软体动物。这些双壳纲的二枚贝与腕足动物可不一样，腕足动物只是因为同样有两片壳，所以看起来像它们。有机会的话，你可以在海边或海鲜店仔细观察一番，如果两片壳像汽车两侧的车门一样互相对称，就是双壳纲——例如蛤仔或海瓜子。腕足动物，如海豆芽，则是单片壳自身左右对称，但两片壳形状大小不相同，开合如同汽车的引擎盖。腕足动物与双壳纲最大的区别是前者长着肉乎乎的足部，它们借助这样的足部将自己固定在海底或礁石上，或靠它前行，而双壳纲则优雅地将一切都藏在内部。

珊瑚也是奥陶纪的重要生物之一，它们建起了巨大的礁石，为各种各样的生命群落提供了居住地。鱼类也渐渐增多，虽然它们还没长出颌骨，只能被称为无颌鱼。它们生活在海底附近，在泥泞中碌碌谋生，压根儿没有想过自己那些长着颌骨的后辈会在历史中扮演多么重要的角色。或许因为面对着诸多庞然大物，它们有些自惭形秽吧。很多大乌贼在它们面前游来游去，比头还大的触手得意扬扬地摇摆着。这些乌贼是奥陶纪的秘密君主，就像所有的帝王一样，它们令人望而生畏，当然，它们也戴着气派的王冠。仔细算来，这个王冠最长可达8米。只有这些“王冠”保存到了今天。一般情况下，权杖总是比自己的主人活得更长久。

首次发现那些石灰管状物的化石时，人们完全不知所措。等到几年之后人们才知道，这些长达几米的狭窄管套下曾生活过乌贼。请你想象一下，一只乌贼在自己巨大的眼睛上方竟戴着一顶长长尖尖的奇特礼帽，听起来虽然很好笑，但这些小绅士却是实实在在的凶猛动物。当时很多其他的乌贼都配有流行的卷曲外罩，相当时髦前卫。显然，进化女神在这一阶段受时装设计的影响很大，她也不愿让这些多臂的礼帽模特儿们消失在历史中。我们今天看到的乌贼已脱下了帽子，唯独鹦鹉螺作为活化石留存了下来，在南非的海滩上招摇过市，如果到了其他地方，它只能算是一个不合时宜的家伙。

宇宙怪物遮阳计划——第二次物种灭绝

本来，一切可以像寒武纪一样如火如荼地继续进行下去。

不幸的是，在奥陶纪到志留纪的过渡阶段，地球上再次发生了大规模的生物灭绝事件，原因是暖气坏了。大约4亿4000万年前，三分之二的物种都惨遭冻死。其实，当时的生物应该已适应了冰冷的气候，此外，它们也远比被冰河期整惨了的小小的软体动物更高等。到底在这个冰河期发生了什么事情，使得地球上的物种第二次大规模灭绝呢？

堪萨斯大学的天文学家阿德里安·梅洛特认为事情肯定不会太简单。令他非常疑惑的是，为什么持续了几百万年热带气候的地球突然再一次冰雪覆盖？根据主流说法，罪魁祸首是一颗邪恶的陨石。一个

10公里到12公里大小的小行星或陨石的威力相当于100亿颗轰炸广岛的原子弹，能在地球上掀起巨大的烟尘。这层浓厚的烟尘紧紧裹住地球，在之后无数年的时光中，阳光再也无法透射进来。当灰尘聚积到几厘米厚的时候，地球的温度大幅下降，无数动植物一命呜呼。

然而让梅洛特百思不得其解的是，为什么只有那些生活在水面附近的生物——三叶虫——惨遭毒手？三叶虫是第一批在寒冻中夭折的生物，而生活在深水中的生物却安然无恙地渡过了这一劫。梅洛特和他的研究小组开始研究当时的三叶虫化石，结果发现了一个令人瞠目结舌的事实。

物种灭绝的始作俑者很可能不在地球上，而是来自宇宙深处的一个怪物。

一颗超新星[1]导致了生命的死亡。

要理解这一理论，我们得先离开地球，将目光投向宇宙。

只有一颗恒星的内部融合反应带来的压力和自己的重力达到平衡时，恒星才能保持稳定。如果只有自身的重力，恒星会不断地向内坍缩。只有当它不断地从核心向外辐射能量时，才能避免坍缩的发生。一个濒临死亡的恒星将经历各个阶段，在这些阶段中，它的燃料会缓缓耗尽，最后膨胀成一颗红色的巨星。它的内核会坍缩并导致一场巨大的爆炸，外壳则会在这场爆炸中四散纷飞。

我们可以用天文望远镜来观察遥远宇宙中的超新星。超新星看起来并不像一场大爆炸，而像一个新恒星的诞生——因此我们称其为新星。超新星的亮度会在顷刻间增加到原先的几十亿倍，无数伽马射线进入太空，大多数沿着其旋转轴的方向运动，这些射线和物质也被抛进了宇宙的深处。

当地球运行到一颗邻近的超新星的旋转轴方向上时，只需一道伽马射线就能在几分钟内完全摧毁地球的臭氧层。突然之间，地球承受

1　超新星（Supernova）：巨型恒星的死亡。恒星耗尽自己的能量之后，在自身引力的作用下崩塌。有时它们会形成黑洞，并释放出伽马射线。

的紫外线辐射增长了50倍。虽然水能够抵挡宇宙射线，但只有一定深度的水下才是真正安全的地方。这种说法才能解释海面附近生物大规模死亡而深水区却安然无恙的现象。此外，超新星还令地球外部蒙上了一层厚厚的灰幕，造成地球温度大幅度下降。一切就这样发生了。这一轮冰冻期持续了50万年。冰河期结束后，我们抵达了时间旅行的下一站：志留纪。

在很长一段时间中，没有人愿意相信伽马射线的假设。而今天的人们都知道，仅一颗邻近的超新星爆炸就足以毁灭地球。目前我们还无须操这份心。现在的威胁来自于离我们150光年处的一颗白矮星HR8210[1]。这颗白矮星很有可能在不久的将来爆炸，而150光年委实只是咫尺之遥。不过即便如此，我们也无须现在就开始着急地建造海底城市——地质学意义上的“不久的将来”指的是几亿年的时间。况且宇宙一直在不停地膨胀。等到爆炸发生的那一天，或许我们已经拉开了一个安全距离，能够避开伽马射线之害。

梅洛特的理论目前还颇受争议，这一点并不奇怪。超新星遗留了很多宇宙尘雾和黑洞，然而其产生的时间已无法确定。此外，梅洛特也认为，今天距当时的大爆炸已过去了太久，银河系本身也在不停地旋转，要找到证据实在不亚于大海捞针。

因此，海洋的历史同时也是太空的历史。万宗归一，西加拿大的印第安人则说，hishuk ish ts’awalk。没有外层空间就没有现在的地球。太空塑造着地球，并不停地在地球上留下自己的足迹。

1　HR8210是一颗双星系统中的白矮星，当其伴星成为红巨星时，伴星的外层物质会受到重力影响流向白矮星，当白矮星的质量超过其自身能够承受的范围时，就会发生爆炸。

疯狂的地质学家

古老的凯尔特人不知道自己的名字竟会被用来命名地球的一个时期。奥陶纪的名字来自于威尔士北部勇敢的奥陶人部落，而志留纪则源于南部的志留勇士。很奇怪，地质学家怎么会这样取名字？寒武纪囊括了地球4200万年的历史，而其名字竟出自英国北威尔士山的罗马名字——寒武山。为什么，难道是因为寒武山产生于寒武纪吗？

孩子需要名字。有些名字还是有意义的，比如说石炭纪就是地球的某个时期，关于这个时期，我们以后还要提到。石炭就是碳，之所以这样命名，是因为石炭纪的碳储量无比丰富。可是志留纪和石炭纪之间的泥盆纪的名字，却来自于英国德文郡。毫无疑问，德文郡是个好地方，我们并非想冒犯德文郡的尊贵市民们，可令人困惑的是，地球上的鱼类时代和英国郡、奶油蛋糕以及达特穆国家公园[1]的小野马有什么关系？会不会有一天，我们也将不顾一座高卢村落的激烈反抗，硬要用它的名字来命名一个几百万年前的时代？地质学家都疯了吗？

事实上，为地球的时期和生物取个合适的科学名称并非易事。比如说，在埃迪卡拉的小山上发现的化石为前寒武纪末期的生命提供了

1　达特穆国家公园位于英国的德文郡（Devon），泥盆纪“Devon”便取自该郡名。

很多新的信息，这为我们填补了一道缺口。当然，我们可以以研究的对象为标准，将这个时期取名为“软蛋时代”或“大食管时代”，可惜这样的名字即使用拉丁文说出来都显得愚蠢无比。况且，这个称谓根本就不符合当时的情况。

虽然埃迪卡拉纪的生物主要是塞拉赫发现的丑陋气垫生物，但当时的地球上还有其他居民，比如说细菌、古菌和早期多细胞生物。此外，当时的气候也有自己的特点，火山爆发、陨石撞地、大陆漂移和大气的构成等等。在取名的时候，我们究竟应如何取舍？难道要把所有的因素都囊括进来吗？不可能。那我们还不如用岳母或恋人的名字来命名这些时期呢。

命名的困境表现了地质学时间轴上的一个关键弱点：地质时间轴令我们的世界观失真了。我们只看见每个时期的新现象，而其他的内容却被进步所磨灭了。单细胞生物之后是多细胞，两者之间还有寒武纪初期惨遭“放气”的气垫生物，接下来崛起的是甲壳生物的王国。转眼之间，所有生物都变得牙尖嘴利、张牙舞爪。随着第一批生物登上陆地，进化的主要工作也结束了，剩下来的只是一些偶然的零星细节。最晚到爬行的蜥蜴出现之后，海洋中的傻瓜们已不再是举足轻重的角色。这种情况一直持续到人类的崛起，人类自恃为万物之灵，煞有介事地为其他所有的生物取名。

地质学有一个很大的弱点：直到今天，地质学家们依然无法绘制一幅生命的全景图，并在这一共同时间轴的坐标上界定每一个物种的意义。地质学告诉我们的是一个以时间分段的历史，一个时代取代了另一个时代。比如说，我们知道3亿6500万年前第一批在陆地上漫步的生物是一种名叫鱼石螈的胖家伙，这种生物吸引了我们所有的注意力，以致我们忽视了在同一时间海洋中也在发生重要的事件。很少有地质学家提到昆虫时代。大致上来说，鱼石螈和三叶虫、原始鱼类、首批陆地植物和早期爬行动物出自同一时期。鱼石螈登陆之前，陆地上已活跃着千足虫、蜘蛛和蝎子，可是不知出于何种原因，相比于节肢动物，人们就是对爬行动物更感兴趣。

甚至当昆虫学习飞翔时，我们依然没有注意到它们，因为蕨类植物、哺乳爬行动物正在努力发展。当然，要纵观每一个时代的全局并非易事，但我们起码得试一试。否则，人类永远不会明白自己在生命名册上到底占据了怎样的位置。

人类不知道，自太古代以来，我们一直生活在细菌的帝国中。细菌统治着整个世界，细菌之下则是蚁类和飞蝗。我们只是庞大物种库中的一个变体，一个物种。人类的目光十分短浅，因为我们只看得见大型复杂生物，以为只有它们才是成功的生命。然而这种视角是错误的，它会将我们引向危险的结论。

这样看来，我们很有必要用威尔士郡的一些小地名——蒙默思、布雷肯、格拉摩根来命名一个地质时期。在这些地方，志留勇士们曾于公元48年英勇抗击过罗马人。我们离小小的高卢村根本没有那么遥远。伦敦地质协会的主席罗德里克·莫契森爵士为志留纪取了这个名字，是因为他根据志留人部族地区的岩石形态来描述相关时期的地质特征。这个名字成了凯尔特人的荣耀——同时，它也能帮助我们更好地纵观地球历史的全貌。

谁是志留纪大哥——海陆猛兽展示台

还是回到过去的时代吧。

冰雪融化之后，地球再次阳光明媚，海平面又一次上升，淹没了大陆的某些区域。

志留纪的特点是广阔的热带浅海区中，尤其在今天的北美和北欧地区，长出了无数珊瑚礁。在这些地区以及澳大利亚，我们今天依然能找到很多当时的大块含盐沉积物，这些沉积物是洪水退去后留下来的。阳光充沛的大陆架海洋是生命的理想摇篮——包括陆地上的生命。我们基本上可以肯定，最早的菌类、海藻以及原始蕨类是在潮湿的低洼和海岸地区出现的。小小的甲壳纲生物们就在这些植物间游来游去，这些长着复眼的家伙将进化成甲虫、蜘蛛、壁虱和蟑螂。它们不再使用鳃呼吸，而是使用气管——气管是一些充满气体的交错管道，多亏有这个器官，它们才能真正脱离水的环境。相较于几乎零重力的海洋，陆地上的重力更大，而稳固的外骨骼支撑着它们。

这些当然值得一提，然而在同一时期，水下的故事也愈来愈多姿多彩。

当然生命还需要喘一喘气。进化女神戴着一顶护士帽，细心呵护那些死里逃生的动物。而海洋的建筑师珊瑚则开始筹划新的施工方案，它们虽然也经受了惨重的损失，但和苔藓虫与节肢动物一样不甘失败。它们的殖民地都在大灾难中毁坏殆尽，然而渐渐地海百合和海星再次迁居到珊瑚礁上——简言之，所有大屠杀的幸存者都探出头来，看看外面的世界是否恢复了平静。

外面很平静。更妙的是，新的臭氧层将致命的紫外线滤除在大气层之外，为万物的复兴提供了良好的环境。

志留纪是地球的休养生息期。笔石属动物重新占领了海洋，发展出了各种各样的变体。三叶虫也恢复了生气，可惜的是，它们再也没有恢复到物种大爆发前的兴旺局面。就连那些顶着长礼帽的时髦乌贼也差一点被超新星一举歼灭。现在，浅水和深水区依然有乌贼群的身影。它们有火箭一样的动力装置，长着鹦鹉般的大嘴，从不放过任何一个误入自己势力范围的猎物。目前看来，它们依然是海洋中的霸主。

陆地上也不乏与乌贼势均力敌的恶名昭著的角色。

志留纪中出现了大型节肢猛兽，它们当中个头最大的是板足鲎类动物。

想象你捉住一只蝎子，然后用一根面棍将它碾平成一张油门踏板。那时的大型节肢猛兽就是这个模样：一面油门踏板，长着一条尖尖的尾巴。蝎子长着8只小小的点状眼睛，这些眼睛并不惹人怜爱。因此，你在那颗大大的圆形脑袋上装了两只相对大一点的眼睛，这样它看起来就像一辆被压扁的越野车。同时，你缩小了它那对钳子，并将它的腿部向前移了一些。这样一来，这个家伙的比例变得极不协调，大部分身体都拖在后面，仿佛是长摆曳地的婚纱。可是即使这样，它也不能激起你的同情，反而更令你厌恶。接下来，你又在它的左右体侧加上一些飞镖状的瘤子。这时，你才最终对这个小怪物表示满意。它一共10厘米长，你希望它能更壮实一些，因此把它变大了几倍。

这个坏蛋是干吗的？它肯定会咬你——本来你造它也是为了咬人的嘛，因此你将它空运到志留纪的水中，让它去骚扰当时的生物。当然，那些被骚扰的生物们会勃然大怒，幸运的是，它们和你之间隔着4亿4000万年的漫长时光，所以它们只能望洋兴叹。

板足鲎亚纲动物有各种型号:S、M、L和XXL。最大的有两米长。在地球的历史中，唯独志留纪中出现过如此庞大的节肢动物。不难想象，这些巨大的猎手肯定能在陆地上横行一时，然而它们速度缓慢，根本无法穿越原始沼泽追捕满心好奇的时间旅行者。

根据它们的相貌，我们也称之为海蝎，板足鲎亚纲动物的确和今天的蜘蛛以及蝎子有着紧密的血缘关系。那些生活在沉积物中的无颌鱼难免会遭受这些凶狠捕食者的毒手，因此进化女神才送给这些没有长颚骨的小家伙坚硬的头盔胸甲，可是纵然如此，它们和软体动物、螯虾、小蟹以及其他匍匐的小动物依然不时成为大蝎的盘中美食——有时，一只板足鲎亚纲动物能吃掉一整个“花花公子”。

提到花花公子，我们想到的是情圣卡萨诺瓦、汤姆·汉克斯和《花花公子》杂志创办人休·海夫纳。而志留纪的花花公子名字远没有这么响亮，相较于上述各位先生，它们名字的优势只在于其长度：这种介形亚纲生物学名叫Colymbosathon Ecplecticos，它是一种小型贝虾，长着鳃、眼睛和腿，腿上的凸状物即是它的阳具——那不仅是历史上最为悠久的阳具，从与身体的比例来看，它也是史上最长的阳具。

Colymbosathon很敏捷，直译过来后，这个名字的意思是“长着大阳具的游泳健将”。在150米到200米深的水中，它逍遥遨游，袭击小动物，四处寻找腐肉。我们不知道它究竟有多少个情人，然而“情圣”的名号单靠“体力优势”是无法维持的，因此，这个不可一世的家伙最终也灭绝了。

活该！

新鲜的鱼

参观过法兰克福自然博物馆的人会在“鱼族展厅”中看到很多恐龙、猛犸和鲸类。陈列柜中还放着各种真真假假、大大小小的鱼类标本，它们目瞪口呆地盯着虚空，仿佛不知道自己为什么会身在此处。这些“鳞”琅满目的展览令人印象深刻，不过最吸引观者目光的却是一个又大又黑的家伙。

人们争相观看的是一个庞大无比的脑袋，这个大脑袋被嵌在展馆中间的基座上，看起来仿佛是石头雕成的。近前看去，才发现这个看似雕塑艺术品的东西原来是一片灰色岩石般的甲壳。甚至那长得十分靠前的眼睛也很像披挂了盔甲的眼镜——戴着这种原始隐形眼镜，它的眼睛和大脑袋浑然一体。这个家伙的牙齿虽少，却尖利无比。若是有人心情不错，将头伸进这张50厘米长的大嘴当中，应该会猜想到，只需稍稍一合上颚骨，他就会当场丧命。

此时，恐惧的人们只能庆幸自己生得“逢时”，不过他们依然不知道这个凶猛的家伙究竟是何方神圣。是齐格弗里德[1]的长鳞片的表兄？这个家伙也可能是一种蛇怪，就像《哈利·波特》中的怪物一样——

1　北欧传说中的屠龙勇士。

恐怖的密室中，一条愤怒的巨蛇四处寻找导致自己断子绝孙的罪魁祸首。或者我们不小心误入《星球大战》导演乔治·卢卡斯的道具室了？也有可能。所有的猜想都有可能，最不可能的说法是：那是一条鱼，一条潜伏在海底、贪婪地盯着上方猎物的大鱼。

泥盆里的盎然生机——陆地上的森林

我们暂且跳一步——3亿9000万年前的泥盆纪的一个下午，海洋的南海岸上正下着毛毛细雨，太阳时不时露一露脸，掀起一角蔚蓝的天空。亚热带的气候就是这样，没有大风大浪。风很轻，南部的冈瓦纳大陆由非洲、南美洲、澳洲和南极洲结合而成。这块陆地和赤道附近的劳拉西亚大陆正缓缓靠近，而小小的海洋也随之变得日渐狭窄。不久之后，这片海洋就会完全消失。在地震和火山爆发的推波助澜下，岛屿正在集结，第一批山峦拔地而起，峡谷和内海也渐渐成形。所有的陆地都在努力接近彼此，它们的周围是无边无际、热乎乎的海洋。阿尔弗雷德·魏格纳提到的巨型大陆——盘古大陆——正渐渐苏醒。

第一批苔藓、藻类植物在海洋不断冲刷的岩石上生根发芽之后，这里发生了很多事情。

植物进化出孢子后，终于将自己的根据地扩展到了海岸之外的领域，内陆中也出现了植被。早期的针叶植物、茎类植物、蕨类植物，以及一切高等的孢子和苔类植物在广阔的湿地中蓬勃生长。最早的树木也站了起来，仿佛要尝试一下被进化女神特许的巨人症的感觉。在泥盆纪的末期，这些植物长成了一片蕨类植物之林，高度竟达30米。在茂密的森林中，无翅膀的昆虫爬来爬去、活蹦乱跳，这片森林呵护着它们，养育着它们。泥盆纪不啻为古植物研究者的天堂，同时也是蜘蛛恐惧者的地狱。因为此时的蜘蛛也发育得十分健壮，那可是人类最亲密的朋友！

和盔甲盾皮狭路相逢——鲨鱼克星

一天下午，一只裂口鲨正在离水面很近的地方闲逛。它体态雄伟，长达两米，仿佛是来自21世纪的游客。志留纪中出现了第一批鲨鱼，当时的鲨鱼体形还较为娇小，胸前长着刺状的鱼翅。目前所发现的最古老的完整鲨鱼遗体来自4亿900万年前，这个家伙名叫“棘手的骗子”（Doliodus Problematicus），身长只有50厘米到70厘米。虽然被视为“棘手”，但在旁人看来，它的问题或许还不算大。鲨鱼大家庭的历史或许比我们想得更悠久一些，它们是泥盆纪3种主要的鱼类之一：泥盆纪无疑是软骨鱼、硬骨鱼和盾皮鱼的黄金期。

在化石收藏家看来，鲨鱼的确是十分可恶的家伙，因为它们十分吝啬，只给后人留下自己的牙齿。在细菌、螯虾和蠕虫生物的分食之下，软骨鱼的骨骼很快被吃尽，剩下的东西被水冲走。泥盆纪中期的鲨鱼和我们今天看到的已十分相似，它们能分辨出最细微的气味和水压差异。凭着这种能力，它们能很顺利地找到猎物，也能在自己的天敌到来之前溜之大吉。当然，这些鲨鱼是饥肠辘辘的家伙——这本书中，所有的家伙都很饥饿。被冲碎的礁石会随着水缓缓移动，那里面有很多日常美食：小鱼、肺鱼和腔棘鱼。礁石的紧下方聚集着一群长得很像标枪的乌贼，依然戴着尖顶帽子。这些乌贼也是鲨鱼的猎物，然而那个长着触须的透明橡胶般的玩意儿（水母）不在鲨鱼的菜单上，毕竟它还没有饥不择食到要挑战这种怪家伙的程度。礁石旁边的珊瑚较少，在这里，一条泥盆纪的鲨鱼碰到了自己的猎物。

一丛扇形珊瑚的阴影中有些动静。是个小家伙，长着尾巴和鱼翅，从头到尾都传达着“来吃我”的信息。

鲨鱼朝珊瑚游过去。

哎呀！

这么说吧，如果这只裂口鲨在早上能决定今天斋戒，我们或许还能将它的故事继续讲下去，认识它的孩子们，并看着它慢慢变老，教导自己的子孙要忆苦思甜地怀念泥盆纪。

可惜它没有做爸爸的命，等待它的是另一种东西。那个家伙一动不动，连鲨鱼那敏感的身体都没有发觉它的存在。这一刻，这个家伙狠狠地将自己巨大的尾巴向前一甩。鲨鱼反应很快，试图后退几步，离这个半路杀出的程咬金远一些。一个一百八十度的大转弯后，它朝上方逃窜。

敌人根本不可能按兵不动。一个巨大的身体逼向前来堵住了鲨鱼的去路，接下来，一波巨大的压力将鲨鱼推向珊瑚礁。鲨鱼惊慌失措地想溜走——太晚了。一个长着甲壳的圆脑袋在它面前咧开了大嘴，漩涡毫不留情地将鲨鱼卷进了锋利的牙齿间。然后，那个家伙闭上了嘴，消灭了鲨鱼，咬碎了它的软骨和脑壳。

至此为止，一场闹剧结束了。这个庞然大物大吃了一顿。今天吃的是鲨鱼，柔软、新鲜。不错，很合口味。服务生，买单！

就这样，我们又回到了森肯堡博物馆里。那个裹着盔甲的大玩意儿的确是一条鱼的脑袋——当时体形最大的脊椎动物。这种鱼有很多有趣的特点。这个危险的蒙昧主义者是趋同现象的一个极佳例子，因为进化女神有个不太好的习惯，总是生产大量相同的东西。换句话说，她喜欢用不同的手段获得相同的效果。事实上，这种生物的牙齿并非牙齿，起码不是人类那样的牙齿。这些獠牙状的东西其实是一些甲壳，它们外表类似裂齿和臼齿，扮演的也是牙齿的角色。

顺便提一句，鲨鱼本来也没有牙齿。此话绝非戏言！进化女神为鲨鱼造的皮肤像砂纸一样粗糙，因为上面覆盖着层层齿状的小甲壳，也称作盾鳞。离颚骨愈近鳞片愈大，而嘴中的鳞片则构成了著名的左轮手枪状牙齿，后排的牙齿平时折合不用，到必要时才会启用。仔细看去，我们会发现，这些所谓的牙齿其排列和身体上的鳞片一模一样，也就是说，鲨鱼的牙齿其实就是嘴里的皮肤。虽然只是皮肤而已，一旦被碰到还是难免断手断脚，因此依然令我们害怕。

进化女神不会照本宣科，如果需要从现有的条件中获得最佳结果，她总会采取新奇而高级的解决方式。拿眼睛来举例，进化女神就有诸多发明，虽然目的都是为了通过视觉来增强信号，但她却采取了各种各样的构造。有些眼睛和我们的十分接近，比如鲸鱼的眼睛。另外一些，譬如昆虫的复眼或蜘蛛、蝎子的单眼和我们的就大相径庭了。这些相似的系统保持着完全的独立，并不互相依赖。不过话说回来，目前科学家又开始寻找一种所有眼睛的起源基因。被怀疑的对象是一种名叫Pax-6的基因，人们怀疑这组基因就是进化女神创造所有生物眼睛的基础。不过目前尚无定论。

就森肯堡博物馆中的大怪物而言，进化女神作了一个决定：用这个家伙本身的独特盔甲来做它的牙齿。这个大家伙是一只邓氏鱼（Dunleosteus Terrelli）。虽然叫这个名字，但它与老邓或小邓其实没有什么关系，这个名词来自美国古生物学家大卫·邓克尔。由于他发掘了这个大脑壳，因此就命名为“邓克尔的骨头”——很可爱的双关语，因为挖出了这个大玩意儿之后，他的骨头肯定又酸又疼。

除了软骨鱼类之外，邓氏鱼属于泥盆纪的第二大鱼类——盾皮鱼。跟它们狭路相逢可不是什么好事，连大鲨鱼都会这样告诉你，如果身在极乐世界的它们能和我们交谈的话。这个盔甲巨兽不仅吃鲨鱼，甚至连仪表堂堂的乌贼都不放过。按理说，乌贼也并非善主，可是面对一个身长10米、垂涎欲滴、张着血盆大口的家伙，它根本没有任何优势。这个猎手的牙齿像斧头一样锋利，头部和胸膛均全副武装，完全没有弱点。它的尾巴上没有盔甲，却肌肉结实，是帮它发起可怕进攻的引擎。它的脑袋和脖子之间的关节很灵活，因此这个史前的机械战警能够轻易张开自己的两颚，顷刻间便将猎物嚼食一空。

法拉利战胜机器战警——进化女神的实验

奇怪的是，为什么这样一个大怪物不待在海洋里作威作福，反而沦落到博物馆里？

因为鲨鱼最后还是战胜了自己可怕的敌人，取得了胜利。虽然邓氏鱼装备先进——一般说来，鱼类是泥盆纪最高等的生物——但正是这种独特的样貌给它们招致了祸害。它们虽长于闪电战，但追击猎物的速度却十分有限。它们没有分叉的尾鳍，而且身披沉甸甸的盔甲，很难称得上是游泳健将。而鲨鱼却机智灵活，有高明的战斗技巧。随着时间的推移，鲨鱼渐渐从笨重的巨人手中夺得了胜利的果实。

此时又有第三个群体加入了这场持久的竞争中。泥盆纪中的原始硬骨鱼发展得五花八门，有辐鳍鱼、肺鱼和腔棘鱼，这些均出现于鱼类到两栖动物的过渡阶段。它们的胸鳍和肚鳍内均长着骨头，很适合进化成腿足。和盾皮鱼一样，人们在很长一段时间内一直以为这种鱼类已经绝迹，然而1938年，我们在马达加斯加发现了它们的后代，重新找到了腔棘鱼。

泥盆纪的鱼类大小各异、形形色色，有些住在礁石上，另一些则生活在沉积物中，以蠕虫和软体动物为食。有些鱼灵活敏捷，有些则沉着泰然。如果从《圣经》出发，泥盆纪应是创世纪的第五日——造鱼之日。亏得有这一日，我们才有了今天的西红柿酱鲱鱼、寿司和鲭鱼。

随着泥盆纪的结束，邓氏鱼和大多数盾皮鱼也走到了终点，要不然它还能给人们上一上课。这些鱼类的体格早已是一个问题。如果只有10厘米长，那么不管其装备如何精良，也无法和板足鲎亚纲动物的大钳子抗衡。而海蝎和鳌虾、菊石[1]、箭石[2]、钙质海绵、珊瑚、海百合、三叶虫、贝类、节肢动物、螺蛳、细菌、古菌[3]和海藻却规模庞大。

猎手和猎物都在与红皇后竞赛。

1　菊石（Ammoniten）：头足纲动物，泥盆纪时期出现，白垩纪末期灭绝。菊石的眼睛和触手都清晰可见，身体后半部分掩藏在螺旋状或长形锥状的壳中。

2　箭石（Belemnite）：中生代头足纲动物，最晚出现于石炭纪，距今大约3亿年。和菊石同被视为枪乌贼始祖，具有十只触手，然而触手上却无吸盘，而是钩子。

3　古菌（Archaea）：细菌类的单细胞生物，诞生于地球早期，今天即使地球上没有氧气，它们也能继续存活。古菌经常与其他微生物共生。

一方不断发展自己的武器，另一方则坚持完善自己的防御系统。海百合长出了剧毒的触须，鱼类磨尖自己的牙齿，节肢动物则打磨自己的钳子。所有生物都为了军备竞赛而摩拳擦掌。

生命正在以令人咋舌的规模茁壮成长，无论是在广袤的海洋还是海岸。

然后，在一个美丽的日子，两栖动物蹒跚着爬上了陆地，绿茵茵的陆地风光无限、营养丰富，令它们心花怒放。就这样，我们走进了哺乳动物和爬行动物的历史。两栖动物的上臂有小小的骨骼，这样它就无须用肚皮贴着地面爬行，这是一只真正的四足生物。

是什么让这个家伙离开了自己出生的家园？是不是因为邓氏鱼以及同党把它们的生活弄得危机四伏呢？或是因为它们最早的水陆栖居地——环礁湖——的水被蒸发了？或是因为这些两栖动物轻信了谣言——搁浅在岸边的鱼要比活鱼味道鲜美？或是因为它们想吃昆虫？还有一种理论，偶尔晒晒日光浴能够让肢体更灵活，提高身体温度，令捕食过程更轻松有效。这些说法或许都有一些道理。然而毋庸置疑，两栖动物的登陆有一个无比简单的原因。

因为它能够登陆。

嘿，两栖动物！最近还好吗？向它挥挥手吧。我们还是继续待在水中，以后会偶尔上来看一看它的情况。不要担心，它会成功的。

死　亡

生命的历史同时也是一部死亡的编年史。我们可以从正反两方面来看待这个问题。死亡或者是生命的结束，或者是生命的开始。进化女神告诉我们，两种说法都很正确。最抚慰人心的说法是，我们并非真正地结束了，而是让出位置给新来者。演出结束后，我们就得离开舞台。其他人——我们的子孙，或是新型生命，会接替我们演出。如果我们一直霸着舞台不走，新人根本无法上台。

3亿6000万年前，泥盆纪的世界仿佛被消灭了似的，半数的海洋生物灭亡了，热带地区的生命甚至折损了3/4。

最著名的牺牲者便是盾皮鱼，它们完全从生命的地图上消失了，剩下的生物们如履薄冰。奥陶纪的大灾难曾令节肢动物差点遭灭顶之灾，然而它们后来还是慢慢恢复了元气，结果又在泥盆纪中再次遭难。身为礁石的建筑师，珊瑚虫也惊险无比地逃脱了灭族的厄运，笔石动物却从此消失了。菊石类也遭受了很大损失，无颌鱼只剩下一个种族——它们的后代发展成了今天的八目鳗或盲鳗。

我们不知道究竟是什么原因败坏了泥盆纪的盛宴。当时冈瓦纳大陆的大部分区域都覆上了冰层，一些证据显示，问题来自太空。地球极有可能撞上了一颗陨石，又一次，然而情况还会更糟。

惊愕！巨虫国——石炭纪多氧时代

3亿6000万年前到2亿9900万年前的那一阶段被称为石炭纪。正如前文所言，这个时期的名字得自当时储藏了地球上第一批炭资源。地球的这一段历史以及后来的二叠纪有两个典型的发展特点。

一方面，所有的陆地最终聚集在一起，构成了盘古大陆，四周被一片唯一的海洋“原始大洋”所包围。唯独东边的忒修斯海[1]像一把楔子一样钉在大陆上，忒修斯海是一片大洋，其中点缀着星罗棋布的岛屿。

这场地质角力导致了日本群岛、南极山脉以及乌拉尔山脉的诞生。此时，地球的北部形成了一些内海和湖泊，随着陆地的融合，脱离海洋的水域则渐渐干涸。南部盘古大陆的大部分区域都被冰山覆盖，而西部——尤其是今天的南欧和北美区——则出现了大规模的干燥荒漠。

古老的山脉渐渐风化，消逝……

赤道附近则形成40米高的热带雨林，那里泥沼遍布，蕨类和松类植物郁郁葱葱，最早的针叶植物、石松植物也诞生了，鳞木和封印木尤其繁盛——多亏当时茂盛的植物，才有现在丰富的炭资源。

在这个炎热潮湿的世界中，植物长得枝繁叶茂，令人眼花缭乱。当时还没有开花的植物，也没有啁啁啾啾的禽鸟，只有昆虫享受着幸福的生活。陆地渐渐变得绿草如茵。随着南部冰川的日益增多，海平面下降了，很多热带的浅水域变成了干地，留下了大范围的盐质荒漠。直到石炭纪行将结束时，地球的温度才缓缓回升，冰川再次融化，水位重新升高。

第二个值得一提的进步是，氧的含量升高到了35%，可能是当时数量迅速增长的植物的功劳。因此，一切都随之欣欣向荣。在石炭纪，漫步森林或许并非一件美事。你不时会踩到几只两米长的蜈蚣，或在

1 忒修斯海（Tethys）：指古地中海。中生代东方开启的新大洋，历经板块移动而逐渐缩小，最后成为地中海的前身。

翅翼长达70厘米的蜻蜓前望而却步。如果不幸遇到野猪般大小的蜘蛛，整个森林可能都会回荡着你的哭号声。这一时期的所有生物都得了巨人症，后来恐龙也得了这种病，由于长得太重，跑都跑不动。然而氧气含量的增加也有好处，不仅促使生物新陈代谢加速，也提高了昆虫气管的扩张能力。飞行的梦想，或噩梦，终于成真。想一想翅翼70厘米长的蜻蜓……

海洋中的霸主则是古乌贼——菊石。贝类生物四处可见，钙藻和海绵辛辛苦苦地建起了无数礁石。新的物种不断涌现，软骨鱼类、硬骨鱼类和其他同类率先进驻了淡水区。河流中潜伏着很多棘鱼纲生物，因此建议大家暂且放弃泛舟游湖的打算。这段时期，鱼类的进化可圈可点，它们将在二叠纪继续进化。二叠纪是中生代之前的时期，而中生代承接古生代而来，起始于2亿5000万年前。二叠纪始于大约2亿9000万年前，继寒武纪的物种大爆发之后，二叠纪开始得如梦如幻，也结束得轰轰烈烈。

那是一个可怕的结束。

其实，石炭纪之后的地球发展得很不错。乌贼们长得非常结实，占领了盘古大陆的海岸和忒修斯海。节肢动物和珊瑚一样也是辛勤的建筑师。一切都蓬勃发展，甚至连单细胞生物都对自己的身材有所不满，进化成了5厘米长的筳科有孔虫（Fusulinidae，又称纺锤虫）。长啊，长啊，长啊。如果一切都这样顺利进行的话，或许今天的人们会乘坐双层蜈蚣巴士上下班，而上流社会则会骑毒蜘蛛出门散步。傍晚时分，家里养的壁虱会牵狗出门散步，人们还可以坐喷气式飞机大小的蜻蜓去马略卡，这种交通工具不需要跑道就能够垂直升降。而蚊子会长得像苍鹰一样，不怕任何杀虫剂；机智的旅行社则会组织灭蚊特警团，用大口径武器来消灭这些可恶的家伙；猎人的小屋中将不再挂着鹿角，而是触须和复眼；龙虾可用来拆除房屋，人们还能用捕鲸的鱼叉来对付鲱鱼。

谁是肇事者——二叠纪物种第三次灭绝

然而到了二叠纪，巨人症突然痊愈了。

这一变故的“罪魁祸首”是西伯利亚的火山，本来那里的气候就不怎么宜人。

2亿5000万年前，盘古大陆的东北部有一个大冰柜。那时的地球火山频频爆发，就像今天的反恐主义行动一样。西伯利亚一直熔岩滚滚、炙热逼人，如同魔戒之王索伦占据的黑暗魔多。火山的黑暗之王深感自己遭到不公平待遇，一直怨气冲天。为什么那些愚蠢的生物只在雨林里打打闹闹？或在海洋里？为什么它们不去别的地方，比如来我这里？我们这些西伯利亚的火龙难道配不上它们吗？没什么生物愿意加入我们？那好，我们也不让你们有好日子过——谁都不能活！就这么办。哈哈哈哈。

虽然地球曾有一小段时间氧气含量上升，但到了古生代的晚期，氧气含量似乎又大幅度减少。伯斯科技大学的一个研究小组在澳大利亚也有类似发现。今天的大气中氧气含量为21%，而当时的含氧量竟从35%剧跌至16%，更糟糕的是，热带地区的气候热得让人七窍生烟。由于两极的冰冻气候，当时的海平面显然有所下降。聚集在浅水区的有机生物随之浮出水面，并与大气发生化学作用，消耗其中的氧气。因此，气候不断在两个极端间徘徊。

而西伯利亚的火山是一切的始作俑者。

2005年初，美国华盛顿大学的古生物学家彼得·沃德在南美和中国研究了一些岩石。南美的岩石出自二叠纪的大陆，中国的岩石则来自海洋。沃德认为，西伯利亚的火山爆发引起了剧烈的气候变化。在陆地集结合并的过程中，海流就已经出现了异常变动，再加上火山爆发，所有的秩序骤然崩溃。在1000万年的时间中，纷繁的物种再次开始寂灭，刚开始时速度较为缓慢，而随着生态系统不断衰弱崩塌，最后一发不可收拾。

在此之后，所有人都知道，西伯利亚是二叠纪的流氓。可是我们不知道是什么原因导致了火山爆发。沃德认为，大气由于蒙上了火山灰和硫化物，气候才会变冷。冰山愈来愈多，海平面下降，如此便产生了他所猜测的那种效应。然而，西伯利亚的小小火山真的能造成整个地球的灾难吗?

当然。沃德表示，他的身后还站着很多其他的研究者，当然这些学者的理论和他的理论或许不尽相同。乌得勒支大学的古植物学家亨克·菲斯海尔相信火山爆发摧毁了一部分臭氧层。臭氧空洞早在以前就曾造成令人痛心的灾难。而来自伯斯的学者则提出了另一个因果链的说法：在火山爆发和陆地冲撞的共同作用下，海流的逆转替排出硫化物的细菌军团提供了便利。这些细菌的排泄物进入了水流和大气，毒害了当时大多数有机物，令它们无法适应新的环境。

在今天的西伯利亚，我们可以找到2亿5000万年前的大块火山岩层。这些岩层告诉我们，这片土地曾一度漂流在一片熔岩的海洋上。一种极为可能的情况是，火山爆发释放的气体在几千万年的时间中缓缓毒害着整个地球。地球是一个交互影响的系统，各个因素相互作用，相互影响。

关于当时生命的惨淡状况，研究者们莫衷一是，然而“惨淡”却是不争的事实。有人认为，95%的动植物都在那场灾难中消失了；也有人认为，陆地上25%的脊椎动物都不幸夭折，爬行动物甚至折损了70%。可以肯定的是，在海洋中，约有半数的无脊椎动物、3/4的两栖动物和几乎所有的爬行动物，总计90%到95%的海洋生物都惨遭厄运。而持怀疑态度的人认为，这样一场大灾难的始作俑者不可能仅仅是火山爆发，应该还有其他原因，或许是一颗“好客”的陨石？反正这种事也不是一次两次了。

几年之前人们还坚信，有一颗直径在6公里到12公里的天外来客坠落在当时的海洋中，撕裂了海底，释放了大量的硫化物质，使海水中充满了对生命有害的二氧化硫。研究在匈牙利、日本和中国发现的二叠纪沉积物时，人们也的确发现了大量硫和锶的同位素。

除此之外，巴基球也为陨石说提供了证据。巴基球是一些形成于物种大灭绝时期的球状碳分子，其中储藏了一些奇特的气体混合物，而这些混合物并非来自地球大气。因此我们可以猜测这些物质来自太空，就像南极的某些金属一样。这些金属来自2亿5000万年前，一般只存在于陨石中。在陨石的作用下，地震和火山频频爆发，酸雨摧残着世界上大部分植被，扼杀了海洋中几乎所有的生命。

或许那颗陨石没有坠入海洋，而是撞上了陆地？可是我们并没有发现当时撞击造成的陨石坑，而且事实证明，陆地生命遭受的厄运显然比陨石撞地要严重得多。

美国西北大学的格雷格里·雷斯金和俄勒冈大学的格雷格里·雷塔拉克也认为陨石坠入了海洋，尽管他们对这一过程有自己的看法。两人均认为罪魁祸首是甲烷。雷斯金猜测陨石激化了一种链式反应，使得大量甲烷进入了大气："海洋很容易就聚集了大量的甲烷，这些甲烷的威力相当于地球上所有核武器威力的10万倍。这样必然会造成物种的大灭绝。"

雷斯金认为，一颗小陨石即可引发这一效应。稍微有一点动静，甲烷水合物的稳定性就会被破坏。西伯利亚当然是一部分原因，而太空手榴弹的威力则是另一部分，两者的共同作用导致了灾难的降临。这一观点得到了世界各国学者的认同，毕竟强烈的火山爆发并非新现象，以前就不时发生，却并非每次都造成90%物种的灭亡。正如对地球历史的各种争辩一样，这一问题至今依然悬而未决。苏黎世瑞士科技大学的古生物学家沃尔夫冈·施巴茨认为，氧气匮乏与物种灭绝并无关系，因为二叠纪中根本没有太多需要大量氧气的温血动物。

在某种程度上，陆地上的植物却是物种灭绝过程中的赢家。它们成功地幸存了下来，继续开枝散叶，摸索着走进了中生代——陆地生物的时代。

海洋则变成了众多生命的家园之一。

欢迎光临侏罗纪公园

长着奇特复眼、高度进化的三叶虫或许曾想象过：一个没有三叶虫的世界会是什么样子？

灾难解决了它们的疑问：一个没有三叶虫的世界。三叶虫完蛋了，虽然它们一再死里逃生，但最终还是在二叠纪末期走向了灭亡。对化石收集者而言，这并非坏事，这些人经常找到三叶虫化石。可是我们会因此痛苦，虚荣心隐隐作痛，因为地球根本不在乎谁踩在自己身上，三叶虫也好，人类也好。

大自然是无情的，它操控着一切可能性，只关心自己的感觉。天才的创造者——进化女神对此心知肚明，我们还满心以为她是慈祥的母亲。有时候，她看起来的确很慈祥。为了保住某一物种，她会采取一切措施。如果一切都无济于事，她就会冷冷地转过身去，放任物种灭绝。

甚至史上规模最大的一次物种灭亡也不会让她懊恼，对她而言，这其实意味着一种鞭策。她还有许多工作，此时陆地生物成了她的宠儿。盘古大陆形成之后，陆地生物纷纷向四面八方迁徙，适应不同的生活区域。在三叠纪，即距今2亿年前的那段时间，两栖动物已有了长足发展，无须长久待在河流、湖泊和池塘中去繁殖下一代，而是真正成为陆地上的一员了，后来它们发展成了似哺乳动物的兽孔目和两栖爬行动物。

登陆行动开始——爬行动物的有力双脚

在很长一段时间内，兽孔目曾是陆地上的霸主，它们体格雄伟，其中一部分甚至成功进化成了温血动物。它们显然是进化的宠儿。如果换一种局势，真正的哺乳动物大概会由它们进化而来，而爬行动物则会继续惨淡经营自己的未来。然而这时候兽孔目的处境非常糟糕。由于它们大量死亡，势力被削弱了，因此几乎无法继续存活。相反，两栖动物中的另一支——爬行动物却推出了一项具有革命意义的伟大纲领：

“我们决定变成恐龙。恐龙的意思是‘恐怖的蜥蜴’，真是个蠢名字，不过也只能随它去了。关键是，我们可以摆脱反动的两栖害虫分子，摆脱海洋中的纳粹分子，再也不必进行水中产卵这些见鬼的工作。兽孔目已经完蛋了，它们一度想变成哺乳动物，其中一些甚至已经长出了兽皮。呸！呸！我们跟它们不一样，我们宣告脱离水域，我们要与哺乳动物的帝国主义竞争主导权，以后遇到哺乳动物要格杀勿论！革命万岁！”

你一定注意到了，爬行动物的时代正值地质史的少年期，因此它们的表达方式并无太多新意。愤怒的年轻恐龙就是这样，一腔热血。

“接下来的计划是，首先从小处着手。要敏捷灵活地占据重要战略地点，自下而上地推进革命。一项重要工作是改变大家的外形。例如腿，大家疲于奔命，因为四只胖胖、短短、笨重的脚而跌跌绊绊，这种状况不能再继续下去。我们的老祖宗两栖动物对此负有责任，它以前就这样蹒跚走路，它是来自海洋的古老鱼类。海里的一切都比陆地上好，可是现在我们不应该留恋过去、长吁短叹。如果想跑得快，那么从此以后我们就要直立起来，用后面两条腿奔跑——嗯，起码是我们当中的某些分子。有些家伙情愿拖着四条腿慢吞吞地走路。就这样，每个人视自己的身体情况而定，不过直立行走是我们的口号！我们在发展方面是相当灵活的，小的依然小，大的变得更大，还有一些成员，比如沧龙和鱼石螈，愿意回到海洋，在那里革命。”

你刚好目睹了一次侏罗纪小规模战斗的备战过程，战斗的号角已经吹响，没有谁能置身事外。

“现在谈一谈食物。我们曾以为四足动物吃植物，而两足动物吃肉，这就是说两足动物能吃四足动物。当然，最初是这样，但之后我们也可以调换。每个人都可能成为他人的猎物，没有优惠待遇。这样下去，我们总有一天会变成地球的统治者，大约1亿5000万年后，我们会进化成两足动物——高智商的爬行类生物，我们将建造城市，驾驶宇宙飞船——这听起来怎么样？嘿，说点什么，上帝老爹！我们正在书写历史呢。”

听起来不错。

逃回海里——用肺呼吸的鱼龙霸王

其实早在三叠纪早期，第一批鱼龙生物就已经在海洋中捕猎了。值得一提的是，那些从海洋迁移到陆地的生命此时返回海洋。因为陆地上的生存似乎并不比海洋中更容易。相反，大家总是希望充分利用现有的可能性，包括将动物、植物和菌类从对水的依赖中解放出来，令它们适应干燥的生存环境，同时再让陆地居住者变回水下居民。

200年前，研究者们挖掘出了最早的鱼龙骨骼化石，并以为那是大鱼的残骸。当时的人们还不知道恐龙的存在，根本想不到会在陆地上找到这一大型水下居民的祖先。

可是这些化石看起来也不像是真正的鱼，因为它们的眼睛太大，脊柱太粗壮。鱼并不需要如此结实的脊柱，那么这些家伙到底是什么呢？它们那尖尖的、整齐的牙齿令人联想到鳄鱼。直到1824年，牛津大学的地质学家威廉·布克兰才科学地将第一只恐龙描述为斑龙，此后事情才渐渐清晰起来——大家臆想中的鱼其实是蜥蜴。可是它们是如何进入水中的呢？它们跟鱼类生活在同一时代吗？随着时间的流逝，人们的观念发生了一个大逆转：爬行动物起源于鱼类。如果是爬行动物的话，它们应该是在陆地上活动的，为什么这些家伙看起来又有些像鱼呢？

目前我们认识了中生代各个时期的各种鱼龙生物，问题渐渐有了答案。它们占据了一些被大型海洋食肉动物弃之不用的小空间。最古老的两种化石，即歌津鱼龙和巢湖鱼龙，看起来很像蜥蜴，只不过已经没有腿，身上长的是鱼鳍。就像腔棘鱼一样，它们的四肢必须长出手骨和足骨才能将自己带到陆地上，而这些骨骼在水中会萎缩，以至渐渐消失。同时，它们的胸椎也会缩短，变成短短的圆盘。

歌津鱼龙还没有具备这种新脊柱的优点，它懒洋洋地在浅水域游来游去，长长的脊柱令它的移动就像蛇一般游刃有余。人们可能会认为它们比游水的蜥蜴灵活得多。但事实却恰恰相反，因为蛇一般的游走会令躯体十分疲惫，消耗巨大的能量，还不如蹦蹦跳跳来得快。

后来的鱼龙却像海豚一样游得优雅从容，正是这种灵活性令这些大家伙受益匪浅。粗短的脊椎骨使得鱼龙的躯体不易弯曲，因此只需摇摆几下尾鳍，整个身体就能快速前进，前面的鳍负责掌握方向。毕竟谁也不愿意长时间追逐自己的晚餐，而天上又不会凭空掉下馅饼，所以对海洋蜥蜴而言，快速、节能的行动方式对生存至关重要。出于这一考虑，进化女神对尾鳍倾注了许多爱心，她采取了典型人类工程学的镰刀形状，就像鲨鱼的尾鳍一样。此外，进化女神还慷慨地送了一个尖尖的背鳍。

从远处看，鱼龙会让人想起弹珠游戏机——孩子们的坏朋友，只不过鱼龙的尾鳍是竖立着的。当然，不会有人愿意让自己的孩子在鱼龙出入的水域里游泳。

1991年，人们在加拿大不列颠哥伦比亚省发现了迄今为止最大的鱼龙标本，23米长，根据它的食量，小孩子们可能只是它的饭后甜点。不过也有体积小一些的标本。它们的身体轮廓是流线型的，身形发生变化之后，便再也无法拜访陆地上的祖辈，无法产卵并由太阳孵化，因此它们只能产下活生生的下一代——婴儿在妈妈体内就已学会游泳了。

没有任何蜥蜴像鱼龙那样拥有如此适应水底世界的天赋。其实它几乎和鱼一样，虽然两者有一个本质性的不同：鱼龙是用肺呼吸的。

"我去呼吸呼吸新鲜空气"这句话并不是后来的鲸类名言，而是生活在苦海中的鱼龙率先喊出的。之所以说是苦海，一方面是因为它们生活在水面附近，但它们的主食菊石和箭石却只在水底活动。鱼龙和鲸一样喜爱乌贼，但乌贼是害怕光线的无赖，喜欢待在深水域，它们甚至可能连海蜇都吃。

为什么原先的陆地居民竟养成了吃清汤淡水和黏糊糊玩意儿的饮食习惯？对美食家而言，这是一个永远解不开的谜，但要回答这个问题其实也相当简单。跟鱼相反，它们必须喝水，而且要喝淡水。可是海里哪里有淡水呢？狡猾的两栖动物有办法。乌贼和海蜇的身体中绝大部分都是水——而且是淡水。也就是说，鱼龙进食时也等于同时在喝水。干杯，吃好！

侏罗纪晚期，鱼龙就像1吨重的大眼鱼龙一样，能潜入1500米的深海，在那里，它那对高度感光的大眼睛起了很大作用。此外，它也吃那些在波浪上玩耍的天真懵懂的鸟类。大家不要觉得奇怪，其实鲨鱼也经常和这些冒失的鸟禽斗法。很多奇妙的摄影作品都展示了一只鸟戏弄大白鲨的场面。大白鲨露出水面伸嘴去咬那只看似傻乎乎的猎物，然而在最后一刻，猎物却恰好飞出了它力所能及的范围，然后又再次降落在水面上。于是白鲨又展开新一轮攻击，小鸟则又开始了新的把戏。鸟儿的戏法肯定让鲨鱼们疯狂。当然经过多次类似的勇敢尝试之后，一些鸟儿最终还是成了鲨鱼的腹中之物。

呼吸不到空气——海中生物的浩劫

三叠纪、侏罗纪和白垩纪被视为恐龙的时代，加起来共约1亿8600万年，在这些年中，鱼龙、上龙和蛇颈龙三足鼎立，争夺海洋统治者的宝座。可是真正的王者其实一直在幕后。我们依然生活在细菌的时期，然而即便是细菌也不能百分百确保自己的安危。如果真有一个统治者，那么它就是阴险狡诈、时时出其不意的大自然，就像1亿8100万年前一样。

我们来看一看德国南方的巴登-符腾堡。

我们身处侏罗纪，即1亿4600万年前的那段时间。这片土地依然浸在水中，被平均100米深的温暖的大陆架海洋覆盖。没有人烟，也没有炊火，只见为逃脱一群鱼龙的猎食而闪电般疾驰而过的银色辐鳍鱼。离此不远处，几百条鱼躲在暗礁之下啃吃着细菌层，这些细菌层堆积得极具艺术性，上面还覆着一层被阳光晒得斑斑点点的钙盐。

这里还活动着一群鱼龙，但是这些家伙刚在60米深的水底享受了一大群箭石，没有兴致继续进食。几只看起来不知所措、紧张不安的鲨鱼战战兢兢地与它们保持着距离。终于，其中一只鲨鱼朝着一条鱼龙靠近并嗅了嗅，而鱼龙从容离开，试图逃走。但鲨鱼的速度更快，不过鲨鱼在最后一刻还是失手了。真幸运。在刚刚那条鱼龙潜入的海底暗礁中，布满了数不清的贝类，以及大大小小、种类各异的螃蟹。那些螃蟹僵硬地行走在贝类之间，每当有贝壳张开，就试图把螯伸进去。

这里是一片乐土。

这些岛屿以后将渐渐向欧洲大陆靠拢，当然身处此地的海洋中还是有一定风险的，不过大家同时也能各取所需。水流带来了养料，阳光下和深水域簇拥着许多浮游生物，巴登-符腾堡是一个能过日子的地方。

向东走700公里，我们来到了同时期的忒修斯海（古地中海），这里的环境有所不同。我们现在的地中海在当时还是一片大海洋。地壳再次开始活动，盘古大陆逐渐开始分裂，东边的冈瓦纳大陆从这里漂移离去，这片古陆与后来的非洲已非常相似。北部的劳拉西亚大陆也分裂了出去，边缘被撕裂。许多小海洋形成了——其中也包括巴登-符腾堡，所有这些小海域都与海洋之母忒修斯有着某种联系。

数公里深的漆黑深海中蕴藏着大量白色物质，它们在4℃的冷水和强大的压力作用下保持着恒定状态。这种物质是天然气水合物，是由生物作用产生的沼气受水分子包笼而呈冰晶状态，并凝缩成原本体积的1/164。我们正在见证这种奇特物质的瓦解过程，瓦解的具体原因尚不明朗。或许是由于大陆分裂的地质活动而引起的一次海底地震，或者是附近大陆架的一次滑动，或许因为随着大陆的分裂，更温暖的深层海水抵达了忒修斯海。无论怎样，天然气水合物突然开始大面积瓦解。它们并不是溶解，而是膨胀到了原来的164倍大！强大的气泡冲破了海底，使海水中充满无数硫化氢，并径直冲向表层海水。更糟糕的是，这种有毒气体吞噬了周围的所有氧气，席卷了整个水域，令表层海水的温度节节升高。这种难闻的混合气体的一部分泄漏到了大气层中，另一部分分散到了周围的海水中，被洋流带走，运送到各个岛屿和浅海中。

这时，有毒气体被带到了巴登-符腾堡。

后果是灾难性的。

鱼类死亡时，我们看到它们的鳃不断开合着，试图从水中抽取出已不存在的氧气。不久，亚热带的海洋由天堂变成了死亡陷阱，海中漂浮着数不清的尸体。有毒气体依然在继续扩散，一切生命都走向了死亡。鱼龙对富含氧气的海水的依赖性较低，它们迅速游到海水表面，期待新鲜的空气，然而在那里等待它们的同样是毁灭。

海中恐龙陷入了恐慌。海水上方沉积着厚厚一层有害气体。鱼龙的尖嘴一次又一次冲破波浪，张开下颚，尝试用任何可能的方法呼吸空气，但空气已不复存在，只剩下剧毒的化学混合物。于是大多数鱼龙也窒息而亡了，侥幸存活的则被饿死，因为已找不到任何可吃的东西了。

巴登–符腾堡毁于一旦。

2002年，图宾根的古生物学家迈克尔·蒙特纳里率领的团队在巴登–符腾堡偶然发现了一个面积约40平方公里的大墓地。无数骤然出现的鱼龙化石令研究者们不知所措。一般来说，大象和一些鲸鱼会寻找死后的栖息地，原始箭石的化石像鱼雷一样成千上万地堆积在洞穴中，这些化石被不同方向的洋流运到了洞里，被海水长时间翻来倒去，直到它们坚硬的边缘磨成了圆形。鱼龙的骨头十分脆弱，却没有这样的磨损，此外，它们的化石老幼混杂，乱七八糟地堆在一起，仿佛是在突然之间一同遭受了灭顶之灾。

1亿8100万年前并没有发生物种大灭绝。在此之前的一次大灭绝发生在2亿500万年前三叠纪向侏罗纪的过渡期。而这次的大死亡并不像二叠纪末的那场大灾难。但即便如此，大多数类哺乳爬行动物以及半数的海洋生物，如菊石、贝类、蜗牛和各种浮游生物，都丢了性命。陆地上的最后一批兽孔目和爬行动物也未能幸免，甚至恐龙也损失惨重，不过它们最终还是死里逃生了。

这一次似乎又有一颗陨石袭击了海洋，但人们依然没有发现陨石坑。不过话说回来，海底的年龄一般都不超过2亿年，因为海底一直动荡不安，不断重生。

蒙特纳里研究证明，1亿8100万年前，一场海啸[1]席卷了海洋，这场海啸的强度远远超过了任何海底地震的威力。蒙特纳里在施瓦本和英国的岛屿上发现了夹带生物残骸、厚达30厘米的泥浆层，这就是那场海啸的证据。一切证据显示，上天掴了爱尔兰西部一个耳光，引起

1　海啸／冲击海啸(Tsunami/Impact-Tsumani)：海啸是一种脉冲，它并非因风而起，而是因为海底地震或陨石的撞击。发生海啸时，波浪能量贯穿了其所有水柱。如若海啸是由海底地震引发，海浪会非常平坦但速度极快，积聚在陆地前，最后形成毁灭性的高度。天体坠入海洋或山体滑入海中会引发冲击海啸。这种海啸速度极快，但波涛一直保持相当的高度。行进的路程越长，冲击海啸的高度就会降低，尽管如此，这种海啸依然能殃及大片陆地。

了一场强度达到20级的恐怖海底地震。海啸的浪涛很可能高达数百米，海浪卷起了大水柱[1]，将海洋掏了个底儿朝天。

我们回到鱼龙猝死的话题上。根据对矿物质的研究，蒙特纳里最终证明了沼气是造成鱼龙死亡的幕后黑手。怜悯这些可怜的鱼和它们的猎手时，我们还得知了另一个令人毛骨悚然的事实：沼气不仅可能是百慕大神秘事件的起因，同时还有可能危及我们的命运。总有一天，我们或许会和这些宁静浅海的居民一样，遭受同样的灾难——甚至在不远的将来。

但是生命原本就是波折不断的过程。总有一天，我们会告别这个世界。进化女神绝不会为我们后继无人而头疼。然而就算三叠纪末有大多数两栖动物和蛙科动物死亡，两栖动物依然尽显了自己坚不可摧的本色。它的后代将会给时代打上烙印，在迈克尔·克莱顿卓越的小说《侏罗纪公园》中重现了这个时代。直到今天，两栖动物的家族依然繁荣：蛇和蝾螈穿行于世界历史中，鳄鱼和巨型蜥蜴风采依旧，观赏龟则过着宁静的家居生活。

猫王活着、詹姆斯·迪恩活着、吉姆·莫里森和吉米·亨德里克斯活着。[2]这关谁的事呢？两栖动物比所有人都长寿。

1　大水柱指水从表面到底部立体垂直延伸的总量。

2　詹姆斯·迪恩（James Dean）：美国著名演员；吉姆·莫里森（Jim Morrison），美国著名摇滚乐队“门”的组建者；吉米·亨德里克斯（Jimi Hendrix）,美国摇滚巨星，著名吉他手。

冈瓦纳古陆之前的潜水艇

某天，一位古生物学家偶然发现了箭石动物的化石，当时大叫了一声："该死！"从此以后，箭石在古生物学家的行话中就被称为"该死的"。重温一下：箭石是头足纲动物，和菊石一样是现代乌贼的祖先。区别在于：菊石的手足较多，而且有低利房贷，因此得了不少好处，盖了漂亮的房子——碳酸钙外壳，这是一种蜗牛壳般的螺旋形外壳，通常看起来很美观。菊石就住在这样的螺旋形房子中，眼睛和触须从壳口伸出来，身体的后半部分则安安稳稳地待在家里。

相反，箭石是长条形的，像今天的大王乌贼。与菊石相比，它们的手臂数量不多，身后有8个或者10个触须，大眼睛呆呆傻傻，身体似乎没有任何防护。但若有谁以为它是团果冻咬上一口，那他的牙医可有事做了。箭石的骨架长在身体内部，那是一根子弹形状、如棍棒一样坚硬的管子，这是侏罗纪橡皮动物唯一遗留下来的特点。

菊石和箭石都让地质学家笑得合不拢嘴，因为已发现的菊石和箭石动物化石数量十分可观。菊石几乎称得上是化石大亨。我们可以根据它们的外壳确定岩石的年龄，并推算当时世界的情况。侏罗纪中，这些长触须的居家主义者的种类多得几乎数不清，它们懂得利用水下的每一个生存空间。你若在忒修斯海中潜水，那几乎会经常碰到它们。

你可能会惊叹菊石的品种如此丰富，直到某只偶然经过的薄片龙咬你一口。不过对于时间旅行者来说，这样的潜水不会对你的身体和生命造成任何损害，我们可以安然无恙地在侏罗纪深处漫游，甚至参观当地居民的房子，去某个菊石动物家做客。你难道不喜欢这样吗？

那就进菊石家来看看吧。

菊石的家非常精致。菊石只生活在门厅中，换言之，它住在一间宽敞的起居室里，那是前方第一个房间，必要时它可以完全缩回到房间里。起居室后面是宽阔的——更确切地说是蜷曲的气壳，这是菊石外壳的主要部分，分成几个小房间，里面充斥着血管和推进外壳的气体。

有时菊石会在那些小房子里灌满水，以便安全快速地到达更深处。它们采用这种方式平衡自己的体重，在海中漂浮。如若随身携带着物品，那它的体重自然会增加，这时它们又放出一部分水以便上升。你对这种做法或许并不陌生——是的，潜水艇采用了相同原理。

菊石是中生代的潜水艇。气壳中气体和水的比例会随着不同的水深和重量的改变而发生细微调整。此外，隔间结构还有一个优点：鲨鱼、鱼龙和其他食肉动物习惯小口地咬它们抓到的猎物，这样一来，菊石外壳的一部分会破裂，体重变轻，但尽管如此，它依然能够正常上浮。尤其小一些的菊石更从中获益匪浅，它们习惯在海底嗅探食物，经常会不小心陷入某只饥饿螯虾的螯爪间。侏罗纪有很多螯虾，和菊石一样，它们也在不断进化成凶狠的新品种。

菊石的小丈夫——进化女神的无用之用

潜水艇菊石怎样繁衍后代呢？《海神号》导演沃尔夫冈·彼得森知道吗？小说家儒勒·凡尔纳知道吗？

生物学告诉我们：当然是通过性交，潜水艇式的性交。

这种性交方法让我们大开眼界。侏罗纪早期，谁若是陪一个菊石姑娘去约会，一定会目瞪口呆，因为他看不到男方。菊石小伙子迟到了吗？直到他更仔细地望过去，才会发现两个菊石原来正在交配，只不过这位男士是一个小矮子。科学家称之为两性异形。

身为繁殖的主动方，雄性动物实在很不起眼，比雌性动物小很多，简直是微不足道。一些现代乌贼女士们的先生刚好只有妻子的1/20大小。目前的深海琵琶鱼（深海鱼）更为夸张，小先生吸在他的意中人身上，更确切地说是吸附在她的生殖器部位，直到他和她完全融合，甚至接受她的血液循环。作为对忠诚丈夫的奖赏，她喂养他，带着他一起游山玩水——她也没有别的办法。

丈夫们竟是寄生虫？

别着急，不能相提并论，天下之大，无奇不有。或者，亲爱的女读者，你能想象和一个只到脚踝般高的男士共度一个热烈的爱之夜吗？当雄性动物只剩最后一个功能——令雌性动物受精时，进化女神才会将他变小。他不承担任何教育任务，不去觅食，不参与讨论和娱乐，只需献出自己的精子。除此之外他什么也不能做，只要待在一位女士的屁股上，靠终生养老金过活就可以了。

菊石曾一度统治过海洋。很简单，因为它们阵容庞大。同样，浮游生物和单细胞生物也是统治者，就像今天一样，凭借它们的数量。在几百万年的时间中，菊石谱系中占统治地位、身长两米的食肉动物变成了敏捷的浮游生物捕食者。可惜白垩纪末期时，由于地球上的浮游生物稀少，它们也一命呜呼了。但它们是侏罗纪的主角，是劳拉西亚大陆、冈瓦纳大陆以及东盘古大陆之前的潜水艇舰队。直到今天，我们依然能描绘出它们的模样，因为它们后继有人——上文提到过的鹦鹉螺。

箭石比菊石要高等一些。如果一天到晚携家带眷，行动终归不太灵活。所以箭石把家藏在体内，这样它们才拥有了流线型的外形以及一对附加的鳍，可以像火箭一样行动，甚至能够捕食敏捷的猎物。它的触须附近张开两个角状的颌骨，迄今为止，这还只是乌贼的独家特征——著名的鹦鹉嘴。儒勒·凡尔纳在科幻小说中就已描述过这个又尖又长的鹦鹉嘴如何紧紧咬住船员、咬碎贝类和蟹壳的场景。箭石很难消化，然而这却不能帮助它们免遭海中大蜥蜴的吞食。化石是会说话的，所以我们才知道鱼龙跟我们一样，把牡蛎整个吃进去之后再吐出壳来。胃消化不了的东西会被再吐回海里，这种情形下箭石只能"该死"了。

凶残的乌贼尝起来也同样令人作呕。

群雄逐鹿

究竟谁是海洋的统治者？菊石还是箭石？

这么说吧，吃得最多的就是霸主；反过来，被吃得最多的也是霸主。

白垩纪始于约1亿4500万年前，是古代巨蜥类历史上三个篇章中的最后一篇。6500万年前，白垩纪突然戏剧化地终止了，若非如此，哺乳动物的进化几乎不可能实现。

哺乳动物是古代巨蜥类动物的同时代竞争者，两者都想夺得优等地位，不过当时的哺乳动物还只是一些獐头鼠目的角色，个头在老鼠到哈巴狗之间，成天想着如何悄无声息地行动。而活跃的蜥蜴类则进化得极快，学习飞翔，争相长高，采摘显花植物，并且不时下水换换口味。鱼龙长时间以来凌驾在鱼类和其他滑溜溜的水中动物之上，然而早在侏罗纪时，家族内斗就已渐渐形成。鳍肢蜥蜴潜入海中，跟鱼龙争夺正在灭绝的最后一批菊石，蛇颈龙和薄片龙四处巡逻，白垩纪变得相当拥挤。

倘若你在1亿年前站在国际太空站的甲板上环游地球的话，你会惊讶地发现，那时的大陆分布基本上已和今天的相同。大西洋扩张，北美洲和南美洲向西漂移。美国的北部和欧洲仍藕断丝连，忒修斯海的形状改变了，将欧洲岛屿从非洲分离了出来。今天的地中海仅是往日温暖的忒修斯海的可怜残片。在白垩纪时期，忒修斯海中的物种数量达到了巅峰。

陆地上则形成了完全崭新的食物网，显花植物的繁荣吸引了昆虫和鸟类，而它们的蛋又诱使哺乳动物心怀不轨。

进化女神玩得很起劲儿！

物种几乎在一夜之间跨了一大步，所有想象得到的生存空间都被占领了。四条腿的迷惑龙（旧称雷龙）和腕龙伸长脖子去咬软嫩的树叶，最后它们的脖子拉得比身体还长，甚至长过大树的树梢，因此吞咽食物就比较费时，吃进去的绿叶要经过很长的路途才能抵达胃部。两条腿的恐龙则磨利它们的牙齿，不再重视前肢的作用，前肢因而萎缩了。暴龙和霸王龙的前肢变得很小，就算是发现了鲜美的食草动物也无法开心地鼓掌。可是它们的头有小汽车那么大，强有力的颚部长满了匕首状的獠牙。

拥挤的天堂——白垩纪角力战场

群雄逐鹿，天下大乱。

一些家伙终于受不了这样的压力逃到了海里，以各种方式去适应水中的生活。鱼龙几乎完全接纳了鱼雷状的构造，而鳍肢恐龙却坚持自己的本色——除了笨重的尾鳍，一个真正的恐龙应拥有尖尖的尾巴。至于后肢，好吧，后肢也可以稍作改动，但不要鳍，最好变成介于两者之间的玩意儿。鳍状肢可以，四条肉肉的、长长的鳍状肢，像鳍一样有用，借助它们，恐龙还可以爬到岸上产卵。至于头部，最好变成流线型，但不要太过火——要保持恐龙的本色！

它将许愿卡交给了进化女神。

进化女神觉得要求很合理，于是勤奋地造出了一堆鳍肢恐龙，特别是上龙。这个新型食肉动物不像鱼龙那样能飞速穿越海洋，而是像鸟类那样挥动着四个鳍肢游动，实际上，它们是在水中飞翔。休息的时候，它们的鳍还可以独立滑翔，和今天飞机的机翼非常相似。

进化女神送给它们一副相当坚固的骨骼，肌肉还对骨骼进行了相当专业的加固，这样它们有力的四肢可以站立起来。为此付出的代价是僵硬的背部——这一点我们都知道，但它们学会了以优雅来掩饰僵硬。几百万年的时间里，它们的脖子缩短了，下颌愈来愈大，这样它们逃命的时候就能溜得飞快，并且还具有能和大鲨鱼、鱼龙抗衡的咬力。

白垩纪初期，一只3米长的鱼龙生活在能透进阳光的表层水面，它很机灵，不时瞄一眼海洋深处，因为时常会有漆黑的大家伙从那里浮上来，闪电般冲向高处捕食。匆匆一瞥时，今天的人们可能会把这个侵略者看成一头鲸，但事实上它是一只滑齿龙。长达25米的滑齿龙是史上最大的上龙。连和滑齿龙生活在同一时期的大白鲨的祖先都对它的牙齿望而生畏，并在暗地里偷学滑齿龙的捕食方式，或许是滑齿龙偷学它。但无论如何，两者都乐于玩偷袭游戏——突然出现，敏捷而奋力地一咬、品尝，然后又迅速消失、伺机而动，直到猎物力气尽失，它再返回补上致命的一击。

白垩纪晚期，滑齿龙灭绝了，取而代之的是短颈龙，体长11米、酷似鳄鱼的怪兽，它和同样大小的克柔龙使海洋变得危机四伏。它们瓜分天下，短颈龙占据了北美的海岸，而克柔龙则在水下肆虐，大开杀戒。它那3米长的脑袋可以摧枯拉朽般击碎一切龟壳，任何菊石的外壳都无法抵御那落锤般的力量。

白垩纪时的气温又升高了，冰雪融水淹没了澳大利亚的海岸，广阔的海洋为巨大的鱼群提供了更多活动空间。克柔龙不仅抢夺了鱼龙的猎物和生命，使得鱼龙情况惨淡，就连小型上龙也未能幸免，因此小型上龙只好逃到浅海海域。这也令蜥蜴们开始紧急戒备。雪上加霜的是，它们还得应付自己的奇特同族——蛇颈龙。今天，我们还能在一些模模糊糊的照片上窥见蛇颈龙的风采。如果尼斯湖水怪真的存在，目击者的描述真的可信，那么尼斯湖中应该住着一只快乐的蛇颈龙。有一天早晨它起床后，喊了一声“大家都在哪儿呢？”结果却发现所有同类都灭绝了。

和酷似鳄鱼的短颈龙不同，某些蛇颈龙看起来像野雁和海豹的混合体。它们的身体整个看起来像是一只圣诞节的烤鹅，加上一条小小尖尖的蜥蜴尾巴，其实更像鸟的尾巴。蛇颈龙拥有鳍状肢，当它伸长脖子摆动它们的时候，看上去和大雁的翅膀并没有什么不同。倘若我们看到一群蛇颈龙在城市上空200米的地方迁徙的话，或许会把它们当成候鸟。当然它们体格巨大，长着四只翅膀。它的肩膀上伸着一条柔韧的长脖子，脖子上是一个小小的脑袋，蛇颈龙只吃小鱼小虾，它用整齐的牙齿将小鱼虾从水中过滤出来。

白垩纪鼎盛期的标志是长喙龙。陆地上的长喙龙是蹒跚而行的笨重家伙，喜欢对人哞哞大叫；到了水下，它能像鱼雷一样潜入大海深处，将大王乌贼背在身上。

你在上白垩纪所能见到的最奇异的家伙或许就属薄片龙了。

这个名字听起来像个软脚虾。19世纪中期，英国的古生物学家迪恩·科尼比尔认为，薄片龙酷似“一条长龟壳的蛇”。我们如果要祝福薄片龙的话，一般会祝它脖子不会酸痛，因为它的脖子绝对是整个身体中最长的部分。如果它来拜访你家，首先会探着那颗小小的、长满牙齿的头仔细看看我们，接下来是一段8米长看似没有尽头的脖子。当我们刚以为自己邀请了一条眼镜蛇来做客时，脖子后面忽然会冒出一个圆滚滚的、长6米的身体，一下打破了主客间的尴尬气氛。人们必须给这位客人吃许多鱼，还要慷慨地留出大空间给它，因为那条像蛇一般的脖子很不安分，不小心就会打破什么东西。古生物学家猜测，由于薄片龙的特殊结构，它并不喜欢潜到深水中而是在表层水面活动，头部伸在水面外，以便必要时可以迅速出击。薄片龙也是当时的统治者之一。

薄片龙的三个家族因为能长到12米到14米长而夙负盛名。似乎这样的个头还不够令人满意，白垩纪末期出现了一个阴险的家伙——沧龙。它们都是海洋中的霸主，而且都希望当“老大”。

顺便提一句，我很不喜欢这些名字，真的很不喜欢！

直到今天我还弄不明白，为什么恐龙就不能干脆叫作“志明”或“春娇”，或者“抓鱼者”也不错。这又是一个命名的困境，就像命名地质年代的困境一样。人们一般用拉丁语来命名，不过如果你不巧发现了一个新的物种，而且你正好叫加利波蒂，那么这个物种就很有可能被命名为加利波蒂龙。中国人没有讲拉丁文的传统，因此所有在澄江地区发掘的化石都以中文来命名。海口虫——我们所有人的祖先，就是在海口附近被发现的。我们还算幸运，幸好那只虫不是在“巴布亚新几内亚”或是在“波斯尼亚和黑塞哥维纳”附近挖掘出土的。

沧龙的拉丁文学名Mosasaur也来自其发现地。1770年，人们第一次在荷兰马斯特里赫特附近发掘出了体长16米的怪兽，它拥有鳄鱼般的颅骨，于是得了这个名字，意思是“来自默兹河的大蜥蜴”。一开始人们以为出土的是巨型鳄鱼的残骸，然而它的四肢并不很符合这一论断，而且，这个家伙身体相当长，接近一条传说中的怪物大海蛇。今天人们知道，沧龙和蛇、蜥蜴有很近的血缘关系，正是它令鱼龙心灰意冷，最终决定退出进化的舞台。水下的沧龙看起来一定极其优雅——如果我们面对不断逼近的沧龙，还能依然保持着审美心情的话。它是爬行动物帝国的最后一批大型海洋肉食动物，它们之后，这一家族的人丁再也没有这般兴旺过。

失手？！——恐龙全军覆没

这时，某件事发生了，一场灾难从天而降。

几乎没有一个问题像恐龙灭绝的原因一样，激起了古生物学家如此热烈的讨论。不过这个问题本身就是错误的，因为除了恐龙之外，还有其他动植物曾大量死亡。

6500万年前，一个时代结束了。长时间以来，我们一直心高气傲地将它看做是亲爱的进化女神的一次失手。我们说，恐龙太胖太笨了，看上去很土气，不惹人喜爱，它们必须卷铺盖滚蛋。直到几年前人们才开始认识到，恐龙是地球历史中的长住客，至少有1亿5500万年，因此这绝对不是进化女神的失败。古生物学家认为，不管是在水里还是在陆地上，恐龙都是极为成功的物种。倘若没有那场悲惨的变故，那么它们一定能够进化成足以与人类媲美的物种——高智商蜥蜴。某一天它们会踏上月球，然后大吼一声："一只恐龙的一小步，是整个恐龙类的一大步。"令人不寒而栗的是，一个流光溢彩的时代最后竟落得如此悲凉的收场。

19世纪初，法国科学家乔治·居维叶第一次找到了明确证明恐龙大量死亡的迹象，当时他仍相信那是上帝的旨意。居维叶是这样猜测上帝的："上帝定期拿走市场上的货物，然后用新货取而代之，而这些后代就得强迫自己适应环境。"差不多就像我们现在习惯比尔·盖茨的产品一样。居维叶认为，因为这个目的，上帝总是一再给万物降下巨大灾难。顺便提一下，其中一场灾难也冲走了智人——原始洪荒时代来临。

然而正像我们所看到的那样，情况恰恰相反。物种灭亡是因为不能适应产生变化的环境，只好为那些能适应环境的新物种腾出空间。有时物种也能凭自己的能力改变周遭环境，就像制造氧气的细菌一样，两者其实是一体的两面。正如我们之前所说，死亡也意味着新的开始。我们的星球上有不断漂移的板块，有剧烈变化的气候，有亚热带的烈日当空，也有两极的寒冷刺骨，再加上勤奋的火山运动——这样的星球也不断要求进化女神随时调整思路。这一点我们也得时时铭记在心，因为一方在制造氧气的时候，还有人在释放大量的二氧化碳。

从表面看来，白垩纪时期的世界犹如伊甸园：温度适宜，物种丰富，植被迅速生长。菊石精心装扮其螺旋状外壳的纹饰，我们完全可以说这是一种颓废。也在这一时期，让所有小学生心惊胆战的粉笔储量大大增加——都是浮游生物惹的祸——单细胞动物死亡后，外壳在海底大量沉积，并且在那里累积了密密麻麻的碳酸钙。严格说来，今天我们用来涂写黑板的粉笔其实是微生物的残骸，但这种事还是不要告诉孩子为妙。

然而第二眼看过去，地球其实并没有那么漂亮。盘古大陆已分裂，冈瓦纳也在解体。印度向北漂移，南美向西，澳大利亚大陆与南极大陆业已分手，洋流只得另外取道；全球海平面上升，淹没了大片陆地；落基群山合为一个完整的山脉，安第斯山脉成形；非洲推挤着欧洲，挤压忒修斯海，此时海岸之间已不再遥不可及。当然，地质构造的压力也使地球动荡不安。可以想象一下，几百万年间，地球一直很不安分，恐龙坚持了如此之久，几乎是一个奇迹。

另一种观点同样要修正。当我们说恐龙活了1亿5500万年时，给人的印象是每一个物种都骄傲地存活了1亿5500万年。事实上，中生代的若干物种都只坚持了几百万年，然后就被其他物种取代了。其中生活在三叠纪初期的类哺乳四足动物水龙兽与上白垩纪时期巨大的两足肉食性恐龙就少有相似之处。

单单谈论恐龙存活的时间并不能切中问题的要害，我们还得花些功夫研究一下那些鲜少被提到的其他物种：地底下是尖鼻哺乳动物经常活动的地方；天空属于会飞的蜥蜴类，但中生代晚期已有大量的鸟类在森林上空盘旋了；而且如果那时的人们打算造一艘方舟，就不得不再多造三艘给昆虫；鲨鱼抗议了：我们也存在！蟹、腕足类、贝类、菊石、箭石以及有孔虫，都有权利要求至少和恐龙同等重要的地位。凭什么叫恐龙时代？其他物种群起抗议了……

难道只有死后才能出名吗？一只腕龙跟550亿只跳蚤相比算得上什么？

我们还是接着谈“死亡”。

在著名的恐龙灭亡话题上，人们脑中还存有一些糊涂的观念，这也是我们要思考的问题。

为了搞清楚这个问题，我们还是去大自然中找答案。想象一下，一只黄蜂、一只蜘蛛、一只蜜蜂、六只蚜虫和一大一小两只苍蝇和睦地分享着花园桌子上一平方分米的空间。它们相处得正如胶似漆时，你拿起了一个苍蝇拍，将这个小团体打得稀里哗啦，所有动物都在这闪电一击中丢了性命——简直是一次小规模的屠杀。原因很明显，它们都在错误的时间出现在错误的地点，你摧毁了一场糊涂的集会。

然而你可能会惊异地发现一种新状况：大苍蝇死了，小的依然活着；蚜虫虽然蹦走了，但后面的蜘蛛仿佛什么都没发生；蜜蜂头晕目眩，黄蜂却无辜地问："出了什么事？"

事实上，著名的白垩纪——第三纪过渡期正是这种情况。

当白垩纪过渡到第三纪时，众多物种纷纷死亡。陆地动物凡是体长超过1.5米的都消失了，95%的浮游生物也惨遭不测，贝类和腕足类更是举族灭亡。会飞的爬行动物则永远失去了起飞的能力。令人吃惊的是，鸟类却几乎毫发无损；虽然所有的海洋爬行动物都命丧黄泉，淡水里的鳄鱼和大海龟却幸存了下来；鲨鱼也轻松脱险，而所有菊石和箭石都成了牺牲品。这次大规模的死亡事件似乎带着一种"灰姑娘"原则——好豆子拣进盆里，坏豆子吞进肚里。奇怪的是，植物世界的损失不大，虽然死了一些显花植物，但大部分森林蕨类植物依然郁郁葱葱。

为什么会出现这种局面？

关于恐龙的灭亡，进化史学家长时间以来一直认为，这些家伙死于它们自身的颓废，就好比古罗马的灭亡一样。这些趾高气扬的家伙们长着甲壳、犄角和毒刺，因此大多数都有椎间盘的疾病，大脑退化到近乎迟钝，在某种程度上可以说它们过于笨拙，甚至不会直线走路。这种看法当然不对。

大约白垩纪末，恐龙拥有最大的脑容量，比如伤齿龙。一些研究者认为，雌性蜥蜴的荷尔蒙紊乱是造成后代退化的原因，还有人声称哥斯拉有便秘问题，因为油性植物都消失了。有一种理论认为，微生物和传染病才是罪魁祸首。这当然是一种可能性，可到底是怎样的超级传染病才能使所有恐龙类物种都消失呢？即便是禽流感也不会殃及所有禽鸟；当瘟疫在人间肆虐时，我们的表亲黑猩猩不就未受其害吗？

最近流传着这样一种观点：小型哺乳动物吃光了恐龙的蛋。这当然也是可能的。

但人们不禁会问：为什么它们之前不吃蛋？为什么吃了这么多蛋后，它们的肚子竟没有撑破？即便今天，乌鸦也没有因为松鼠的大胃口而灭绝。就算食肉动物真的有问题——不仅吃肉，它们连屠夫也不放过——但就连霸王龙这种杀戮机器也不是傻瓜，不会笨到耗尽所有资源，而且老实说，它根本就没这个本事。一种令人毛骨悚然的想象是：一场虫灾吃尽所有植物的叶子，所以食草和食肉动物都相继饿死。毫无疑问，毛毛虫能摧毁一个人的神经，但它们能一下子吞噬地球上所有的植物叶子吗？

如果将生物因素排除在外的话，我们就得考虑气候因素了。假设中生代末期时，大气中的氧气含量减少，二氧化碳含量升高，小型哺乳动物和鸟类还能够适应这种变化，但巨大的恐龙却因为缺氧而不幸死亡。这令人想起了温室效应。其实学界在研究上白垩纪时，推断当时全球的火山运动增多，西伯利亚不就因此才恶名昭著的吗？火山运动很有可能令气温升高，通过化学途径将氯气排入大气层，从而破坏了臭氧层。

稍等，臭氧……

这是我们比较熟悉的话题了。在此之前，一颗超新星曾破坏了地球的臭氧层。是不是又冒出了一颗超新星？6500万年前，这颗超新星的威力波及了地球，是不是像某些学者猜想的那样，紫外线导致所有恐龙都失明了？然后，由于当时还没有导盲犬，它们过马路时都乱闯红灯，然后……

正经说来，这些因素我们也考虑到了。最后，有人提了一个问题：

请问阳光是如何使一只躲在阴暗海底的鱼龙失明的？

关于下一个可能性，你可以猜三次。

20世纪50年代，美国的诺贝尔奖得主哈罗德·尤里设想了这样一种场景：一个和哈雷彗星一样大小的陨石——直径10公里到15公里——砸向陆地或海洋，引发了一场全球范围的灾难，譬如排山倒海的海啸或强烈的地震。在此之后，地球度过了一个核爆后的冬天。

1980年，科学杂志刊登了一篇另一位诺贝尔奖得主的文章，这篇文章支持了哈罗德·尤里的设想。物理学家路易斯·阿尔瓦雷茨在白垩纪向第三纪过渡期的岩石中发现了浓度极高的铱，这种元素只出现在陨石里。这样的含铱层在全球范围内都能找到。阿尔瓦雷茨推测，一个直径10公里的大天体曾撞击过地球，他甚至找到了撞击的地点。自此之后，人们一直在讨论这颗陨石，更准确地说，争论它导致的后果。为了避免长篇大论地介绍这场争论，同时又能向你描绘一下学界对这颗死亡之石的探讨，我将简短地向你介绍一下过去5年中发表的一些主要观点。

稍等，在我们一头钻进年鉴之前，还有一项通知：有袋目动物郑重声明，它们在7000万年前就在冈瓦纳大陆上定居了。关于恐龙时代，就此啰嗦这么多。

现在我们开始吧！

祸不单行

众多行星形成的过程中，大量建筑材料没有派上用场而在重力的作用下被甩到太阳系的外部。从那时起，永恒的黑暗与寒冷中的宇宙里一直有几十亿个由尘埃、岩石和冰物质构成的大大小小天体，它们围绕成一个无形的外壳，将太阳系牢牢包裹了起来。

1950年，荷兰天文学家扬·亨德里克·奥尔特找到了那些周期性回归的彗星的诞生之所，奥尔特云也由此得名。云团中的碎块物质不断相互倾轧，并受到相邻星球的重力影响——地球在古代巨蜥的脚步下颤抖时，情况也是如此。在相互碰撞的过程中，一些碎块物质被甩出了云团，之后在太阳系中做周期运动。大约6500万年前，在距木星1.5光年的地方，一个这样的颗粒物被抛了出来，然后火速朝地球飞来，它没有在最后一刻转弯，而是以每秒25公里的速度撞上了墨西哥犹加敦半岛的海岸。

犹加敦半岛，2000年上半年：科学家们研究了直径200公里大的希克苏鲁伯陨石坑，他们认为这里正是陨石撞击之处。根据周围奇特的环形结构，可以推断出当时冲击波的巨大威力。周围的沉积物在转眼之间变成了类似石质颗粒的液态物，那是一片颗粒的海洋，呈波浪状向外扩散。

伦敦帝国大学环境地球科学与工程学院的加雷斯·柯林斯通过计算机仿真撞击效果，对被撞击地区出现的突起和环形结构等特殊地貌作了清楚的解释。

柯林斯认为，那次撞击本身并不足以引起大量的物种死亡，在此之前，地球气候的变化和频繁的火山运动早就已经为恐龙的灭绝拉开了序幕。

犹加敦半岛，2001年：动物和植物皆因中毒身亡，无一幸免。虽然一颗陨石击中了墨西哥，但不到10公里的直径不足以扬起“核爆之冬”的大量尘埃。通过蒸发，碳酸盐和硫酸盐被释放到了大气层中，在那里与水结合成剧毒的硫酸。数年来这些动植物没有任何庇护，遭受酸雨的袭击，最后落得这一众所周知的悲惨下场。

犹加敦半岛，2001年中：不，陨石是罪魁祸首。在戏剧性的8000年到12000年间，地球的历史上发生了两次大规模的物种灭亡。虽然我们已证明有剧烈的火山运动，但是周期至少为50万年。在这种局势下，生命还可以勉强支持下去，只有在遭受巨型陨石撞击之后，它们才毁于一旦。

加州，2001年下半年：加州大学的天文学家研究了行星系过去1亿年的运行情况，偶然发现了其运行轨道的一些异常现象。最明显的一点是，地球在当时也偏离了自己的运行轨道。那些以不同速度围绕太阳旋转并不时接近地球的行星干扰了奥尔特云内部的重力平衡，所以，那些毁灭性的陨石和小行星才会调转方向，狠狠地撞到地球上。正如鸡和蛋的关系那样，这个问题还没有明确答案。到底是撞击改变了地球的运行轨道，还是地球运行轨道的改变才诱发了撞击?

2001年末：陨石的直径明显大于10公里，它撞破了地球的表层，引起周围物质的剧烈燃烧，所产生的碳酸盐和硫酸盐岩石与水融合成致命的雨水。此外，大量的尘土进入了大气层，遮蔽地球长达数年。毒雨和核爆之冬的共同作用令生命濒临绝境。

2002年：科学家凯文·波普是希克苏鲁伯陨石坑的主要发现者之

一，他对“尘土遮蔽论”作了一些修改。他认为，要遮蔽全球的阳光并同时使光合作用停滞，所需的尘土量应远远大于陨石自身能够释放出的尘土。这次冲击之后引发了全球范围的大火，森林熊熊燃烧，大火将巨量的烟尘送入了大气层并遮蔽了阳光。

2002年：几乎是同一时间，生物学家和古生物学家估测，那次撞击中，2/3以上高度进化的昆虫种类惨遭灭绝，食物链轰然解体。相反，进化程度稍低的节肢动物却幸免于难，数量愈来愈多。可以确定的一点是，生态系统不是缓慢地崩溃，而是在瞬间遭受了毁灭性的打击。

2002年中：不，导致物种灭绝的原因并非陨石一项。7000万年前，地球的平均温度从25℃下降到15℃，那时物种的命运就已注定灭亡。古代的恐龙尤其无法适应寒冷的气候，陨石无疑令它们的境遇雪上加霜。

2002年下半年：亚利桑那大学的大卫·克林和西南研究所的丹尼尔·杜尔达在计算机上模拟了当时的情境。他首先推算了直径10公里的大天体在撞击地球后可能造成的影响。结果令人心惊，这种撞击释放出的能量是在广岛和长崎爆炸的两颗原子弹威力的100亿倍。燃烧的碎块被抛入大气层，在接下来的几天内落回到地球上，引燃了赤道附近大部分的森林，印度和北美也燃起了大火。那些没有回到地球上的碎块在大气层中与微粒云结合，使地球温度升高，引发温室效应，令火焰愈烧愈烈。克林还考虑了地球自转的影响，最后他得出结论：大范围的火灾在数天之内将产生的巨量的二氧化碳释放进大气层，再加上水蒸气和碎裂的硫酸盐和碳酸盐岩石的作用，气候发生了剧烈变化，扼杀了最后幸存下来的几乎所有生物。

依然是2002年，波泰士陨石坑，乌克兰：很早以前，人们就找到了这个直径24公里的陨石坑，但迄今为止，它的形成时间依然不为人所知。一般认为它至少是在距今7000万年前形成的，而最近有人猜测这次撞击也可能发生得更晚一些，或许和希克苏鲁伯陨石坑形成于同一时间。动植物的大量死亡真的只是一颗大陨石所造成的吗？有科学家提出疑问："为什么不可能是一次陨石雨呢？或许其中有些陨石坠入了大海。"这一理论的迷人之处在于，它解释了整个地球如何能在极短的时间内被大清洗了一次。一场陨石雨祸及整个地球，而由于这些陨石大小不同，造成的灾害规模也各异，这也解释了为什么某些物种完全惨遭灭门，而另一些却奇迹般的幸免于难。

2003年：人们重新分析了航天飞机奋进号2000年拍摄的影像数据之后，对希克苏鲁伯陨石坑的研究更往前迈进了一步。雷达数据显示了陨石坑的结构和特性。愈来愈多的人认为，犹加敦半岛发生的陨石撞地是唯一能解释物种灭绝的理由。

2003年中：宾夕法尼亚州立大学的彼得·维尔夫反驳了"陨石撞地之前的气候变化已对古代蜥蜴类生物造成不利影响"的说法。他认为气候时刻在变化，甚至能更加强烈。维尔夫和他的团队研究了白垩纪晚期的植物化石，并记录下几乎所有微小的波动。撞击前的100万年前，恐龙还生活在完美的温暖气候中。

2003年中：一派胡言！一颗撞击犹加敦半岛的陨石绝不会是全球性死亡的唯一原因，新西兰地质学和核科学研究所的克里斯·霍利斯如此坚信。他认为在此之前的很长一段时间里，气候已逐渐变冷了。霍利斯的团队以新西兰在白垩纪时期的地理位置为证，那时新西兰距南极仅约1500公里，事实上岛上的物种折损情况并不十分严重。霍利斯以此证明，新西兰岛上的生物早已习惯了低温气候和有限的日照，相反，赤道地区的物种却过于依赖阳光。当然他承认，撞击前的短时间内地球气温又有回升，如果没有那颗陨石，恐龙或许能继续存活下来。

2003年下半年：专家借助陨石坑内的太空沉积物碎片推断出希克苏鲁伯陨石的年龄。专家断定，这些碎块是一位真正的玛土撒拉，年龄在40亿岁以上，是地球诞生的见证者。但是就连这些碎块也不能解答陨石撞击犹加敦半岛的具体时间，以及此次撞击的威力。

2004年，突尼斯：乌尔比诺大学的意大利专家西蒙·加莱奥迪在化石中找到了证据，证明那次撞击造成了全球变冷，在5年到10年的时间里，地球没有获得一丝阳光，因此在之后的2000年里，地球冰冷刺骨，只有那些对能量需求不高的小生物才能在这样的环境中勉强求生。

2005年，学界依然分成两大阵营：灾难派和铺垫派。灾难派认为——就像其名称一样——一次不寻常的事件导致了恐龙的骤然灭绝。而对于铺垫派而言，这种解释未免太过简单了。牛津大学的古生物学家大卫·诺曼在书中指出，恐龙是“一步步走向灭亡”的。铺垫派着重强调白垩纪向第三纪过渡前的全球气候变化，他们认为，气候变化可以解释两种现象：因过于寒冷而造成恐龙的灭亡，哺乳动物因适应性良好而胜出。植物生长的变化现象也支撑了铺垫派的说法，虽然他们自己对气候波动的原因也莫衷一是。我们比较肯定的一点是，在白垩纪的末期，海岸线大大后移，火山活动增多，陆地漂移，洋流改变，这些对气候产生了影响，譬如风暴的强度。此时气候很可能发生了剧烈变动。那些先前一直是亚热带气候的地区突然出现了季节更迭，对于喜热的恐龙而言，这种天气实在难以忍受。

然而，所有人都赞同这一说法：一颗陨石撞击了地球，并引发了很不乐观的效应。

这颗陨石是生物灭绝的唯一原因吗？或者它只是一根导火线？这一问题至今没有得到令人满意的答案。宇宙的问题在于它很少能提供明显的因果关系链。在无数因素相互作用的网络中，寻找“起因”的努力只是徒劳，因此我们无法随心所欲地去预测或控制地球上的事情。

我们之所以研究白垩纪末期的生物灭亡，主要是因为它呈现了我们未来可能会发生的类似事件，我们很想知道那时发生了什么，以便更好地为未来的灾难作好准备。

然而科学只是一种“趋近”的艺术，不要轻信别人的观点，也不要固守陈规。人类虽能专心致志地观察，同时却又不乏主观臆测。资深学者十分怀疑我们的论证能力，这种论证难道不是对相同经验的叠加，然后归纳为一个众所周知的结论吗？

我们永远无法完成足够的实验，无法真正证明什么，因为理论上而言，这些实验是没有尽头的。

不过事实也不像听起来那么糟糕，我们虽不能“证真”却很会“证伪”。获取信息的艺术在于摧毁信息。这就像一位用大理石毛坯雕刻一头狮子的马其顿雕刻家一样，刚开始时，他并没有试图雕刻一只狮子，而是摒弃所有看起来不像狮子的部位，这是一种精巧而独特的工作方式。

只有在不断的抛弃中，结果才能渐渐现出轮廓。

进化走的也是同样的路。在到达某个成熟阶段之前，未出生的婴儿是没有手的，只有鳍状的肢体。在此之后，我们知道，预设好的细胞死亡规则开始发挥效力。更确切地说，是鳍状物的各个部分开始彼此分开。换句话说，进化女神并没有真正创造出手指，而是让许多细胞组织消失，直到最后只有手指留了下来。同样的道理，科学就是不断地排除那些完全不可能的情况，从而证明之前累积的知识。这种惊人的方法令科学得以改善自己的假说，不断接近真实。

然而科学永远无法获取确定无疑的真理。

地球依然灾难不断，无休无止。

鲸的日子

座头鲸的迷人歌声里有怎样的含义？我们对海豚神秘的微笑又了解多少？一头虎鲸穿过大海是为了传递什么信息？一条33米长的蓝鲸的脑子里藏着哪些原始的智慧？神秘的海洋哺乳动物能告诉我们什么？

神秘的家伙们，注意！它们说："呜呼！"

它们想告诉我们：我曾是一只狗，或者说，我曾是一种看起来既像狗也有些像牛的东西。我曾是偶蹄类的刚毛小猛犬，一个进化的暴发户，一个在星光惨淡的侏罗纪公园之后走出历史阴影的哺乳动物。我既没有和太空生物交往，也不打算治愈自闭儿童，或在电视剧中扮演小丑，没有人会认真思量我嘶哑的吠声。谁要是怀着一股"自由意志"的狂热回到过去，打算一睹猎场中骄横跋扈的虎鲸的风采，他们大概只能看到我。那时我已出生，在巴基斯坦的浅水里打滚，在河流和小水塘里捕猎小动物，并试图根据水下声波的传递调整我的听力，这真是非常棘手的工作。老实说，我在水下的听觉很差，其实在水上也不怎么样，不过还是足以让我不致被人唾弃为大傻蛋，否则的话我不可能拿到这份工作。

什么工作？哦，变成鲸鱼！一种濒临灭绝的宠物，其地位在寿司和宗教替身之间。好吧，巴基鲸（巴基斯坦鲸）、古鲸们，你们成功了。

呜呼！

认亲听证大会——重返海洋的哺乳动物

当然并不是所有鲸类都可以追溯到巴基鲸身上，就像爬行动物的扩张不能仅仅归功于某一天爬上岸的那只有趣的两栖动物一样。

进化女神在日记中的“海洋哺乳动物”章节中的第一段描述了一种小型陆地哺乳动物，它的耳朵——还带着贝壳——开始渐渐适应水下的生活。

巴基鲸拥有一个充满液体的内耳和鼓膜，外耳则是干燥的，这是陆地生物听觉器官的典型构造。为了避免耳朵进水，它会把外耳紧闭，但这样一来，声波就无法传到内耳。巴基鲸学会了通过颅骨来听水下的声音，不过这是一种权宜之计。这个可怜的家伙本事不少，可惜都不精。它能感知到水下的声波，但很微弱；如果在水面上，它一般只能听见低频的声音。它游泳的本事也差强人意，能徒步穿过泥沼和海口寻找食物，但跑得也不快。从外表看，人们无论如何也不会以为它是一头鲸，倒不如说它更像小红帽故事中的那只狼——被花园的水管浇得湿淋淋的狼。

不过若朝它大嘴巴里瞧瞧，我们可以看到它的牙齿排列已和今天的齿鲸很相似了，老鼠般的小尾巴至少看起来有希望在将来进化成锚爪。

关于巴基鲸具体的生存时间，人们还不是很确定。据估计，它生活在距今5200万年到4800万年前。当时的地球一如既往地动荡不安。澳大利亚与南极地带彻底分离，转而寻找更温暖的水域。印度碰上了亚洲，一场大冲撞，结果形成了西藏地区的高山。忒修斯海的面积愈来愈小，漂移到浅海地带和封闭的盆地附近，一些陆栖的居民经常鼓起勇气去海里逛逛，不时享受一顿海鱼大餐。

今天的分子生物学家和生物形态学家都在研究鲸鱼的亲缘关系。生物形态学家认为一种已灭绝的有蹄类动物——中爪兽——是鲸类的直系祖先，而分子生物学家则将同时期的河马看做鲸鱼的叔叔或阿姨。最新在巴基斯坦挖掘出土的骨架似乎证实了分子生物学家的看法。可以肯定的是，古鲸并非只发源自一支部族，而是由很多当时的支系同时发展而来。

我们发现的最古老的鲸化石是一块下颚，其主人生活在距今5350万年前的喜马拉雅山南部，因而它只好得到一个令人抓狂的名字：苏巴都喜马拉雅鲸——可怜这只死去的鲸无法对此表示抗议。至于苏巴都地层的喜马拉雅鲸是否的确是所有鲸类的祖先，是否属于巴基鲸家族，学界至今尚未达成共识。

陆行鲸如果知道自己被称为“游泳的步行鲸”，大概也会表示不满。据估计，陆行鲸出现的时间比巴基鲸晚50万年，不过陆行鲸并非后者的直系后裔，两者更像是表兄弟。陆行鲸长达4米，见者过目不忘。它的外表并不像狼，而更容易令人联想起被剃光了毛的祥龙福哥儿——如果你没有读过麦克·安迪《说不完的故事》的话，或许会觉得它像海獭和鳄鱼的杂交。它游泳时像海獭，躺在亚热带炎热的海边或者浅水里时又像鳄鱼，全身只有鼓鼓的眼睛探在水面上。在这里，我们还了解到陆栖动物下海的另一个原因——不仅仅因为食物链扩大了，水也为动物的伪装提供了新的可能性。

如想有幸成为陆行鲸的猎物，你必须靠近它的水域。它的脚太长，而且还长着蹼，非常不适合尾随猎物。因此它过着守株待兔的生活，耐心地等候猎物出现。

它正等着你。

昨天你和一队时间旅行者到达这里，正好来到了这片湖边。巨大的昆虫——有些嗡嗡叫着，有些成群结队掠过水面。附近的丛林里，一只蜘蛛正努力地将一只冒失的青蛙包在蛛网里。鸟儿们正在树林中举行一场壮观的音乐会。几只小羚羊四处游荡，几乎已经忘记了被冠恐鸟逮住的危险，刚才冠恐鸟那斧头般的鸟喙已咬断了一只小羊的脊柱。所有动物都忙得很，只有陆行鲸一动不动地窥伺着，一半身子浸在水中，另一半则隐藏在岸边高高的芦苇里。一层薄薄的雾气漫过水面，闻起来像植物腐烂的味道。你热得满头大汗。整个上午，你的探险队一路奔波，渐渐地，你的注意力开始分散。

你没有发现陆行鲸，它也没有看见你。

你离得太远，但它可以听见你的声音，虽然你竭力放轻脚步。它的下颌紧贴地面，可以感受每一次轻微的颤动。对它而言，你的脚步声不啻你大喊大叫着跳波尔卡舞时发出的声音。它那水獭般的棕色短毛和泥浆融为一体，就算你在它身边绊倒也不会一下子就发现它。它那长着触须的深色鼻子抽动着，深深吸取着你的气味。你再往前走一米就够了，它可以猛地向前一跃，把你拖进水里，死死抓住不放，直到你停止挣扎为止。进食时它会把你拖到干燥的地方，这些良好的行为举止归功于它身上陆栖哺乳动物的一面。

然而正当它身体紧绷蓄积全部力量准备纵身一跃的时候，探险队长却忽然大声招呼你去喝杯咖啡。

你受宠若惊地接受了邀请，朝相反的方向走去。你没看见这只伤心的陆行鲸奋力纵身一跃，却一头跌进泥浆里，趴在你的脚印上，当你再次转身时，它已迅速消失在出现的地方了。假如你能看见它游泳，观看它躯体的移动，你一定会惊叹它的优雅，这种优雅会让你想起鲸鱼。不过你要去喝咖啡了，虽然咖啡对身体不好，不过它能保护你免受悲惨的折磨。

在澳洲丛林里，每年都有人以类似的方式命丧鳄鱼之口。非洲那些在水边饮水的动物经常被鳄鱼突然袭击，然后被拖到水下。

有一段有趣的影片数据向我们展示了一次突袭失败的场面。那是一只长颈鹿永生难忘的经历：某一天，它弯下长长的脖子把嘴伸进水里解渴时，头部突然被两块强有力的颌骨钳住。然而正如我们在录像中看到的那样，这只鳄鱼错估了自己的能力，长颈鹿被吓得屁滚尿流，猛地向高处一甩头。由于它的头高度十分可观，于是那只愚蠢的鳄鱼也被一起扔出了水面，并依据圆周运动的物理法则被抛到了附近的树梢上。长颈鹿流着鼻血溜走了，鳄鱼则坐在树枝上思考着如何回到水里。我们可以向埃里温电台发问：鳄鱼会飞吗？回答：原则上是可以的。

所以还是变成鲸鱼比较好。

重新出发——热闹的第三纪

你注意到5000万年前大自然的繁荣景象了吗？在灾难性的彗星撞地球之后，地球上发生了什么？很简单，就像平常一样：生命重新开始。

灾难过后，地球进入了第三纪，进化女神又开始埋头工作。

她或许犹豫了片刻：应不应该再去养一些恐龙？可如果这样的话，她又得重新创造它们。不过幸好一些小爬行类动物如壁虎和大蜥蜴存活了下来，还有几只鳄鱼，这些就足够了。霸王龙和它同类的恶吼声总是让人心烦意乱，而哺乳动物给人的印象则要文雅得多，个头也不会大得吓死人，而且花园里还有很多工作用得上它们。

进化女神系上了围裙。彗星撞击地球的100万年后，她让赤道附近的一部分热带雨林重新矗立了起来，更加繁茂，种类也更丰富。在其他一些地方，重建工作持续的时间更长一些，但那里后来也长出了蕨类、针叶树木以及显花植物。显花植物几乎有些迫不及待了，它们开枝散叶，流光溢彩，果实丰美，生命愈发健康。

始新世——距今5600万年到3400万年前的早期，由于没有巨蜥的干扰，偶蹄类和奇蹄类的数量呈爆炸式增长，活跃在各个区域。哺乳类和鸟类刚开始时生长缓慢，后来也渐渐进化成更庞大、更现代的物种。

始新世之后地球气候温和，某些区域为亚热带气候。没有森林的地方形成了草原、热带稀树草原和湿地，生命愉快地适应着所有这些变化，地球上出现了猪、貘、河马、蝙蝠、最早的猫、狐狸、海狸、骆驼、小马，以及狼、熊、赤鹿的祖先，奇怪的短颈长颈鹿，鬣狗和剑齿虎，它们在渐新世和中新世安身立命。在上新世——距今530万年前的一段时间，大象已开始拖着沉重的步伐跨越亚欧大陆了。进化女神也没有忘记青蛙、老鼠、蛇，天空属于鸟类，泥土依然是节肢动物和微生物的地盘。

海洋里——当巴基鲸和陆行鲸向海洋迈出踌躇的第一步时，生命也恢复了元气，尽管大自然不断任性地打击它们。

彗星撞击地球1000万年后，由于温度升高和板块移动导致了一连串反应，2兆吨的甲烷被释放到海水和大气中。整片海洋“翻江倒海”，2/3以上生活在海底的有孔虫和有钙化外壳的原生动物死亡了，气候又发生了剧烈变化，深海突然变成了地狱，先前冰冷的海水变成了15℃的温水，而海水上层则出现了全新的物种。全球高温持续了约3万年，然后又花了12万年的时间重建平衡。

4700万年前，无处不在的蓝绿藻释放了大量的囊藻毒素。囊藻毒素是一种环生肽类毒素，它为水中和陆地上的生物带来了灾难。今天的人也不会饮用带有蓝绿藻制造的有毒泡沫水，否则会当场倒毙，或至少性命垂危。那时，惨遭厄运的不仅是水下居民，甚至也包括飞到水面上解渴的鸟类和蝙蝠。

不过水中的故事依然继续着。巴基鲸的发现证明了古鲸足以适应新环境。人们还发现了偶蹄类，它们的颈部消失了，头部和躯干像海狮一样接在一起，身体紧凑而坚硬。随着时间推移，它们的尾巴变成了锚爪，后腿变短，前肢变宽，成了鳍状肢，原先用于掌控方向的尾巴变成了功能日益健全的推进器，后腿的用处愈来愈小。有些古鲸没有海獭大，有些却长到了几米长。

条条大路通罗马——渐新世各拥一片天

我们来看一看3500万年前的世界。

南极大陆和所有陆地完全绝交，它选择地球的最南端作为自己的据点。自此以后，它常年冰雪覆盖，只有稀奇古怪的生物们——企鹅和科学家——才能忍受这种环境。居民们整日睡眼蒙眬，因为黑夜持续长达6个月。我们在后面的文章中会对地球上的第六大洲有更多的介绍，而现在，擦亮你的眼睛，看看那些在始新世梦想成为大白鲸的灰狼们的成果。

时光机将你的探险队带到了渐新世，这是一个开放生活的时期。森林面积缩小，大片的土地沙化，气温下降了。大型动物们在茂密的森林里没有施展空间，现在终于有了自己的舞台。大陆间的桥梁被切断之后，地球上不同地区的生命也走上了不同的道路，利用新的自由努力生长。

现在你站在那里，想向陆行鲸问一声好，这家伙一直杳无音信。询问过熟悉地形的负鼠后，你来到了海滩上。那里飞溅着忒修斯海的浪花，陆行鲸已离开了它的小湖泊，向更深的地方前进。你若有所思地盯着水看，这个泼辣的扁平足家伙现在过得怎么样？它虽然试图咬你，但谁会在意这点小事呢？

你兴致勃勃地向那些浪花走去，突然间，地面陷了下去。海洋向你袭来，脚下的地面消失了，你开始感到一丝惶恐。这一切都是你自己的错。老天！难道探险队长没有警告过你不能独自行动吗？你愈陷愈深，划动着双手，猛烈地蹬水，想重新回到水面上，你的眼前舞动着气泡，身下的蓝色宇宙一望无际。

那是一个骤然变得昏暗的宇宙。

惊讶万分的你紧贴水面，漂浮着。角膜的曲率无法让你清楚地看见水下的动静，可是你还是觉得有一些大东西在你旁边游来游去。那长长的头部远远看去像一条蛇，它有两个胸鳍，后面是一个很长很长的巨大身体。你警觉地意识到这个庞然大物正转着眼睛打量你，思忖着这东西能不能吃。它半张开的嘴里排列着圆形的臼齿，臼齿前面是锥形的獠牙。显然，你并不太能引起它的胃口。这个大家伙从你的身边游过，腹部浅色，背部则是斑驳的深色。这个家伙能一口吞下好几辆小汽车。最后，一只正在缓缓游动的比目鱼进入了它的视线，这个庞然大物冲上去，然后消失在阴暗的大海里。

你叹为观止，同时快速地冲上了水面，将新鲜的空气吸进疲惫的肺里，终于回到了陆地上。这个巨兽可能足足有18米长。湿淋淋的你上气不接下气地找到了探险队，报告自己的经历时，你才得知自己刚刚和陆行鲸重逢了。数百万年来，这个家伙稍稍有了些改变：它长成了一只龙王鲸，摇身变成了这个时代最庞大而且最危险的海盗。

与巴基鲸和陆行鲸不同的是，龙王鲸更能适应大海。现在，鲸鱼在水下的听力已非常出色，只是它们没有学会利用声波定位。龙王鲸虽然进化到了这一步，却也付出了一定代价：它丧失了在空气中的听觉能力。龙王鲸虽能呼吸空气，却已经无法觉察陆地上的访客。

实际上，它已完全不能在陆地上生存了。它的后肢只剩下极小的一部分，唯一的作用就是在交配时可以令同伴保持稳定。龙王鲸的交配姿势有些特别——一对相爱的龙王鲸笔直地立在水中，肚皮相贴，头部伸向水面。雄性龙王鲸最长为20米，比雌性龙王鲸稍长一些，雌性龙王鲸一般为15米长。

除此之外，龙王鲸还有很多令人吃惊的特点，尤其是它的身体结构，原因在于龙王鲸虽然属于鲸类（虽然它的名字很容易让人联想到恐龙，但却不是蜥蜴类），但它长着陆栖猛兽的牙齿，令人想起白胖胖的海蛇或者巨大的海鳝。如今，鲸鱼的身体比例已经发生了很大的变化，头部占整个身体很大的比例，抹香鲸的头占整个身体的1/3，而龙王鲸的头部却只占整个身体的1/8。

关于龙王鲸的游动方式，人们的了解极为有限。作为一只真正的鲸，它应该通过尾鳍的上下摆动来游动，然而鉴于长条形的身体，它更常常像蛇一样蜿蜒前行。或许它会根据自己的心情选择两者中的一种。我们都知道，就像现在的鲸鱼一样，龙王鲸这样的庞然大物也常会被寄生物所扰。海虱和着生的螯虾黏在它巨大的肚皮上，令龙王鲸感觉很不舒服。因为它没有手来驱赶寄生在自己身上的这帮无赖，于是只得游到海底，在货币虫[1]石灰岩上摩擦自己的身体——货币虫是生长在珊瑚上的一种大型有孔虫。此外，龙王鲸还能够像蛇一样弯曲自己的身体——令人窒息的一幕，尤其是对比它从前的窝囊样子时。龙王鲸没有任何对手，就连海鲨——大白鲨的祖先也只有在饿傻了的情况下，才会冒着被吃掉的危险去攻击它。大鱼、海豹、小海牛、乌贼、小矛齿鲸，它们都成了这个永远饥肠辘辘的庞然大物的盘中餐，它甚至连陆地上的动物也不放过。啊！龙王鲸还会攻击陆地上的动物吗?

答案是肯定的。除了龙王鲸，虎鲸也这样。虎鲸潜伏在南美洲的海岸边，冲出激浪，将海滩上的小海狮拖入海里。这样的攻击场面简直令人难以置信。表面上着来，仿佛是大海将海狮吞噬了。小海狮的后面冒起了水墙一样的波浪，巨浪中，一个黑色的身影若隐若现。巨浪消失后，黑影现形了，它那白森森的尖牙插在猎物的咽喉上。血和浪花构成了一个地狱，小海狮被抛到了空中，在惊恐和疼痛中，它惨叫着一头钻入深水里，虎鲸紧随其后，一口将它咬住，然后带着自己的战利品消失在浪花间。

虽然这种攻击方式十分刺激，但对于进攻者来说，这个做法却有致命的危险。如果虎鲸对形势的估计稍稍有一点错误，力量不足以及时返回海里的话，它自己就会成为海滩上的展品。龙王鲸的情况也是如此。无止境的大胃口令它不断地去环礁湖和河道里寻找猎物。曾经浩瀚的忒修斯海已经所剩无几，虽然仍横亘在非洲、欧亚与印度大陆之间，但距离已大大缩水。另一方面，它淹没了很多低矮的地区，令生物来到了温暖的大陆架上，而大陆架则一直延伸到红树林沼泽和河

1 埃及吉萨金字塔的建材就是货币虫形成的石灰岩。

流那里。

渐新世的河流与现在的摩泽尔河或莱茵河完全不可同日而语。当时，环礁湖和河道里生活着各种各样的生物，一只本来想渡河去对面灌木丛的小鸟就很可能成为鲨鱼、鲸鱼或鳄鱼的猎物。

在鲸鱼的进化过程中，忒修斯海和它的盆地、海湾、环礁湖以及富含营养的水流产生了不可估量的作用。然而好景不长，几个大陆继续靠近，阿拉伯半岛与欧亚大陆连在一起，非洲的西北角与西班牙逐日亲密，新的海流带来了寒冷的海水。今天的鲸类都青睐冷水，而古鲸们却受不了寒冷，最终悲惨地死去了。这就是生活，就算天下无敌，你也总会面对一个敌人，那就是大自然。

然而进化女神知道应如何处理这些庞然大物。她打算让大家伙与小家伙们通婚，在冰冷的南部海洋中，小生物们其实已找到了称霸的方式：数量惊人的浮游生物。于是进化女神打算造一批新型鲸类，这种鲸鱼没有牙齿，取而代之的是“胡须”，这样它们就可以用过滤的方式去抓那些微生物。当然，那些长牙的鲸也可以继续参与竞争，因此我们现在才有可能看到小抹香鲸、虎鲸和海豚。称霸了1500万年以后，龙王鲸只得乖乖让贤。从地球的发展史来看，它在位的时间并不算久，但还是比人类至今为止的统治时间多了900万年。

那天，海洋消失了

科西嘉，地中海的梦之岛，风景如画之地，洁净的海滩和岩礁海岸，通向水晶般海湾的阶梯。你吃过早饭，与宾馆的漂亮经理寒暄了几句后，从宾馆走出来，在尼古餐厅订了晚餐的位子，这个餐厅的肉汤远近驰名。你觉得有些困乏，昨晚真的喝了两瓶当地的葡萄酒吗？能怎么办呢？那是一个满天星斗的美妙夜晚，而且你的门前就是海洋。你在环礁湖里游一两遭后，又会觉得神清气爽了。

穿上运动短裤，带上毛巾，你悠闲地走过鲜花盛开的花丛，来到木质楼梯，它蜿蜒曲折地通向岩礁海岸。很快你就会满眼绿意，看到清晨阳光中的金色大海，你将跳进清凉的蔚蓝海水中，视线能及海底，成群的小鱼啄食石头上的海藻。之后，你会在阳光下打个盹儿或者读上几页书，然后……

你呆若木鸡地站住了。

大海所在之处竟是一片碎石遍布的陡峭原野，梯地之下是一片几乎没有尽头的低地。你不知所措地扫视着湖泊、荒原、连绵丘陵和森林。你不再身处一个岛屿上，而是站在一片至少2500米高的崎岖高原上俯视着整个大陆。你看见在西北边有许多隐在云雾中的模糊黑影，一个巨大山脉在那里高高耸起。在缥缈的远方，一个圆锥状的高原拔地而起。你站着，目瞪口呆，自问：谁在一夜之间把这里变成这样？你转过身，宾馆已经消失了，四处没有丝毫文明的痕迹，只有荒草丛生的大地，令人紧张的虫鸣声，灌木丛中窸窣作响，无情的太阳炙烤着你，你觉得很害怕。

非常抱歉！我贸然把你带回了500万年以前。

生物一如既往地进化着，并无新鲜之处。但海洋的历史并不只是一部生命诞生和消逝的编年史。整片海洋也会消失，或许是由于大陆之间的推挤和结合，或者因为海洋被蒸发了。譬如说，地中海的历史就是忒修斯海的历史。中生代时，广袤的忒修斯曾在盘古大陆的东方隔开了劳拉西亚古陆和冈瓦纳古陆，然而通过大陆的移动，这片海洋日益萎缩，最终成了残片。阿尔卑斯山和阿特拉斯山脉成了它们今天的样子。最晚在盘古大陆东部前端、非洲和印度结合在一起时，忒修斯海就停止了它的扩张。随后剩下来的海洋位于欧洲和非洲北岸之间和今天的地中海已很接近。西面的两块陆地的前端互相毗邻，形成了直布罗陀海峡。地中海的海底动荡不安，被吞噬、倾轧、撕裂，最后摩洛哥和西班牙之间的海峡暂时结合了起来，而忒修斯海的剩余部分从大西洋上被分离了出来。

1985年，来自卡西斯的职业潜水员亨利·科斯凯在马赛湾海下37米深的地方发现了通往一个洞穴的通道。他潜了进去，发现洞穴的内部是向上延伸的。洞穴潜水是一项很危险的运动。

20世纪90年代中期，我曾有机会在尤卡坦考察错综复杂的钟乳石岩洞，这些岩洞向陆地内部延伸了千余米，每隔一定距离洞穴中就有一处拱形顶，这是仅有的几个可以让人浮上水面的位置。洞中的天地令人难以置信，阳光穿过土层照进来，光束射进水中。拱形顶为蝙蝠群提供了居所，它们挂在顶壁上，对喋喋不休的潜水者置若罔闻。人们感觉自己仿佛在穿越磨光的玻璃。

在大多数情况下，我们还是在通道中行走，此时唯一的光线来自安全帽上的灯，光束照亮了黑暗中奇异的钟乳石，人宛若身在一座钟乳石造的大教堂中。我们轻摇着鳍板前进，心里怀着随时命丧此地的恐惧。探索洞穴的先驱者们用彩色的尼龙绳标记了错综复杂的道路，这样我们可以跟着走，前提是我们得看到它们。因此洞穴潜水者的噩梦就是灯光熄灭。在没有灯的情况下，人们还有一种可能性：摸着绳子走，如果有人没找到绳子，或绳子断掉，那么只有运气极好的家伙才能找到出口。唯一的机会是，游到附近的一个拱形顶，等待救援队的到来。

那时我们有三个人，一个领路的印第安人、一个年轻的加拿大人和我。两个小时以后，我们早已踏上回去的路了，但加拿大人的灯突然熄灭了，他为了拍照而走在我们后面几米远的地方。他感觉周围突然一片漆黑，等到眼睛适应黑暗后，他才看到我们。可是在此之前，他已陷入极大的恐慌，试图向上爬，但周围并没有可以攀爬的物体，我们处在一个储满了水的通道里。他一头撞在顶上，急速呼吸，双手乱挥。我们两人一同努力才让他平静了下来，然后印第安人换了灯。这个插曲结束后，我们不再专心观光，而是注意出口。

亨利·科斯凯是一个勇敢的男人，他在1985年勘察洞穴时，里面并没有引路的绳索。洞穴一直延伸到150米深的地方，像一个狭窄的管子，洞穴的尽头是一个被水淹了一半的岩洞。

科斯凯多次探索洞穴，做事很谨慎。考察工作进行得缓慢而全面，他研究了曲折的通道和交叉的孔穴，刚开始时，他没有预料到自己工作的意义。6年后，人们在他闪光灯下的照片中发现了手印、沾着泥土的指痕和图纹。有人在岩壁上画了马、鹿、山羊和一些奇奇怪怪的东西，还有一个既像企鹅又像海豹的生物。科斯凯发现了一个石器时代的艺术博物馆，它形成于27000年前。8000年之后，这个展馆获得了永生。里面一共有125处图画，部分是炭粉画，另一部分刻在岩石上。这些画唤醒了一个时代，那是上一次冰河期之前的一个时代。科斯凯推测，应该还有更多被水淹没的艺术作品。

毫无疑问，当洞穴里仍有人居住的时候，里面一定是没有水的。

通过对岩石的研究，可以推断出当时的海岸比今天长10公里左右，而且那时海平面大约比现在低120米。很明显，地中海的水位出现过很大的变动。

1970年，考察船格洛马·挑战者号从阿尔及利亚普罗旺斯盆地发掘出一些深海岩芯，并推测出当时海水水位变动的幅度。人们在海床底下的地层中发现了厚达2～3公里的蒸发盐（例如岩盐、石膏和硬石膏）层和碳酸钙层，这说明最受游客青睐的地中海水位不仅经常变化，甚至曾完全干涸。

这是因为地中海是一片孤立的海洋，缺少周期性海流系统提供的永久海水，从古至今，唯独英吉利海峡才可以给它补充新鲜的海水，这是大西洋的一份慈善捐赠，对它极为重要。因为它的表层海水在地中海气候的作用下不断被蒸发，而由于盐分不能一同蒸发，所以剩余海水的密度愈来愈大，水位便会下降。大西洋补给了这一亏空，可是如果英吉利海峡闭合的话，地中海的海平面就会日益下降，海水变得更咸。2000年之后，它将变成一片荒原，科西嘉岛和萨丁尼亚岛将会成为千余米高的山峦。你站在高处看到的西北方的陡峭山脉当然是法国南部的海岸。尼斯和戛纳将会变成偏远的山村，巴利阿里群岛的海滨也会关闭，因为这样的群岛大概只能吸引登山家莱茵霍尔德·梅斯纳尔了。

你再仔细看一看！远处的锥形岩石是马略卡岛，就像是世界上最孤独的手枪。

河流从大陆流入海洋时，它是凶悍的瀑布，飞流直下，将深深的峡谷削成峭壁，当然这是它蒸发之前的故事。这样，各种沉积物进入了盐质荒漠，包括五彩缤纷的冲积沙、腐殖土以及碎卵石。随着时间的流逝，一些强壮的植物在这里定居下来，一些动物也爬了下来，在干涸海洋的海底安家。然而这里毕竟不是富饶的土地。事实上，海洋干涸使大量物种死去，因为所有水中的生物突然发现自己站在了干地上。因此格洛马·挑战者号在岩芯内找到的沉积物层里几乎布满了浮游生物的残骸。

这一幕为德国科幻小说家沃尔夫冈·耶施克提供了小说的素材。由于海底蕴藏了丰富的原油储备，因此在他的小说中，一个美国士兵乘时光机回到了上新世，想通过巨型石油管道将石油运送到欧洲。不幸的是，阿拉伯人也有同样的想法，因此史前世界爆发了一次核战，人类的发展也由此走上了另一条道路。书中有这样一幕：作战的一方炸开了封闭的直布罗陀，大西洋的海水像瀑布一样以惊人的速度注入盆地，大约300万平方公里的土地在数百年内又被海水填满了。

当你吓得脸色苍白、手上挂着浴巾、呆若木鸡地瞪着粉色的荒原时，这一切就发生了。在离你几百公里之处，大西洋的海水以每秒17.5亿吨的速度呼啸而下。当然并没有人放置什么炸弹，在几百年时间里，大西洋给这道大坝造成了太多的冲击，终于导致它裂开了。地中海被灌满了，而你——谢天谢地——又回到了现在。恐惧结束了，你的眼前是一片闪亮而熟悉的大海。

你如释重负地嘘了口气。

刚才的一切只是梦境吗？当然是一场梦，一场噩梦。地中海怎么可能会干涸呢！你摇着头去游泳，呼呼喘气，大笑着拂起额前的湿发，愉快地决定明年再来这里度假。

当你流着汗在路上跋涉时，英吉利海峡又变得狭窄了一些。

现在的世界就是这样，闭合的正在裂开，裂开的又正在闭合。

目前，大西洋的通道正在缓慢地封闭。沉淀物堆积在一块，将地中海来之不易的新鲜水源堵在外面。目前地中海海水的蒸发量已大于大西洋的补给量，盐浓度几乎为38‰，这是很高的浓度。所有证据都显示海峡将重新封闭，如果没有大西洋的补给，每秒钟将有7000万吨的海水被蒸发。地中海的海面每年将下降1米，直到再次干涸。

不过没有关系，你仍然可以制订明年的度假计划。在地中海干涸之前，你还有机会好好享受一段时间。

杀手之死

巨齿鲨很饿。从前它饥饿时很快就能找到食物，但那个时代早已远去了。并不是因为食物缺少，而是它正在日益虚弱，最后只剩下绝望的力气了。

尽管如此，这种力气依然足以夺走海豚的生命。但那已是从前的事了，它跟海豚之间有一次不那么愉快的邂逅。

一群海豚竟然狂妄地袭击巨齿鲨。不知道它们发了什么疯，或许是为了保护下一代，或许是不愿意分享猎物，无论如何，它们突然宣战，并用尖尖的口鼻撞击它的肚子，也许是感觉到了它的虚弱，否则在其他时候，只有精神错乱的家伙才敢攻击一只成年巨齿鲨。

巨齿鲨或许是生病了，但毕竟还是一条16米长的鲨鱼。可是海豚还是对它发动攻击，直到它捕获其中一只海豚，两三下把它撕裂，才吓退了其他海豚。但是捕杀这只海豚让它变得更为虚弱。这条老巨齿鲨已不再那么灵活，每次左转时都会疼痛，甚至每当嗅到气味，头部有节奏地来回摆动时，也会突然感到一阵不适。

它缓缓地在深蓝色的海水中游动，希望自己的器官能捕捉到希望的信号。五十一岁的年纪已算是老迈的鲨鱼，然而它的感觉器官依然运作良好，唯独眼睛有些模糊——当然，它的眼睛从来没有特别敏锐过。

它那强壮身躯两侧的感应器官依然可以感应到细微的动静，感觉到方圆100公里内猎物的游动，感觉到远方鱼群心脏的跳动。它的皮肤分布着黏液腺，能够感应大海里的任何变化。每一条鱼游动时都会产生压力，巨齿鲨感觉到了，就像是有人在呼唤着。它一直知道是谁在呼唤，知道那个家伙有多大，游得有多快，是否正因为疼痛而挣扎，焦躁不安地四处乱窜，或正在张开鱼鳍交配。任何游动的动物一旦被鲨鱼盯上，几乎很难逃命。

如果猎物受了伤，哪怕只流了一点血，散发出的气味也很容易被鲨鱼嗅到。它的头开始有规律地左右晃动，寻找气味比较浓的地方。150万个水分子中哪怕只含有1个血液分子，巨齿鲨也会立刻感觉到。

就算猎物没有流血，巨齿鲨也可以通过它们的排泄物进行追踪。紧张的鱼会排出一种让猎人喜欢的物质，这种物质正表现出鱼受到威胁时的恐惧，两强相争，弱者必败。然而它很讨厌同类的尸体腐烂后散发出的臭气，迟早有一天，它也会发出这种臭气的，不过暂时还不会。

在现阶段，巨齿鲨还是难以战胜的。

老兵的挽歌——巨齿鲨背水一战

敏锐的感觉告诉它，自己正在接近海滨地带，这个地方并不怎么讨人喜欢。巨齿鲨的世界是深邃广阔的大海，只有在海平面100米以下的地方，才有家的感觉。

突然它感到一阵剧烈的震动，震颤在脑海中形成了一幅景象。前方深处有一片暗礁，暗礁里藏着丰盛的食物。一群鱼被猎手盯上了，一些体形较大的动物在暗礁附近绕来绕去，从动作来看，它们应该就是猎手。有呼叫声传入了耳朵，猎手正在互相交流，它们一定是鲸鱼。

这时它闻到了一股气味，那味道有魔力般的吸引力，那是新鲜血液的芬芳，从远处飘过来，但已足够启动它体内的导航系统了。它游向左边，在下一个暗礁的底部向右拐，接着再向前游，然后抵达了一块珊瑚礁的后方。

目的地是一片物种丰富的区域。一片朦胧中，巨齿鲨接近了一面顶部平坦的峭壁。这片暗礁位于水下大约15米的地方，离陆地有几公里远。当冰层不断蔓延，海水被冰封之后，这样的海洋已非常罕见。200多万年前，上新世与更新世更迭的时候，地球再次变得很冷。与冰河期一样，整个世界的海平面都下降了，厚达几公里的耀眼白色盔甲覆盖了山岭和高地，干旱的极地沙漠不断向前推进，温暖的阳光被反射到宇宙之中，海洋温度随之降低，赤道附近的平均温度也仅为5℃到10℃。这里是仅存的一片生命绿洲，所有生物都被赶到这里来了。

冰川在向赤道行进的过程中填平了大洋的底部，大部分南极生物也随之消亡了。生活在那里的大部分海绵、海星及其他无脊椎动物不能在自由的水中繁殖，只能在海床上繁殖，可是海床随着冰川的蔓延消失了。大量的冰块积压到深渊带，使所有生命窒息而亡。虽然海星有许多手和细足，但却没有腿和鳍，无法迅速迁移到危险系数低一些的区域。

生活在寒冷北极的生物也无法很快适应环境的变化。例如生活在北极的海百合，由于新陈代谢缓慢，平均寿命是生活在热带的同伴的10倍，然而它们很少发生性行为。赤道地区的海百合一年繁殖一次，而寒冷地区则十年一次。因此冰河期结束之后，北极地区的生物密度需要很长时间才能恢复到原来的水平。一些迁移出去的生物将离开深海，返回原来的生活环境，而另一些则会留在新的世界中。至于冰河期什么时候才能结束，这是一个不好回答的问题——反正海星和巨齿鲨都不会理睬。

冰川来临的时候，只有少数逃向深海的难民能成功脱险。然而它们的数目说少也不少，因此进化女神只好采取严格的移民政策。迁徙的生物经常沦为其他生物的食物，只好改变自己原来的饮食习惯。如果不想被吃掉，就必须建立自我保护机制，随时保持戒备状态，谁都不能懈怠，必须不断地磨炼自己。

没有哪个地方比暗礁更富含生命。

巨齿鲨那15吨重的身体轻盈地滑向峭壁的时候，大个头的它并没有为这块地区感到特别兴奋。峭壁顶部平坦的地方对它而言过于狭窄，其他时候，它根本没有兴趣去错综复杂的暗礁中追捕猎物。然而饥饿改变了一切。该怎么行动呢？是等待，还是宁愿被割伤也要为自己弄点吃的？巨齿鲨明白，它的生命仰仗着这片暗礁。

起先它还不敢游到上方的平地，只是紧紧地挨着岩礁游，试图通过照射下来的阳光发现可以吃的东西，或者一些危险的生物。渐渐地，它接近了鲸正在捕猎的地方。不，应该是刚才捕猎的地方。血腥味愈发浓重，远处传来呼啸声和歌声。以往的经验告诉它，这些动物吃饱了。

这一刻，它的感觉是对的。一群虎鲸从那里游了出来，黑白分明的躯体如同箭一般冲进了深邃的大海中，巨齿鲨小心地向下沉了一沉。尽管自己体形比虎鲸大，却不敢袭击它们。与海豚相遇的教训依旧活跃在记忆中，让它的侧腹发痛。它躲在峭壁下，尽管血腥味愈来愈重，强烈地刺激着它。血气是从暗礁的顶部散发出来的。一只巨齿鲨竟要进入浅水区，但好在它能有所收获。

虎鲸远去后，它慢慢地游出来。一群银色的鱼在上面的珊瑚丛中愉快地悠游着，它们并没有意识到这个庞然大物逼近了。好在巨齿鲨并不感兴趣，闯入这样一群鱼中并没有什么用，只徒然使它们散开，散成无数条小鱼。而猎手根本不知道该去追逐哪一条鱼，只有凭运气看能不能捉到一条逃窜者。不值得，它必须保存体力。旁边有一只流血的动物，它已意识到自己的下场。血并不仅仅是血，那是脂肪和营养的味道。是鲸鱼的血。虎鲸的猎物很可能是一些小型的海洋哺乳动物，也可能它们和一只巨齿鲸合力捕到了什么。对于一只巨齿鲸来说，上面的水位太浅了。

扫了平地一眼，一切印证了它的猜想，巨齿鲨的捕猎兴致高涨起来，它的嗅觉和味觉远比眼睛敏锐得多，只要一闻就弄清了局势。

平地的表面弥漫着模糊的红雾，中间夹杂着一些身体碎片。不远处有一块裂开的岩石，那里挤着一些奇特的生物，每一条都有2米到3米长。显然当虎鲸到来的时候，它们乱成了一团。其中一些在平地上丧生了，幸存者迟疑了片刻，渐渐从岩石中游出来。从外形上来看，它们是一种长相像海象的鲸。撅起的上唇上竖立着触须，上翘的嘴角边冒出两根向后弯的牙，雄性的右牙格外长，更像是一支矛，差不多占整个身体的1/3。

这些鲸歪着脖子，用獠牙掀起海底的沉积物，寻找小型无脊椎生物。为了吃到食物，它们必须侧着身，因为獠牙会妨碍自己的行动。它们不慌不忙地劳动着，每当开垦成功的时候，就津津有味地吞食乌贼、贝类、蠕虫等猎物。突起的前额说明它们具备回声定位的能力。它们或许已发觉了巨齿鲨的到来，但问题在于，它们并没有意识到巨齿鲨带来的危险。

巨齿鲨甩了一下自己4米高的尾鳍，开始了进攻。

它的下颚顺势咬住了最前面的那只鲸，深红色的血弥散开来，其他的鲸立即向远处蹿去，试图与这个怪兽保持距离。巨齿鲨游出一条曲线，重新回到暗礁。它的战略目标就是使这些猎物受惊，从而削弱它们的力量。

和所有鲸一样，巨齿鲨也有这个物种的弱点：小心谨慎，避免正面交锋，因为受伤的风险太大。这些小鲸虽然构不成威胁，但巨齿鲨已学会了谨慎。在它的鼎盛时期，连那些懂得还击的巨鲸都不是它的对手。这个庞然大物的攻击是非常可怕的，连成年的巨鲸都会被打得头昏眼花。然而现在……

它等待着。重伤的动物虚弱地挣扎，试图逃脱，却完全失去了方向感。血从腹部喷涌而出，它已经不行了。巨齿鲨知道自己可以毫无风险地进攻了，它已做好准备。

就在这一刻，一只动物从身边优雅地掠过，后面还跟着两只。这些插队者的身长是巨齿鲨的一半，与巨齿鲨有着惊人的相似外形。它们冲进红色的云雾中，撕咬着受伤的鲸。巨齿鲨愤怒而失望地紧随其后，用坚硬的头骨狠狠撞了其中一位入侵者，将其甩到一边，远离鲸的尸体，而另外两只正在大口撕咬猎物。战利品被瓜分了，而它竟一无所获！这时出现了更多小鲨鱼，一同围攻那些惊恐的鲸。它们从各个方向发起攻势，用牙齿咬住肥美的脂肪，然后摇晃着脑袋将肉撕咬下来。

这片平地俨然成了喧嚣的地狱。

巨齿鲨试图竭力认清形势。大团的血雾散开，水中弥漫着浓烈的血气。它的眼前就是鲨鱼和鲸被撕碎的躯体，一只鲸的肚子从身边沉下去。它掉转身体，想去咬住那块肉，然而两只入侵者行动更快，已经开始撕咬那块残骸了。这时第三只鲨鱼来到了它的侧面，向前一蹿，对它正面进攻。

巨齿鲨慌忙后退，那只鲨鱼却在最后一刻蹿到侧面，撞上了它的脑袋，剧烈的疼痛立刻传遍全身。巨齿鲨翻了个身，它再次闻到了血腥味，但这次的血并不是来自鲸，那是自己的血。失意的巨齿鲨更添一份恐惧，它必须离开这里，游到足够远的地方，以便恢复体力。所以只好尾鳍一扫，离开了这场大屠杀，越过暗礁的边缘，逃进广阔的深蓝色海水中。它右侧的脑袋感到了一股从未有过的剧烈疼痛，只有左眼能看见东西，右眼里充满暗红色的血。它向深处游去，突然有东西狠狠撞了它一下。一只入侵者敏捷地从身边升起，绕过它，围着它打转。另一只从下方接近，撞它的肚子，很快咬了一口。

大量出血！看起来巨齿鲨已成了猎物，它应该感到很恐惧。

然而它只觉得无比愤怒！

它受够了！这几个星期以来几乎没吃什么东西，生命里充满了痛苦，体力正在消失，自己毕竟还是海里的统治者。一个王者的统治地位受到了威胁，它或许会战死，但这绝不意味着结局必然是成为暴徒的腹中物。当然巨齿鲨在此时并没有真的想到自己的君王身份或等级制度，就像从未思索到物种演变一样，它只是突然回忆起自己曾有的优势地位。

没有人可以肆无忌惮地撕咬它的肚子，还从它的鼻子底下抢走猎物。

它转了个身，用巨大的尾鳍将一只鲨鱼打晕。这只鲨鱼被甩开，并向下翻滚了一阵。另一只鲨鱼再次向这只流着血的庞然大物发起进攻，然而它承受不了巨齿鲨火山爆发般的怒火。巨齿鲨猛地甩开了它，也留给它一道深深的伤口。这只鲨鱼翻了一个筋斗，试图逃跑，却毫无意识地游向了巨齿鲨的方向，还没来得及转开，庞然大物的牙齿就已经插进它的肚子。巨齿鲨以每平方厘米3千克的巨大压力咬碎了鲨鱼的颌骨、肌肉和软骨，咬掉了它的尾部。

另一只鲨鱼苏醒过来，眼睁睁地看着战友被咬成了两半，犹豫了片刻之后，不知道自己是应该和巨齿鲨一起饱餐一顿，还是立即逃走。它踌躇的时间太长，巨齿鲨那只完好的眼睛已经盯住了它。虽然大家伙脑袋的另一侧流着血，但只用一只眼睛毫无表情地一瞪，就足以让这只鲨鱼吓得要命。它窜来窜去，却无法逃开巨齿鲨的追逐。它试图回到暗礁的平地上，同伴们正在那里捕杀鲸鱼。

然而巨齿鲨更快，不费吹灰之力就游到逃亡者的上方，将它逼回深海。

恐惧令鲨鱼沿着峭壁飞蹿，它知道巨齿鲨就在自己后面，水波的压力推着它。然后，它感觉自己被抓住了，被压在岩礁上，石头划破了它身体的侧面，碎石块噼里啪啦地砸到它头上。它停住了，转过身，看到一张红白相间的大嘴。这是它在头颅被这只突然变成猎手的猎物咬碎之前，看到的最后景象。

巨齿鲨颤抖着放开了死鲨鱼。

急需营养的它必须吃掉猎物，然而它的意志突然松懈了，原本恢复的体力再次离去，它对刚才发生的事情感到恐惧。这是一场大屠杀！

在与这些勇猛的小家伙的战斗中，它甚至没有赢得胜利。它往更深处潜去，经过了一群晃动着触角的寄居虾、随波起舞的海葵、一群彩色小鱼、海百合、海胆、海绵和贝壳，游向广阔的大海。它的行为是无意识的，饱受折磨的身躯渐渐已感受不到疼痛，开始失去意识。它的听力依然很好，知道身后战场上传来的厮杀声变得愈来愈轻了。

巨齿鲨一直游，直到头脑恢复了平静，那只完好的眼睛望向海面。它已摆脱了那些鲨鱼，现在必须进行狩猎了。上方，波光粼粼的海水像一张熠熠发光的面纱，清澈透明，它看见上方有一片由尾鳍和鱼鳍形成的阴影。只要轻巧地上蹿，就能咬住那些动物，让这些牺牲品毫无招架之力。这次身边没有其他家伙来争抢猎物，它要饱餐一顿。巨齿鲨感到祥和而宁静。就是现在！去攻击那些摇摆的尾鳍，用牙齿捕捉这些活蹦乱跳的动物，最后将它们大口吞下，饱餐一顿。巨齿鲨在脑海中想象着这样的一幕，一边慢慢地下沉，渐渐地，它惊讶地发现自己并没有饱的感觉。它要继续游，一直游，去狩猎。

然而它再也游不动了。

在800米深的海底，它重重地栽下来，一团泥浆盘旋扬起。当第一批鳗鱼和清道夫来到这里，将这只海洋的统治者分解并送入物质循环轨道时，这具强壮的躯体已经没有一丝气息了。

无敌勇者逊位之必要——灾难是进化的动力

群雄逐鹿的时代。

每当我们研究进化女神的作品时，总会遇到同样的情形。她似乎抱着一种阴险的心理，一边去创造统治者，最终又推翻它们。为什么集所有优点于一身的生物竟会灭绝呢？为什么要将没有天敌的猎手从自然竞争中淘汰掉？难道这位女神具有泰坦[1]情结吗？为什么她创造出

1　泰坦是希腊神话中的大力巨人族，击败了天神乌拉诺斯并夺取其位，但最终败在宙斯率领的奥林波斯诸神手下。

所有时代中最大的鲨鱼，然后又在几百万年后让它再次消失？

巨齿鲨是电影的宠儿，有关它们的影片简直数不胜数。最近，德国人以罗夫·姆勒为主角，拍了一部真正的烂片，演员的演技如此差劲，以致人们看到每一位主角被吃掉时都心怀感激。至于巨齿鲨为什么会变得如此巨大，为什么能成为众鲨鱼的著名表率，电影并没有反思这些问题，而实际上，这才是所有人最感兴趣的问题。我们经常高度评价一个消亡的物种，缅怀它们，将其消亡归因于环境的变动。这其实是错误的，环境并不算变动。正如前文所言，自然界中并不存在平衡。宇宙、太阳系、地球、生命，乃至任何一个有机体的历史都是相互适应的历史。陨石和抓老鼠的猫一样只是一种小灾难，只不过威力高低不同罢了。

一个我们更应该去了解的问题是：物种消逝时诞生了什么？

如果我们知道新物种出现的原因，那么我们就能预见它们将在何时因为怎样的原因而消失。假设一个行星上树木的树叶离地面很远，那么进化女神就可能会造出一些脖子很长的生物。很有意思，这些生物的脖子将愈变愈长，然后进化女神会解决它们的供血问题，让身体其他部位与长长的脊椎协调一致，形成结实而柔韧的结构，而这种脑袋远离心脏、远离地面的动物将渐渐适应其奇特的身体结构。

什么事件将导致这种生命走向末路呢？食肉动物？通常情况下，食肉动物负责调节生态，而不是让某个物种灭绝。不，小丸子说，如果这些长脖子糊里糊涂地把所有的树叶都吃掉，那就完蛋了，因为它们也没有办法低头吃草。另一种情况是树愈长愈高，它们的脖子只得愈来愈长，无论如何这种说法听起来都很荒唐。小新说，其他一些不太笨拙的食草动物学会了爬树吃叶子的能力。这些新动物有锋利的爪子，能爬到树枝的高处，它们根本不需要为了维持新陈代谢而拥有消耗很多能量的可怜的长脖子。

事情基本上就是这么简单。

新物种的出现是由于专业化的需要。世界变得愈复杂，就愈需要更多的专业技能。打个比方，考拉只吃桉树叶，但如果全世界的桉树叶都脱落了，那么小考拉的命运可想而知。如果说创造一种熊只是为了根除桉树，确实有些夸张，但如果没有人去吃桉树叶子，世界会怎么样呢？被桉树占领？桉树会带来世界末日吗？

因此，我们需要一种吃桉树叶的动物，还得吃得不多不少，此外我们还需要一种喜欢吃考拉的生物。自然界中有各种复杂而专业的生物，专业并不是它们的弱点，而是因为只能如此。每一个小空间都应有生物居住，只有这样，自然生态才能保持平衡，所有生物都在不停地进化，成千上万的红皇后狂奔不停。

如果没有灾难，就没有必要自我进化。如果一切都原地不动，就没有必要产生新形态的生命。生物不可能返回伊甸园，不可能返回亚当和夏娃的天真时代。蛇——或称陨石、海啸、冰河期、火山现象和沼气——迫使他们踏上了高度进化之路。

这样看来，被逐出伊甸园是发生在人类身上最美妙的事情。“驱逐”造就了现代的、富有创造性的、技术熟练的人类。人是一种复杂非凡的生物，也是一种非常缺乏抵抗力的物种。

进化女神能够面对任何一种新的挑战。她一下子造出长脖子，一下造出两米长的臼齿，或者造出一种爱吃桉树的动物，一下子造出人类，一下子又造出了15米长的鲨鱼。她不断地在造物的器官上精益求精，猎手和猎物竞相提高自己的技能，借以获得更多的能量，以便维持愈来愈少的功能。到了某一天，一切都失去了意义和效果，世界就陷入了复杂性的危机。自然界已无法承受这些物种，它们的出色能力同时也导致了自身的毁灭。

天下无敌是发生在一个物种身上最可怕的事情，因为它们会因此停止进化，我们已经看到了故步自封的红皇后有何下场。从这个角度来看，进化往往是灾难的结果。一场小灾难才能够促进生命的创造力，所以进化女神很喜欢混乱的世界，所以物种愈强大，其幸免于难的可能性就愈小。

简单有机体则更容易从灾难中生还，虽然它们的外表不够性感。最善于适应外界的艺术家是原始物种，它们能生还纯粹是机会主义。微生物通常满足于自己的生活，它们总是湿湿软软、没有外形、弯弯曲曲，不会因为一本好书或普罗旺斯的美酒而激动莫名。在任何地质年代，人们都可以发现它们的身影。而那些相貌堂堂、体格结实的生物却常早早夭折。

当然我也相信，美丽而复杂能为人带来很大乐趣。人类或许是进化女神创造出来的第一个能学会摆脱其控制的物种。我们将拭目以待。

人们日日捕鲸，而鲸鱼之所以变得愈来愈大，就是因为巨齿鲨。根据小丸子所说，巨齿鲨灭绝的原因可能有两个：第一，鲸鱼灭绝了；第二，出现了一种吃巨齿鲨的大家伙。两个原因都不太合乎实际。相反，小新的说法更有道理，他意识到，与其增加脖子的长度，还不如不要长脖子，转而进化出能够攀爬的爪子。

换句话说，创造体形更庞大的巨齿鲨并不是答案。身为大鲸的猎手，巨齿鲨没有任何天敌，它对物种进化贡献良多。可是在同一时期，世界上又出现了一个物种，它们与巨齿鲨如此相像，以致长期以来人们一直认为它们是由巨齿鲨发展而来的。它们的名字叫作大白鲨。一般习惯将整个鲨鱼家族都归类为鲨鱼目。如今我们知道，大白鲨有独立的进化历程。因此将已灭绝的鲨鱼都纳入了噬人鲨属，巨齿鲨也被归为噬人鲨，它的确名副其实——长着尖利巨牙的鲨鱼。

刚才从垂死的巨齿鲨口中抢夺猎物的正是一群大白鲨，它们是比巨齿鲨更有效率的猎手。此外，虎鲸也在觊觎巨齿鲨的位置——黑白分明的虎鲸最喜欢灰鲸和驼背鲸的幼仔，也会猎捕成年的蓝鲸和鳍鲸。然而巨齿鲨依然是难以匹敌的王者。正值盛年的巨齿鲨能够击退任何大白鲨，而在虚弱状态下，它只能提高警觉。然而大白鲨消耗能量较少，它们更快、更灵活，整体装备更先进，这些让它们走到了食物链的顶端。

有一种稀有鲸鱼长着向后弯的长牙，也是巨齿鲨的重要食物之一。

这种海牛鲸被称为“仿佛能用牙齿行走的鲸”，身体笨拙，是今天的一角鲸的祖先，看起来很像白鲸。它们也是与巨齿鲨争锋的大白鲨的理想猎物。无论如何，巨齿鲨最终逝去了——直到生命的最后一刻，它依然维持着自己的王者身份。巨齿鲨的统治时期从距今2500万年前持续至1000万年前。

最近一段时间，人们在太平洋挖掘出了一些巨齿鲨的牙齿，根据这些牙齿的情况，有人猜测巨齿鲨现在可能依然存活着。我们不排除最后一批巨齿鲨可能一直存活到距今1万年前的末次冰河期结束，在这一时期，人类正在穿越海洋。很有可能，今天的深渊带还有巨齿鲨的后代。人们一直以为腔棘鱼已经灭绝了，直到1938年，一条腔棘鱼活灵活现地跃出了南非海岸水面。假如巨齿鲨的后代真的活着，我们应该为它们献上那些一直试图唤醒它们的电影编剧，并建议它不要再抛头露面。

时间的记忆——历史目击者

我们穿梭过去世界的时间之旅结束于一场大冰河期中。在讲到地球霸主的时候，我们必须要回顾一下这段时期。我们可以运用犯罪心理学的基本原理，把“如果想要了解艺术家，就必须观察他的作品”改为“如果想要了解霸主，就必须观察他的帝国”。巨齿鲨生活在自己的帝国中，它是外界环境的选择，是被选中的王者，选民中也包括它的猎物，它们帮助它实现了统治。只要周围的环境及其臣民的态度不发生变化，它将是永远的统治者。一旦环境有变，它的宝座就会动摇。而冰河期就是一场深刻的变革。

巨齿鲨大多在温度宜人的海水中捕猎，从地质史来看，它的帝国处于上第三纪，确切地说是温度适中的中新世和上新世。那时候大白鲨已经出现了，但良好的生存条件让它们还可以友好共处、互不干扰。那是一个人人富足的时代。

上新世几乎是一个天堂。随着海洋漫延和忒修斯海的缩小，海潮的路线发生了变化。大量养分从极地地区分散到各个地方，浮游生物大量扩张，构成了丰富的食物链。我们今天所知的所有鲸类都是在这几百万年间问世的。

今天的沙漠和草原地带在那时依然是茂密的热带雨林，广阔的大草原为大量兽群提供了空间。在一片欣欣向荣之中，一只吱吱叫的小猴子从树上砰的一声跳下，抹去了眼中的茫然，变成了人类。

但我们也知道伊甸园的故事。没有人主动地去咬智慧的苹果，这颗果实是被强行塞给人类的。蛇是冷酷的动物，它们从寒冷的极地爬出来，迫使生命聚到一起商量新的战略。当外界环境开始变得不太舒适时，王者巨齿鲨失去了它的权位，虽然进化女神赋予了它提高身体温度的能力。巨齿鲨虽然不是温血动物，却能让体温高于周围环境的温度，这是包括巨齿鲨在内的鼠鲨目大鲨鱼的特点。它能通过肌肉运动提高血液的温度，从而变得敏捷。然而这种新陈代谢非常消耗能量，而体形较小的大白鲨消耗的能量比其庞大的表兄要少得多。

某一天，大冰块覆盖了地球。这时我们就得提问了——或许已有人问过这个问题。

究竟什么是地质年代？

地质学家和古生物学家采用怎样的标准来划分历史？时间原本是不分段的，它不像剧本那般确定了节目的场次和持续时间。时间的帷幕是人们后来加入的。人们必须依时间划分戏剧的场次，以便描述。那么这些刻度是如何产生的呢？

这个问题其实很容易回答。地质时代是两个重要事件之间的时间段。如果没有重大事件，我们就无须划出一个时间段。如果一个时间段过长，我们会试图通过几个重大事件来划分，例如一个新物种的出现。

地质学的刻度其实也是灾难的编年史。大部分时代都是结束在生物的悲鸣和战栗中。二叠纪末期，大量生物灭亡，然后是三叠纪和中生代。白垩纪以恐龙及其他物种的灭绝结束，然后是新生代。新生代的尾声则伴随着气候变化、陨石、大规模死亡和毁灭。200万年前，气候再次变冷的时候，第四纪开始了。第四纪又分为大规模冰冻的更新世和从11000年前末次最大冰期结束一直持续至今的全新世。

打住，今天有些人说这种说法不对。第四纪始于190万年前。不，又有人叫嚷着说，230万年前冰河期就开始了。胡说，又有人跳出来说，要更早一些，从260万年前就开始了，而全新世从1万年前才开始，而不是11000年前，冰河期到那时才结束。

所有人都有道理。

我们所受的教育一直教我们幻想自己知道事情的正确答案。但进入地质学这个题目时，你会发现每个年代都被赋予不同的起始和终结时间。虽然我们有官方的正式年代划分，但有效期一般只持续到钻探和化石带来的新发现为止。想一想关于白垩纪末期陨石的众说纷纭，或最近刚刚确立下来的埃迪卡拉纪吧。时间刻度一直在变化中，并不戏剧化，但很模糊。因此“大约”、“大概”以及“也许”这些词深受地质学家的喜爱。我们所知道的一切都可以重构。

三叶虫逃脱厄运或巨齿鲨一命呜呼时，并没有目击者在场。历史是一种关于趋近的科学。在科学家的聚会中，千万不要进行世纪千年之争。不管恐龙是在6500万年前还是6550万年前翘了辫子，反正它是活不过来了。关于某物种生存时代的争论也是一样，我们永远只知道大概。在“进化女神的手提包”那章中我们得知，关于人类诞生时代的说法也是众说纷纭。谁知道呢，也许世界上现在还有巨齿鲨呢，比在我们噩梦中出现的还要多。

我们确切知道的是以下这些内容：

第三纪末期，气候逐渐变冷。大约、也许、大概170万年前，在第四纪的初期，地球每年的平均温度下降到10℃，深海温度为1.5℃。紧接下来的是目前我们知道的最后一次冰河期，共分为4个大冰期，都是以河流命名的：古萨冰期（64万年前到54万年前）、民德冰期（48万年前到43万年前）、里斯冰期（24万年前到18万年前）和沃姆冰期（12万年前到1万年前）。沃姆冰期在2万年前达到了高峰期，将德国中部的夏天变成了冰天雪地。在此期间，冰块也有消退的时候。偶尔还会出现小冰期，例如17世纪初，北极的冰川一直向南推移，过程长达150年。

在冰河期中，1/3的陆地被冰冻的雪覆盖，没有人愿意去海中游泳。4℃到12℃的冰冷海水或许只适合芬兰的沿海居民和冰岛的明星们。北大西洋的一部分也被冻住了，浮冰一直延伸到摩洛哥和葡萄牙。海平面开始下降，陆地上的尼安德特人和智人迅速进化到最高等形态。如果恶劣的环境没有促进我们祖先大脑容量的快速发展，今天的我们也不会如此聪明。要想存活，就必须要去适应。随着最后一次冰河期消退，海平面再次上升，阿尔卑斯山的雪线也向上退了1000多米。

正如上文所提到的，今天我们生活在冰河期之间，因为极地依然被冰封着。某一天，极地的冰川会消失，然后又在遥远的将来再次返回地球。我们完全有理由担心全球海平面的上升，因为它会全盘改变我们的生活习惯，然而从地球历史的角度来看，这只是微不足道的小事。

在我们时间之旅的最后一刻，让我们欣赏欣赏当时那些奇特的生物吧，比如咀嚼海草的树懒和南极糙齿海豚，这种海豚吃乌贼就像我们吃牡蛎一样。某些生物对我们而言显得很奇特，除此之外，那时的海底世界几乎和今天无异。陆地上的长毛象、乳齿象和剑齿虎濒临灭绝时，海洋中的生物正在进化，无论是21世纪初还是在此之前，它们一直保持着这一状态：一个未知的宇宙。

请戴上潜水镜，穿上潜水服，我们要去海底了。

今天

月球背后

潜水服准备好了吗？我们要升空了。

抱歉，你得先当上航天员，才能获取关于大海的信息。比如说，我们得先登陆月球，然后在回望地球的时候得出结论：如果没有月球，这样的航行压根儿就不可能实现。因为没有月球，首先就不会有航天员，没有航天员就不会有人造火箭，也不会有人提出美国人从未登陆月球的阴谋论，什么都不会有，更不会有像我这样对“大海和月球到底有什么关系”这个问题追根究底的作家。

大海迎合着月球，换句话说，大海不自觉地为月球所吸引。我们还记得远古时代的那次大冲撞，当时忒伊亚这颗脱轨妄为的巨型小行星撞上了地球，差点造成同归于尽的惨事。幸好地球逃过了这一劫，增加了重量，而且从此有了形影相随的小伙伴。月球自己也有质量，虽然远远小于地球，不过已经足够给地球施加点影响了。

等等，什么叫质量？

物理学中，质量意味着物体具有惯性，也就是说，物体对自己运动状态改变的反抗。你可以想象一下，帕瓦罗蒂和一个骨瘦如柴的男高音新秀站在舞台边，两人都不愿意先登台，这时假如你用力推那个瘦家伙一把，他就会改变位置，跌跌撞撞地来到聚光灯前。假设这人的体重是52公斤，那么你让他动起来的力量，就足够让这52公斤重的物体登台去面对观众。如果你用同样的力量对付帕瓦罗蒂，那他会几乎纹丝不动地待在原地。我虽然不知道这位世界顶尖的男高音有多重，但可以肯定，要想在他身上达到和在那个瘦家伙身上同样的效果，就得用上更大的力量，因为帕瓦罗蒂的质量大得多，因此惯性也强得多。

对天体而言，这意味着天体愈重，惯性就愈大，我们称之为惯性质量。如果天体突然克服了自己的惯性开始运动，要让它停下来就需要力量——它动得愈快，需要的阻力就愈大。爱因斯坦的相对论有个重点，就是正确指出了质量和能量之间的对应关系。比如说，意大利的男高音明星一旦开始手舞足蹈，我们将很难让他停下来。

根据爱因斯坦的理论，质量有一个惊人的效果：它沉重地贴在时空上，使其凹陷，从而产生重力。这就好比你展开一条毛巾，将一个苹果放在上面，苹果的重量会在毛巾上压出一个浅坑。如果你将同样大小的铅球放在苹果旁边，因为它比苹果重，所以会造成一个较深的坑，而苹果也会因此滚进这个深坑。质量庞大的物体，如月球和行星，也有类似的现象。时空就是我们这里的毛巾，月球等于苹果，地球则相当于铅球。接下来我们要谈的都是大质量的物体。

你完全有理由问：为什么月球没有扑通一下掉到地球上呢？这里还涉及另一个概念：圆周速度。天体持续移动，如果动能和移动速度足够大的话，较重天体的吸引力会受到制衡，即较轻的天体会以固定的距离绕着较重的天体旋转。在赌场也能观察到这种效应。在轮盘游戏中，根据自然规律，在边缘有斜坡的圆盘里小球会滑向中心，但只要它保持一定的速度，就会留在外缘。这其中有两种作用力，一种是重力，将小球引向低处的中心；另一种是惯性，让小球保持直线运动以远离中心。结果我们便得到了一个平衡公式：这两种力一同作用的结果，就是小球绕着圆盘中心跑。还有另一个公式是，你百分之百会以破产的状态离开赌场，所以千万不要尝试这个实验。

地球和月球也会构成这种平衡，因此月球小姐并不会掉落到我们头上，或者飙飞到太空的茫茫深处。事实上，月球的确一直在朝我们坠落，但同时它又试图以平均每秒2.4公里的速度逃向太空。在这场拉锯战之中，它既和我们拉开了距离，又不会弃我们而去。不过它与地球的距离和它在自己轨道上运行的速度都是不断变化的，这就是所谓的“开普勒定律”。这个定律是16世纪与17世纪之交的德国天文学家开普勒发现的，他将太阳系的行星运动总结为三大定律：

一、行星运动的轨迹为椭圆形，太阳便位于椭圆的焦点之一。（简而言之，行星以椭圆形轨迹绕着太阳转。）

二、太阳和某行星连成的直线，在相等时间内扫过的面积相等。（说得简单点，离太阳近的时候会运行得比较快。）

三、行星运行轨道半长轴的三次方和公转周期的二次方之间，其比例是恒定的。

我体内的水会不会受月球影响——月球与潮汐

适用于行星的规律，也适用于月球，因此月球有时离地球近些（约35万6000公里），有时离地球远些（接近38万5000公里）。离地球近的时候，速度会稍微快些，一旦离远了，速度就会稍稍减慢。月球环绕地球一周约需27天多，质量是地球的0.0123倍。所有这些因素对地球都有可观的影响，因为重力是双向的，不仅地球在吸引月球，月球也同样吸引着地球。由于月球是两者中较小较弱的一方，所以它并不奢望地球会绕着它旋转，然而它会引起地球上的一些运动，甚至地表会被它抬高1/4米，而首当其冲的正是海洋。月球调整着潮汐，所有水体在朝向它的那一面都会形成潮峰，而在对立的一面会形成另一个潮峰。

刚开始我们可能会疑惑：这第二个潮峰是从哪里来的呢？毕竟那里没有第二颗月球。但如果考虑到另一个因素——地球的离心力，这个问题就容易理解了。要知道，地球虽然有一个中心，但地球本身并不是真正绕着这个中心在自转。更准确地说，地球和月球在相互作用中形成了一个总系统，这个系统围绕着一个共同的重心，重心的位置偏离地球中心数千公里远，所以地球的运行显得有点晃晃荡荡的，就像喝醉了酒。这个晃荡的结果，就是在背向月球的一面会形成第二个潮峰。

有点复杂吗？更麻烦的还在后面呢。

在月球小姐围着地球转的时候，离心力还将它的运行轨迹拖向太阳，因为太阳的质量巨大，若依据开普勒定律，这个轨迹就会形成一个椭圆形。太阳对地球也有引力，但强度只有月球对地球的1/3。根据距离太阳的远近以及周围其他行星的排列（其他行星本身的质量也有影响），这个重力会有所差异。无论如何，可敬的太阳在这场重力角逐中扮演着重要角色。

日食时，海面经常会上升，因为此时太阳、月球和地球处于同一条直线，所有重力会叠加在一起，引发大潮。而当这三者构成一个直角，而且地球位于顶点时，太阳和月球的重力就会相互抵消。也可以说，太阳夺走了月球的能量，这时地球的潮汐会减弱。

地球上的水体受宇宙力量左右，所以那些依据月历安排生活的人们认为，人在满月的时候会被拉向太空。人体的2/3都是水，只是将这个重力公式套用到人身上的时候，它的影响十分微弱，几乎可以忽略不计。月球对太平洋的重力和月球对年轻小姐的重力毕竟还是两回事，对后者而言，更危险的可能是早餐甜点对她重力的影响。而且，我们什么时候见过人绕着鸡蛋转，并坠落到鸡蛋表面上去呢？

海洋就不一样了。在我们对爱因斯坦和开普勒的世界稍作了解之后，你现在应该知道海洋会被月球吸引，而且海洋也会施加作用于月球，这就像有一条橡皮筋将两者捆绑在一起。此外，月球虽然约每27天会绕地球一周，但地球自转的速度却要快一些，因此潮峰并不会总是正对着月球，还必须绕过大陆，克服海底摩擦的阻力，才能到达它该出现的位置，所以潮峰总是迟到。因此它们也会影响月球的旋转，每一年月球都会离开我们3.28厘米——以前它和我们靠得更近。因为那时大陆还是一整块，漂移的速度比现在慢，所以海水能够更快地追随月球的位置。如今非洲、欧洲、美洲、大洋洲、亚洲和众多岛屿阻碍潮水行进，所以地球和月球之间的距离才会日益扩大。我们的地球目前正处于黄金期，45亿年之后，它就会飞进太阳里，到那时月球将缩成天空中的一个小点，再也不会有人为其长吁短叹，因为那时人类早已不存在，那些能朝着这颗渐行渐远的卫星长嗥的狼族也已消逝。

不过早在这一天到来之前，地球与月球的关系已发生变化。正如我们所看到的，两个潮峰都在持续延缓地球的运转，如此一来，地球每年都会转得慢一点，确切地说是0.002秒。这一效应会渐渐累积，20亿年之后，持续的刹车将会使地球大大减慢速度，以致它必须使出吃奶的力气才能转上一圈。到那时，一切将多么不同！谁要是想玩通宵，就得连着闹上960个小时。

像今天这种风和日丽的白天，也会持续同样长的时间，不过光是480个小时就足够让人从酒醉中清醒了。加长的日和夜会导致急剧的温差，然后所有的山脉都会风化，我们将生活在大穹顶下，或在巨型的活动城市里追逐阳光。吸饱了一个月的能量之后，植物夜晚会匍匐在地上，仰赖自己储存的能量为生。动物则会分化为日行性和夜行性，而且两方永不会相遇——如此倒是方便彼此共享洞穴。展望这样的未来时，人们不禁会问：如果地球完全失去了月球，将会怎样呢？

天文学教授尼尔·柯明斯把没有月亮的地球叫作“单球”，他在《如果没有月球怎么办？——可能的地球之旅》一书中，对没有月球的地球作了清晰的描述。他考虑的出发点是：忒伊亚没有和地球碰撞，而是和地球擦肩而过，甚至根本没有出现，因此地球并不会吸收到多余的物质，我们所信任的月球也没有从碎片中形成。

如果没有安详的月球，我们也将无法听到卡尔·恩斯林赞美月球的歌声。当然，这也算不上什么损失。但是买鞋会变得很麻烦，试鞋时，人们可能得套上6只到8只笨重的鞋子，因为我们可能会多长出几条腿。然而，那个世界很可能不会有人类——至少还没有出现，因为进化女神不太喜欢单球上的工作环境，她或许要到1亿年后才会来上班。

除此之外，我们还应了解，在忒伊亚撞到地球之前，地球的自转速度要稍快一点，大约是现在的3倍。那时一年有1095天，而且3倍快的转速致使大气层产生剧烈的湍流。“抓紧了！”如果有个可怜人想在这样的星球上站稳脚跟，肯定会有人对他这样大喊。好在那时地球上还没有人类。

在忒伊亚和地球撞个满怀后，新生的月球才开始它椭圆形的旅程，同时它还通过对潮汐的控制让地球降低速度。月球刚出生时，与地球的距离很近。夜幕中它闪闪发光，引发潮汐及强有力的潮峰，正是这些潮汐使海洋与陆地互相交换养分。

如果没有月球，这一切都不会成为事实。

那时，只有太阳才能引发潮汐运动，但它距离我们比月球远了400倍，对海洋的影响微乎其微。如此一来，海洋与海岸地带间就无法进行养分运输，高等生物也不会诞生，这些生物更不会在光合作用普及后在海陆之间茁壮成长，甚至生命的最初形态——最早的细胞能否形成都是问题。只有水不断搅拌，海岸的矿物质不断被冲刷，才能孕育出足够的生命能量。如果没有涨潮退潮，这一过程根本无从谈起。

第二点，根据柯明斯的看法，在与忒伊亚相撞之前，地球披着一件厚重的外衣，这件外衣的主要成分正是所有火山喷发排放出来的二氧化碳。陨石撞击地球之后，一部分有毒温室气体被甩进了宇宙，如此一来，大气层变得较稀薄，更容易接收后来释放出的氧气。假如没有这次碰撞，生命必将很难诞生。尽管在如此艰难的情况下依然可以进行光合作用，但大气层却无法提供足够的氧气以持续促进阔叶“光合作用工厂”——陆生植物的生长。

郝思嘉终于留住了白瑞德——没有月球的地球

柯明斯的理论看似令人信服、清楚明了。脱缰的地球飞快自转，一天大约仅有4小时到5小时，恶魔般的飓风连续不断地在大陆和海洋上空怒吼，而且“单球”上没有崇山峻岭，因为早就被持续的冷酷暴风夷为平地了。可以肯定的是，大海也不能通航，30米高的巨浪会打消任何人出海的念头。永无宁日的“单球”将非常不适合生存，暴风翻腾咆哮，雷声与激浪此消彼长，沙子挟带石块猛烈拍打赤裸的岩石，发出震耳欲聋的巨响，更别提连绵不绝、势如击鼓的大雨了。“单球”上不仅氧气含量不足，此外，要在时速数百公里的大风中生存，还得拥有强壮如牛的心肺功能才行。

尽管如此，在柯明斯的单球上还是可以形成生命，甚至发展出高等生命来，只是看起来较为不同罢了。

假设你是一个单球人，那么你的祖先肯定不会爬树，因为单球上没有东西能够直立，只会有像苔藓类和蔓生植物这类结实而且紧挨着地面的植物将自己的根深深扎进土壤里，如此才能对抗大自然的暴力，而柔软的大叶片将很容易被撕裂。

同样，动物和其他生物也都如此。想象一下生长在大风下的生物吧，它们一定都长得十分低矮。像《乱世佳人》中的郝思嘉这类纤弱的美女，还没喊完三遍“塔拉[1]”就被大风给吹跑了。单球上的郝思嘉会被压得很矮，皮肤坚硬而且长茧，长着6条到8条有钩爪没肌肉的腿，唯有这样她才能牢牢抓紧地面。这么一来，她绝不可能欢快地奔向白瑞德船长，而只能以极缓慢的动作爬向他。与情人互望时，她还得一层层睁开眼皮，这也是对抗沙尘暴的必要手段之一。而当他最后以蜗牛般的速度离开她的时候，她也大可不必在背后一遍遍呼喊他的名字，因为身处巨大的噪音中，根本就说不了话。两人告别时，他通过一连串尖锐的音频（我们姑且称之为声波）说“坦白讲，亲爱的，我根本

1 郝思嘉的庄园名。

一点都不在乎你"，郝思嘉必须过滤现场的雷声和怒吼声，才能听懂这句话。

我们猜测，单球人之间是通过光进行交流的，因此单球上的郝思嘉应该会有一条长而有力的尾巴，尾巴末端附着有能发出生物光[1]的菌类，而且她很可能不只有一条尾巴。光的信号就是这些身披厚重铠甲的灵魂间相互交流的载体，就像深海的鱼类也会发光一样。这种高难度的光语言，又怎么会难倒聪明伶俐的单球人呢？只是随着地区的不同，词汇也有所变化，所以掌握了数种语言的人就可以轻松地自吹："看，我多亮啊！"夜间的约会也令人叹为观止。单球的夜晚很黑，伸手不见五指，任何闪烁着银光的灯笼都不能穿透黑暗，反正一切都包裹在厚厚的云雾中。

海里又是什么样的情形呢？

没有多样化的海洋生命，也就不会有陆栖生物。尽管单球上的大海缺少养料和氧气，但根据迈克尔·拉塞尔和威廉·马丁的说法，早期有机物的形成归功于地球内部化学成分的供给，而非依赖潮汐。深海的热液喷泉里并无氧气，氧气是后来才释放出来的。而潮涨潮退必然加速了生命的进化，因为它们将氧气和矿物质输送到深水区。但光合作用的革命是在水面上进行的。至于高等生物究竟在单球大海的哪种深度诞生？靠氧气生存的鱼类是否存在？大家对这些问题的看法各有不同。此外，简单生物也只需依赖甲烷和硫生存，所以即使氧气不足，进化女神肯定也有办法创造出高等生命。

人们争论得更加激烈的问题是，在忒伊亚小行星撞上地球之前，原始大气层是如何形成的？目前的理论认为，那时地球只有稀薄的有毒大气层，而且不断受太阳风侵扰，因为地球的质量还不够为自己编织一件气体外套。这时候，太空坏蛋反而为我们做了一件好事。没有碰撞，地球就不会增加质量，也就不会形成稳定的大气层。那时的地

1　生物光（Biolumineszenz）：自然身体生成的光。许多海洋生物自身生有发光物质，有些则与发光的细菌共生。在海底阴暗地带，这种生物光可用于猎食和伪装，同时也可以用于寻找配偶。

球外部可能充满氦气、氢气，内部则充满质量较大的二氧化碳。可以想象，当时的生命也可能一直留在大海深处，为自己找到了别的出路。

学界对此看法不一。法国天文学家雅克·拉斯卡尔认为，没有月球就不会有生命。根据他的理论，地球如果没有月球的稳定重力，就会受到太阳和其他行星的重力场的影响，走得踉踉跄跄。这种说法并不奇怪，所有天体的自转轴都会发生一定的晃动，地球也一样，尽管晃动的幅度几乎微不足道，然而这种轻微的摇晃却足以引发地球的冰河期。没有月球，地球就不会晃动，而是像金星一样，每隔几百万年就会翻个身，赤道和南极的位置会对调，气候的变化也会造成沧海桑田，这些都不是适合生命存活的良好环境。

有科学家认为柯明斯描述的景象过分夸张了，当然，潮汐会变弱，但没有月球的话，地球的公转也会变慢，这是由太阳决定的。柯明斯响应说，这种情况也有可能，但即便如此，一天最多也不会超过8个小时。对那些有趣的活动而言，这样的一天还是太短了点，短到单球人刚把8只脚的鞋带系好，就得再解开鞋带回家睡觉了。

无论如何，拥有月球这个疤脸伙伴还是令人欣慰的，可是美国数学教授亚历山大·阿比安却在20世纪90年代初提出应该炸毁月球。丢几颗小核弹过去，这个疤脸家伙就能被打回原形——一堆废墟。这样一来，地球的自转轴就能稳定，魔鬼般的飓风也将一去不复返，到处都是鸟语花香，撒哈拉沙漠将可以建造高尔夫球场，成为气候宜人的美妙疗养胜地，全世界都会因此欢呼雀跃，地球的自转速度也不会变快，因为毕竟已经慢下来了。

那么，我们该把月球扔到哪儿呢？这不成问题，通过精确定位，被炸飞的月球能恰好掉到太平洋。可是这样的话，所有的海岸城市都将面临海啸带来的灭顶之灾啊。这个嘛……总要有一点牺牲吧。当阿比安在11月份还能穿着运动短裤和T恤的时候，他会渐渐忘记那些城市。

关于阿比安的话题，我们就谈到这里吧！

海面的坑洼

我们在月球上再待一会儿。

身穿宇航服站在安静的月球表层时，你会惊叹不已。闪着蓝光的地球从月球的地平线上遥遥升起，一切都令你着迷。你的目光游移在闪亮的海平面上，眼前的海面光可鉴人。当然，在月球上看不到海浪，印度洋、太平洋和大西洋看上去波平如镜，其实它们确实如此平坦，几乎和度假胜地托斯卡纳一样平坦。

啊?

不不不，我没有失眠，也没有喝酒，更没有嗑药。大海并非平整的，忘掉那些所谓“海平如镜”之类的说法吧。海面会凹陷成山谷，也会高耸成连绵起伏的山峦。注意了，这里说的可不是海浪。海洋是庞大山峰的集合，所以在横越大西洋的航行中，人们一天内经过的高度差就可能达到130米。

印度洋比北大西洋低很多？——高低不平的海“平面”

现代卫星技术让我们有机会认识美丽地球的真实面貌：就像一颗坑坑洼洼的鸡蛋。20世纪80年代，美国海军曾将一颗名为Geosat的雷达卫星送到靠近极地的轨道运行，以测绘全世界海洋表面的地形。人类早已注意到海平面的高度并不一致，由于雷达并不能穿透水面，只能从水面反射回来，就像从混凝土建筑上反射回来一样，因此这个方法能够提供非常精确的数据。但是没有人料到Geosat卫星最后揭示出的结果是海平面高低不平，既有高地，也有平原。印度南边的海平面比北大西洋低170米，澳洲北部的海平面则较之高出85米，大西洋沿岸更是一道绵延巨大的海洋山脉，海洋各处的海平面高度差多达10米。图形显示的结果似曾相识，一天，一些科学家突然醒悟过来，这个令人难以置信的图像正是深海海底地形的蓝图，虽然不够精细，却正显示了海底的构造。

这个结论实在太惊人了，原来我们只要研究一下表面的测绘资料，就能大概了解海洋底部的情形。

可是，是什么导致这一结果呢？花费了一番工夫，终于找到了答案，原来它是由各种原因造成的，其中最主要的原因大概就是重力了。

我们之前提过质量的定义及其带来的一连串影响，物体的质量愈大，重力也就愈大，这种现象不但适用于天体，也同样适用于地球表面和内部的任何物质。任何有质量的东西都拥有自己的重力场，并通过其重力场与其他物体发生作用，海底也同样以这种方式吸引着海水。如果海底的质量增加，譬如在海底放置一座山，那么这个位置的重力也会相对增强。有人会以为大海就是地球上的洼地，然而令人惊讶的是，事实恰好相反，海水既会突出形成高峰，也会凹陷成为低谷，深海盆地上的海平面会下沉。因此，人们不用下水也能了解海底大概的状况。

但事与愿违，这种方法有其美中不足之处。因为有些低矮的海平面上也会形成高峰，虽然那里的海底平坦，没有任何突起的地貌。一番苦思后，这一现象也被顺利解释为重力的效应。因为海洋地壳离诞生地——中洋脊愈远，年龄就愈大，温度也会相对降低。温度一旦降低，密度也会变得更大。煎过鸡蛋的人都知道迅速降温的结果，这时煎蛋会变得很扁，但质量并没有减少。失败的小煎蛋跟成功的大煎蛋一样重，差别只在于小孔多寡而已。同样的道理，中洋脊新凝固的熔岩比已冷却的古老海底有更多孔。进一步研究显示，在一些相关地区，被挤压过的古老岩石构成的平坦地区与雄伟宏大的海底山脉质量相同。

希腊的水域就是海底地貌对海水表层产生影响的最好例子。你可以比较一下科林斯运河和帕特雷港的海平面，后者比前者低了7米。在克里特岛南方的海洋横亘着一道长而平坦的海洋山谷，其实是海面下有一条深海海沟，海沟由层层叠叠的地形构成。与此类似的还有位于印度尼西亚西面和新西兰北面的菲律宾高原，你不必出海就能看到海沟。日内瓦湖看上去如此风平浪静，然而湖面也高低不平，日内瓦这边比湖对面的蒙特勒还要高上两米呢!

那么著名的“海平如镜”说呢？如果你的地下室地面凹凸不平，你可以采用组合地板，这样就可以克服不平整的现象，而得到一块完整而平坦的地面。然而很遗憾的是，我只能让砌墙工和泥水匠的幻想破灭，因为组合地板也同样会受重力影响，只是误差会很小，甚至水平仪自己都被愚弄了。海洋和组合地板一样，都受到地球重力中心垂直方向的重力，也就是我们常说的地心引力。这也说明了另一个问题：除了纯数学之外，地球上不存在两条互相平行的直线。两名立正站好的士兵之间的距离是1米，看起来是非常完美的并行线，但实际上两人之间还是有一个角度，因为他们并非有各自的重力中心，而是被同一个重力中心所吸引。商业上惯用的计量仪器根本不能反映这种微乎其微的倾斜度，它们同样也受到同一个地球的重力吸引，所以会造成种种假象，比如告诉我们大海是平的。当你站在一艘船的甲板上时，立刻就会成为重力场特性的“牺牲品”，连同你的体液、你的重心都指向地心，而大海、船以及你本人都是倾斜的，然而在你眼前却伸展着一道平整得完美无瑕的地平线。此外，因为海水的斜坡相对非常平坦，你也不会有上上下下的颠簸感。我太太莎宾娜很少乘船旅行，连她都向我保证坐船是一种宁静的旅程。

造成海面坑洼的原因还有一个，就是洋流，我们以后会详细讨论这一点。海洋里潜伏着直径达数百公里的巨大涡流，就像你在家里放洗澡水的时候会看见一道小小的漩涡，漩涡的中心有一个小洞一样，海洋巨型漩涡的中央也有这种凹陷，它的周围也是突起来的。海洋漩涡就像宇宙天体中的漩涡状星云一样不断旋转，而它本身又是更大漩涡的一部分，而更大的漩涡又组成更大的巨型漩涡，永无止境。最后，人们终于察觉整个大洋都在旋转，赤道以北的漩涡顺时针旋转，赤道以南的则逆时针旋转，而且愈接近极地旋转得愈快。这时，决定性的因素已不是重力，而是地球的自转。

大西洋就有这样的巨型涡流，它的中心稍微向西倾斜，因此朝向北美洲的方向前进，压过岸边的墨西哥湾暖流将它拦截住，然后高高扬起。由于摩擦渐渐增大，洋流速度放缓，同时，其速度又受强风和北太平洋水下逆流的影响而加快。几种力相互抵消，根据动量守恒定律，圆周运动除非受外力作用影响，否则不会改变自身的运动状态。

大气层似乎对海平面的高低也会产生作用。因为空气也是有重量的，高低气压区会以不同的方式对海洋发生作用，对海水表面的高度进行一定程度的按压。

自2002年起，Jason1号卫星开始追踪调查海洋地貌的精确结构。它配备了微波辐射计、激光反射器和全球定位系统，测量物体的精确度最小可达4.2厘米，并且能检测洋流，研究气候、大气层和海洋三者间的相互影响。2008年，修缮一新的Jason2号将接替1号的任务。到那个时候，人们将会更加深入了解一些至今未能解开的谜团，譬如为什么北大西洋的重力比印度洋大等问题。仅仅是海底的地貌结构图并不足以解释这些显著的差别，或许我们只能继续努力研究，制造抗热性能优越的地心探测器，然后仔细探索地心一番，看看到底是什么造成了不同地区的密度差异。单单地核就能引发海平面的许多反常现象，但是大家都知道，地心之旅的可行性实在不高，我们只能再一次将目光投向太空。欧洲的Grace和她的美国双胞胎Champ这两座太空探测器目前正在共同重新测量地球的重力场。研究者还希望借此了解一些常见的相关问题，例如海平面坡度的实际情况，但确定无疑的只有一点：全球变暖对不同地区的影响并不相同。

你依然站在船的甲板上信誓旦旦地说：地平线的确是笔直伸展的啊，哪有什么高山沟壑啊！好好好，就算你说的有道理吧，因为你现在又遇到一个难题了。

转过身看看。

海浪沙拉

风是浪的心爱情郎，

从湖底摇得水波激荡。

人的灵魂啊，

你深邃似海！

人的命运啊，

你飘逸如风！

这是歌德先生的观感，他是兼具自然科学和文学诗歌造诣的大师。读了这首诗，谁不会泪眼婆娑呢？再来一颗催泪弹吧！

人的灵魂，

深邃如海；

由天而降，

复返苍穹；

再落大地，

永恒无休。

啊！真是情真意切，我们的内心油然升起一种渴望，渴望站在船头，让礼服下摆随风轻轻摆动。这位拥有高超修辞能力的内阁大臣对海平面凹凸起伏的情况可能了解不深，但对蒸发原理还是比对咸水湖的湖水了解得清楚一些，在诗歌中他提到了海浪成因的一个重要原理，“风啊，它追逐着浪花！”他为人类对水的永恒珍爱赋予了浪漫的激情，以抑扬顿挫的手法达到了艺术的成就。这是一种永恒的追求，一种对自然力永不停歇的爱抚：柔和的、战栗荡漾的潮水，激进的序曲，呼啸恣意的上涨，然后是高潮的轰鸣，最后衰竭渐弱，在静默中渐渐平静下来的波浪，真是一颗催泪弹，一片……轻柔晃动的湖面。

呵，浪漫主义嘛。

一个激情跌宕的时代，一个酷爱大海的时代。大概就在那时吧，瓦格纳用翻腾的海浪召唤《漂泊的荷兰人》，《莱茵的黄金》也水流如注。阿纳托利·里亚多夫的《魔湖》讲述了内陆湖水的魔力，而安东宁·德沃夏克的《水妖》从水中探出湿淋淋的头。从来没有任何事物像水一样，将人类存在的矛盾心理刻画得如此细致入微，就连簌簌作响的森林也不能像水一样，将善与恶、狂喜与哀伤、爱与恨如此协调地融为一体。

你刚才还看着地平线，两腿叉开，手扶栏杆，端详着强有力的海浪滚滚而至，一会儿将船托起，一会儿又拉着它下沉。海洋如此巨大，却并不令人畏惧。现在你带着对宁静的期待转过身，突然看见一片深深的灰绿色。你愣住了，夜晚降临了吗？黄昏这么快就消逝了吗？很快你就会明白了，渐渐迫近的绝不是晚上，而是一面波涛汹涌的水墙。这道浪约30米高，这是一道阵线，一道难以突破的阵线，因为它的陡峭，也因为它在高度上已经远超过你的船只。这个庞然大物无情地向你压过来，它会吃掉你，这是肯定的。大海将会吞噬你，接着发生的事情就不敢想象了。我知道，这不是一个学习的好时机。但在此刻，我们还是需要了解一下基础物理知识。别害怕，我会在最关键的时候救你回来。

在宇宙空间待了一段时间后，我们应该对海洋认识更多。我们知道了月球如何引发地球上的潮汐运动，也探索了海洋结构起伏不平的秘密，最后我们登上一艘船在暴烈的大海中航行。我们对未知宇宙的探索成绩可观，头发上淌着水，暴风把夹克吹得呼呼作响，嘴角结上了一层盐。我们身边是电影《火钳酒》[1]中醉醺醺的波摩尔教授，他脱下鞋嚷道：

“现在要问一个蠢问题，什么是海浪呢？”

地球上最大的风有多大——风的原理

对啊！老师，为什么水面不是平的呢？歌德就发现了这一点，他在《水上精灵之歌》中已经给出答案：风是浪的始作俑者。回答正确，可惜诗人紧接着犯了一个原则性的错误，他将风打到了水底——从湖底搅得水波激荡。不不不，并不是这样的，风虽然只在表面运动，但已足够推着我们坐在小船上漂荡了。

波摩尔说，最好从头解释。

那好吧，什么是风？形成风首先要有两个条件：一个是大气层，也就是有一定密度的气体混合物；另一个是要有帮大气层加温的太阳，也就是要让空气粒子处在相对较高的能量环境中，这样它们就可以四处运动，拉开距离，减小混合物的密度。当然，地球上的大气并不是均匀受热和冷却的，地球的一面可以几个小时没有受到太阳照射，另一面则有不同程度的受热，如北方的气温比赤道地区低。而且云层也控制着能量的分配，空气处于不同强度的运动状态和密度状态中，形成了所谓的高压区和低压区，这也是著名的气象专家和天气预报节目主持人任立渝成为气象专家的秘诀所在。

自然界中充满均衡效应。低压区就是空气气压比周围地区低的区

1　火钳酒为德国人过圣诞节或年节时饮用的酒，由红酒、果汁、香料和在朗姆酒中浸过的糖块熬煮而成。电影《火钳酒》中，波摩尔是一位作风豪放的教授。

域；相反，高压区的特征就是气压相对较高，在这里，气团大幅下降，气温较高，结果就是湿度降低，天空晴朗无云。所以高压区很受我们喜爱，当地面上的空气密度变大，下沉的气团就会飘散到周边的低气压区，产生平衡，这也是热力学第二定律的要求。根据这个原理，所有的空气粒子应均匀分布。比如说三个小孩分六个小布丁，每个孩子都得分到两个小布丁，否则就会发生激烈的争吵。

因为这一均衡原理，大气层总是处在持续运动中，它会从一处流动到另一处，我们把这种流动叫作风。风的强度则与高低气压区间的空气密度差有关。我们可以把它想象成一道斜面：上面是高气压区，下面是低气压区。如果两者差不多高，那么空气粒子就会顺着斜面温和地滑动，这样我们就能感到一阵舒适的微风；差值愈大，斜面就愈陡，空气就会飞流直下，这种情况就会产生暴风。由于物理原因，风的加速度有一个上限，它的时速不可能超过520公里。但是如果有谁为此而感到欣慰，那他简直就是个傻瓜。2005年8月，一场飓风将新奥尔良变成了水世界，当时的风速只达到这个上限的一半而已。

风扫过地面的时候会产生摩擦，地面抵抗风时，两者就得进行一番角力。尽管飓风可以将大树连根拔起，也可以将房屋变成废墟，但地面也在抵御风的力量，直到将它完全遏制住。

水的情况则有所不同。

水分子间的结合比较不稳定，风吹过水面时，水会荡起波浪。风并不能影响深水区，但能让水面的水分子产生运动。值得注意的是，水分子的位置并没有改变。风可以连根拔起大树，将树卷入气流，再从不同的地方把它扔下来，却不能这样对待水。水依然会待在自己原来的位置上，或许只是翻了个跟头而已。每个小朋友都知道，如某在水波涟涟的湖面上放一艘玩具小船的话，小船会在原地打转，如果有风来推动水，小船就不会这样。向前运动的只是水波的形式，水分子的运动只是一种集体振荡，它们漂到上层或沉到下层，与周围的水分子发生碰撞，令邻居也加入这种圆周运动。微风能够引起涟漪，风吹得愈起劲，波峰愈高，随之出现更长的波长。

理论上，既然风能够掀动水，那么水中应该出现一道幅度愈来愈大的波浪，比如说波浪涌向西方，那么东方海盆里的水就会逐渐减少。然而事实上，只有强劲的风才能产生巨浪，大海可不会这么容易就被赶走。在这里，均衡原理也十分重要，根据热力学第二定律，流体会填补周围新增的空间，重力则一直将水分子拉向地心。因此，飓风虽然能够一次掀起高达15米的海浪，产生巨大的波谷，但很快就随着风暴消失，一切又回到平均状态，波形也会变得更平坦，直到最终——当然是在完全无风的状态下，重合成一条直线（当然，自然界并不存在绝对的直线，就像我们感觉不到风的时候，还是存在着很小的空气流动）。

德国人当然不会被大西洋飓风所打扰，但陆地也经常受暴风袭击。为什么小村庄的池塘里不会出现15米高的大浪呢？答案很简单，浪的高度是由波长决定的。海洋中的巨浪表现了与其相应的波谷，必须要有足够大的水面才能为巨大的波长提供用武之地，而波谷的高度总是与波峰相同，所以水也要够深才行。小村庄的池塘一定不会有大西洋大，这对鸭子们来说无疑是个好消息，否则它们不仅会经常晕船，更吃不到老妇人喂的面包了。

之所以称为波峰，是因为波浪和山一样，侧面也是倾斜的。平缓的波浪其实并不多见，波浪也会随着时间变得陡峭。你在海滩躺上一个小时就能体会到这种现象。水分子不是被风推着在海面上运动，而是跟着大转轮运动。与此同时，你也明白波形会一直传播下去，传播速度由风速决定，但风只能影响水的表层，就算是破坏力惊人的世纪飓风，最多也只能影响到200米深的水域。海底渐渐向陆地攀升时，波浪就会挤压那里的水分子，它们会在空中翻几个筋斗，说不定还会跌个倒栽葱。此时水分子的运动轨道发生了变化，变得平坦或呈椭圆形，接下来发生的事件类似于车辆追尾，下面的水波速度慢了下来，上面的则继续迅速运动。这时所有的分子就会形成不同的层次，水波也不断增高，变得愈发陡峭，上层的水分子朝陆地运动，下层却无法快速跟进，最后超出坡度的极限。当浪高超过水深的1.3倍时，速度就会明显慢下来，最终塌陷，溅成水花，漩涡散尽，搅起一摊沙子，成为永远的历史。

小新已经能够深入思考关于长颈鹿的真理和谬论了，现在他站在海滩上嘲笑着说：全是胡说八道。小新认为，波浪完全能够运送水滴，因为每隔几秒钟就有浪花扑到他的脚边，浸湿了沙滩后又退回远方，接着又是下一阵浪花。

小丸子认为，刚才提到的风的原理也有问题。比如今天吧，风是从陆地吹向海洋的，所以应该把浪吹跑才对，然而它却打湿了小新的脚。如果说水分子和小玩具船都在原地运动，那么在海面漂流的木头又是如何到达岸边的呢？或者说，沉船遇难者的漂流瓶是如何漂到岸边的呢？

孩子们真聪明。

事实上，水分子就像在足球场看台上的人浪一样，压根儿没有挪过屁股，但有时候球迷们会被迫一个踩一个叠成人梯，当这个人梯倒下来的时候，其中肯定还有几个改变了自己的位置。水也是这个道理，海边的浪愈推愈高，直到拍打到岸边消失为止。这时候，也只有当海浪塌陷溅到平地上的那一刻，水才被传递了，然后水分子在受重力作用退回大海前，会溅洒一些在海滩上。正因为如此，聪明的小新才会湿了脚。

相较起来，小丸子的问题比较棘手。哪怕人站在一座圆形的岛上，不管站在何处，浪花永远是正面拍打着海岸。答案只有风知道，而友好的风告诉了我们。

风在空旷的大洋上推着海浪，海洋置身于一个能量场中，水中的能量和空气中的声波很相似，它不受水面的波浪运动影响：能量会向各个方向等量传播。尽管现实中流向各个方向的水和吹向各个方向的风都会造成方向不断改变的乱流，但乱流运动到陆地时，整个系统都会停下来，岛的四周就是这种情况。浪花希望继续前进，却受到了阻力，所以它就在这坍塌了。

小丸子对这个解释并不是很满意，因为如果风从西边吹过来，那么它对西海岸的影响应该大于东海岸啊。

是这样没错，所以我们才有冲浪天堂和保护措施周密的海湾。事实上，只有当风以直线方向吹向海岸时，浪花才会正面拍打海岸，在其他地方，浪花会斜向地接近陆地。海底缓缓向上延伸时，海浪一段段地拍上来，离陆地最近的海浪刹住不动时，其他部分依然保持着之前的运动速度，后面的海浪运动到停止的地方时也会减速。就是这样后浪推着前浪，渐渐地，波浪会改变方向，直到与海岸线平行。因此，不管风怎么吹，海浪总是正面拍打着海滩，只是此时它拍打出的海浪声更轻柔一些罢了。如果海浪在直接登陆之前与地面没有任何接触，比如在地势陡峭的海岸边，我们就可以发现一些角度倾斜的浪花。

那么浮木呢？它为什么不待在原地？为什么漂流瓶会抵达岸边，让千里之外的可怜海难者得到救援，然后一切皆大欢喜呢？

小丸子你听着，还有另一个因素起了作用：即便海浪不传递水滴，水还是会被推动，并且改变位置，原因就在于均衡定律。水要流动，它在全世界潺潺不息地流淌着，它让洋流保持着运动，也导致各地的瓶子和罐头漂到孤岛，遇难者好不容易捞起它们，却遗憾地发现自己没有开罐器。洋流是个复杂的问题，我们将在下两章跟它一起环游世界。

三姊妹和修士——各种匪夷所思的巨浪

我们还是回到甲板上吧，你和波摩尔教授一起站在栏杆边，在风暴的怒吼声中，你一点也听不见他沉着冷静的训诫。他或许在说：“这浪可真够大的。”或是说：“有人知道这浪叫什么吗？”你的心里有别的担忧。根据前面的说法，这里本不该出现这种场面啊，但一切就活生生地发生在眼前，大海对着你掀起一道30米高的参天巨浪。你诧异地想，它是怎么从天而降的呢？

恭喜你！你很幸运，竟然和畸形波不期而遇。

1933年，美国巡洋舰拉玛波号就遇到了这种畸形波，当时的水墙高达34米，差点掀翻整条船。在此之前，有关魔鬼巨浪的传言一直甚嚣尘上，但人们总是一笑置之，把它当成水手杜撰出来的冒险故事。直到最近，110米长的豪华游轮不来梅号在南非附近遇到一道35米高的巨浪，在海面晃荡了半个多小时，动力尽失，船体倾斜达到40度，最后九死一生地脱困后，这个事件很快就引起了大家的关注，而人们也才开始严肃地探讨这种带有传奇色彩的水墙。

紧接着，2005年又发生了几起类似的事故。2月14日，巨浪在撒丁岛西部海域袭击了游轮旅行者号。几星期后，一道畸形波在迈阿密附近轰然撞上挪威的破晓号，造成62间客舱沉没入海。这艘292米长的船遭受这场重创，不得不改变航线，驶往查尔斯顿维修。塞巴斯蒂安·荣格尔在他的小说《完美风暴》中也描写过这种庞然大物，在小说的同名电影中，水墙吞噬了英俊的乔治·克鲁尼，令无数女粉丝肝肠寸断。

正常情况下，如果人们不幸碰到了畸形波，一般很难逃命，因为畸形波的形成几乎没有任何前兆，几秒钟之内一道水墙就能拔地而起，波长似乎并不惊人，但它的危险系数极高。本来人们对一般波涛的高度并不在意，只要能驾着船舒舒服服爬上去就行，然而世上没有任何一艘船能征服陡峭的水墙，而畸形波几乎完全垂直于水面。

一位德国的海浪专家将巨浪比喻为不来梅的城市音乐家，他指出巨浪通常是由很多热情的小浪组成，当高大迅猛的暴风浪突然与一道强大的反向洋流相遇时，就有可能发生这种情况。它们的行程被阻断，波长急剧加长，后续的海浪闪电般堆积起来。在非洲东南部的好望角附近，暴风浪经常与东来的阿古拉斯暖流正面相遇，南美最外部的尖角——合恩角，也被公认是危险的乱流多发地带。

公海上，一道畸形波（也称诡浪）通常以每小时35公里到40公里的速度推进，最远可达10公里，有些巨大的畸形波甚至可冲到数百公里远。它们一般不稳定，大部分的畸形波生命十分短暂，有时只持续几秒钟。但如果不巧与它短兵相接，即使几秒钟也很难逃命。

畸形波的水墙前是一道深渊，也就是水手们常说的“大海洞”。为了筑起水墙，畸形波需要大量吸取海水，因此它制造了一具用来吞没船只的大海槽。当船只在千钧一发之际反应过来时，后面接着有更可怕的事：有一种怪浪被称为“三姐妹”，名字倒十分悦耳。大姐是成熟的畸形浪，由于波长不大，二姐就会紧接着跟来。如果我们大难不死逃过了这一劫，还得与小妹正面较量。小妹的速度非常惊人，此时我们必然会联想到乌尔德、薇儿丹蒂和诗寇蒂这三位在生命之树的阴影里纺着命运之线的日耳曼女神。诗寇蒂不把线剪断，人类才可以活下来，真是阴险的女人！

不光浪尖是个问题，浪尖下那些又短又深的波谷也很棘手，它能把一艘中型集装箱货船完全压弯乃至报废。其实真正恐怖的地方是波谷，我们在提到浪有多高的时候，也得同时考虑到波谷的存在。大浪露出海平面上方的是三分之二，还有三分之一藏在水下面。假使我们面对的是30米高的浪，那么真正令人畏惧的是10米深的悬崖。你如果上过游泳池的10米跳板，看过脚下的那张“蓝色邮票”——其实是一座不小的游泳池，或许才能对此有所了解。

还有一种巨浪的名字很亲切：白墙。白墙的阵线能达到几公里，它头顶白色碎浪，力量巨大，陡峭无比，连前方的水沫都会掉下来。《完美风暴》里不幸的捕鱼船安德烈号正是被这道水墙打翻，结束了自己的生命。电影的海报里，这艘船徒劳地想攀上大理石般的浪墙。乔治·克鲁尼后来又出演了《十一罗汉》，看来他最终还是躲过了这一劫，然而真正的安德烈号上的全体船员早已丧生大海。“修士浪”也是一种凶恶的巨浪，喜欢偷偷从侧翼进攻，拨转船头，然后将船只掀翻。顺便提一下，“修士浪”名称的灵感来自修道院高墙内养尊处优的生活。

不管是三姐妹、修士浪还是白墙，人们一定不喜欢在海上碰到30米高的陡坡。人们最终接受了魔鬼巨浪的存在，但依然聊以自慰道：巨浪毕竟是极少见的现象吧。很遗憾的是，这种自我安慰并不正确，雷达卫星ENVISAT最近告诉我们，全世界的洋面上每天至少要上演两次这种大戏。

如果统计一下海难资料，我们将得到令人难过的结果：畸形波已夺走无数条人命。最著名的例子即1978年德国货轮慕尼黑号在亚述群岛北部悄然消失，这艘船极有可能成了巨浪的牺牲品。35米高的恐怖巨浪并不是什么特殊现象，特别是在南非附近及非洲东部、阿拉斯加湾、佛罗里达沿岸、日本东南海域和北大西洋，很容易就会碰上一场。

这种海浪的频发率，与人们过去笃信的线性波动力学理论有显著的矛盾。线性是一种数学原理，一种有关接续性可测度的理论，牛顿的宇宙观就表现了他对线性的热爱，大概是天才的一点小瑕疵：真实世界里几乎没有什么东西是线性的，但预言家和统计学家喜欢线性，因为线性有利于主观臆断。比如说，在线性世界里，人们很容易预知未来，只需将现状强化，就能以数学预测出未来的趋势。那时就不会有心肌梗塞造成的猝死，没有会爆炸的宇宙飞船，自称忠贞不渝的夫妇也不会发生一夜情，苏联也不会一夜之间就土崩瓦解了。

大家还记得“混沌理论”吧！系统中总有某些角落会出现异常现象，发生规律中的例外，例外不断蓄积，直至系统最终崩溃。直到今天，我们对此了解得依然不够深入，无法完全参透其奥秘。因此，目前的科学也难以解释畸形波频发的原因。如果按照流行的计算模式，哪怕算上各种意外因素，比如相逆的洋流、风向的迅速改变与重叠，魔鬼巨浪的出现概率也应该没有这么高。很显然，这个世界并不如我们所愿，它不是线性的。

意大利都灵大学的艾尔·奥斯博尔内教授坚信自己已经发现了问题的秘密所在。他采用的模式是量子物理学，即非线性动力学，根据著名的薛定谔方程式，基本粒子会突然出现然后再次消失。尽管薛定谔方程式并不能应用到宏观结构上，但奥斯博尔内仍认为，海浪的状态发生突变时，其行为与薛定谔方程式有类似之处。

海浪的行为是无法预测的，它能火速聚集周围海浪的能量，壮大自身阵容。奥斯博尔内在非线性空间中计算畸形波，并重构了1995年摧毁德劳普纳钻油平台的那场巨浪。他的结论令航运业阴霾密布：海洋中既存在直线性、落差适度的平稳波峰，也有陡峭的水墙。海浪无法预测，常常带有随意性。

“光是想到世界上竟然有两种不同的海浪，就已经很有趣了。”一道畸形波每平方米的碰撞能量高达100吨，让教授觉得很有意思，但若是船只设计者听到这句话，眼里肯定喷火。

按照奥斯博尔内的说法，一切可能因素都会触发畸形波，可能是逆向洋流，也可能是由于海底突然拔高。有时那些已知和未知因素会一起来个大合作，形成一个复杂冗长的方程式。海峡里的海浪能像光一样束集起来，有时风向的转变并不连贯，甚至不同的波形也能在特定条件下形成畸形波。小海浪速度慢，大浪则很快，这些波长不同的海浪相遇时，也可能突然形成类似效应。

此外，海洋工业也让人们伤透了脑筋。一般情况下，海上钻油平台一定要超出海平面35米以上，而一般认为，每100年才会遇到这种达到钻油平台高度的巨浪，但统计资料却没这么乐观。因为与其相信这种说法，还不如相信一对夫妻生出一个半孩子、养了五分之三只狗、开着一又四分之三辆车，或相信人类会淹死在10厘米深的水里。

畸形波可不会提前告诉你它将在哪里出现，出现的频率有多频繁。

钻油平台的建造者应该知道，一年之内有时会出现两至三次这种令人畏惧的大浪，但也有可能在随后几年里消失得无影无踪。很多钻油平台上都装配有激光控制的海浪雷达设备，这样能获得一些珍贵的数据。遗憾的是，雷达只能通知我们：一道巨大的浪正朝平台打来。所以这样的邂逅依然不可避免。当怪物从海里浮现时，我们别无选择，只能把自己捆在柱子上，或搭乘下一辆直升机逃得愈远愈好。

沃尔夫冈·罗森塔尔对此却很不以为然。欧盟在北德盖斯特哈赫特市的GKKS研究中心共同策划了一次“大波浪”项目，以便能更全面地了解畸形波。在北海的研究平台菲诺上，大波浪项目的协调人罗森塔尔和他的团队整日忙于测量海浪的高度、坡度、碰撞能量和速度，希望探究巨浪的形成过程。波浪试验槽提供了重要的辅助数据，它能产生许多顽劣的迷你巨浪，能掀翻玩具小船，抛出3米高的浪花。研究者在平台上测试了各种警报系统，船只和海上平台的波浪雷达大显神通，当然最有用的还是卫星数据。

ENVISAT卫星能清楚地识别800公里以外的大浪，这颗卫星每天拍摄1000张照片，每张照片都能涵盖50平方公里的面积。不过即使如此，人们对海洋的精确观测依然是一条漫漫长路，我们还必须再发射4颗卫星。

尽管如此，罗森塔尔还是很乐观，毕竟在未来几年内，船长将可以提前收到巨浪警报，他们至少会有机会紧急绕开："看到卫星上显示的海浪后，我们相信能够设计出成功的预报系统。"在与波峰相会前及时关闭开采平台，也是研究者的目标之一。罗森塔尔的测量仪器目前已经能够在5分钟之内为平台营运商提供波浪高度的数据。这样看来，他们还是取得了一些成果。对海洋工业而言，适时解除警报也十分重要。平台愈早回到正常的工作轨道上，经济损失也就愈小。

罗森塔尔还建议改造船只的建造方式。回想一下，每两条保险契约中就有一条和打碎玻璃有关，尤其是住宅附近有玩足球的小孩时，客厅的玻璃坏了，人们只需换块新的；但如果船只指挥室的窗户碎了，就极有可能让整条船粉身碎骨。因为目前船只的指挥中心中塞满了各种电子仪器，而计算机唯独对水的入侵会表现出非常情绪化的反应。这也是每年有一打左右的轮船在海难中沉没的原因，其中还包括全长超过200米的货轮。不过，即使魔鬼巨浪的阵容相当可观，我们也不能把每次的不幸都算在它们头上。

好在巨浪只会乖乖地待在大海里，某些人比较幸运，暴风天不必出门，可以待在家里，瞟一眼大海，惬意地饮一杯热茶，然后为那些可怜的水手们献上最真挚的问候。

可惜，有时候大海也会反扑陆地。

对一场灾难的观察

2002年，我开始着手写《群》的时候，发现自己面临着几个问题：按照进化论的思路，深海如何产生与陆地生物并行的智慧生物？它们的生理结构如何形成？彼此间又如何交流？人们应如何去理解这群名叫Yrr的高智慧单细胞生物的内心生活、逻辑以及价值观呢？还有一个大问题：Yrr要爆发出什么样的力量才能彻底摧毁人类、海洋和海岸呢？在此之前，我所了解的只有海啸，海啸总是骤然出现，将挡在面前的住宅区全部夷为平地。可以确定的是，海啸很能传播恐惧与灾祸，因此我把海啸定义为Yrr武器库中的一部分，然后开始了解海啸的形成过程。

就在书出版九个月后，一场真正的海啸袭击了整个南亚。世界震惊了，海啸大大超出人们的承受能力。事实证明，大多数遭受灾害袭击的地区，包括中欧和北美的人们，对海啸并不熟悉。太平洋沿岸的居民对此只能长叹。这件事提醒我们，公民教育或许有些缺陷。

那些进行很多研究的作家常会陷入一个讨厌的陷阱，他们会突然觉得每个人都应该相当了解他的研究对象。这当然是一种谬误，在研究海啸前，我对海啸又了解多少呢？如果不是为了写出相关内容，那我今天对它的了解又有多少呢？应该是微乎其微吧！那么，该由何处着手了解呢？不算近几个世纪的话，这几十年来大西洋地区、印度洋和地中海都没有发生过大海啸，太平洋则大为不同，但遥远的欧洲人对那里的悲剧向来是转头便忘。

实际上我们知道的情况不少，只是不一定都正确。我们或许是知道得太多，所以才洋洋自得，以为自己已经学识渊博，最后终于自食恶果：知道得愈多，懂得的就愈少。新闻媒体也并不能真正帮助我们，我们像聋子一样，购买各种报纸杂志，把电视机的小窗口关了又开、开了又关，最终仍然不明白自己究竟看见了什么。每天面对伊拉克的汽车炸弹事件，面对关于生物克隆的争论、飓风威尔玛、伊朗的核武计划、法国的骚乱，还有中国人、塞内加尔人、法国人、美国人、前东德人、前西德人等的世界，我们对此有何感想？如今我们已能用光速交换信息，但我们的思想也能以光速跟进吗？不能。然而新闻一波波朝我们席卷而来，弄得我们头昏脑涨。那好，请问什么是海啸呢？我能从“百万富翁”节目中了解到这些吗？我们国家会不会也面临这种威胁呢？

我变成了预言家——南亚海啸

经常有人问我：“你是怎么预料到那场海啸的？”这个问题每次都让我火冒三丈，每次我都严正声明：我的境界离神机妙算还差很远。我并非预言家，不过是个恰好在研究海啸的人而已，就像那些风筝专家、火山专家或养蚕专家一样。然而在那段时间，搜集的材料愈多，我就愈相信，此生或许会见证一场巨型海啸。统计数据显示，上次发生大海啸已经是很久以前的事情了，更何况海啸本来就是经常性的地质活动。但我没有预料到，现实中的海啸来得比我猜测得还早。

从人们发问的方式来看，我们没能好好理解自己生活的地球。这就像有人说下周会下雨，当雨真的落下来时，人们便说他是个预言家。火山喷发和海啸尽管比倾盆大雨的规模更大，但其实都是再平常不过的现象。

官方对灾难的反应和灾难本身一样令我大为震惊：他们大吃一惊地揉了揉眼睛，仿佛海啸是完全不可想象的事物。这也说明，在所谓的知识型社会中，人们反而遗失了对世界的最基本认识。大多数人对人类史的主要进程都一无所知，在拥有前所未有的教育机构的时代，一个拥有众多电视频道、夜校和网络遍布的时代，在一个信息爆炸的行星上，大众的不知所措简直令人感到滑稽。而这种“不知所措”甚至不是面对灾难的沉痛，而是知识的匮乏。

我们似乎每天都在变得更加愚昧，我们不断消费新闻、广告、剧情片、报刊评论和纪录片，直到头晕目眩。我们知道得愈多，对世界的整体洞察力就愈减退。我们气喘吁吁地追随着一个不停运转变化的信息体系，一个博学的科学怪人，却离他愈来愈远。我们没有变聪明，却日益心灰意冷，开始向往古老的旧石器时代。你还记得洞穴生活吧！不记得了？没关系，你的遗传基因还记得，它懂得穴居人类的幸福。穴居族群的每个成员都拥有相同的知识和才能，只有巫师懂得多一点，因为他们有通灵的本事。如果不是该死的进步从中作梗，我们本来还能幸福地生活。可惜，有人突然懂得别人不懂的事，这些专家愈来愈聪明，也愈来愈小气，不愿与人分享自己的知识。缺乏知识的人愈来愈难理解专家的知识，并开始依赖他们。

结果有目共睹。今天，我们面对日新月异的地球，必须了解过去与未来，领会各种形式的科技进步。遗憾的是，基因决定我们终究还是穴居动物，只是现在的我们是住在有网络的洞穴里，但如果我们能像先前信赖巫师一样信赖专家，这种情况本来并不糟糕。从前当穴居人茫然无措的时候会跑去找巫师，巫师便会与神商量解决之道。今天的地球也充斥着“巫师”，每个领域都有“巫师”，但是这些“巫师”似乎很难和谐共处。如果将所有专家集合起来，共同为21世纪的人类写一本用户指南，那么我们得到的将是一本比德国著名主持人莎宾娜·克里斯蒂安森的讨论晚会还晦涩的大杂烩。

人类的大脑就像是储存量有限的硬盘，因此我们在储存信息时总会有所取舍。我们想知道什么？我们又应该知道哪些事呢？

有一点不容置疑：没有人能成为全才。古代的全才如亚里士多德、哥白尼、伽利略也无法做到万事通，但他们毕竟为我们勾勒出了宏伟的蓝图。当著名象牙塔的建造者开始申请专利，教育事业才渐渐变成今天这副模样。专业“白痴”很难与时俱进，如果我们知道关于母牛的一切，却不能辨认一头活生生的母牛，这又有什么用呢？南亚发生海啸后，我意识到教育的目的不应当是用烦琐的科学细节来窒息人的灵魂，而是要唤起人类对建设美好未来、实现宏伟蓝图、探知地球运行方式以及建立全球友谊的热情。2004年12月之后，关于海啸的报道接踵而至，如果说在此之前海啸对我们而言还是一个陌生的名词，那么2005年它就碰上了最佳机遇，夺取了年度关键词的桂冠。但到了明天，又会有新事件来吸引我们的注意力，大后天我们或许已把南亚抛诸脑后。如果知识的持续期只有短短几年，那么记住一个陌生名词并无多大用处，而海啸则是一项极为复杂的事件。

到底是什么引发了南亚海啸呢？

首先，海啸（Tsunami)这个字源于日语（汉字写作“津波”），其本身就包含了这种自然现象的特点。Tsu（津）是“港口”，Nami（波）则是“波浪”，因此海啸就是指在港口或海岸附近形成的波浪。日本渔夫经常在出海捕鱼安然归来后，却发现家园已成一片废墟，这就是这个名称的由来。很长一段时间里，没有人能解释为什么在极好的天气里也会出现这种大浪。如今我们知道，捣蛋的并不是神的孩子——风，也不是风暴引起的，而且它也不像风暴那样只出现在海面。风卷起的浪，移动速度最快只能达到每小时90公里，海啸则会以每小时700公里甚至更快的速度呼啸着飙进，海啸的形成原因决定了它的速度与高度。

原则上我们把海啸分为两类。发生在南亚的海啸则具备其中一种类型的特点：前仆后继的排浪，在外海浪并不高，波长却极大，直到靠近海岸的时候排浪才叠加在一起。这种类型的海啸通常是板块活动造成的。苏门答腊岛西边为欧亚板块和印澳板块相交地带，地壳活动剧烈，印澳板块被压在欧亚板块之下，以每年超过7厘米的速度下沉。板块均匀地、一点点地陷入软流层，海洋地壳温和地推进着，偶尔会震动一下，于是就产生了小海啸。专业的测量仪能探测出这种小海啸。

2004年12月26日之前，这一区域的海底世界并无异样。

然后，一眨眼，地球裂开了。

引发这次灾难性海底地震的原因或许不在苏门答腊岛附近，而是藏在印澳板块的另一端，也就是它与南极板块交界的地方。南亚海啸爆发前两天，这一地区发生了强烈地震，震波穿过整个印澳板块，使之失去平衡，于是造成印度尼西亚附近500公里长的地壳破裂，导致海洋地壳向上急冲30米，后续的冲撞又接踵而至，使震动地区扩展至1000公里，大量海水瞬间受到排挤，一道海浪呼啸而起，能量贯穿整条水柱。由于海啸的成因产生于海底深处，所以从海水表面无法看到任何迹象，而且初期的浪高大概只有1米，加上斜度极小，所以当时站在船甲板上的人也很难意识到大难将至。

想象一道巨浪并不难，然而要想象海底深处的活动竟然可以翻江倒海，这就太难了，这一幕已经超出了我们的想象。如果你想感受一下地震所产生的影响，可以做一个简单的实验：取一个水桶，把它灌满水，然后踢一下桶底，很快你就会看到水面上激起的同心圆浪圈。在这个过程中，整个水体都受到了震动，激起的波浪无时无刻不在感受桶底传上来的力量，这种力的传送速度非常快，远远超过了我们对着水面吹气时所产生的力的传播速度。

随着地震的发生，冲击从震中扩散开来，达到千里之外。请想象一下，这些海水是以每小时700公里的速度冲向陆地，靠近海岸的海底地区立即受到了冲力，这些受到冲力的海水该往哪里走呢？在此之前，海水仍有几公里的前进空间，但顷刻间这个空间只剩下几百米，而且仍在继续缩减，于是劲道十足的海水只好冲破水面，飞向空中。

于是海浪开始叠加，但由于受到海底的阻力，它的速度愈来愈慢。

海浪像一个不断长大的巨人，愈拔愈高，随着速度降低，宽度也迅速收缩。当巨人勃然而起的时候，会在下方形成一个塌陷，海洋于是出现一个洞，这种现象也出现在畸形波的形成过程中。海啸带给我们的是一个巨大的塌陷，因此最先到达陆地的并不是海浪，而是它所制造的深渊。在此过程中，人们看到海平面迅速下滑，以闪电般的速度退潮，从未露出庐山真面目的海底第一次向人们展示了自己的面貌。当时只有少数人知道发生了什么事，很多不了解情况的人好奇地走进退潮区，惊奇地看着那些活蹦乱跳的鱼，根本想不到潮水会卷土重来。

但是它来了。

海啸的后果我们已非常熟悉，尽管如此，人们还是不断追问：液体为什么能产生如此巨大的破坏力？当我们优雅地潜入水中或轻盈地跳入水中时，水总是表现得像一种友好的媒介。物体进入水的时候，被挤走的水有机会转移阵地；但是反过来，如果海水以每小时几百公里的速度冲向陆地，它就有了巡航导弹的威力，而且坚硬如混凝土。这种冲击力带来的强大压力能当场夺取不幸者的生命，他们并非被淹死，而是被击打致死。大水卷走巨轮与一幢幢大楼，抬起迷你巴士，并在几公里外将它们抛下来，而对于海啸来说，这些还只是小菜一碟。

很不幸的是，海啸带来的并不仅是一波浪潮。在外海，前浪与后浪间还相隔数百公里，愈接近陆地，间隔就愈小。尽管如此，两波浪潮袭击陆地的间隔时间足足有数分钟，甚至一刻钟，很多人因为不了解这一点而命丧黄泉。这些人都是在第一波浪潮过去后，跑到事发地点查看自己的房子，有些人则被撤回大海的海浪卷走，两种情况的罹难者数目相当。海浪重回大海时会形成漩涡，面对这种漩涡，即便是出色的游泳选手也只能束手无策，如果你有幸在海浪重击下逃过一劫，会希望可以找到坚固的堤坝或大树求生。假使你幸运地找到了，那么紧接着又得展开另一场较量——漩涡力量与肌力的较量，而在这场较量中，结局通常是后者败北。

海底地震造成的后果还不止这些。美国国家太空总署的科学家观测到：在海啸这一天，地球的自转速度略微加快了一点，板块相互撞击导致地轴倾斜了几厘米，这使得地球上的一天少了3微秒。当然这是科学家关注的事情，此时两极点之间的球面距离与之前产生了10米的变化。令我们不安的是，根据以往的经验，一次超级地震发生后，隔几十年将会再发生一次大地震。

海啸发生前，南亚人不但毫无准备，甚至对此一无所知。有些官方人士知道有爆发海啸的危险，但大自然将我们培养成喜欢把头埋进沙里的鸵鸟，这种天性在人类发展史中虽然大大提高了人的生存概率，但是就今天的情况而言，我们不能将失职归咎于人的天性。以往的记录显示，南亚每隔230年到250年就会出现一次类似规模的海啸，而超级地震总是一再发生，30年到40年后灾难又会卷土重来。也就是说，我们还有30年到40年的时间为下一次灾难作好准备，我们永远在亡羊补牢。

虽然情况很糟糕，但我们还是要与某一个概念彻底挥手告别：灾难。

“灾难”总是一种事后的说辞，事发之前，“灾难”并不存在。“灾难”这个抽象名词隐含着一种评判，而这种评判会误导我们，让我们付出惨重的代价。这种评判就是，海啸和火山爆发都是自然规律中的例外现象，它们是地球心情不好的时候对我们发动的突袭。这是一种误解。首先，所谓的灾难无一不是自然现象；其次，灾难本身就是自然规律。我们必须知道，地球也需要伸伸腿弯弯腰，也需要发几句牢骚，它这样做的时候根本没什么恶意，只想让我们理解它的生活方式，就像一个老妇人一样。日本人理解了地球的这种需要，并试着与这种需要和平相处。日本算得上是亚洲地震最频繁的地区之一，日本国民对此心知肚明，但他们并不怨天尤人，而是顺应天意，调整自己的房子，同时也清楚有些东西不在保险单的范围之内。几年前，住在海岸的居民就开始为他们的城市建造堤坝，仿佛在等待一场集体大侵略，但即便是数米高的混凝土堤坝，也并非万无一失。然而人们依然不懈地修补堤坝，倒了就重建。有时堤坝能抵御洪水，但多数情况还是自然力胜出。在每一次与大自然的周旋中，人类并非都能获胜，但日本人并不因此灰心丧气。他们难以理解的是，某些人明明知道灾难发生的原因，却还傻乎乎地在事后统计灾难所造成的损失。

造成地球浩劫的大灾难——冲击海啸

现在来谈谈海啸的第二种类型——冲击海啸。这种类型的海啸很少见，但在地球发展史中却引发了很多令人震撼的事件。巨型物体高速冲入大海时就会引发冲击海啸。2亿500万年前，也就是三叠纪与侏罗纪之间的过渡期就发生过这样的海啸。这次海啸是由陨石坠入大海引发的，与前一种截然不同。相同的是，这种海啸也产生了巨型水柱，由于海水表层部分受到排挤，因此这部分水直接扑向空中。根据遗留在苏格兰海岸的沉积岩，人们推测出，三叠纪–侏罗纪时期的海啸浪潮应该有每小时1000公里的速度以及1000多米的高度。陨石的大小不同，所激起的水柱高度也不同，最高可达4公里。尽管这种海啸所产生的巨浪在扩散过程中强度会减弱，但在它们到达陆地之前，人们还是应该把沿海城市疏散一空。比较安全的避难所是安第斯山脉和喜马拉雅山脉，如果来得及赶到的话。

太空中的陨石十分常见，蜥蜴类爬行动物出现后，陨石为了不再妨碍这种高等动物的发展，似乎也销声匿迹了。在很长一段时间里，它们再也没有“啪嗒”一下落到地球上，于是人们理所当然地将它们归为在地球的蛮荒时代才会出现的东西。事实上，陨石经常与地球擦肩而过，但并没有造成伤害。不过，小心宇宙这张大球桌上经常会发生撞球现象。如果再被陨石撞一下，我们就会刷的一下重新回归太古代，而在此之前，我们根本无法采取任何措施以降低这种灾难的影响，因此人类只好三心二意地研发陨石撞击地球的防御系统。但严格来说，他们也拿不到什么研究经费。刚才说过，人类喜欢变成把头埋进沙里的鸵鸟，这是大自然赋予人的本性，或许等到事态真的非常严重了，比如下一个宇宙哥斯拉正处于要撞击地球的运行轨道上，而且布鲁斯·威利斯恰好有档期拍一部此类题材的电影时，我们才有可能警醒。

有两类人无暇顾及防御自然灾害，一类人忙于为战争筹款，另一类人则提醒我们注意社会上的不良现象，号召我们捐款给饿得无暇考虑陨石问题的饥民。这些行为我们都能理解，如果拿走那些原本要用来轰炸伊拉克的钱，那么人们更愿意把钱拿来研发军事防御系统，反正来自太空的导弹也一样能把他们带到他们的神面前。神肯定也想知道我们生前都做了些什么事，然后我们会回答：我们在打架，因为信仰不一样。这时，神会以我们闻所未闻的粗话大骂我们，并且质问道：为什么我创造的物种会蠢得连最简单的东西都搞不懂？你们不是有那么多学习的时间吗？我们傻傻地站着。神叹息了一声，示意他的天使给那位住在地狱的讨厌远亲打个电话，问他那里还有没有空房间给60亿个傻瓜住。

的确，上一次陨石撞击地球已是很久以前的事情了，但上一次冲击海啸却是最近的事。1958年，南阿拉斯加地区有一整片山体滑入大海，产生了150米高的巨浪，巨浪打在海岸边，高高飞溅到空中，从500米的高度将树木从山上全部铲除下来，像在刮胡须。第一种类型的海啸与此相比简直就是小巫见大巫。事实上，大海每周都会制造一次海啸，只是大多数海啸的威力都相当虚弱，等它们抵达岸边，就连调皮地轻拍一下岩石的力气都没有了。如果有人1755年正好在里斯本，他就能领略大西洋的蓝色奇迹了。那次传奇般的地震激起了15米高的巨浪。1883年印度尼西亚的克拉卡托火山爆发，产生了40米高的巨浪，吞噬了36000条生命。火山爆发的多重震波绕着地球飞奔，又引发了一些小型海啸（如新西兰陶波湖的海啸），因为气压的急剧变化也可以导致水体运动。1960年的地震是有测量器以来所探测到的最强烈的震动，引发了25米高的海浪，海浪传到智利、夏威夷和日本，就连菲律宾沿海地区也受到了潮水冲击。如果有人看完上面的例子还嫌不过瘾，那么古希腊罗马时代的圣托里尼火山喷发大概能让他一长见识。这次的火山喷发引发了60米高的海浪，冲浪天堂瞬间变成了地狱。后人推测，圣托里尼火山这次的“打嗝”就是造成克里特岛上米诺斯文明毁灭的元凶。

火山喷发时，麻烦的不仅是它们会吐出熔岩，来自地球内部的压力也会让火山剧烈爆炸。海边的火山爆发时，上百万吨熔岩会浩浩荡荡地冲入海中，火山灰则以每小时数百公里的速度蹿入空中。多年来一直有个传言：不久的将来，将会有座美丽的火山岛发生类似的喷发。嗯！很有可能。位于西非附近的拉帕尔马岛是加纳利群岛里一座静谧岛屿，它和姐妹岛——特内里费岛、大加纳利岛、兰萨罗特岛和福特弯吐拉岛都是高大而陡峭的熔岩锥体。拉帕尔马岛上的火山群名为别哈火山，虽然旅游局的人声称它们是死火山，但是1949年岛上的火山曾经喷发，导致小岛西面的部分山体滑落。火山爆发形成的裂缝一直延伸到小岛内部，悲观者认为，小岛西侧会在下一次火山喷发中完全崩塌，而他们并不是唯一这么想的人。西侧面崩塌的诱因并不是喷发出来的熔岩，而是环绕小岛的海水，这些海水在受热后会急剧膨胀爆炸，然后击垮小岛的西侧。专家预计，如果岛上的火山喷发，那么将会有500立方公里的岩石掉入大西洋，由于速度很快，使得岩浆产生气泡，这又会扩大岩浆体积，造成更多的海水被激怒。至于激起的海浪到底会有多高，看法虽然不一，但可以确定，拉帕尔马岛上一旦有火山爆发，其威力必然会把加纳利群岛和撒哈拉的边缘扫平，再过几小时后，海啸就能携带50米高的水墙将纽约席卷一空。

拉帕尔马岛的火山是否会爆发已不再是个问号，真正的问题是它何时会爆发。为了使大家安心，我们还得澄清一个问题：所有的岩石是一下子全被炸开还是分批炸飞？后一种情况也有可能。如果真的出现后一种情况，威力会小得多，或许附近的人都不会有生命危险。但这只是预测，没有人知道之后会发生什么事。

总而言之，很难有岛屿可以免于海啸之害。对所有的地震区而言，海啸都是一种威胁，地中海当然也不例外。但是话又说回来，只有当地震达到7级时才能引发有威力的海浪。在现在和未来，太平洋依然是高危险地区，它几乎完全被活动频繁的大陆边缘包围，因此人们在激烈的争论之后达成了共识——在环太平洋地区设置海啸预警系统。PTWC（太平洋海啸预警中心）在一定程度上可以有效运作，它不会创造奇迹，但有足够的时间根据震中及时发布警报给邻近国家，令其展开撤离。如果PTWC确信探测到的震波会引发大海啸，就会通知官方机构。

遗憾的是，这其中有个弊病：尽管预警中心有尖端技术，但大多数预警都是假警报。如果有谁接连三次听到预警，然后狂奔到内陆，结果竟发现连刚搭起的沙堡都安然无恙，之后他可能就失去了撒腿逃跑的警觉性。可是偏偏在他不愿跑的那一次，她来了——巨浪的魔鬼母亲来了。

南亚地区没有安装海啸预警系统，因为人们觉得没有必要。如今德国已在南亚设置了一套预警系统。又有人问道：为什么海啸总是来得如此激烈，仿佛这世界从未有过相关记录和书籍似的？其实我们可以把《圣经》上的章节解读为对海啸的记载，大洪荒或许正是发生在麦加附近的海啸，诱因可能是圣多里尼火山爆发，而诺亚方舟是被洪水冲到内陆的一条船，一位聪明的男人将所有物种各带了一对上船，非常明智。至于壁虱，他当然放心地把它留在家里。

这样的话，我们是不是已经了解所有的海浪了？基本上是的，包括退潮和洪水——月球的重力作用造成的海谷也是一种海浪——潮汐海浪。然而这种海浪极为广阔，我们只有站在同一片沙滩，每隔几小时远距离观察海面，才有可能看到它们。还有一种海浪叫罗斯比波[1]，

1　罗斯比波（Rossby-Welle）：海洋或大气中的低频长波，也被称作行星波。风和气压波动都有可能引发海洋中的罗斯比波。

它和大多数海浪一样由风力催生，但是又会被科氏力[1]削弱。科氏力是由地球自转产生的，我们在下一个章节会详细介绍它，所以这里就不赘述了。讲了这么多关于巨浪的知识，你可能也渐渐有点烦了，罗斯比波的宽度可达10000多公里，但是别害怕，它的高度只有10厘米。罗斯比波是海上大洋流的一部分，在洋流的形成过程中，上面提到的科氏力也产生了重要的作用。

顺便再提一下洋流，你有兴趣来一次短途旅行吗？不会太久，大概只需1000年。我们坐在漂亮的小潜艇里，惬意地旅行游玩，甚至不会受到发动机噪音的干扰，因为我们的潜艇根本没有引擎。我们随波逐流，搭乘环球旅行的免付费行程，我们要去见识水面和水底，还有最遥远的北极、冰冻的南极和温暖的中部海域。一路上我们有足够的干粮，至于航程，地球知道该怎么走，你只需张大嘴表示惊讶就可以了。

我们有导航系统吗？

你需要的话就装上吧！

1　科氏力（Corioliskraft）：所谓的“假力”，只出现在旋转的坐标系统中。在静止系统中，所有力量都呈直线方向。当加速度和运动方向呈直角时，比如当地球表面的物体做与地轴垂直方向的运动时，才会生成科氏力，因为地球在转动。简言之，科氏力是离心力的一个姐妹，这种力从旋转体速度上被额外附加到静止的坐标系统中。

交通堵塞的好望角

目标：环球旅行

欢迎来到温盐大环流[1]。

我们的旅行从加勒比海开始，这是墨西哥湾暖流的发源地。这里气候宜人，充分吸收了热带阳光的北赤道暖流正穿过大小安的列斯群岛到达这里，并延伸至墨西哥湾。我们能感觉有一股力在推着我们往北走。那是一股来自北半球的力，像拉扯口香糖一样拉扯着墨西哥湾暖流。就在说这句话的时候，我们正飞速漂过了佛罗里达角。

我们目前待在水面上。全球的洋流系统由四种类型的海水构成，表面海水是其中之一，我们此刻之所以能在海面漂浮，有赖于适宜的海水温度和盐度。一般情况下，冷水比温水重，因为冷水的密度高。其次，咸水比淡水重，因为盐分会增加重量。墨西哥湾洋流的含盐量适中，而且相当温暖，能提供10亿兆瓦的能量，这相当于25万座核电厂产生的能量。因此这片温暖洋流处于海水上部，于是我们也随之在

---

1 温盐大环流（Thermohaline Zirkulation）：因海水温度和含盐密度不均匀所驱动的全球洋流循环系统。海水洋流以及它们间相互作用的总体洋流结构，也称全球海洋传送带。

上层悠游。

慢慢地，我们漂到了纽芬兰岛，此刻我们没什么事可做，可以发表一下自己的高见。比如说，墨西哥湾暖流被冠上这个名字其实并不恰当，因为这些美丽而温暖的海水根本不是从墨西哥湾来的，至少不全都是，所以墨西哥湾完全没有理由那么嚣张。我们暂且就称这股暖流为佛罗里达暖流，它正以每小时9公里的速度优雅地漂流过卡纳维尔角，然后在哈特拉斯角停下来。5万立方公里的深蓝色海水在我们四周汹涌翻滚，这是全球河流总流量的30倍。

到了纽芬兰岛下方，这股暖流变宽了，宽了很多！现在称它为墨西哥湾暖流就没什么问题了——虽然还是有点不妥，但从前的海洋学家就是这么叫它的。

注意，左边有东西过来了

是的，这就是拉布拉多寒流，它从侧面向我们冲过来，正好与墨西哥湾暖流狭路相逢，后者于是被前者解除了武装，更确切的说法是，后者被分解成数道漩涡，也就是圆形的巨大涡流，我们称之为北大西洋暖流。这些温暖的漩涡朝北旋转行进，我们也跟着其中一道转过去。在这种情况下，我们一天只能行进15公里。

探测仪显示，海水正在将自己的热量传向大气，善良的北大西洋暖流慷慨地将它的热量分给欧洲，仿佛它的能量取之不尽一样。于是其他涡流也以它为榜样，此时温暖的西风掠过海洋表面，使得部分海水受热蒸发，接着水蒸气凝结成雨降落在欧洲。直布罗陀附近的雨量依然十分充沛，海水因此得以补充因蒸发而失去的水量。愈往北走，海水的盐度就愈高，重量也渐渐增加。

我们这股洋流到了挪威海岸又被冠上另一个名字，现在不叫北大西洋暖流，而是挪威暖流。到了这里，洋流中的热量大量散失，尽管如此，剩下的热量还是足够为斯瓦尔巴群岛营造一个比较像样的夏天。

也由于有挪威暖流，所以就算在冬天，船只还是可以驶入斯匹茨卑尔根和摩尔曼斯克港口。从赤道带来的热量竟然能持续这么久，真是令人惊叹。然而到了如此高纬度的北方，热量终究会渐渐散失。天空中到处是布满冰珠的灰云，刺骨的大风刮着，我们只得打开潜艇里的暖气。死气沉沉的崎岖山脉在周围连绵起伏，大风自顾自地吹着水泡，我们一路上颠簸不断，直到抵达位于格陵兰岛和北挪威之间的北冰洋海域，这里的海水冷得让人打战。

你能不能给我一杯冰箱里的茴香酒呢？在这样的地方、这样的天气下，我们实在该暖暖身子。

请系好安全带，关上舷窗，我们要坠落了

要是在飞机上听到这样的通知，你肯定会惊慌失措，但我们早料到自己会经历这一次“坠落”。挪威暖流中的海水变得如此之冷、密度如此之大，以至于我们的潜艇已经无法停留在海水表面，它下沉了。我们上方的大洋又晃晃荡荡地合拢了。我们在下沉。

不，我们在急坠。

急坠也在意料之中。在格陵兰岛西部，洋流像瀑布般冲向海底深处。那是洋流的冰冷支流在寻找宽敞的电梯，这些电梯的直径可达50米，但是它们行踪莫测，因为海风和海浪会使它们转移位置。每平方公里的海面大约有10部到12部这样的电梯，那里波翻浪涌，而我们现在就处在其中一部电梯内，它载着我们急速下降。在电梯里，北大西洋的海水以每秒1700万立方米的流量冲向格陵兰岛和挪威附近的海盆，这是全世界所有河流总流量的20倍。我们在十足的寂静和漆黑中不断下坠，同时略带疑虑：不知在电梯撞击海盆底部的时候我们是否能安然无恙？要不要再来一杯茴香酒？不过此时导航系统又传来友好的声音：再过100米，我们就要撞上海盆了。请尽快在此之前紧急刹车，然后缓缓在海底着陆。

说来容易做来难，酒精暖和了肚子，我们已经到达海底2.5公里深处。忽然间，不知怎么降落在一座水池中，池水冰冷刺骨，我们惊险地划过海底山谷，晃荡着越过位于格陵兰岛、冰岛和苏格兰岛之间的海底山峰。后面的地势就像滑梯一样。我们又漂过了龟裂僵硬的火山岩地和沙漠般的沉积岩。这地区真是贫瘠，但如果我们在南极附近的话，看到的地区肯定更加贫瘠。

危机解除了，我们可以靠在椅背上放松一下，来点轻音乐吧，欣赏一下德彪西的《海》，或者听现代一点的，菲尔·菲利普斯的《爱之海》如何？

我们又看到纽芬兰岛了，不过这次是在右边，我们还是抓紧时间来认识一下四种海水类型中的第二种吧，因为我们现在正置身于这种海水中。它被称为底层水，顾名思义，它是在滑溜溜的北大西洋底部流动的海水，准确一点说，它是表面海水蜕变而成的。在大洋温盐环流中，从长时间来看，每粒小水珠都居无定所。现在我们又遇上拉布拉多寒流了，这回它会和我们做伴，因为它的路线与我们一致。它环绕在我们周围，比底层水温暖一些，密度也较小，因此这股寒流完全脱离了底层水往上流动，进入海水的中间层。

我们此时身在深层水中（这是第三种海水），并向南方漂游。我们从水下经过了直布罗陀海峡，并多了个伴——温暖、含盐量极高的漩涡。这些漩涡发端于地中海，就像飞翔的茶托一样，在西班牙和摩洛哥之间漂浮着。现在它们也加入了我们的队伍。各种水混在一起，我们的旅行继续，朝向大海的更深处，在这里我们可以观赏到一次令人咋舌的壮观表演——火山喷发。

现在，我们抵达了大西洋中洋脊地带，这是全球海底山脉的一部分，全长6万多公里。这片隆起地带的最高处可达3公里，其上还有同样高度的水柱。此处地壳已经被炸开，岩浆喷薄而出，落在山峰两侧的广大海洋地壳上。海洋地壳以每年5厘米的速度撕裂自己，分别奔向两侧的大陆边缘。尽管此处一片漆黑，但我们还是能够观赏到岩浆喷发。

别担心，深海处的火山爆发要比陆地壮观得多，在强大压力和极低温度的双重作用下，岩浆与海水会结合成散发红光的黏稠小湖和水流，水流在黑暗中蜿蜒行进。很快地，玄武岩地壳会盖过岩浆，在这期间，我们还能通过百万个小裂缝看到在下面灼烧的岩浆，不久之后，这些小裂缝也会合上。

请暂且关掉音乐——你听到了吗？闷闷的嚓嚓声和咕噜咕噜的沸腾声，这是海底重生时的痛苦呻吟。一大群生物会在火山周围扎营，这里面充满神秘与不测。但是我们要往上游了，离开这块隆起地带和附近的荒漠，靠近一道巨大的湍流带。我们的北面是赤道，刚才经过了非洲，这真是一场惬意而安稳的旅行。突然我们受到了湍流的侵袭，它把我们的潜艇往上冲，我们得紧紧抓住固定物，才不至于撞得头破血流。

注意，你正在靠近环形的交通要道，请及时调整，跟随环极流[1]

有时你真不知道导航系统在想些什么。及时调整！这就像在上班尖峰潮命令一个行人以平稳的步伐穿过埃托瓦勒广场一样。

在合恩角的南面，我们急速冲向海平面，被卷进一场怒气冲冲的风暴中。蓝灰色巨浪汹涌而起，浪尖上的泡沫幽灵互相追逐，我们被包在里面，渐渐进入了阿瑟·戈登·皮姆的世界，他是爱伦·坡唯一一部长篇小说中的不幸主角，不小心误人南极，这个地区留给他的最后印象是一个鬼魅般的巨人：浑身被床单包裹着，体形比地球上任何一个人都要魁梧，皮肤洁白如雪、毫无瑕疵。

哎哟！我们被卷进了南极环流，这是世界上最大的环形交通区域。它孜孜不倦地环绕着那片雪白的大陆，却从未不小心撞上陆地。它夜

1　环极流(Zirkumpolarstrom)：持续围绕南极大陆周转的环流。所有的洋流都会进入环极流，而后再度流出。

以继日地奔跑着，从不停歇。它有巨大的虹吸力，所有海水都卷进这座巨型旋转木马中，然后又被甩出来。不管之前属于哪个洋流，是拉布拉多寒流的一部分也好，是地中海涡流的一部分也好，在南极的大嘴里，大家都聚在一起，身份难以辨认，所有人都是无名小卒，直到它们又迈上新的航线，获得新的身份。

现在我们进入了中层水，这是海水的第四种类型，我们让海水驮着我们走一段，但愿潜艇里的暖气不要在这时候出故障。老天啊，这里真冷！真希望我们现在正流向赤道，然后再流入大西洋的洋流中。新的海流脱离这个环流，向印度洋流去的时候，可怜的我们依然摇摇晃晃地坐在旋转木马上。我们忍耐着，最后终于转到了边缘地带。啊，太平洋！全部下车！我们离开了。

请在海底800米深处行进4000公里后上浮，然后向左急转弯

4000公里，也就是沿着南美海岸向赤道行进的路程。渐渐地，周围又暖和起来，直到向左急转弯后，才完全摆脱了冰冻的感觉。洋流载着我们往上浮，终于又重见天日了！炎炎烈日，热带雨林区的人们已经适应了这种天气。信风吹过。啊！迷人的南太平洋！嘿，那前面不是印度尼西亚群岛吗？

继续500公里后，请右倾并保持在婆罗洲和苏拉威西岛中间……该死！改往左边走龙目海峡……

等一下。现在我们去哪儿呢？

经过帝汶岛……呃……不，还是转个弯，嗯，马六甲海峡……然后……唔……我现在在哪儿呢

毫无疑问，印度尼西亚是一团大杂烩，由乱七八糟的大岛、小岛、海峡、涡流及浅滩组成，在这种混乱的地方，洋流根本找不着北方。

我们在这里打转，每种洋流的支流都在摸索出路，大家都想到印度洋去，可是这里却没有宽阔的通道。

我们穿过婆罗洲和苏拉威西岛之间的狭小地带，穿越印度洋，朝着非洲行进。在温暖的阿拉伯海，海水的盐度愈来愈高，因此我们周围的海水也愈来愈重。由于我们已经历过太平洋热浪的考验，所以在这里依然能停留在海水表面。在东非的莫桑比克沿岸，我们加快速度，在滚滚波涛中驶向好望角，但为什么潜艇前进不了呢?

很简单，这里离南极环流很近，人们可以听到海水咆哮的声音，逆向的洋流在这里撞在一起，至于之后会发生什么，当然是不言而喻。在这样的危险地带，我们很难躲过被畸形波甩到空中的命运，不过谢天谢地，我们总算有惊无险地绕过了好望角。刚刚送我们来这里的洋流此刻又变成了涡流，我们在巨大的涡流中晃晃荡荡地行进，吸收着新的热量，随着赤道暖流朝西漂游。现在的行进速度很快，涡流带着我们经过了巴西、委内瑞拉，然后是……

加勒比海群岛。到达目的地了

正如先前所说，这趟旅程花了1000年的时间，在这么长的时间内，地球的水已绕着地球转过了一圈。理论上，经过这段时间后，漂流瓶应该已回到了它的出发地，然而这一点无法得到证实，因为遇难者无法在荒岛上活那么久。但我们却有理由互相拍拍肩膀说，来瓶香槟吧，然后举杯庆祝一下自己凯旋，接着再来思考洋流是怎么形成的。正如其他的事物一样，洋流也是地球母亲的孩子，而这位母亲喜欢收支平衡。我们已经知道，海水的温度和密度都会变化，盐度高的冷海水往下沉的时候，海水表面就出现空缺，这个空缺需要有别处的海水来填补，这样其他地方又会出现空缺，如此不断循环，就形成了环绕整个地球的洋流系统。还有一点，不仅地心引力会影响海平面的高度，温差也会，例如太平洋的海平面就比大西洋高一点，而水总是从高处往低处流。还有一种可能性是海水蒸发后留下的空缺，压力愈大，水分子之间就挨得愈紧密。自然规律告诉我们，一旦压力变小，被压缩的水就会膨胀开来，而风在此时发挥了最关键的作用，因为它带动了表面海水的运动。

就这样，在海洋的发展史中，一个温盐环流形成了，它囊括所有的水域和水层，因此每一股洋流都不是孤立存在的，它们无一不承先启后。洋流中最壮观的当然要算格陵兰岛附近的环流圈了，在那里，冰冷的海水急速俯冲，制造了一道巨大的涡流，西爱尔兰则从这道涡流中获益匪浅。

向爱因斯坦致敬——海浪的相对论

总而言之，人们随着洋流可以抵达任何地方，不过有一点却令人困惑，如果风无法改变水分子的位置，那么它是如何影响这股洋流运动的呢?

很简单，为了纪念爱因斯坦，我们就拿行进中的火车来打个比方。火车车厢中的乘客都在原地上蹿下跳，却不会改变自己的位置，他们能在空中翻筋斗，跳下来的时候却总是落在列车上的同一处，换言之，他们一直在原地不动。然而事实上，他们还是被运到了遥远的地方，比如说从慕尼黑到汉堡。对一个站在月台上看着火车呼啸而过的人而言，车中乘客的位置明显发生了变化。火车经过斯图加特时，一只小鸟落在车厢顶上，车厢内的人正玩着跳跃游戏，这只小鸟收拢双腿，开始打盹儿，火车载着它呼啸而去。这当然是一个在田间劳作、偶尔抬一下头的农民才能看到的情景，小鸟一直停在车厢顶的同一个地方。当我们把火车当作一个封闭系统观察的时候，就能解释看起来矛盾的现象了。在这个系统内，做空中翻转的乘客和打瞌睡的小鸟都是原地不动的。

洋流就跟这项系统类似，它作为一个整体在大海里流动。在洋流内部，各个水分子的相对位置虽然保持不变，但它们也在做上蹿下跳的运动，就像火车中的乘客一样。以岸上观察者的角度来看，洋流就像一只小纸船从他面前驶过，而小水珠就在这个过程中被运到另一个地方。把这艘小船当成封闭系统来看时，它的位置却没有发生变化，它下面的水只是在做上下移动。在这部分水分子的作用下，小船忽高忽低，但它下方的水对它不离不弃，从未改变过位置。

世界上最著名的洋流应该是墨西哥湾暖流。需要指出的是，洋流运动要比火车运行复杂得多，如果真有人在火车里上蹿下跳、翻筋斗的话，很可能会在下一个停靠站被扔出去。

洋流的运动有赖于几个因素。以墨西哥湾暖流为例，它的形成受到了稳定风力的极大影响，如赤道边缘的信风和季风。从古希腊罗马时代起，航海家就懂得利用信风和季风来判断洋流的走向。人们在驶向目的地的时候不一定真的能到达那里，而有可能偏东边或西边一点。至于会偏离多少，取决于洋流的流向及它的强度和速度。这方面的知识一向被视为秘密，因为它是无价之宝，而且能带来战略优势。了解洋流意味着人们能积极利用它的能量，而不是祈求大海放自己一马。

直到1853年，人们才决定要跨国交流洋流的知识，并将这些数据储存在水文站，如此一来，所有航海国家都可以利用这些资料。这些地图具有极大的诱惑力，短短的时间内，坊间便出现了有关洋流走向的详细地图。有了这些地图，即使是业余的航海爱好者也可以真正付诸实行。除此之外，航海之所以具有如此大的吸引力，还在于人们可以在航行过程中欣赏到美景。1500年4月，如果葡萄牙航海家卡布罗在前往印度的路上没有被赤道暖流冲离原来的航线，那么他就不会发现巴西。而对那些友好的土著来说，还有什么比被披盔戴甲的人发现更有意思呢！

今天，正确的洋流知识可以协助我们作预测，比如预测漏油会流向何处，另外还有一个妙处：如果有人因小新没有把盘子里的东西吃完而恐吓他说，不吃完东西，天公就要发怒了，那么只会招来聪明的小新的嘲笑。因为小新在学校里学到，只有洋流才能让天气变坏。

大海储存热量，也传输热量。墨西哥湾暖流从热带吸足了热量，然后把这些热量送给欧洲，因此人们也把这股暖流称为欧洲的远程暖气。拜这股暖流所赐，在温暖的夜晚，法国人、西班牙人及德国人可以在露天喝啤酒。寒流则造就了沙漠，非洲西南部的纳米比亚和智利北部的阿塔卡马就是很好的例子。福克兰寒流在智利，以及本格拉寒流在非洲，都创造了十分恶劣的环境——它们通常在紧贴地面的位置让温暖的信风冷却下来。看一看高低压地区的特点，我们就能明白冷空气与暖空气之间无法进行对流，因为密度高而且潮湿阴冷的空气层处在下方，冷空气无法流向上空，也无法凝结成雨，因此无法促成云的形成，这些地区也就不会下雨。于是，一个云雾缭绕的沙漠形成了，沙漠里的雾气倒是促进了风湿药的生产。

在长久的岁月中，洋流似乎成了自己的发动机。这么说来，它岂不是永动机了吗？但如果有一天，所有的力量都互相抵消，这个洋流系统就会停止运行。那时怎么办呢？当然，风在吹着这辆满载上蹿下跳的乘客的火车，可是，如果有一天风也停了下来，我们又该怎么办呢？

一场公平的赛跑——科氏力

好，下面我们就要谈到科氏力了。

19世纪30年代，法国的物理学家、数学家及工程师贾斯帕–古斯塔夫·科里奥利发现了一个令人惊奇的现象：在北半球，每一个运动的物体都会向右偏移，在南半球则向左偏移。他想知道是什么导致了这种偏移。根据牛顿的惯性定律，他发现问题的答案与地球上最大的陀螺——地球本身有关。

为了理解科氏力，我们得想象一下地球是如何在宇宙中旋转的，想象它的旋转会对地球上的人、汽车、网球、空气分子及水分子产生怎样的影响。分子在纬度80°的极地地区跟着地球旋转，要比在赤道地区时从容得多。

在赤道地区，如果分子想跟上地球自转的速度，就得使出吃奶的力气。为什么会这样呢？我们以运动场上的比赛为例，问题就会豁然开朗了。400米赛跑永远激动人心，但是椭圆形的跑道上有一个美丽的错误。原则上，占据内跑道的运动员非常占优势，因为内跑道的长度要比在外跑道短，以此类推，占据最外侧跑道的选手需要跑的路程最长，我们一般会建议他还是别跑了。于是为了公平起见，人们就把选手的起始点按阶梯式排列，这样大家就公平了。

地球表面的情况与运动场的跑步比赛类似，当然，地球表面没有阶梯式起跑线。地轴相当于运动场的中心，物体愈靠近地轴，轨道就愈短，离地轴愈远，跟着地球完成一次完整的转动（地球自转一次需23小时56分4秒）就需要走更多的路。为了能在相同时间内完成一次转动，地球上各个地区的物体都以不同的速度运动。赤道上的物体，比如说空气分子吧，需要狠狠加油，才能不落后于离地轴较近的分子同胞们。然而它们总会稍微落后一点，因此身在赤道的空气分子，就会产生一种与地球自转方向相反的偏向。

这种偏向就被称为科氏力。北半球的物体运动时会偏向右边，而在南半球则偏向左边。海洋表面的洋流会跟着信风的方向走，直到撞上大陆边缘被弹回大海。而海水愈深，受风的影响就愈弱，但仍然受到科氏力的影响，它会一直偏转，直到在几百米深处转成与海面流向相反的弱流。由此可以看出，洋流才是真正的机会主义者。

如上所述，南北半球的巨大温盐环流就是这样形成的。不管在大环流圈还是在小环流圈，水体都遵守同样的规律。信不信由你，在南非和芬兰，浴缸里的水流进出水孔时，会朝不同的方向打转。一个人由东往西穿越澳洲南部，他的左脚鞋底会比他以相同方向走在西伯利亚时磨损得多，而如果他在西伯利亚，就得提前把右脚的靴子送到修鞋匠那里。对汽车轮胎、铁路轨道甚至晶体管或玻璃纤维导管使用情况的研究证明，科氏力在纳米世界也同样存在。但英国人总是向左转而非向右，却不是因为科氏力，而是由于英国人长久以来的习惯。

也就是说，地球也会影响洋流的运动走向——只要地球继续乖乖地转着，这种作用就会持续。

我们很容易把洋流当做一种固定不变的东西。的确，与人类的生活相比，它们要稳定得多，在地质时间轴上，我们不过是沧海一粟。虽然四季风向会改变大洋涡流，使其流向发生一定程度的偏差，但其总体路线（也就是刚刚载着我们环游世界的洋流所经过的路线）似乎是永恒不变的。

很遗憾，这是个错误的假设。在地球发展史中，大陆位置的不断变动已使洋流系统发生根本的改变，各种各样的因素，诸如冰河期到来、陨石撞击都能使洋流改变流向。而温暖的墨西哥湾暖流恰恰属于整个系统中最脆弱的部分，每隔几千年就会小睡一会儿——如果我们愿意，也可以通过有效的干涉令它提前入睡。至于电影《后天》中所展现的恐怖场面，我们会在本书的最后一部分进行冷静的评判。

尽管没有搭乘我们的漂亮潜艇，汉堡–哈尔堡工业大学的吉泽尔赫·古斯特教授也已经进行了多次千年旅行。坐在这样的潜艇里，作家可以在纸上的海洋中潇洒漫游。我们所经历的那次轻松旅行，古斯特已经多次在想象中体验过了。在全球温盐环流的吸引下，他和自己的团队组装了一个机器人，由它代替那些怕冷的教授们潜入洋流中，寻找问题的答案。近年来，人们开始利用流动声波探测仪和固定探测针跟踪洋流动向，而古斯特的“自力更生”漂浮器能完成更多任务，这是一种数米长的细窄管筒，上头带有球形玻璃推进器。玻璃球能使漂浮器漂浮在洋流中，随着洋流前进。为了增加它的稳定性，研究人员在漂浮器尾部加上重物。听起来似乎很简单，但事实并非如此，在这里古斯特利用了一个非比寻常的原理——水的可压缩性。

一般说来，液体是不可压缩的，但是人们依然可以把水体稍微压缩一下，让漂浮器随意上升下降。这个管筒除了有一系列用于导航和测量的电子仪器外，还有一个平衡器，平衡器中有个容量十分精确的容器，其秘诀就在于平衡器里的水可以压缩。里面的水比正常状态更重，占据的空间却更少，也正因为如此，外面的水才可以流进管筒。借助这一招，漂浮器在不改变容量的条件下改变了自身的重量，而这种变化完全不靠外力：管内的水被压缩后，管筒就会下沉；水恢复原状，管筒就会上升。下沉，上升，随心所欲，一切都有程序控制，不用系绳子。这只电子警犬用这种方法可以长年随着洋流漂流，并通过传送声波信号向主人讲述它的精彩见闻，人们时刻知道它的位置，而且能根据它提供的数据得知洋流的温度、速度和流向。当小警犬在南极环流圈东嗅西闻的时候，人们便可以分析大西洋的重要数据。

古斯特和其他许多海洋学家都期待，有朝一日人们能在所有洋流中放置这样的漂浮器，如此一来我们对温盐环流就会更加了解。其实鱼类对洋流的认识要比我们深得多，为了准确到达远在几千公里外的目的地，鱼类会利用洋流的某些规律，就像交通导航系统一样。但如果想让鱼类传授点知识给我们，那可有得等了，因为众所皆知，鱼类是不会说话的。

好，到这里我们要休息一下。又想做点运动？那就先背上氧气瓶吧。

为什么细菌有姓无名

你盯着混乱的光线，似乎没有上下之别，空间里只有穿着潜水衣的你。毫无疑问，你在水中，但是周围的水却滑得奇怪，不像一般的海水。你开始活动手脚，没什么困难，跟平常一样啊。你能听到的只有自己沉闷的呼吸声，你到底被打入了哪座冷宫？哪个不知名的大洋把你吞噬了？你究竟还在不在地球上？老天，从那边朝你靠近的，到底是个什么玩意儿呀？

它圆圆的，浑身长着长长的细刺，而且发着光，简直像个太阳似的。或者它只是在反射照在它身上的光束？再靠近一点看，它身上的玩意儿其实更像圣诞树上的装饰物，这个家伙以闪电般的速度窜来窜去还转圈，那些刺就一会儿闪烁银光，一会儿闪烁淡蓝光，一会儿又闪着深红色光。看起来很美，但是你却感觉自己好像被长矛戳中了，很不舒服。

你划动蹼脚想离开这里，移动的时候，忽然碰到一个透明的东西，它长着一圈短小的手臂，你吓了一跳，看见一个玻璃般透明的钢丝圈之类的东西从面前飘过，后面紧跟着一群锥形晶体般的东西。这些晶体呈淡青色，里面还裹着灰色物质。你的周围熙熙攘攘，愈来愈热闹，有手臂般长的绿色小梯子、抽搐式伸缩的椭圆形生物、透明的跳动生物、体内一闪一闪的橙色物质，然后又忽然来了个看起来似乎是一条尾巴和两只大角组合起来的生物。各种黏糊糊的条状物和带软骨组织的触须缠绕在你的脚上，球状物划着桨呼呼地向你冲过来，还有一个活动的大袋子正在向你靠近，它把自己吹得鼓鼓的，似乎准备把你整个人吞没，然后再运到什么地方去。

该把你拉回来了。

为了让你看得更清楚，我把你急剧缩小，这样你就可以跟几十万个微生物、真核生物及藻类分享同一滴海水了，也可以目睹到底是谁在统治这个世界。在我们了解人类所能想象的最小生活空间——一滴水中的微观世界之前，研究鱼和鲸是没有意义的。

这会儿，你刚好碰上一大群带刺的圣诞树装饰球，也就是说你刚刚认识了一种放射虫。这是一种有细胞核的真核生物，它的细胞质里包裹着球状的空心骨架。细胞质为胶状的细胞组织，是组成细胞的基本物质，但不同的细胞有不同的细胞核。细胞质内有酶和离子，它们在里面进行高速的物质交换，化合反应生成了营养物质，然后被运输到细胞核内。

放射虫体内的原生质裹着一个由二氧化硅组成、布满小洞的骨架，这个骨架被称为网壳，有时候网壳里还有几个同心的壳层，就像俄罗斯套娃一样。那些坚硬的长矛就来自外面几个连环壳层，它们也同样被细胞质包围着，所以看起来才会像是一颗朝你漂来的闪烁太阳。它之所以能漂浮，就是因为那些小刺。顺便提一下，这些小刺还能帮助它们进食，或过滤从水中分解出来的营养物质，或摄取在四周游荡的可吃的小东西，在你身上肯定也有些好东西。

在所有海洋的表层水域，你都能见到这种放射虫，特别是在太平洋和印度洋的温暖地带。它们的细胞骨架就像生物体内的太空站，事实上它们来自生命开始跃进的时代——寒武纪。第一批放射虫或许在100万年前就已经定居大海，证据显示，那是进化女神打开自己武器库的时代。如果有人想更深入观察它们的内部结构，那么可以到法兰克福的森肯堡博物馆，那里有一系列能让你留下深刻印象的模型。

现在，你已经恢复原形，所以你看不到那些活泼的小家伙，也看不到几十亿个跟你分享同一颗水珠的其他微生物了。只有在荧光显微镜下，你才能重新跟它们会面，它们真是小得难以置信，然而它们在大海的化学反应中也扮演着令人难以置信的重要角色。放射虫需要二氧化硅来建造网壳，而水中存在大量甚至是过量的二氧化硅。它们把这些二氧化硅从水中过滤出来，然后加工成自己可消化的结构，带着这样的装备，这些小骑士就可以一辈子晃悠在阳光充足的海水表层。它们死亡后，尸体会下沉到海底，这批新货一到达，那些常见的食尸生物就会迅速围拢来，将这些真核生物消灭干净。一阵风卷残云后，剩下的就只有网壳和细刺，而这些物质会慢慢融入燧石里，成为海底沉积物的一部分。

除了让我们生病还常常救我们的命——微生物

除了放射虫，你还遇上了硅藻和金刚藻。它们是丰富多彩的微生物世界的代表，这个微生物世界里几乎每天都有新成员加入。

在加州大学圣塔芭芭拉校区教生态学、进化论及海洋生物学的克莱格·卡尔森说：“人们一直在研究一滴海水中到底包含了哪些物质。”2002年，他在一滴海水中发现了1万个SAR11类的浮游细菌。“微生物如浮游细菌，包含了生物化学领域的重要高效物质。”克莱格·卡尔森的同事罗伯特·莫里斯补充道。卡尔森、莫里斯以及俄勒冈州立大学的史蒂芬·吉奥瓦尼一起主持了一项研究计划，这项研究足以颠覆我们之前对世界的认识。

作为乖孩子，我们在学校里学到大鱼总是吃小鱼，而微生物的存在只是为了使我们呼吸不畅，呼吸不畅也就意味着我们有咽喉炎，必须要吃药了。

卡尔森说：“大多数人认为微生物会使人生病，这简直就是胡说，事实上只有极少部分的微生物是致病原，大部分微生物都是所有生物的重要支柱。可以这么说吧，生物界的生死存亡就操纵在这些小家伙的手中。”你可以不用气喘吁吁地包在厚厚的大衣里度过一生，得感谢那些小生物，它们为我们制造了可以呼吸的氧气，给我们营造了适宜的气候，将大大小小的尸体分解，使物质可以重回自然循环。正因为有这些生物，我们的地球才能免遭气候突变之害。

想象一下这样的情景：我们在墨西哥湾海底700米深处，这里住着一群细菌，它们把甲烷当早餐吃，然后排出硫化氢。这里有一种名叫“冰虫”（Hesiocaeca methanicola）的粉色小蠕虫，本书的第三部分会再次提到，它喜欢吃硫化氢，会把细菌连带吞下去，但并不会消化细菌，而是和它过着共生的生活。蠕虫为细菌提供安全的栖身之所，细菌则为蠕虫生产它喜欢吃的化学物质。

就这样，小蠕虫一直过着与世无争的生活，直到有一天，一只食肉大蜗牛走错了路，碰上小蠕虫，把它吃了。大蜗牛不但捕食小蠕虫，同时还吃下了数十万个单细胞生物，当然它并不在意自己吃下多少单细胞生物，就像两个小时后会把它吞噬掉的深海乌贼一样，乌贼也不会在意自己同时吞下了小蠕虫及单细胞生物。乌贼也会引起某些海洋哺乳动物的兴趣，所以片刻之后，一只抹香鲸一张嘴，这只美味的乌贼和那只肥肥的蜗牛连带蠕虫和单细胞生物都成了它的腹中物。

这只鲸在浮出水面的过程中，头部突然撞上某个东西，这个傻瓜！我并没有开玩笑，这种事情的确偶尔会发生。货轮船长觉得很奇怪，为什么他们开足了马力，但是船还是拖拖拉拉地前进。直到船靠岸的时候，他们才发现原来船曾与一只鲸相撞，所以船慢吞吞地拖了几百公里才回到岸边。

我们的抹香鲸因为撞上了一艘载运香蕉的货轮船头而罹难，身子不断往黑漆漆的海底沉下去。但还没落到海底，海中的单细胞生物就吹起了冲锋的号角，准备把这只庞然大物碎尸万段。生物老师说得对，大鱼吃小鱼，但到了最后，最小的鱼却吃了最大的鱼。对我们而言，这也是一件好事，如果不是这样，我们周围的尸体就堆满天了。

弱肉强食的确名副其实。就在一滴海水中，大家也是你咬我啃，从上到下，或从下往上，谁都能消灭别人，没有任何纪律问题。这难道不像一场史无前例的大混战吗？圣地亚哥斯克里普斯海洋研究所的阿扎姆法鲁克·阿扎姆教授对海水进行的精细研究无人能及，他不但发现海中有成万上亿的微生物、细菌、病毒和藻类生物，还发现了它们的生活区。这些小东西惬意地生活在一个大的网状结构中，里面有黏糊糊的糖化合物、聚合物、胶体。阿扎姆道："在显微镜下，人们可以看到透明的纤维、皮和膜，这些小东西把水搞成了一种薄薄的胶状物。"

哈哈，胶状物。

海洋中所有微生物群都彼此提防，有些生物会主动掠食，比如红潮毒藻。这是一种剧毒藻类，蜷缩在明胶组成的囊状物中，在里面变成僵硬的一团，有时候能持续几年，在这段时间它不需要任何营养物质。一直等到某天一群鱼正好游过这个藻类殖民地，这些小强盗就会忽然活动起来，一窝蜂地冲出安身之所，旋转着靠近鱼群，伸出两支鞭毛，一支鞭毛旋转着，另一支操纵前进方向，直到完全靠近鱼群，然后大战开始了。红潮毒藻释放出来的毒素能麻痹猎物的神经，分解它们的组织，然后再从裂开的伤口吸吮富含营养价值的物质，鱼群则在痛苦中慢慢死去。红潮毒藻吃饱喝足后又回到海底冬眠，等待下次大餐。水中的大多数"居民"都有类似的狡猾掠食手段，它们并不是漫无目的地在海底漫游，而是非常有效、目标明确地从事着自己的活动。

这些放射虫的同伴并不明白自己在生态系统中发挥什么样的作用，其实我们人类能够存在还得感谢它们，没有这些遍布全球的藻类，我们早就死在自己每年向大气排放的70亿吨二氧化碳中了，不然也得气喘吁吁地生活在温室中。勇敢的藻类吸收了至少30亿吨二氧化碳，它们就像小小的环保警察，留下一些物质，对另外一些物质进行加工并投入新的循环。

每座大洋其实都是碳之海。大洋中含有大量生物所需的基本成分，是所有动植物体内物质总和的10倍。阿扎姆认为，如果细菌突发奇想，将溶解在海水中的二氧化碳的1/10排放到大气中，那么我们的星球就会顿时变成一个高压锅。值得安慰的是，细菌们目前还没有这个打算，它们的反应也是无意识的，也就是说，我们似乎掌握了大局。

但正是这一点有可能成为大问题。人类改变现有条件的时候，这些勤奋的调解者会适应这些改变，基本上它们不会去思考自己的举动会对人类造成什么样的后果。如果愈来愈多的二氧化碳进入大气，愈来愈多的化学物质、工业废弃物和有毒物质被排放入海中，愈来愈多的石油扩大自己的势力范围，人们愈发无所顾忌地将核废料埋入所谓的安全深海中，那么我们赖以生存的生态系统将日益陷入危险的失衡中。单细胞生物总是首当其冲，当然有些可能是自然死亡的。

科学家在加州海滩观察到一个现象，那里的浮游生物密度明显下降，仅余40年前的20%。在这期间，海水的表面温度上升了2℃，造成海洋深处的食物和矿物质很难上升到海水表层，浮游生物不来了，以浮游生物为生的鸟类消失了，以微生物群为食的鱼群也不见了。

有些微生物却能从这些变化中获利，因为它们可以利用新的食物链，我们有理由相信它们能将我们的大气翻腾一遍，而人类将落得一个可耻的结局。想想氧气吧，氧气是我们的生活必需品，但其余生物却不这么认为，对它们而言氧气是致命的，因此我们很难相信进化女神的母性本能，她并没有母性的直觉。对自然界而言，人类是否能生存并不重要，人类无法毁灭世界，能毁灭的仅仅是自己的世界罢了。

我们必须重视水滴和其中的居民，这样才能具体理解这些微生物的作用。如果想知道一个硅藻的重量，我们就必须用一架十分精确的天平，可是全海洋的藻类加起来的重量比所有树木、蕨类、禾草和其余植物的总和还要大。注意，这里说的仅仅是海藻的重量，还不包括水滴中的真核生物，这下你知道这些小东西的数量了吧。有兴趣的话，你还可以数一下1升水中有多少水滴，而仅仅一滴水就含有数百万个蓝色的藻类生物，它们的身长仅有0.0007毫米。

再算算，所有海洋加起来有1,400,000,000,000,000,000,000升的水。你看到了吗？这就是细菌和其他单细胞生物没有名字的原因了。没有人有能力一一观察并记住它们。

然而微生物的群居密度并不尽相同。单单在海水表面下就有极大的族群密度，因为可爱的小生物们在那里拥有足够的阳光和氧气。一直以来，人们认为微生物无法在不利于生命存在的深海中生活，然而阿扎姆和卡尔森这些研究者让我们获得了进一步的认识。事实上，在海底几公里的地方，水里依然充满了我们所能想得到的微生物，而且一直以来都有新种类被发现。这些微小生物的抵抗力令生物学家大为吃惊，一些微生物在温度很高的腐蚀性硫黄水中依然自在地活着，就像德国的硬汉演员汉斯·阿尔贝斯在浴缸中的感觉一样。某些微生物根本不需要氧气，比如说，古菌在几公里深的海底中还能与甲烷发生反应，它们每年将30万吨海底甲烷转化成生命的能量。这是个可观的数字，否则每年我们将增加许多温室气体。如果没有古菌的食欲，地球的温度可能还会更高。另一种极端情况发生在南极，那里所有的湖泊本该完全冰冻，但位于维多利亚谷维达湖湖面下20米深处却有自由流动的水，因为太咸了，所以无法结冰。

爱吃石油污染物的好东西——细菌

就在这座湖中，人们发现了嗜极菌。看起来，世界上似乎没有任何一个角落是单细胞生物无法居住的，而且科学家几乎每年都在重新估算它们的生物量，即使在岩石深处，在几百万年的沉积物中都发现有微生物，甚至在地中海海底深处，也发现许多充满异域风情的细菌群落。最近科学家猜测，地球上接近30%的生物都居住在海底几公里深的地方，在那里硫酸盐的作用正如我们在地面上呼吸的新鲜空气一样。沙中的世界带给我们的惊奇如同水滴中的万千世界，但是如果继续描述沙中的世界，这一章节就会没完没了，鲸鱼和鲨鱼已经不耐烦了：到底什么时候才轮到我们上场?

每个食物链的开端和末端都是微生物，它们是环境的守护者，清洁并保护我们的大气，有时让人类生病，甚至置人于死地，人类如果想利用抗生素对付它们，就常会败在它们的适应性面前。它们太微小了，小到人类无法看见，这就是最大的问题，因为我们无法发觉的东西就不会进入我们的观念中，其实这些小东西能够以各种方式为我们服务。

萨达姆应该感激人们发现了细菌可以用来制止石油扩散。1991年，这位当时的伊拉克总统摧毁了科威特的输油管，渗出来的石油在海滩附近变成黑色的沥青，这时沥青上出现了一种细菌，以惊人的速度将溢出的石油吃光光。这个表层由蓝绿藻构成的细菌集团包含各种各样的微生物，彼此间以一套复杂的规则分工合作。1998年，不来梅的马克斯·普朗克微生物研究所、慕尼黑科技大学、耶路撒冷希伯来大学和加沙环境研究与保护所的科学家们，在德国科学家的带领下开始研究这些细菌。目前科学家试图在加沙采取措施保护石油和植物，然而由于以色列和巴勒斯坦之间的冲突，这项工作进展十分缓慢。

人类知道，各种细胞组合的工作效率是不同的，就像各种药品混合起来的功效也有所不同，这会造成很有趣的景象。如果人们把细菌群商业化，并出售给环境保护者，第一个问题就是："每100公里多少钱？"细菌吃掉的石油愈多，身价也就愈高。

汽车工业对此只能仰天长叹。

小角色

浮游生物，这个概念我们已经接触过很多次了。

浮游生物到底是什么？

美国后现代艺术家安迪·沃霍尔说过，每个人以后都有机会出名15分钟，他影射的是即将到来的媒体社会。塞西尔·迪米尔曾拍过一部伟大的电影，影片中无数小人物通过简单的存在就赢得匿名的荣誉。安迪·沃霍尔大概就是看了这部电影才说出这句经典名言的。电影中的小人物虽然只是一闪而过，却承担了极重要的角色：没有他们就没有罗马大军，没有民众大会；没有他们，罗马斗兽场的看台上就不可能坐满观众，也就无法体现群体的恐慌。

这些小角色是银幕上的浮游生物，他们为了几美元在幕布背景前跑动，让别人在混战中砍掉自己的头，或者和一艘远洋轮船一同沉没。他们中间不会产生第二个爱因斯坦，不会产生第二个麦当娜。浮游生物的命运是集体戏剧，他们生活的目的是让别人能够生活下去。在泰坦尼克号沉没、罗马大火、星球大战时，他们愉快地走向死亡，这样在芸芸众生之中才会产生英雄，创造后来者，这些后来者又会继续发挥重要作用。群众创造英雄，统治者无法决定战役的胜负，但一群小角色却能决定谁是统治者。他们虽是无名小卒，却不可或缺。

如果人们要为海洋中的小角色立一座纪念碑，那么碑文应该这样写：无名的磷虾，或者是无名的海藻。这些都是英雄，却无法逃避自己的命运，它们是蓝鲸和鲨鱼赖以为生的基础。

从肉眼看不见到9米长——各种浮游生物

就像无数科学术语一样，“浮游生物”这个概念也来自希腊语，意思是“四处乱走的”或“漂流的”。我们也可以说，浮游生物不买车票，在洋流交通系统中，它们并不知道何去何从，只是随波逐流。虽然某些浮游生物能自己游动，在必要时甚至游得相当轻快，然而大多数浮游生物还是跟着流水走。与它们相比，螃蟹可算得上是跑步健将。

因此，浮游生物自主地移动多半是成群结队在海洋中升降。大多数浮游生物喜欢在海面度过黑夜，白天则躲入深海，在此过程中，它得克服巨大的高度差。浮游生物大多数时间都耗费在改变自己的高度上，此外还得竭力不让自己下沉。

除了高温水域、急流和充满化学物质的水域，浮游生物几乎无所不在，只有密度高低之别而已。就像微生物一样，它们的数量非常庞大。我们喜欢高楼大厦，然而即使如此，人类和陆栖生物依然属于地球表层的居民。我们的扩张范围仅限于经度和纬度之间，而浮游生物却拥有深度，它们的居住空间和陆地的关系就像立方体的内部和表面一样。

我们已经在水滴中认识了一些小角色。浮游生物中最迷你的代表——病毒和霉菌，被列为超微浮游生物，连离心机也无法把它们带离老家。第二级则是微浮游生物，包括真核植物和细菌，只有1毫米的千分之几那么大，人眼无法看见。一个针尖上就有200万到300万个细菌，没有任何一副眼镜能让人类窥见它们的真正面貌。超过0.2毫米的被称为中等浮游生物，仔细观察的话，中等浮游生物看起来就是一个小点，但至少能辨认出形状和颜色。老鹰不借助任何光学仪器就能察觉2毫米大的中等浮游生物，即使你视力欠佳，这些浮游生物还是“可见”的。第4级则是大浮游生物，个头已达2厘米。

提起浮游生物时，我们一般会联想到以上这几种。这些云状的浮游生物在海中游来游去，让人惊奇的是，它们竟能满足地球上最大的生物。但还有下一个等级，2厘米以上的巨型浮游生物，不仅包括许多小鱼，还包括9米长的水母。

什么？9米？那还是浮游生物吗？

是的，当然！我们回忆一下字面的意思。“浮游生物”本来就指四处飘荡者，它们并无意违逆洋流，因为根本没有这种能力，更何况它们也没有自己的方向。浮游的水母不会熨衬衫，因为它们无法转身向后看看熨斗是否关掉了。就这点而言，浮游生物的概念指的并非身体大小。简单说来，所有随洋流移动的生物都属于浮游生物，它们随波逐流，没有主见。那些头脑聪明、有力量朝某一方向（逆着洋流）摆动鳍和尾巴的生物属于自游生物，诸如鱼、乌贼、鲸等，但这些是海洋中的少数民族。

小新发现，塞西尔·迪米尔电影中的小角色都拥有自己的意志，不是吗？

小新说，这是个角度问题。那些为了几块钱便心甘情愿“葬身大海”的人，他们跟随的是另一种潮流——美元的潮流。至少他希望对这个世界说：看！背景里那个可怜的家伙，那个刚刚和另外3000个群众角色一同淹死的人，就是我了。人们称这种潮流为虚荣。在这一点上，小新和小丸子看法一致：从这个角度看来，每个人都是一种浮游生物。

我总是说嘛，聪明的孩子！

有一条基本法则：在相同体积下，单个有机体愈小，所含的个体数量就愈多。这样看来，超微浮游生物远胜于微浮游生物，微浮游生物又打败了中等浮游生物，以此类推，几十亿个单细胞生物的体积总和相当于一只中型水母的体积。

此外，我们还得区分细菌类浮游生物、真菌类浮游生物、浮游植物和浮游生物。看到这么多专有名词，你大概开始不耐烦了，但我向你保证，这些玩意儿非常简单。细菌类浮游生物是细菌类的代表，也是所有浮游生物中最小的家伙；真菌类浮游生物就是真菌；浮游植物指的是绿色的植物类浮游生物，它们可以进行光合作用，比如单细胞的硅藻类、沟鞭藻以及在浮游性有孔虫体内的共生藻，这些生物总共提供了大气中一半的氧气。

海洋浮游植物消耗陆地二氧化碳的量远远超过热带雨林，这让人类产生了个想法，就是把多余的二氧化碳送到深海去，这样二氧化碳就完蛋了。可是，如果二氧化碳能使海藻开胃，那么暴饮暴食的结果会不会导致海藻疯狂繁殖呢？如此看来，人类让臭氧层破了个洞或许也有好处，因为对海藻而言，没有什么比阳光更有养分了，但太强的紫外线又会使浮游植物大量减少。

人们很喜欢浮游生物，因为它们体格“显眼”，而且过着动物的生活。这类浮游生物包括小鱼、小虾、大鱼的幼体、刚毛虫及其幼体、水母、海星等，它们利用小鳍、蹼足、茸毛和刚毛，努力避免自己被海洋吞没。除了浮游生物，浮游植物也会借助自己的茸毛、小刺和鞭毛来抵御地心引力。

人们对浮游生物的普遍印象是有壳动物，事实上已知的14000种桡足类动物便占据了浮游生物的大宗，这种介形类代表动物生活在各种水域中，无论咸水还是淡水，就连地下水都有它们的身影。许多在海洋深处生活的桡足类动物都不需要眼睛，生长的速度也非常缓慢，因此被看成同类中的长寿族。人们在海底也发现了这些动物，每平方米就有几千个。大部分桡足类动物像小虾一样蜂拥着前进，它们长着许多小足和长长的触角，在被鱼和鲸鱼吃掉之前，它们大嚼浮游植物。桡足类动物占据了地球生物中最大的一部分，和南极磷虾的数量等量齐观。

地球上最丰盛的大餐——磷虾

第一眼看来，磷虾和桡足类动物的区别并不明显，前者似乎只是体格较大。磷虾最长不超过6厘米，已属于巨型浮游生物。磷虾看起来就像小虾，它的名字也很奇怪，但事实上磷虾并非科学概念，只是挪威人对鲸鱼饲料的称呼。磷虾可说是南极的救世主，居住在南极的动物都直接或间接以磷虾为食，又以巨大的须鲸和长须鲸为主要客户，它们每年要吃掉4000万吨磷虾，另外2000万吨磷虾则被南极鱼类享用了。企鹅和信天翁也喜欢磷虾。很多种磷虾会发光，它们身体和眼睛上的发光细胞散发着荧荧的绿光，在南极洲的夜晚，它们的光让海水看起来阴森恐怖。它们的颜色主要来自于主食——绿色硅藻。乌贼也吃磷虾，就连海豹也是很大的食客，有些海豹除了磷虾什么也不吃，它们每年要吃掉1300万吨磷虾，因此磷虾先生和磷虾太太只好天天忙着繁殖后代。

在这一领域它们很有效率！

我小时候怎么也想不明白，一头超过30米长的鲸鱼怎么可能只靠吃这些小东西生活呢？但想一想，南极一地的磷虾就足足有7500万吨，我们也就能想象鲸鱼的盛宴和它饱餐后的样子了："还要一份磷虾吗？""不，谢谢，吃不下了！"

南极磷虾的数量超过了桡足类动物，而且没有任何一种动物的繁殖速度比得上寒冷地区的磷虾，其中一个重要的原因是洋流运动。还记得极地附近的洋流和循环吗？洋流环绕着这片白色的大洲。还记得我们悠闲地途经阿根廷南部，被水冲得忽上忽下，后来被卷进了漩涡吗？我们从海底浮到了海面，和我们一起到达冰层附近海域的还有大量营养物质，也有浮游植物。磷虾对浮游植物的喜爱甚至超过了小新对煎鱼排的喜爱，它们只吃浮游植物。

浮游植物是许多水中居民的主食，为了吃它们，居民们还得准备一套特别的餐具。这些浮游植物个头太小，我们很难用叉子将它们叉起来，但磷虾有一种令人吃惊的能力——即便身处地球上最不舒适的地方，它们也能吃饱。它前面的两条腿就像安全护网，能过滤水中极其微小的植物，这个安全护网非常细密，紧缩时没有任何硅藻能够逃脱。没有任何一种动物能像磷虾一样以超高效率利用如此有力的工具，所以磷虾从来不会挨饿。就像牧场上的牛一样，磷虾在冰层上孜孜矻矻，更确切地说，应该是在冰层底部，那里生长着密密的藻类，磷虾对它们毫不容情。如果我们将一块长宽各10厘米、长满了藻类的冰层送给磷虾，那么只要1分钟的时间，磷虾就能把它风卷残云般吃个精光。当然，磷虾并不会真的吃光冰层中的东西，因为实在是太多了，多到让磷虾经常无法消化。此时，一部分藻类大餐又会被排出体外，完全消化的、半消化的、没有消化的，还有一些黏糊糊的小球。

上面的故事发生时，南极洲已经开始下雪了。

下雪在南极并不是什么新鲜事，但水下的雪却不常见。磷虾会制造很多缓缓下沉的白色小颗粒，人们称为海洋中的雪。磷虾吃东西的时候，全区都在下雪，这种雪是一种绵绵不断的资源，洋流将这些营养丰富的小球冲到水面，喂饱许多小生物。这些磷虾肯定没有想到这一点，它们也不知道自己的“雪”中带有碳物质，而这些碳物质能够在深海存在上千年。雪将这些大量的碳物质带到海底深处，因此人们也称它为“生物泵”。在下沉的途中，它又为一些海洋生物提供了食物，因此这些海洋生物也可以说间接以磷虾为生。

有磷虾在的地方总是会下雪，有时雪很大，有时很小。南极洲地区经常下暴风雪，以致人们连鱼鳍都看不见。

这种“浮游生物雪”以直观的方式说明，吞食和被吞食并不仅仅意味着猎人与猎物的关系。生态泛神论者喜欢说：世界上所有一切都浑然一体、彼此相连。实用主义者也应该考虑一下这种观点。没有任何事物能比“食物”的概念更清楚地反映这一点：阳光提供能量，浮游植物在叶绿素的协助下进行光合作用，制造出糖和淀粉，小小的浮游生物吃了浮游植物后排出体外，它的排泄物又是其他动物，比如鱼、海参和蜗牛等的食物，这些动物又被比它们大的动物吃掉。最大的动物最终依赖的却是最小的生物，因此浮游生物在海洋中扮演着基础供应者的角色。

如果要画一张食物网的图表，我们必须将浮游生物画成一个大圈放在图表中心，从中引出许多分支，通向其他生物，这些生物又以不同的方式彼此联系。鱼喜欢吃大叶藻、海绵、虾、爬行动物和其他的鱼。虾不吃浮游生物，有时却和海绵存在外共生[1]关系。珊瑚虫仅以浮游生物为食，同时自己在幼生期也是浮游生物。蠕虫亦然，它同时又是虾的食物。

你觉得太复杂了吗？一点也不复杂。除了鱼之外，企鹅也吃爬行动物，而它们又喜欢吃海绵。软体动物是海胆的食物，同时也出现在海星的菜单上。海星和海胆的幼体与浮游植物和巨藻亲密共处，但这些幼体长大之后就会吃掉这些浮游植物。此类例子不胜枚举，如此一来我们就能明白，如果失去其中一道小环节，整个食物链就会受到重创。假如有一天南极洲的磷虾消失了，受影响的不仅仅是鲸鱼，还有整个海洋生态系统，最后也会波及陆地上的生物。

但别怕，雪依然无声无息地下着。

雪一直下着，直到人类开始不停地消灭浮游生物，霍勒太太[2]的雪花用完了，生物泵也停止了运作。

我们不能不忧心忡忡，因为第一张黄牌已经出现了。在过去的400年间，南极磷虾的密度有急剧下降的趋势，或许和冰层消失的规模一样。冰层的凹洞一直为磷虾提供足够的保护，使它能够在海中顺利产下后代，如果没有寒冷冰层的保护，磷虾就会迅速被天敌消灭。磷虾的天敌非常多，除了哺乳动物、鸟类和鱼类，还有神秘的樽海鞘[3]。

1　外共生（Exosymbiose）：参见内共生，两者的区别在于，外共生情况指较小的共生体生活在较大的共生体外部，譬如在外皮（壳）上。

2　格林童话中的形象，霍勒太太抖落床垫的羽绒时，世界便会下雪。

3　樽海鞘（Salpen）：属于被囊亚门动物，通常在开放性水域活动，身体透明，常发光，形状像小桶。樽海鞘喜欢群体活动，以浮游生物为生，其自身也属于浮游生物。

怎么会懒成这样——世上最懒的生物樽海鞘

樽海鞘是什么?

它们是海洋生态系统中的重要代表，也是浮游生物，属于被囊亚门，是很独特的生物，并被公认是与脊椎动物最接近的族群，但它们通常过着酒囊饭袋般的懒鬼生活……它们的确长得像袋子，有些很小，但也有的像20厘米长的袋子，其中某些种类如海鞘类，定居在深海底部，有些则生活在大植物的表面，还有一些结成很大的团队随洋流移动，这些就是樽海鞘。观察这些透明的家伙时，可能会觉得它们剽窃了别人的工作方式，它们利用气管鳃的帮助，慢慢将小鱼小虾从海水中过滤出来，然后用黏液将猎物裹起来，最后消化掉。被囊动物没有肺，没有鳃，甚至几乎没有头部，只有一个极小的心脏，其中某些种类还长着一条尾巴，其余的连尾巴都懒得要。

进化女神问被囊动物，想以怎样的方式繁殖?她得到了典型的懒人答案：啊，我不知道。正是因为这个回答，今天它们有时采用有性繁殖，有时则采用无性繁殖，樽海鞘也是这样。它们在被囊动物中算是比较漂亮的族群，看起来像五彩缤纷的玻璃小桶，身体的主要部分为肠部。它们有一个很讨人喜欢的外形，数米长的光链构造，让它们看起来十分壮观，就像个发亮的巨型吊灯，也像是缓缓前行的水晶链。像所有的浮游生物一样，它们也过着随波逐流的生活，不过它们稍微懂一些导航，肌肉能够有节奏地收缩。它们会将水吸进去又吐出来，利用水的反作用力将自己推向前方，而随着吸进体内的水，食物也被吸了进来。肠上的纤维网则将细小的浮游植物绊住，纤维不断产生黏液，然后通过皮肤将黏液排除，于是黏液像磷虾的“雪”一样，徐徐地沉入海洋深处。

借由这种方式，即使是樽海鞘这种懒得要命的动物，也对食物循环作出了自己的贡献。

温暖海域的海面有成群结队的樽海鞘，它们把这些热带海域变成

了闪烁的胶状体，

排挤其他所有的浮游生物，所以鲸鱼和其他大型海洋居民只能把怒火发泄在它们身上。而且它们体内的淡水含量很高，使得它们颇受欢迎。在这点上，它们和水母很像，体内除了水之外，基本上没有其他物质。不过，樽海鞘不喜寒冷，因为寒冷会削弱它们的繁殖能力，但是它们偶尔还是会走访极地，因为那里的某种食物很丰富。

比如磷虾。

一只小磷虾落进了天使般美丽的樽海鞘设下的陷阱之后，立刻就被黏液包围住，然后慢慢被分解掉。面对这样的进攻，磷虾仍然可以承受，但是对于冰层不断融化所造成的生存影响则又是另一回事了。商业上的考虑也令人颇为担忧，很多地区都在大量捕捞磷虾，将其制成人类食品，但操作起来很不容易，大网没法捕捞这种小动物，它们轻易就能溜走，而网眼细密的网又不够结实，捕捞物的重压会导致渔网破裂。即使人们成功地捕捞了大量磷虾，这些小东西也会因为自身的重量被压碎。

捕捞公司并未因此泄气，依然坚持不懈地解决这些问题，制作特殊的渔网和管道系统，以便将磷虾捞到船上。虽然还有许多技术上的困难有待克服，但每年仍有超过10万吨的磷虾进入人类的渔网，主要在日本和波兰海域。目前我们还不必担心自己是否抢走了鲸鱼的食物，因为到目前为止，磷虾的捕捞量之所以不太大，并非人们有远见，而是因为消费者对磷虾的兴致不高。如果人们开始感兴趣，磷虾必然被端上世界各地的餐桌，美食家的菜单上会出现磷虾小点心和磷虾汤，人们会在夏天举行磷虾晚会，大快朵颐。

听起来并不美味是吗？这只是口味问题。

比如说，我个人很喜欢牡蛎，但是我完全能理解有人将牡蛎视为“加盐的鼻涕”的态度。食物美味与否更多是取决于其标签，如果著名的厨师跳出来说磷虾好吃，那它就会变成美食，接着小磷虾只能狂奔逃命，但最后还是进了厨房。

目前磷虾主要被加工做成鱼饲料，这种行为无可厚非，但在彻底灭绝和彻底无为之间，磷虾还是拥有很大的发挥余地。日本人视磷虾为美味食物，我们只能希望鲸不至于挨饿。无论如何，我得向日本的孩子承认，他们确实找到了一种体面的解决方法。孩子们说，鲸死了之后，这可怜的家伙就不会再挨饿，那时我们再一起吃了它——当然出于纯粹的科学目的。

同胞兄弟大不同——咸浮游和淡浮游

回到浮游生物的话题上，但如果要彻底详细地介绍它们，那么这本书就再也没法谈论其他的话题了，因此我们了解一些主要类别即可。

注意，专有名词警报响了！我们应该学会区别咸水浮游生物和淡水浮游生物，以名誉担保，我再也不会使用这两个概念了，但最后再提一次：咸水浮游生物生活在海洋中，淡水浮游生物生活在淡水中。从现在开始，我们将它们分别简称为咸浮游和淡浮游。

对我们而言，咸浮游更有意思，因为种类较多，除了纯粹的浮游生物外，它们还包括动物的幼体，这些幼体发育完全后就会失去浮游生物的身份，而且反过头来吃浮游生物。科学家经过多年研究发现，如果后代要经历一段幼体时期，几乎每一种在海底和海沟生活的物种都会将孩子们打发到浮游生物托儿所那里去，让它们处于自由状态。

人们或许会指责这些父母不负责任，因为那种地方随时都有可能冒出一只蓝鲸将孩子们吞下，但事实上让后代跟浮游生物混居一段时间是颇有益处的。像海绵、蠕虫、蜗牛、海胆、珊瑚虫、软体动物和大虾的幼体，都很适合浮游生活，它们拥有微小的四肢，这样就能和群体保持联系。等到成年之后，珊瑚虫和海胆就会回到海洋深处和自己的同类一起生活。

定居在海底的动物能捕捉的食物相当有限，它们无法进行原始的追捕游戏，只能守株待兔，对付那些没有办法逃跑的猎物。一只大虾就是以这种方式获取食物，海参也是这样坚持下来的，它一厘米接一厘米地过滤沉积物。珊瑚虫不能爬行，也没有办法奔跑，只好原地不动，伸长它们的小胳膊，抓住从身边经过的小点心。螃蟹和蠕虫的幼体也无法适应定居生活，而蠕虫妈妈也不会喂食小蠕虫，那么它们如何免于挨饿呢？一开始小蠕虫只能在海底到处乱跑，等到力量渐渐增大，挨过了这段过渡时期，发育到浮游生物群的青春期后，就可以四处游荡，过着丰衣足食的生活。

这些故事并非独一无二，许多陆生植物也有类似的做法，它们固定生长在一个地方，却将自己的孢粉送入旅程中，由风将这些孢粉分散到各地。在海洋中传递的媒介则是水流，因此那些固着和不善于行动的物种才能够散布到世界各地。

最后我们稍稍关注一下淡水。这个领域的情况并不乐观，当河流和湖泊中的营养盐过剩时，浮游植物就会因食物增多而大量繁殖，于是这片水域就会发生变化。在不进行光合作用的晚上，水中缺少氧气，鱼和其他水中居民就会窒息而死，原本生机蓬勃的水潭一夜之间就会变成黏糊糊的淤泥。

海洋的承受力虽然远大于淡水湖泊，但这种承受能力并非毫无止境，波罗的海已多次向我们出示黄牌。这片世界上污染最严重的大海开始周期性地死亡，而丹麦的养猪场主人必须负起相当责任，因为他们将几千吨的猪排泄物倾入大海，这些东西正是浮游植物的最爱，但也造成德国东部和斯堪的纳维亚半岛之间许多生物逐渐死亡。如此一来，海洋中的小角色终于赢得了一份悲剧性的荣耀——其持续时间将远远超出安迪·沃霍尔预言的15分钟。

城市中的一天

海洋，一个美丽而完整的概念。这个概念非常适合描述这片覆盖地球表面的巨大液态生存空间，就像“人类”这个字眼很适合表达弗里达阿姨[1]的特点一样。

地球上有许多深邃的大海，这是一片无边无际的蓝色荒漠。海岸则是完全不同的世界，居住在那里的生物伴随潮汐而生，在干燥和潮湿两个世界之间选择最好的可能。地球上有冰海，也有热带海；有内海，也有大洋；有浅海，也有深海。每一片海和别的海都有所不同。亚马逊河入海口处的生物多样性和北海生物群体就有很大差别，就像深海凹地和浅滩上的生物也明显不同一样。

在某些地方，人们能见到各种五彩缤纷的生物。为了到达这些地方，你需要一张飞往马尔代夫或澳洲、红海或加勒比海的机票，现在就缺一个为你准备潜水装备并向你指出最佳地点的人了，你无须深潜就可以欣赏到在阳光下才能欣欣向荣的珊瑚礁。

珊瑚礁是热带的大都市，是海洋中的纽约城，虽然空间狭窄，生活其间的生物必须摩肩接踵，但它是数百万个建筑师一同完成的杰作。

---

1 弗里达阿姨为德国喜剧片中的角色。

不过，这些建筑师对设计奖不感兴趣，虽然它们的作品完全有资格获奖。现在就来参观一下珊瑚礁。我们慢慢潜入海面下，时间还很早，第一缕阳光的柔和光线射入大海，此时大多数人正睡眼朦胧地看着闹钟，恐惧地想起自己的办公室，妈妈被孩子的哭闹声吵醒了，单身贵族则被饥饿的猫咪从睡梦中唤醒。纽约、巴塞罗那、汉堡、莫斯科、新加坡，夜色褪去时，世界各地的人依次醒来。而在这里，夜色褪去时，珊瑚虫互道晚安后睡觉去了。整个白天，珊瑚礁只属于鱼虾、软体动物和棘皮动物，它们困倦地离开自己的洞穴、缝隙和栖所，抖一抖鳍、伸伸触角、挥舞一下，投入热闹的生活。这座石灰岩构成的城市已经为尖峰时间作好了准备，一座城市苏醒了，其华丽程度使任何一座人类建设的大都市都黯然失色。

才华横溢的建筑师——珊瑚虫

珊瑚贪睡吗?

不可能。它是怀才不遇的天才！很多人一直以为它是植物，因为它那美妙的建筑看起来很有植物风貌。然而这些看起来像灌木、花和树的庞然大物根本不是珊瑚虫，而是它们的居住地。珊瑚虫生活在珊瑚礁的内部和表面，这是一个活生生的例子，它告诉我们：想完成宏伟大业，并不一定要长得惊天动地。

珊瑚虫很小，它是刺细胞大家庭中的一员，水母和海葵也属于这一族。珊瑚虫看起来像是没有眼睛的小乌贼，触须的数量与乌贼不相上下，大多数时候更多。它们的嘴是一个洞，嘴周围有一组触须，上面长着刺状细胞，在显微镜下看起来像数百万只装着小标枪的袋子，这些刺能快速刺入猎物的身体，刺的后面缠绕着含有毒液的细纤维，纤维能麻痹猎物，然后猎物就被送进嘴里吃掉了。珊瑚虫没有肛门，食物从哪里进去就从哪里出来。描述结束了，关于这些小建筑师的身体结构，我们就讲到这里为止，但学界并不称它为“珊瑚虫”，而称其为“腔肠动物”，由希腊语的“肠”和“洞”组成的名词。

换言之，它们也就是肠洞。哈，肠洞！近来好吗？

还是叫它珊瑚虫吧！

珊瑚虫的身体化学机制非常完美，体内居住着无数微小的单细胞藻类，每平方厘米的面积上大约有100万个这种勤奋的单细胞生物，它控制光合作用，合成葡萄糖，并分解氧气。珊瑚虫从中获利甚多，因为这两项工作为它提供了90%的食物，并带给它足够的原料去建造石灰房子。珊瑚虫则为藻类提供二氧化碳，并借助水中的钙离子，将其转化成可当作石灰质礁体建材的碳酸钙，剩下的二氧化碳又被藻类用于光合作用。藻类得到的二氧化碳愈多，碳酸钙就愈快形成。这个利益共同体运转得非常良好，在共生生物的帮助下，珊瑚虫的建筑速度比原来快了3倍。由于藻类只有在阳光中才能进行光合作用，所以珊瑚礁都位于海面下50米内的地方，只有在夜里，光合作用才会暂时停止，这时珊瑚虫细胞中合成石灰的工作也会暂缓下来。

我们对珊瑚虫用碳酸钙建造骨骼的过程并不十分了解，有些人认为，建造过程是在晚上完成的，这时珊瑚虫将身体伸出它们的石灰房屋并将细小的触手伸入水流。珊瑚虫无法完全离开自己的公寓，因为每个个体都是彼此相连的。夜晚活动期间，珊瑚虫们会将许多白天合成的碳酸钙排放出来，使其直接堆积在它们的空房间里并凝固。第二天早上珊瑚虫回家时，组成公寓的石灰又增加了一个薄层。这个由无数小动物创造出的庞然大物，即我们所谓的珊瑚礁，就是由这些小小的石灰薄层日积月累堆积而成的。

适合珊瑚的理想环境，水温不能低于20℃，理想状况是比这个温度稍高一些，只有这样珊瑚虫和它的房客才能以最佳的条件生长。此外，也要有一定的含盐量。热带地区是几乎所有珊瑚虫的家乡，但如果有大量来自河流的淡水流入大海，或工业废水被排放入大海的话，珊瑚虫就会销声匿迹，因为它和游客在某一点上很相似，两者都喜欢干净清澈的水质。

具备了这些条件，奇迹就能延续下去。目前已知的700种珊瑚虫创造了众多规模巨大、丰富多样的艺术品，那是一片众声喧哗的场所。珊瑚礁占用的空间不到海洋生存空间的1%，但在其他任何地方，人们都找不到和珊瑚礁媲美的生物多样性。如果我们在珊瑚礁中度过一天，一定会大开眼界，这里甚至还有一间健身房呢！

我先走一步了。

太阳已高高在上，阳光和波浪描绘着水下数米深处的沙子和海藻风光。忽然，地面仿佛在动，一对圆鼓鼓的眼睛偷偷瞄了一眼，这是一条魟鱼，它摇了摇尾巴，卸下身上的伪装，掀起一团尘雾。原来它藏在地下已经一个小时了，一直犹豫着是结束夜晚的捕猎还是继续觅食。对魟鱼而言，这是个非常复杂的问题，因为它已习惯听命于自己的胃，再根据本能来回答这个问题。这一刻，胃显然占了上风。它慢慢朝珊瑚礁的方向游去，这就是它的世界，此外的一切都是陌生的。从空中看下去，由2000多座珊瑚礁组成的大堡礁沿着澳洲东北海岸线绵延2300公里，和540座小岛共同构成地球上最大的“建筑”景观。

珊瑚礁有3种。某些岛屿周边的珊瑚礁称为裙礁。大堡礁则属于第二种类型，我们从它的名字就可以猜到，它是一种堡礁。这种珊瑚礁会逐渐远离陆地，被水道或海槽与陆地隔开。有时板块运动会在外海挤压出一个小岛，珊瑚虫就会在那里定居。人们只有坐汽艇才能到达大堡礁最美的地方，通常需要几个小时的路程。

此外，人们还发现了第三种珊瑚礁——环礁。几百万年来，在那些由火山爆发形成的小岛出现了无数裙礁，随着时间流逝，疏松多孔的火山熔岩坍塌了。珊瑚虫为避免沉入无光照的海域，只得向表层伸展，它们朝阳光生长，延伸到宽阔的大海上成了堡礁，环形结构的内部则是小岛沉没之处。当小岛完全崩陷而沉没后，中心地带便成为砂质的环礁湖。环礁有入口与大海相接，一些底栖性的鱼和其他动物很快在这座安逸的环礁湖中定居，环礁岛就这样形成了。印度西南角的马尔代夫群岛就是由一些巨大环礁组成的，中间的环礁湖有2000座岛屿。

虹鱼此时在做什么呢？它原先在浅水区睡觉，但睡意被胃酸破坏了，于是来到小岛的岸礁上。这座珊瑚礁位于巨大珊瑚群的外围，一直延伸到澳洲大陆架。大陆架的后面便是深邃的大海，大陆斜坡在此逐渐下降到2000米的深处。

岛屿另一面为50米深的海沟，那是水道交通网的一部分，那里有许多大个头的物种，特别是肉食性动物，它们在珊瑚城里到处悠游。虹鱼谨慎地在自己最喜欢的泥泞洼地上觅食，这个洼地位于海沟边缘，换句话说就是郊区，环境并不怎么精致，珊瑚也不像市中心那么漂亮，但这里住着很多美味的虾、蠕虫和小鱼，以及虹鱼最爱的软体动物，它只需扇动一下翅膀，就能把这些美味一网打尽。虹鱼长着多排牙齿，被认为是鲨鱼的近亲，吃起贝壳就像奶奶过年时嗑瓜子一样沉稳利落。虹鱼本来就喜欢待在海底，在这里它可以随时偷袭猎物，旁边还遍布可供休憩的珊瑚枝。这时它正用强有力的鳍来搅混沉积物，惊起两只躲在一边的小虾，一只小虾成功脱身，另一只则遗憾地成了虹鱼的早餐。虹鱼和它的胃终于心满意足，于是慢慢游到珊瑚下方，直到黑暗退去时才会从阴暗的藏身之处出来。现在轮到别人出门觅食了。

这些觅食者很快就出现了，一些中小型鱼群聚集在珊瑚坡附近，打算进攻挤满生物的珊瑚丛。可惜的是，大虾和其他大型浮游生物只有在晚上才会浮到海水表面。白天洋流中的东西很细小，大部分是透明的，捕食者必须瞪大眼睛寻找。20多只橄榄色的黄尾刺尾鲷过来了，它们身后是交缠在珊瑚坡上的黄色水藻。由于黄尾刺尾鲷长着短短的嘴和放大镜般的眼睛，因此只能察觉到离自己很近的猎物，而此时那些透明的小家伙也已发现它们。黄尾刺尾鲷严格维持着队形，但有时会转一个圈，和旁边的同伴交换位置，而除了偶尔轻轻抖动鱼鳍，或稍稍变动一下位置外，它们几乎不太消耗能量，只有看见嘴角迅速翻动一下，我们才会知道它们正在吃东西。

珊瑚居民最看重的是效率和逃亡，它们尽可能花最小的力气做最多的事，此外还得注意不要落入别人的魔爪。条纹鳊也属于守株待兔一族，它们在珊瑚礁的沟壑中潜伏等待猎物，珊瑚礁的巨大枝干看起来仿佛是鹿角搭成的罕见艺术雕刻品，有人说那很像驯鹿角。条纹鳊在坑洼中紧紧贴在一起，动也不动，这样粗心的小鱼一经过，它们就能出其不意地发动袭击。在“鹿角”下方的阴影中，一群黑色条纹的云斑鱼正在打瞌睡，它们也不动，却不是在等猎物。白天它们躲在珊瑚礁里，直到夜里才出场。

我想生活在一座不夜城中……

上午快过去了，邻近的蓝色水道出现一大队鲹鱼，它们正朝珊瑚礁游去。大家都知道这不是什么好事，刺尾鲷立刻聚集起来，退回角落，现在也终于明白这些懒洋洋的食客身体为什么都是流线型了。为了安全起见，它们尽可能待在珊瑚礁附近，只可惜它们没有时刻表，也不知道什么是停靠站。有时为了满足自己的胃，刺尾鲷不得不离开保护伞，因此它们的身体和叉形尾巴都发展成能立即溜之大吉的构造，而现在正是它们派上用场的时候。因为不是只有浮游生物在鲹鱼的菜单上，它们无所不吃。

我们眼中的珊瑚城似乎宁静而安逸，但是对这里的居民而言，小心谨慎是小区的第一准则。这座大城市危机四伏，穿越任何交叉路口，在那些软珊瑚的重重分支间随时可能会冲出一只长吻鳊。它的目的非常明确，和阴险的鹬嘴鱼一样，比如说身着黄色条纹的石鲈夫妇正游向浮游生物商店，长吻鳊会偷偷跟上去，紧跟在石鲈太太尾巴所掀起的水流中，这样即使离这对夫妇很近也不会被发现。到了合适的时机，它就会摆脱之前的伪装，紧紧吸附在其中一只上面。鲹鱼也会这种花招。人们以为珊瑚是个“左派”世界，其实这里的每一个生物都是赌徒和老千，否则无法存活下来。

太阳光芒万丈！

午饭时间到了，绿油油的鹦鹉鱼开始吃珊瑚礁表面的海藻。这个地区长满了绿色海藻，许多珊瑚礁居民，比如黄尾刺尾鲷、雀鲷和鹦鹦鱼等都是大胃口的素食者，因此植物在珊瑚礁中的角色十分重要。褐色和绿色海藻覆盖了石灰建筑的表面，珊瑚礁边缘的主角则是红藻，它们一直蔓延到海中。绿藻构成了此地最丰富的食物源，它们遍布珊瑚表面，为素食者提供丰富的食物。珊瑚虫很理智，它们总是躺在床上睡觉，如果它们出门，肯定会沦为别人的猎物，但不是每次都能溜之大吉。头部状似水牛的鹦鹉鱼觉得小口小口吃沙拉太费事，总是将珊瑚一整块敲下来吞食，交给它们优秀的消化能力搞定。因为石灰块中夹有海藻和珊瑚虫，所有东西一起消化之后又排出来。去年的夏天假如你躺在加勒比海的梦幻沙滩上，你可能不知道，那些沙子正是鹦鹉鱼的排泄物。

你的结束是我的开始——循环不息的珊瑚礁世界

你小时候是不是也问过，沙子是从哪里来的？我那时花了很长的时间想这个问题，把每粒沙子拿到眼前仔细端详，最后发现白沙也不是那么洁白无瑕，而是掺杂着各种各样的颜色：米色、褐色、玫瑰色、青色和淡黄色，而且没有一粒沙子的形状完全一样。我那时认为，沙子是旅游业的伟大发现，人们肯定需要找到一片大沙地，然后将沙地移到旅馆前面。但是两大旅游公司耐克尔曼和托马斯·库克都没有申请到这项专利。

沙子的形成有许多原因，其中之一是山体风化和火山堆积物，暗灰色的火山沙粒就是典型的例子。大部分沙子都是由坚硬且抗风化的石英构成，贝壳沙来自海洋生物破碎的外壳，珊瑚沙则是珊瑚的残骸。最受欢迎的白色热带沙来自海洋生物的胃，它们的胃会将珊瑚块和其他碳酸钙物质磨成碎粒。仙掌藻这种绿色海藻也是重要的沙子供货商，它那薄片式的结构极易破碎，最后也磨成了细小的颗粒。珊瑚礁以多种方式促进了沙子的生产，沙子不仅为岛屿和大陆海岸镶边，还不断向外堆砌巨大的沙岛。在波浪和洋流的作用下，这些沙岛最后浮出海面。鸟类是第一批抵达这些新岛屿的访客，它们的排泄物使沙子充满营养，海藻就长出来了，虾子等小动物也来了。红藻长得尤其繁茂，在它的重量作用下，沙子聚合在一起，最终凝聚成石灰石。此时，形成裙礁的各种条件业已具备，一座新的百万大都会将拔地而起。

那些被冲入海中的沙子又过得如何呢?

有些沙子沉下去，在珊瑚礁之间形成海底沙滩，但大部分被洋流和波浪不断研磨，直到完全溶解，这样水中就充满了钙离子。此时，海洋生态系统中最具吸引力的化学循环之一就正式启动，这些钙离子又被珊瑚虫用来建造充满艺术风格的建筑。珊瑚礁的世界没有起点，没有终点，形成与消逝同时并存。

看着珊瑚，人们可能会认为它们的结构坚硬固定，这个印象其实并不正确。珊瑚的软硬，取决于它的构造方式。软珊瑚虫并不建造固定的住房，它们制造出硬件组织——针状晶体，并将之储存在自己的胶状组织中。这些珊瑚很漂亮而且具有弹性，但软珊瑚虫死后作品就很难保存下来。硬珊瑚则不然，最坚硬的珊瑚是黑珊瑚，这是唯一一类在深海也能找到的珊瑚。深海区的光合作用远不如海洋表面，因此黑珊瑚生长缓慢，这也是优点，因为珊瑚生长得愈慢，质地就愈坚硬，而坚固的珍品珊瑚一直吸引着饰品业者的兴趣。

不仅黑珊瑚唤起了人们装饰的欲望，红珊瑚同样也受到人们的喜爱。在Google中输入“红珊瑚”一词，首先出现的便是“漂亮的项链和手链”，还有一些健康小秘诀，因为红珊瑚据称可以治疗关节痛和骨质疏松——当然，珊瑚含有钙嘛。不过也有一些骇人听闻的说法：“红珊瑚能保护孩子和孕妇，让他们远离危险和巫术。”

原来如此！这种护身符或许真的有效也不一定，让我们一早不用被面包店老板赏白眼。如果妈妈开车失控撞到树上，珊瑚说不定还能保佑她平安无事。

还有呢?“珊瑚对我们的心灵有一种特殊作用，使用珊瑚能带给我们光明和经验。”

使用吗？真有趣，我们如何使用珊瑚？放进体内吗？放在哪儿？

“红色珊瑚也被称为上帝滴落在地面的血，它能增强我们的感情，加深我们对合作和友谊的需求。”

很明显，如果一个人从早到晚对着珊瑚喃喃自语，那么他肯定需要一个真正的朋友。另外，还有一种登峰造极的愚昧看法：

“那些能感知黑色魔法、邪恶目光或法术的人，必须佩戴一节红珊瑚或黑珊瑚。”

啊哈！一节珊瑚。因为：

“珊瑚的能量能影响人们的海底轮和生殖轮[1]。”

哈！怪不得！这才是人们将小珊瑚据为己有的原因——为了提高生活的“性趣”。为了这个目的，人们将几十万年才长成的珊瑚切成块卖出去。除了人类，洋流和波浪也折磨着珊瑚。软体动物钻入石灰层中，将自己固定在珊瑚里；海绵为了安家乐业，用酸性物质腐蚀珊瑚。热带风暴能摧毁整片珊瑚礁，风暴之后虽然还剩下沙子，但是之前的奇境将变成历史。如果水中的含盐量超过某个值，或水温过高过低时，珊瑚的情势就真的很不利了。我们在下文中也会提到，空气温度和水温是互相影响的，气候变化既影响大气也影响海洋，温度异常会赶走珊瑚中的居民。当虫黄藻[2]发现自己很难再进行光合作用时就会退租，这种藻类也是珊瑚礁的颜料，没有了它，珊瑚就会开始褪色，最终消逝。此时，珊瑚礁社会将分崩离析，任由海藻覆盖这座败落的城市。随着时间流逝，食草的鱼和其他素食者来了，它们大口吃掉刚长出来的海藻。这些家伙从珊瑚礁的死亡中获益，然而在这种情况下，新的珊瑚已无法生长。

1　瑜伽术语，指人体各部位的能量汇集中枢。

2　虫黄藻（Zooxanthellen）：微型海藻，与珊瑚虫、巨型贝壳和珊瑚共生。虫黄藻通过光合作用为其宿主提供糖分和其他维持生命所必需的物质。宿主则为它提供栖身处和庇护。

来竞技吧，看谁更高明——生物伪装与武器

现在我们还是回到漂亮完好的珊瑚礁吧。

下午时分，一只大石斑鱼慢慢摆着鱼鳍从一片白色脑状珊瑚边经过（它的名字得自于外形）。这只石斑鱼给人的印象极好，就像和蔼可亲的叔叔。一只蓝环小章鱼也这样认为，于是渐渐靠近石斑鱼。但这只石斑鱼事实上并不可亲，而是凶恶的狠角色，它的策略是把自己伪装成无辜善良的角色，好让猎物完全失去警惕。就在这千钧一发之际，石斑鱼竟一溜烟跑了。小章鱼原本该命丧当场，但幸运的是，进化女神赐给它的蓝环标记是一种信息："谁吃我，谁就是傻蛋！"原来，这个小家伙是有毒的。珊瑚礁的许多生物都以鲜艳的色泽来吓跑肉食性动物，这种小章鱼就是世界上毒性最强的动物之一，人类只要被它咬上一口，几秒钟内就会丧命。石斑鱼对此心知肚明，所以逃命去了。这时，一些藻类引起了石斑鱼的注意，它们随着波浪摇晃，上浮、下沉，里面有个东西也在沉浮着，却不是藻类，只是伪装成海藻的样子，跟着上浮、下沉，上浮、下沉。不得不承认，这是很不错的伪装，可惜还不够好。伪装者也是一只小章鱼，有毒吗？是无毒的，那表示它的死期到了，石斑鱼一口气冲进那团生菜沙拉里。

带吸盘的海藻。嗯，味道不错！

石斑鱼再次扮演可爱叔叔的角色时，另一场战斗却悄悄临近了。一些以珊瑚上的藻类为食的小棘蝶鱼惊恐地发现，一大群燕尾鲈正在逼近。草食性动物为了保护自己的小花园，常常拼死搏斗，但面对占绝对优势的敌人时，它们只能在一旁干着急，最后终于愤怒地冲进敌人的队伍。有时固执会给它们带来好处，但是今天命运却很残酷，燕尾鲈根本无视小棘蝶鱼的激烈抗争，自顾自地将珊瑚吃个精光，然后扬长而去。就在这时候，三只鲜艳夺目的小虾正将一只绿色海星拖到珊瑚枝杈下面，打算一起分享它。

不远处有一块枝节交错的大型紫珊瑚，在这数米高、状似蕨类的

珊瑚下方暗处，我们也看到了一出好戏：一只长吻镊口鱼引起了一只海鳝的注意，海鳝长长的身体正从缝隙缓缓滑出来，紧跟在镊口鱼的下方。海鳝很清楚情况：一个黄色的小傻瓜莫名其妙地用尾部撞着珊瑚礁，简直是在哀求自己把它吃掉。这只海鳝优雅地摇晃着尾部（它的全身几乎都是尾部）盘旋而上，开始攻击这只鱼的头部，但是令它吃惊的是，猎物居然逃开了。等等，有点不对劲！我明明已经抓住它了！海鳝无可奈何地回到缝隙中，拼命思考这个问题，但这已超出它的理解范围了。

原来海鳝是上了眼纹的当！

这只长吻镊口鱼正如它的名字，拥有一个长长尖尖、暗色的嘴，褐色的眼睛几乎小到看不见。它的身体从鳃部开始呈明亮的黄色，尾端有一个颇大的黑色斑点，乍看会让人误以为那是它的头部。这是一个伪装，四眼蝴蝶鱼也有类似的伪装。蝴蝶鱼的头侧有着深色的条纹，眼睛就藏在其中，极难识别，尾部却有两个像眼睛的斑纹。七夕鱼则总是围着一个小洞打转，遇到危险会将头钻进洞中，只留尾巴在外面。

它的尾巴？小新放声大笑：这条鱼太蠢啦！小新很小的时候也曾相信，只要转过身子别人就看不见自己。这只七夕鱼大概是头脑不清楚，才会将尾巴留在外面，以为这样别人只会抓住它的尾部！这个聪明的孩子这次却错了，因为七夕鱼的尾巴和一种肉食鱼的头部外观很相像，攻击者看到这个尾巴常误以为洞中的生物正贪婪地盯着自己，可能因此退缩。眼状斑纹是进化女神最伟大的发明，因为鱼都怕头部受到攻击，头部一旦遭到袭击，战斗力也会大减。所以，海鳝掠取的战利品最多不过是条鱼尾而已，而这次的经历它会铭记在心。

珊瑚礁是一个崇尚暴力的世界。

有些刺尾鲷的尾巴末端有两块时髦的尾梢，这可不是好玩的，因为在它用尾梢击打猎物时，尾梢的作用相当于手术刀，能扩大撕扯开的伤口。硬鳞鱼身上披着甲壳似的厚厚鳞片。河豚体内充满水，遇到威胁就会膨胀。有些鱼与环境完全融为一体，以防止敌人发现它，比如石头鱼，还没等旁人发现，已将自己的毒刺刺进对方的鼻子。简言之，这是一个缺乏信赖感的世界，而这一点我们完全可以理解。

除了清洁中心。

在清洁中心，动物们表现得很有教养，甚至还会排队。清洁鱼和清洁虾的生意十分兴隆，只要礁石群还在，这里就门庭若市。这时两条燕尾鲈遇到一条大魟鱼，白鳍礁鲨也踌躇地靠了过来，显然还没有下定决心。小清洁鱼跳着奇特的舞招揽客户，清洁场上的竞争十分激烈，宣传和促销相当重要。看来跳舞还是很有效的，因为最前面的燕尾鲈乖乖地张开了嘴，这回没有作战策略。刚才已经提到了，清洁场上有一些不成文的法律，即动物们不能吃自己的牙医和美容师。此外还有一些仪式，只有在顾客张大嘴巴表示愿意遵守规则时，清洁虾才会离开自己的保护洞，开始进行清洁工作。如何进行呢？清洁师不仅仅清洗客户的牙齿，还吃掉那些死去的鳞片、真菌和寄生虫。寄生虫是虾的美食，它们用锋利的剪刀掏出这些长住不走的讨厌鬼，鱼医生也欣然参与这个欣欣向荣的服务业。在附近的珊瑚区，很多动物接受它们的盔甲护理，一只巨大的老海龟安详地待着，让医生剔除它背上那些腐烂的海藻。鲨鱼把自己的牙齿托付给蝴蝶鱼，因为蝴蝶鱼能有效地去除它牙齿里的食物残渣。鲨鱼从来不吃蝴蝶鱼，因为吞食牙刷只会危害自己。

这种繁荣的共存生活是奇迹吗？不是的，因为在这里不存在友谊概念，这些景象只展现了礁石世界的一项关键原则：共生。

共生的群体间有一种持续付出和索取的关系，每个参与者都从中获益。清洁师的好生意建立在客户的痛苦上，寄生虫则是一种自私的共生者，它们不作任何贡献，却伤害寄主，掠取它们的血液。寄生虫长得愈好，寄主的状况就愈差。但某些寄生物是没有伤害性的，例如一种长着扁平脑袋的怪鱼，它们会紧紧吸附在鲨鱼和大鱼身上，跟着它们走，这种寄生物没有付出，但也不会造成伤害。人们或许会将共生视为一种最理想的生活形式，然而它其实是狭小空间里最高等的同居方式，各种共生方式丰富多彩、效果惊人。《海底总动员》中的小丑鱼就住在海葵丛中，因此又称为海葵鱼。因为有海葵提供庇护，帮它的领地划下标记，使它成为唯一能够逃过掠食者毒手的小鱼，所以它总是在海葵附近觅食，一遇到危险可以随时逃入庇护所。

在珊瑚礁的世界，领地是一种财富，没有领地就没有食物、没有家园、没有庇护。只有极少数珊瑚礁居民像流浪汉一样居无定所，如绿刺尾鲷，它到处觅食，旁人却奇怪地予以容忍。有规则就有例外，长久以来，我们对世界的理解一直很片面。此外，领地也需要守卫和安全巡逻，以防止野蛮人进攻，这也是经常发生的事。

天色渐渐暗了。

太阳很快沉到地平线以下，一切都变了，珊瑚城仿佛死去一般。许多动物居民都回到自己家里，待在角落边、缝隙里、岩块后，有些家伙则把身体的颜色变暗，希望能够躲过潜在的横祸。海蜗牛伸出细细长长的鼻子，刺进那些昏睡的鱼体内，神不知鬼不觉地吸了些血。

不一会儿，几条小金丝鱼出现了。那群黑纹云斑鱼也活跃了起来，离开珊瑚底下的避难所，夜猎的时间开始了。阳燧足和海百合从皱巴巴的桶状海绵中爬出来，海鳝也变得生气勃勃，它们离开岩缝，跟着自己的鼻子走，白鳍礁鲨追踪其他动物的电场。在夜色的保护下，大型浮游生物上升到水面，但肉眼很难发现它们，除非是宝石大眼鲷，而许多夜间猎人都长着明亮的大眼睛。鲈鱼也不愿意饿肚子。

这时，几百万户珊瑚虫的闹钟响了。

珊瑚虫陆陆续续从住处爬了出来，伸了伸自己的触角。活跃起来的浮游生物应该主动交税，因为它们每次上浮时必须经过珊瑚礁，这时数以万计的小蟹和小鱼就成了牺牲品，它们被缠在荨麻状的触角中，麻醉后被填进猎人的小嘴里。珊瑚虫进食的时候会促进钙的生长，钙又落回它们的公寓上，奇妙的珊瑚世界就会继续壮大。如果珊瑚礁衰落了，它们成长的速度就不会这么惊人。当然，“快”是一种相对概念，像枝状珊瑚（例如鹿角珊瑚）每年约增长15厘米，其他种类的珊瑚则每年增长1毫米，这种速度已足以抵消外界的冲蚀。

珊瑚虫有个很大的特点：拥有世界上最美的性爱！

许多珊瑚虫都是雌雄同体，有些则有雌性和雄性之分。每年全世界的珊瑚虫几乎都在同一时间产卵，整个过程井然有序，仿佛有人制订了一个计划，并召开大会宣布："开始产卵啦！第一个晚上脑状珊瑚产卵，第二个晚上轮到火珊瑚，蘑菇珊瑚不可以插队。"大家都遵守秩序，排队产卵。

珊瑚女士的卵在初春就已成熟，卵为小圆球状，刚开始是白色，在成长过程中逐渐变换各种颜色。日落后不久，珊瑚礁区开始出现奇景。雌性珊瑚虫同时生下了成千上万个卵，有些一口气生下来，有些断断续续，雄性珊瑚虫则释放出一团精子雾。此时水流很缓，卵和精子结合成受精卵的概率相对提高。珊瑚虫的卵像闪亮的珍珠缓缓上升，这一景象美妙得令人窒息，首次成功拍摄到这个奇观的是BBC"蓝色星球"系列节目的制作人。没多久，这些受精卵便孵化出幼虫来，它们像水母一样，先在水里自由漂流几天，然后才回到珊瑚礁区，建立自己的殖民地。

一切重新开始。

没有任何一个世界像珊瑚礁那般井然有序，没有任何一个地方的资源如此持续回收利用。在食物匮乏的赤道荒海中，在湛蓝的虚空中，竟然出现了地球上最丰富多彩的生命群体，一片生物多样化的绿洲。如果没有珊瑚礁，大部分海洋植物和动物都将永远消失。

现在我们要离开夜色朦胧的珊瑚礁，继续我们的旅行了。我们还有个约会。

和"大吞"（Gulp）的约会。

大　吞

请问，什么是大吞？

我到处问朋友和熟人，大吞到底是什么？经过一阵长长的沉默，才有人谨慎解释道：大吞可能是个小魔鬼，也可能是个小精灵，听起来似乎嘴巴很大；大吞或许是电影《鬼灵精》中厌恶圣诞的鬼灵精，或是《魔戒》中傻乎乎的咕噜。无论如何，它只能激起一些令人不快的联想：树林深处住着凶狠的大吞先生？来自大吞星球的袭击？

我提示一句：谁说大吞一定是一种生物呢？

哈！或许大吞只是个恶作剧：你想把我“吞化”？不是？那么是一种噪音吗？谁才能“大吞”呢？听起来肯定很可怕：吞！吞！大吞的意思是指吞食了什么吗？他规规矩矩地吞了一口；喝了一吞又一吞的啤酒；龙吞了一口，公主就完蛋了。

好，我说，非常好，那么继续。谁吃饭时才能“大吞”？大个子还是小个子？

大个子。答案正确，小东西吃饭时只能细嚼慢咽，“大吞”则需要一个大喉咙，所以原则上只有鲸鱼才有资格做真正的大吞。

好！

每个小孩都知道鲸鱼喜欢唱歌，但若鲸鱼听到这话，却会吓得脸色发白。自从无病呻吟的旋律成了时尚流行，鲸鱼也有了自己的音乐排行榜，它们每个季节都会改变自己的音律。喜好玄怪之说的人因此断定海洋深处藏着无穷无尽的秘密，然而有一点确定无疑，这些“夜间冥想”的音乐很适合水下的日常生活，因为它能震动鼓膜。研究者发现，公牛求偶或男性争斗时发出的噪音在150分贝到180分贝之间，这差不多是军用飞机起飞跑道旁的分贝值了。

事实上，并非所有鲸鱼都能唱歌，只有座头鲸才能进入金曲榜单，蓝鲸和长须鲸只能哼一些基础旋律，灰鲸的歌声则像地板在咯吱作响。如今这些哺乳动物已建立了一种文化交流机制，澳洲西海岸的流行歌曲能传到东海岸。

此外，蓝鲸、长须鲸、小须鲸、布氏鲸和座头鲸等须鲸家族的各种成员，方言都不一样，东太平洋的方言比西太平洋更通俗，大西洋的音律和印度洋的也有所不同。然而，不管这种语言的艺术性如何，人们总能辨认出那是鲸的语言。正如艾伦·德杰尼勒斯为《海底总动员》中的“多莉”配音时模仿鲸的语言一样，不同地区和种类的鲸鱼，彼此之间的语言有很大的差异。

令人惊奇的是，所有的鲸都有同样的喜好——大吞。

英语中的“大吞”是指大大吞了一口，也指“下咽、吞下、往里灌”。在鲸鱼研究者的语言中，“大吞”指的是须鲸进食的方式，也就是“滤食”。

须鲸是一个大家族，它们的鲸须比露脊鲸的短，特点是有凹沟状的喉腹褶，在摄食的时候，这些褶沟可以让口腔大幅扩张。当须鲸遇上一群磷虾时，会把嘴巴鼓成一个巨大的食物储藏室，在很短的时间内，将自己变成一个有颌骨的热气球，这对颌骨在水面上大大张开，便可吞下一大口磷虾小家伙。颌骨重新合上时，水便通过鲸须喷出来，浮游生物则留在胃里。“大吞”是须鲸共同的特性，成千上万的小蟹、小鱼、樽海鞘、蠕虫和水母都有相同的命运，被大吞了！

生食有个问题是，食物不仅不愿意乖乖跳上盘子，还会试图逃跑，这让事情变得很麻烦。想象一下，如果马铃薯、蔬菜和红烧肉也学会了四处逃窜，那么你只能饿着肚子睡觉，或是随便吃些东西果腹。须鲸也遇到了类似的问题，因此它们想出了绝妙的点子，例如座头鲸会深潜到磷虾群下方一边绕圈游行，一边从喷气孔喷出气体，再盘旋上升，制造出包围磷虾群的气泡环。磷虾因此全部挤作一团，就像被挡在气泡栅栏前，无论如何都逃不出这个闪亮的气筒。可怜的磷虾还没游出自己的影子，就惨遭"大吞"了。

唉，鲸嘛。

旗鼓相当的对手——还原《白鲸》现场

没有一种动物能像鲸鱼一样让人抓狂。对不幸的船长而言，莫比·迪克是邪恶的白色恶魔，为什么？因为这只白鲸不愿意被加工成鱼排和鱼肝油，谁要是觊觎它身上的肥肉，它就会咬掉那人一条腿，而且拒不接受顾客投诉。莫比觉得这样很好，船长的看法却不一样，当然他的下场也很出名：莫比撞翻了这位一心报仇的老人的捕鲸船，结果整条船都沉没了。

《白鲸》取材自一个真实的故事。19世纪初，一艘来自南塔克特岛的捕鲸船埃塞克斯号不幸遭到一只抹香鲸的猛烈攻击而沉没。梅尔维尔自己就喜欢捕鲸，十分熟悉捕鲸的场景。在埃塞克斯号遇难的31年后，他出版了这部小说，以此缅怀历史。在他的作品中，全船只有一个人活了下来，但讽刺的是，这位英雄逃命时紧抓着的棺材，原本是伙伴为自己准备的。

在埃塞克斯号事件中，历史并不如小说那般戏剧化，内容更为阴沉。

让我们回到1820年去看看吧。那艘三桅船约240吨重，费尽九牛二虎之力出航后，在库克群岛艰难地漂荡多日，最后总算有了一些收获。面对只有半满的储藏室，船长犹豫了，回家吗？尽管冬天的暴风雨季即将来临，但是区区800桶鲸脑油——水手昵称为“油腻腻的运气”——对一段漫长而劳累的行程来说，实在太寒酸了。经过深思，他决定驶向太平洋之外的未知领域，当时正是鱼群交配季节，他希望能发现一些奇特的大鱼群。最后，在冬季到来前几周，侦察员发现了抹香鲸，船长毫不犹豫地把三艘划桨船放下水，准备追踪鱼群。死里逃生的大副后来回忆道，船下水后船员第一眼就看到一头雄壮威武的雄鲸。

一开始兆头很好，他们果真发现了一个大鱼群，但后来鲸鱼顶翻了一艘船。一般情况下，鲸鱼面对捕鲸船会试图逃脱，有时会毁坏鱼叉，甚至伤害人命，这是很常见的情况。遭袭击后，叉鱼手和划桨手死里逃生，而且都没有受伤，但猎捕却陷入了僵局。大家焦急地修补着损坏的船，此刻一件令人讶异的事情发生了：那只雄鲸既没有逃走，也没有攻击其他小船，反而直接游向埃塞克斯号。船上的少年第一个看见了鲸，他声嘶力竭地喊了起来，大副立即下令避开鲸，所有人都陷入忙乱之中。然而，晚了一步！

“船突然像疯一了一样直立起来，好像要朝岩石跑去，”大副回忆道，“我们惊恐得一句话都说不出来。”

这场灾难发生180年之后，鲸类专家依然不太明白，那只鲸的方块脑袋里到底在想些什么。人们也不知道，它被攻击的时候是否受了轻伤、重伤或根本没受伤，而事实是，它掀翻埃塞克斯号的力量如此之大，连桅杆都颤抖着倾斜了。

难道那只鲸鱼明白，只要破坏了那些人“游水”的基本设施，他们就会一败涂地吗？它的认知能力难道足以领会“擒贼先擒王”的道理吗？第一次的碰撞是一场误会吗？万分怒气之外，那只鲸或许很恐慌，但撞船之后，它的头应该也疼得要命。

雄鲸像被麻醉了一般，在捕鲸人旁边愣着不动。大副想用鱼叉结束它的生命，却又担心如果有第二次撞击怎么办？他必须一击中的，才能避免一场生死之战。他们现在所能做的只是疯狂地甩锚钩，否则埃塞克斯号还会遭受更大的损失。

大副犹豫不决，因此他等待——等得太久了。

鲸鱼潜入水中，消失了。大副几乎有些失望，这时船员们个个松了口气。他们从未听说过对一整艘船下手的鲸，虽然大家不再信心满满，然而每个人都很高兴渡过了这次劫难。有些人私下议论，这只动物肯定是魔鬼的同盟，如果真是这样，有人预言好戏可能刚刚开始。因为人人都知道，魔鬼不是那么容易摆脱的。

可怕的是，接下来发生的事证实了这种说法。

雄鲸突然从深水里蹿了出来，直冲到水面上的三桅船前，再次猛撞埃塞克斯号。在强烈撞击下，船头裂开了，船上一片混乱，船员们试图封住船身的破洞。然而面对汹涌而入的海水，根本全无希望。叉鱼手和划桨手坐在小船里，目瞪口呆地看着巨船消失在波涛间，仿佛有只力大无比的手把它拉了下去。大家在浪花中漂流，拼命逃开埃塞克斯号沉没时的引力，有些人游到逃生船上，甚至抢救出一部分绳索、武器和补给品。他们把同伴拉上了甲板，已千疮百孔的捕鲸船则沉入海底。

有20名船员奇迹般地获救，但他们只剩下逃生船，在距离陆地数千海里远的广阔海面上漂流着，没有足够的粮食和饮用水。地狱之门打开了，与这个地狱相比，雄鲸的愤怒袭击仿佛只是一场小小的历险。83天后到达智利海岸时，只剩下5名船员，他们说了一个令人毛骨悚然的故事。

挨过了灾难后，船员们起初充满希望。船长和大副从船上抢救了导航设备，但该往哪里去呢？船长想去大溪地，大副担心那里有食人族，坚持应该去智利。船长承认，事后回想起来那是个错误的决定，因为大溪地并没有食人族，波利尼西亚岛也早就开垦了。无助的船员终于见识了大海的残酷，就像英国诗人柯尔律治在1798年的《古舟子咏》中写的那样：

惠风吹拂，白浪飞溅，

船儿轻快地破浪向前；
我们是这里的第一批来客，
闯进这一片沉寂的海面。

风全停了，帆也落了，
四周的景象好不凄凉；
只为打破海上的沉寂，
我们才偶尔开口把话讲。

正午血红的太阳，高悬在
灼热的铜黄色的天上，
正好直射着桅杆的尖顶，
大小不过像一个月亮。

过了一天，又是一天，
我们停滞在海上无法动弹；
就像一幅画中的航船，
停在一幅画中的海面。
水啊水，到处都是水，
船上的甲板却在干涸；
水啊水，到处都是水，
却没有一滴能解我焦渴。

大海本身在腐烂，啊，上帝！
这景象实在令人心悸！
一些长着腿的黏滑的东西，
在黏滑的海面上爬来爬去。

到了夜晚死火出现在海上，
在我们四周旋舞飞扬；
而海水好似女巫的毒油，
燃着青、白碧绿的幽光。

有人说他在睡梦中看见了
那给我们带来灾难的精灵；
他来自那冰封雾锁的地方，
在九寻的水下紧紧相随。

我们滴水不进极度干渴，
连舌根也好像已经枯萎；
我们说不出话发不出声，
整个咽喉像塞满了烟灰。

在海上漂流不到一周，水手已饥渴难忍，期间还遭到一只虎鲸的袭击，船差点被掀翻。水手再次成功防卫了这次进攻。他们也一直试着捕鱼，但毫无成果。后来，他们来到了亨德森岛，那是一片梦幻般美丽的环形珊瑚岛，本来以为得救了，但小岛上的食物很快就被一扫而空。有三个水手决定留在岛上，等待上帝指引别人来救他们，其他人则继续前行，再次回到茫茫的大海上，目的地是永远无法抵达的东方小岛。然而小船却偏离了航线，极目不见一块陆地，大海变得愈加汹涌，水手们又饿又渴，奄奄一息。

这时，一个幽灵般的想法浮现了，这个想法闻所未闻，在水手之间引发了热烈争论。“人毕竟是肉，”从事埃塞克斯号研究的心理学家苏德菲尔德博士解释道，“当人长期处于饥饿状态，面前出现100公斤或120公斤的肉时，他会立刻想去吃。”

刚开始时，水手只吃那些精力耗尽的死者，然而水手的生命力很顽强，因此食物又开始短缺。当大家离开埃塞克斯号78天之后，一些水手又提出新的建议。根据一位生还者后来的说法，这一刻意味着基督教义的完全堕落。船长气愤又心痛，因为那支“肉签”落到他侄子身上，但他最终还是服从了表决，让命运选出来的人被杀来吃掉。大副后来说，上帝的旨意在这一天失效了，神的规则被推翻了。

1821年2月18日，这段迷茫的行程结束了。大副和船长的船先后到达南美海岸。几个月后，有一艘船出发前往亨德森岛去救援留在岛上的水手。这段可怕的经历一直伴随着船长和大副直到生命尽头，但厄运似乎一直没有离开他们。船长最后沦为南塔克特岛的灯塔看守人，大副则重返捕鲸行业，在生命的最后几年，他精神错乱，一直住在备有储粮的山上。

白蘑菇如何看待白蘑菇酱——模糊的自然界线

我一直在思考，到了2006年我们应该怎么写鲸鱼？该继续把它们神秘化，以便更加保护它们吗？或者，我们应接近它们真正的本质，去除它们的魔幻色彩？鲸鱼目前生存状况如何？是否应细细描绘鲸鱼家族的每一位代表，呈现它们令人印象深刻的多样性？我们是该继续谴责日本和挪威，还是呼吁和平与宽容呢？（顺便提一句，这世界上还有其他捕鲸民族，包括印第安人和因纽特人。）

最后，我决定讲述一段200多年前的历史，因为这段历史隐藏了一些铁铮铮的事实。它告诉我们，在特定情况下任何人都可能成为猎物或纯粹的“资源”，每个人也都能成为猎人。据我看来，其实没有必要完全禁止捕鲸。同样，无视一切道德和生态底线去屠杀生物，以经济为借口逃避责任，也是一种罪行。我们必须重新走近鲸鱼，从笛卡尔的傲慢中、从神秘的虚幻中解放自己。我们为海洋哺乳动物所做的善事既非出于冷酷的营利思想，也与伪宗教信仰无关。大猩猩比虎鲸和海豚更接近我们，它们早已摆脱了两极分化，既没有被人捕杀得干干净净，也没有人将之奉若神灵。没有人会认为一头公牛的两角之间藏着关于世界的奥秘，我们理所当然地把它们加工成牛排和皮衣，而猪更是从未拥有过鲸鱼从捕鲸者那里所受到的尊敬。哺乳动物到底做错了什么？竟分别成了粗俗与高贵的象征，让人们肆意玩弄。

如果我们回想一下，远远往回想，将会看到陆行鲸。它不是坐在飞船上着陆的，而是湿漉漉的陆栖动物。回想过去，我们的祖先两栖动物，同样也没有太高的智慧，人类大概因为学会了跑步，显得比鲸鱼聪明些，但我们不能否认自己的兽性遗传。鲸鱼无疑比我们更具兽性，这点从它的行为举止和习惯中就可以看出端倪，但是它们其中的某些成员，比如虎鲸，拥有很高的智商，甚至足以与早期的人类媲美。我们应该把界线定在哪里呢？鲸鱼到底有几分是兽，以致可以被我们如杀鸡般屠宰；又到底有几分像人，以致我们得禁止捕鲸呢？人类如此血腥地对待自己的同类，与野兽又有何异？

我们又碰到了一个宇宙真理：自然界中所有的界线都是模糊的。至于人类杀戮的对象、人与动物之争早已过时，几乎是个骗局。我们必须承认，人是杂食动物，大脑高度发达，能够解决复杂的问题，也能通过缜密思考作出睿智的判断。我们永远找不到真正理性的解决方案，因为我们具有矛盾的情感，因此每个人都有自己的观点。

比如说，我个人非常尊敬素食主义者，如果他们的信仰是不吃肉，那么他们当然可以选择过这样的生活。然而，素食主义者没有任何替代方案，也无法解决任何问题，素食主义宣言里没有提到人类需要多少额外的农业星球，才能以纯植物食品来养活近60亿的人口。另一方面，我至今也不明白，当一把斧头砍进树皮的时候，树有什么感觉？胡萝卜被切碎时在想什么？白蘑菇如何看待白蘑菇酱？我们靠吃某些生物来存活，不管是植物还是动物，但我们不知道这些生物在想什么。我们的生存并不全赖这些有机物，但我们毕竟吃它们，比如松露和牡蛎。我没听说过有禁捕牡蛎政策，也从来没听说过我们必须保护这些奇妙的动物。

一切都很艰难。

或许我们可以一步一步来。人类是值得保护的物种吗？是的。白萝卜是吗？某种程度上是的。那么牡蛎呢？当然也是。鲸鱼呢？很明显，鲸鱼非常值得保护，是的！

同意。

再问一句：每个物种都值得保护吗？肯定是的！但每个牡蛎都值得保护吗？哦，这倒不一定。嗯——等等，有人在喊了：当然每个牡蛎都值得保护，因为它也是生命！好，又有人要问：那么胡萝卜呢？每根胡萝卜也值得保护吗？

嗯，呃，其实……不是的。胡萝卜这个物种当然要保护，但每根该死的胡萝卜需要吗？

那么每只鲸鱼呢？

等等，我们在牡蛎和胡萝卜的问题上多谈论一些。提醒大家，微浮游生物和超微浮游生物很难界定为植物或动物，动物和植物其实也有共同的祖先。我提出这一点并不是为了分化单细胞，而是要提醒大家，一切生命都有可能源自于海底中洋脊黑烟囱筒壁上的一个硫化铁水泡，因此大家都有共同的母亲。

胡萝卜也是生命，当然，精神正常的人绝不会因此就严正反对吃胡萝卜的行为，但我们还是有必要反省一下自己随意决定不同生物生死的做法。如果以道德为标准，那么人类将被划归为错误的发展，并会自行消灭，而人们不能指责动物吃其他生物，因为它们没有罪恶感的意识。严格来说，我们得微笑着饿死，才能避免吃的罪恶，不过这个主意并不好，我们不应让人类背负太多罪恶感从而失去生存的机会。

生态哲学家为此绞尽脑汁，成效却极微小。我们不妨换个说法。第一，人类应该吃那些可以维持生命的东西，对此我们并无异议。第二，人类也可以享受不只用来维持生命的东西；第三，人类不能为了进食而让生物遭受不必要的痛苦；第四，人类不能过度开发现有资源，以免造成无法挽回的损失；第五，低等生物和高等生物之间存在着一道界线，这仍是最棘手的问题所在。

一些进化生态学家和行为研究者相信自己已经发现了界线，尽管界线并不清晰。实验证明，少数动物能意识到自身的存在，个体知道：这是我，它能感觉到自己独立的个性，反省自己的存在，其中最著名的例子是镜像实验。很少有动物能在镜子中认出自己，然而有些猴子、海豚和虎鲸却有这种能力。许多生态学家因此开始研究这些动物是否具有人类的特点：认知的、自我意识的思考，移情能力，亦即感同身受的能力，并以此调整自己的行为。在这一点上，人类无疑位于所有物种的顶峰，我们拥有某种程度的自主（但现在的大脑研究学者连这点都开始质疑），这和许多动物相反，它们只是无意识地根据先天行为模式行动。当然这并不表示它们没有感情，痛苦、幸福、悲伤和愤怒是情绪化的状态，认知和移情并非这些情绪的前提。动物当然不像笛卡尔所说的那么机械化，其中极少数具有同情心，而这一点非比寻常。

我们从同情心的天赋谈到责任义务，两者紧密相连。有责任心的行为至关紧要，这和教条主义、盲目信仰、非黑即白的武断观点完全不可相提并论。大家应该多花点心力，以各种角度来观察事物，不断重新检视。拥有长久捕鲸史的加拿大马卡印第安人把鲸当成礼物，感谢它的牺牲，并通过宗教净化仪式来为猎杀作准备。对于现代社会，敬仰和杀害一个生物可能有点自相矛盾，而在马卡人看来，这种行为完全合情合理。当白种人坐在行驶中的火车厢里，抱持取乐心态扫射北美野牛时，他们已践踏了印第安人的基本法律，为印第安人所鄙视。

埃塞克斯号的幸存者经历了一个生物所能经历的一切阶段。起初，他们屠杀动物，视它们的生存要求于不顾，对他们而言，捕鲸是一桩能养家糊口的生意。当然捕鲸人中也有些人不只是把哺乳动物看成游动的鱼油库，他们会赞叹鲸鱼的美丽，会自问：这种动物在寂寞的深海里有何感受？不过原则上，游戏规则依然很明确：鲸鱼是动物，屠杀是合法的。

很快，屠杀者变成了被屠杀者，他们的敌人想出了计策。当然我们不知道那是不是计策，抹香鲸是否真有那样的智慧。人们知道，交配季节时雄性抹香鲸经常会发生斗殴，在那几个星期里，它们表现得格外好斗，那头抹香鲸有可能把埃塞克斯号当成了雄性竞争对手，虽然那艘船和抹香鲸的外形并不相像，但无论如何，水手们碰上了一个势均力敌的对手。

在《白鲸》中，梅尔维尔认为，船长的报复是一种隐晦的自白，他把鲸视为旗鼓相当的对手。在仇恨中，他提高了对手的水平，赋予它智慧和意图、狡猾的性格和自我意识。白鲸不再是一种资源，而是船长的私敌，具备了人的特征。但船员却不这样想。当动物不再是动物，也不是真正的人时，剩下的是什么呢？白鲸或许就是魔鬼，一个扰乱上帝秩序的生物，因此必须被消灭。愤怒的捕鲸人不断挑衅人类自我界定的界线，这种行为带有一种深深的苦涩。试想一个养猪户怎会认为他养的动物比自己高贵呢？然而庞大的鲸如此深受喜爱，以致猎人们反而成了垃圾，被大海抛弃，被正派人士藐视。鲸鱼是理想世界的宠儿，人类自己才是所谓的坏蛋——好，好吧，如果别人称我们是流氓，那我们就是了。反正没有人会听我们的。

或许正因如此，鲸鱼才会遭人疯狂屠杀吧。有人称鲸鱼为进化女神的宠儿，甚至把它们的命运看得比水手还重。而水手不捕鲸就会失业，无法负担孩子的学费，因此捕鲸人遇到反捕鲸派就会火冒三丈，几乎要大打出手，他们的想法是：动物的价值如何能超过我的家庭呢？

只要前景艰难，任何讨论都会陷入僵局。经过深思熟虑后，双方代表最近都试图平心静气地重新开始对话。然而还是有很多人在煽动情绪。双方各执己见，却是有沟没有通，只将对方视为眼中钉。

再回到埃塞克斯号的话题上。被鲸鱼攻击而吓得惊慌失措的船员驾着小木船驶向太平洋，随着鲸鱼离开，他们既不是猎人，也不是猎物了。当饥饿和困乏袭来，还有伴随而来的可怕症状：四肢水肿、肌肉萎缩、头痛，人类心中的兽性也渐渐苏醒了。等到若干船员筋疲力尽而死后，关键问题出现了：为了活下去，能吃他们的肉吗？人，还是人吗？

吃人肉虽不是谋杀，但无论如何，船员的自我意识已出现分裂。接下来还有什么？很快就有了答案，有人被杀掉，被吃了，一切伦理道德最后都崩溃了。有人思索着，他们怎能吃自己的同类，甚至为此而杀害他人，这种方式让所有参与者都充满恐惧和自我仇恨。几天之后，这出剧终于到了落幕时刻，人们最终还是被兽性占领：不再抽签，而是直接攻击最弱的弱者。

我们可以把埃塞克斯号的故事解读成一部人类的崩溃宣告。我们会如何指责这些绝望的水手呢？饥饿比禁忌更强烈吗？他们在生存之战中放弃了文明法则，难道是想体验人类最大的不幸？他们并没有变成动物，行为却有如动物。兽性注入了每个人体内，因而采取了消除危机的原始方案。如果船员们打死一只鲸鱼来充饥，相信没有人会因此追究他们的责任，但若是这样，他们也就不能看清自己了。

决战数百年——捕鲸面面观

捕鲸已经被讨论了几十年，在生态或道德的背景下，总是和一个问题联系在一起：无论我们将鲸当成动物还是对手、资源，人类可以占有动物到什么程度？我们必须告别对统一和平解决方案的憧憬，我们一无所有，只能视对手的发展程度来衡量自己的行为，看它们在我们眼中的“人性”程度。这种方法并不理想，因为事实上虎鲸即使可以比我们更聪明，能写哲学论文、设计火箭驱动，却不会因此而人性化。它们不会分享我们的价值，而是信仰它们自己形成的道德观。这就出现了一个问题，当某个物种突破了我们价值观的框架时，人类或许根本没有能力判断它们的智力和教养。

在一个高智慧的外星文化中，生命或许可以享用死去的同伴，甚至自己的孩子，而这种行为被视为是高贵进步的，是一种追忆或尊重，然而我们对此可能无法理解，只觉得恶心。我们无法想象其他的价值，只知道价值的缺乏。殖民主义的历史已告诉我们，这条路会通向哪里。人们曾多少次粉饰自己“野蛮的行为”啊！

第一次读完佩利·罗丹的作品后，我就开始渴望结识来到地球的外星人，但我也很担心，这样的邂逅或许会以灾难告终。人类无法平衡自己的智力、意识和情感，我们缺乏这些基因，人类无法理解异类，最多只会认为他、她或它应该再多学点知识。

只要我们一直希望在异类身上发现人性化的东西，就永远无法理解外星人或虎鲸。我们应该，而且必须展现人性！这是一种分辨的能力和富有责任感、宽容、同情心的能力，体现了真正的智能，其中还包括接受自己无法领会的价值观。外科医生和大脑专家能够打开动物的脑壳，但恐怕永远也无法了解鲸到底有多聪明，以及它有何感觉。

我们应该思考，面前的对手虽然陌生，但它们是不是一种高智商、高素质，甚至远远超越我们的物种呢？当我们有朝一日去其他星球旅行时，这问题就会凸现出来。这些物种是否已高度发展成一定程度的文明，能反思它们的环境和自身，能体会被捕猎的痛苦呢？如果是，这一物种又属于哪一意识阶段呢？

第二个问题：无论我们做何决定，人类对整个星球的影响有哪些呢？

换言之要问：鲸鱼究竟有什么长处？

抛开情感因素不谈，鲸鱼首先是一个生态因子，发挥了重要的作用，否则进化女神也不会大费周章创造出这么庞大的家伙。我之前已简要介绍了两种鲸鱼：须鲸（以座头鲸为例）和抹香鲸，今天我们笼统谈到鲸鱼时，总是忽略了这个大家族中其他形形色色的成员。露脊鲸、侏儒鲸和须鲸属于须鲸目，它们该长牙齿的地方只有角质的帘幕，即所谓的鲸须，这些鲸须可以帮它们过滤海洋中最小的生物和鱼类。与须鲸相反，露脊鲸不能鼓起喉部，它们张着大嘴在海洋中徐徐游弋，像个巨大的吸尘器，横扫大西洋和太平洋的北极、格陵兰和南极。介于露脊鲸和须鲸之间的是灰鲸，它具备两者的特征，生活在近海一带。

须鲸是海洋的大型筛检器，几乎全是庞然大物，最长纪录保持者为蓝鲸——33米，这也是地球上最大的动物。座头鲸歌声动听，很早以前就开始唱“漫游是磨坊主人的乐趣”[1]，还发明了“气泡捕鱼法”。事实上须鲸是候鸟一族，它们在夏季前往极区水域，在那里吃得饱饱的，到了秋季又往赤道方向迁移，南下加州和夏威夷附近水域，这里也是它们最喜爱的交配地，小宝宝就在此出生，跟着爸爸妈妈在冰冷的海水中进行下一季的旅行。这是一段危险的旅程，因为途中有饥饿的齿鲸觊觎这些未成年的灰鲸和座头鲸。

灰鲸是长泳的世界冠军，它的资质不在于速度，而是耐力。它外表平庸无奇，不如其他鲸鱼那般美丽；也不像座头鲸那样，能用它的长手得体地打招呼（人们视其胸鳍为手）；体长仅14米，远不如蓝鲸，身上又有许多斑点，恰似苏格兰的古堡墙，而且身上长满了寄生虫，给人的印象欠佳。我们无法责怪它，因为没有任何鲸像灰鲸那样深受鲸虱和藤壶的迫害，成年灰鲸身上的寄生虫可重达200公斤，而它那谦卑的脑袋又小又尖，窄窄的胸鳍好像桨一般。

灰鲸看似脾气不好，与人类接触时倒是大致友善，既好奇又可爱。观察灰鲸时，只要轻声轻气，就可以近距离观察它们。若是站在小船上观赏灰鲸，往往只需伸出手就能拍打这庞然大物的背部。灰鲸和人类交往时彬彬有礼，因此如果我们听到北美捕鲸人称它们是“魔鬼鱼”时，或许会大吃一惊。

因为灰鲸并不总是温柔可亲，当子女受到威胁时，它们会浴血奋战，拼尽全力守护自己的宝贝。在捕鲸技术还不发达的时代，得胜的多半是灰鲸，能把捕鲸船打得人仰马翻。如果说捕鲸业也经历过一段浪漫时期——人和鲸鱼的决斗，那今天的情况则早已改观。在现代捕鲸船面前，鲸鱼完全没有胜算，捕鲸人很少遇险，丧生的永远是鲸鱼。

---

1 “I want to wake up in a city that never sleeps...，为弗兰克·辛纳特拉的名曲*NewYork,New York*中的歌词。

一般情况下，灰鲸依然是温顺的动物，它们吃磷虾和小鱼，尤其喜欢欧努菲虫。这是一种瘦长的蠕虫，成千上万地聚居在海岸的浅滩区。灰鲸喜爱在海岸附近活动，在120米以下的水域很难看到它们。须鲸是“大吞”一族，像挖土机一样开垦海洋；灰鲸则是另一种风格，它们很低调，喜欢在泥巴里觅食，大小通吃，无论是泥巴还是活物，身后总留下长长的一条沟壑和一团泥雾。它们通常三五成群地活动，有时也会单独出行。灰鲸的行为举止非常从容，进食时会让人误以为在睡觉，但有时会突然纵身一跃跳到空中，把头探出水面观察周围的动静，让人大吃一惊。灰鲸也是伟大的漫游者，没有任何一种动物像它们那样热爱旅行，一只成年灰鲸每年可以游行2万公里！

最近这些年，我们又能经常看到灰鲸了，比如在加拿大不列颠哥伦比亚省便常有灰鲸短暂栖息。19世纪初期，灰鲸几乎濒临灭绝，当时人们大肆猎捕灰鲸，甚至在只剩几百只时也未曾停止屠杀。直到1946年，他们才在环保组织的压力下停止了猎捕行动。此后灰鲸的数量终于有所恢复，2001年，世界自然基金会估测全球共有27000只灰鲸，但依然还有一大部分无可挽回地消失了。尽管目前法律明令不得猎捕灰鲸，但仍有部分国家基于所谓“科学目的”恣意妄为。由于灰鲸常在海岸附近徘徊，很容易受到工业废水的侵害或落入渔网。某些“赏鲸”团体其实是在捕鲸，致使许多灰鲸仍面临极大的生存压力——轰鸣的快艇和远洋轮船对它们紧追不舍，船上的人通过无线电互通信息，根本不像无害的赏鲸者。

大部分鲸鱼类都没有享受到联合国保护措施的庇护，除了灰鲸，同样被列入保护的巨大南极露脊鲸也差点全军覆没。从前，南极露脊鲸的数量曾有7万之多，今日存活下来的仅7000多只（从大规模商业猎捕时期之后算起）。北极露脊鲸的处境也好不到哪儿去，格陵兰附近的北极露脊鲸数量曾有25000只，如今顶多只有100只了。小须鲸是受保护的鲸类中唯一数量还有数十万的种类。所有其他鲸鱼的生存目前都受到严重威胁，300年前，硕大的蓝鲸还有25万只，现在只剩5000只了。

想要看见这种世界最大动物的概率，几乎比彩票中奖的概率还小。

那么，齿鲸家族中唯一的大块头莫比·迪克呢？

20世纪80年代之前，全世界都在猎杀抹香鲸。从前有300万只，我们不知道目前还剩下多少，可能不到1万只。即使有100万只抹香鲸逃过大屠杀，其后果也一样触目惊心。一个物种的数量缩减到原来的1/3，其对生态改变必然会导致重大的影响。

进化女神坐了冷板凳——生态适应期缩短

正如我们所见，进化女神已不再眷恋她的创造物。当然，在地球史中，物种的灭绝已持续了几百万年，这是一个绵延不断的过程，旧物种慢慢为后起之秀让出自己的位置。巨齿鲨曾是海洋之王，世界需要它的存在，这样其他鱼类和鲸鱼才不会毫无顾忌地繁殖。最后，大白鲨向它提出了挑战，这是一场漫长的竞争。巨齿鲨的离去并没有留下生态漏洞，它的位置被其他鲨鱼接替了：咳，你们这些傻瓜！我来自我介绍一下，本人是大白鲨，巨齿鲨已经完蛋了，从现在开始，就由我来负责吃你们。

好，用餐时见。

问题来了。人类疯狂地加速一个物种的灭亡，却无法带来自然平衡，我们成功地让进化女神坐上冷板凳，这是一种史无前例的局面。如果我们在20世纪让所有国家继续随心所欲地猎捕鲸鱼，那么所有的鲸鱼恐怕早已灭绝，结果可能导致磷虾和其他浮游植物爆炸性地繁殖。我们知道，地球的环境非常敏感微妙，连最小的生物都发挥着重要的作用，可以想见当大型动物消失时，世界会变成什么模样。

齿鲸的情况亦然。迄今为止，我们只认识了18米长的抹香鲸。抹香鲸是唯一遭商业性猎捕的齿鲸，它们吃鱼类和甲壳动物，主食则是生活在深海的乌贼。为了抓乌贼，抹香鲸的确冒着极大的“脑袋”风险，因为它的脑袋里有一种奇特的物质——鲸脑油。几百年前，人们正是为了这种油，才开始大肆猎捕抹香鲸。

它的脑袋与众不同：头部呈方形，形状像盒子，长度占身长的30%，狭长的下颚长着牙齿，上颚却没有牙齿，只有一些小沟缝，刚好够下齿放进去。它那巨大的头部里是重达10公斤的大脑，这无疑是动物界最庞大的大脑，但却不能以此断定它们是否智力超群。首先我们得知道为什么它的脑袋这么大，负责哪些功能。齿鲸和须鲸不一样，它能回声定位，而这需要神经系统的配合。

抹香鲸头颅里的主要物质，便是上文提到的鲸脑油，这是一种黏稠的蜡状液体，从前的捕鲸人认为那是精液，因此在英语中，抹香鲸依然被叫作“精液鲸”。嘿，恭喜啦！众所周知，男人只会用下半身思考，可是两吨精液也太夸张了吧？不是的，这种物质和射精的愉悦并没有太大关系，但人类至今依然不清楚这种液体对抹香鲸有何用途。那可能是用来支撑头部，以便能让它用头撞倒情敌和船只的——激战中的抹香鲸经常像公羊一样用头猛烈撞击对方。另一种说法似乎较为可信：抹香鲸能通过导入海水改变脑油的中间密度，使自己的脑袋变重，然后迅速潜入深水，在永恒的黑暗之国找点心吃。它能潜至水下3000米深，在那儿逗留一个多小时和大王乌贼斗法。

有些鲸鱼研究者相信，鲸脑油能帮助抹香鲸在潜水前抽空肺部的空气，还可以吸收氮，因为在高压的水下，鲸的血液中会形成氮泡。还有人认为，这种液体在回声定位中发挥着重要的作用。但一切都是猜测，唯一确定无疑的是，正是因为这种可以加工成蜡烛的鲸脑油，抹香鲸才遭到大规模猎杀。

抹香鲸四处为家，尤其喜欢热带和亚热带地区。人类开始捕鲸之前，大海中经常游荡着成百上千的鲸类大队，如今这样的兵团一般仅有20只，主要由雌鲸鱼和小鲸鱼组成。性成熟的雄性通常和其他雄性结成男士团体，只在交配季节才去拜访女士们。雄鲸鱼妻妾成群，这些先生垂垂老去后，又会摇身变成独行侠，但脑子里依然储存着两吨的“精液”。如此看来，身为老抹香鲸也不是一件易事。

抹香鲸一般能活到七十五岁，如果人们让它活那么久的话。最近几年的情况却不太一样，人们发现了一件非常奇怪的事：自1985年的捕鲸禁令生效以来（嘲讽派认为这道禁令只有一半的效力），抹香鲸的平均个头竟变小了！亲爱的，我把鲸鱼变小了吗？但鲸鱼是不会轻易变小的。埃塞克斯号的幸存者大副认为，毁灭他们船只的雄鲸有25米长，我们没有理由不相信他，而且当时其他的捕鲸人也证实了这一说法。

这种现象可以如此理解：如果某一物种的国民代表突然变小了，那它们肯定遭到了过度猎捕。也就是说，人类已开始屠杀未成年的鲸鱼，因为大鲸鱼已全部罹难，因此鲸鱼的下一代也受到牵连。这些小鲸鱼在年幼时就被人类捕杀，因此数量日益下降。我们不知道抹香鲸的灭绝会导致生态环境发生怎样的变化，但如果它们完蛋了，乌贼肯定会举杯欢庆，感谢乌贼国的上帝，然后大量繁殖小乌贼。或许这就是结果。但须鲸的消失却会深深撼动人类的生存，整个大气层都会受到影响，毕竟浮游植物对大气层意义重大。

任何形式的滥伐和大屠杀行为不仅缺乏人性，而且愚蠢不堪。最新数据显示，人类的愚蠢几乎无以复加，在短短300年间，人类将一个物种从300万只削减到只剩1万只，展现了一种史无前例的愚蠢。我们摧毁了自己最应引以为傲的唯一能耐：担当责任的禀赋，为了自己，为了自己所热爱的地球。然而人类却因无知和傲慢而心满意足，插手干预自己并不理解的世界，一知半解地争论着，却拒绝真正的信息。

此外，我们还得面对另一个棘手问题：鲸鱼搁浅。对此，所有人都在盲目地互相指责、推卸责任。目前我们依然不知道为什么鲸鱼会这样死亡，然而某些证据显示，人类至少要对一部分鲸类搁浅事件负起责任。我们制造的海底噪音让这些动物忍无可忍，例如挖掘矿井的爆炸声，或大公司为了开采天然气和石油而引爆的气弹，这些爆炸声威力巨大，可造成严重伤害。证据显示，鲸鱼如果被2000赫兹的脉冲击中，会出现听力障碍，甚或影响它日后的生活。

我们不能断定鲸鱼是故意逃到陆地上来的（仿佛它们是因为耳朵痛才决定终结自己的生命的），然而值得注意的是，鲸鱼搁浅经常发生在北约军事演习和声呐系统运作频繁的地区。很多人问过我，我在《群》中写到的美国低频主动声呐列阵感应系统（Surtass LFA）是否会导致鲸鱼的鼓膜破裂和脑出血？Surtass LFA是一种侦察潜水艇的系统，20世纪90年代由美国政府研发而成，是重要的海洋军事设备，能让海军监控海洋3/4地区的动静，因为水是极佳的声音导体。

今天，没有人会否认声呐对鲸鱼的侵害，包括海军在内。在搁浅的哺乳动物身上会见到出血的情形，这正是典型的噪音受害症状。不幸的是，我们无法理解鲸鱼的痛苦，因为这种噪音不会对人类的耳朵构成损害，绝大部分令鲸鱼发疯的声响，人类却无法察觉。鲸鱼发送的频率是次声，和我们不同。它的声音能快速传送，归功于声波在水下的扩散速度。声波在水中的平均传播速度远远高出空气，而且声波愈长，在液体中传播得就愈快，而低音比高音的声波长。

抹香鲸的交流频率在20赫兹到2万赫兹之间。它们吼叫时，远处的礁石都会随之晃动，人类的耳朵却毫无知觉。相反，在它们的耳朵中，冰川断裂的声音就像打雷一样，水下爆炸的轰隆声会令它们的耳道痛苦异常，如果一不小心流落北海，各种声响会让它们完全迷路，那里的700个海上钻油平台将使它们感觉身处地狱。

噪音令它们痛苦。鲸类学家指出，180分贝以上的声音会震裂鲸的鼓膜，而在SurtassLFA的无数扬声器中，任何一个都有215分贝，哪怕距声源远达500公里之遥，感受到的声音也有120分贝到140分贝，正是这种声音导致座头鲸、灰鲸和北极露脊鲸放弃了生命。人类制造的声音高达235分贝，甚至更高，这种频率的声音能借海水传到非常遥远的地方。北约在加纳利岛从事相关试验时，发生了大规模的鲸鱼搁浅事件，人们刚把它们推回水里，它们又涌向岸边，直至断气。2000年，又有16只鲸鱼在巴哈马搁浅，当时Surtass LFA正在附近从事实验。

海军郑重声明，为了不危及鲸鱼，他们一直在不计代价地改进系统，甚至专门开发一种特殊声呐系统以及时定位海里的鲸鱼，以便在它们靠近时关闭主系统。问题在于，海军和独立研究者得出的结论并不相同，他们认为鲸鱼可以忍受180分贝以下的干扰，但事实证明这是错误的看法，因为150分贝就会令座头鲸沉默，180分贝会让它们彻底恐慌。打个比方，一颗炸弹爆炸的声音是170分贝，如果你站在爆炸现场，整个头颅都会被炸裂。

2002年底，洛杉矶根据各界人士的请愿，制定了一项法律，强迫美国海军根据物种保护法调整Surtass LFA系统，当时英国、俄罗斯和中国依然在进行相关实验。这些人都是正直的科学家，为了有效工作，他们需要健康的睡眠，晚上离开40分贝的办公室，在70分贝的街道上开车回家，在平均10分贝到20分贝的卧室里安然入睡。

搁浅的鲸鱼几乎全是齿鲸，这点正好验证了声呐观点。另外还有个问题是，影响齿鲸的不仅是噪音的强度，声音的传播也搅乱了它的方向感。只有齿鲸会回声定位，这是一种生物声呐，通过发出和反射细小声音来定位，这种感官对它们极为重要，可以借此判断距离、追踪猎物、绕开障碍物和找到正确的路线。

鲸鱼研究者担心，外来的声呐会干扰这种生物指南针，就像人们在铺路时使用了错误的路标一样，鲸鱼最终会抵达一个它们最不愿意去的地方：海滩。抹香鲸的行动说明，全球各国使用的Surtass LFA声呐系统极易影响鲸鱼的生活，这种噪音会令它们情绪恶劣。在类似的情况下，人类也会有相同的反应，听到枪响时，人们根本无法进行正常的对话。

因此，我们就遇到了生态适应期缩短的问题。进化女神需要时间来改变世界，然而鲸鱼却没有机会让自己的听力适应新的环境。不久之前，人类还在驾驶帆船航海时，海洋并不像今日这样喧闹。而今天的海面充斥着油轮、货船、渡轮、渔船、游轮和汽艇，均无一不采用声呐导航，到处都在爆破、兴建和钻孔。短短几十年内，海面已由世外桃源变成一个女巫的蒸锅。所以说，只有人类才会冷落进化女神，迅猛地改变世界，进化女神完全没有调整的时间。

所以，鲸鱼才会不断搁浅。

环保主义者很不喜欢以下各种说法：大规模的鲸鱼搁浅事件在几百年前就经常发生；鲸鱼头部的铁化物令它们拥有生物指南的能力，能够根据地球磁场定位方向，所以某些搁浅事件很有可能是错估磁场的下场；鲸鱼和人类很像，人类习惯自相残杀，鲸鱼有时也会歇斯底里；很多搁浅的鲸鱼是因为跟错了向导，等意识到时为时已晚；有时人们辛辛苦苦将搁浅的鲸鱼推回海中，它们很快又会回到海滩，虽然那里并没有军事声呐的隆隆声；噪音会导致鲸鱼的内伤，但统计每年搁浅鲸鱼的总数之后，会发现它们大脑和内耳出血的情况并不多见；几十年来，搁浅鲸鱼的种类几乎没有发生变化；鲸鱼愈多，搁浅事件就愈多，鲸鱼愈少，搁浅也就愈少。

听起来很可笑吗？的确。然而如果我们相信伦敦国家历史博物馆的调查资料，那么不断增加的搁浅事件会告诉我们，鲸鱼的数目似乎又有所增长。

我们依然不知道，人类应该为鲸鱼的死亡负多少责任。因此许多人认为，鲸鱼面对的最大风险依然是渔网。很简单，因为这是唯一百分之百的明证。在渔网中丧命的鲸鱼，自然不可能因为慢性支气管炎而死。

还有一些说法也是鲸类保护者不愿听到的，例如虎鲸和孩子们热爱的海豚并不那么温顺善良。20世纪90年代末期，在苏格兰因佛尼斯附近的海湾中，发现了40只被冲上岸的鼠海豚，身体状况很不乐观：肝脏撕裂、颅底骨折、肋骨断裂、椎骨碎开、伤口裂开。人们以为肇事者是船体螺丝、不道德的渔夫和海下发电站，每个人都可能是肇事者，然而没有人猜到真正的罪魁祸首——宽吻海豚。

宽吻海豚的家族很庞大，它们和鼠海豚一样以这个海湾为家，却会对自己的表兄发动致命攻击。显然，这些苏格兰流氓根本配不上善良哺乳动物的美好世界。现在人们发现，必要时，宽吻海豚甚至会杀死自己的后代。它们动不动就萌生杀意，或不怀好意地戏弄其他海洋居民，但有类似举动的并不只是它们。海豚也很贪玩，有时候会出其不意地咬住一只小海狮，或把身边的小海豚扔出海面，由另一只接住，转个圈后扔给第三只游戏参与者，因此造成这只茫然无措的小海豚受伤，甚至在空中被撕裂，然后被大伙儿吃掉。这些家伙就是以此为乐。

鲸群又开始歌唱了："我们不能拒绝游戏……"

海豚难道是蓄意谋杀吗？不可能！有人立刻跳出来反驳，当然这是人类的一厢情愿。事实是另一回事。在秘鲁海岸猎捕海狮的虎鲸处理战利品时，也喜欢玩类似的游戏，这已是延续了几百年的风俗。猫到底在和老鼠玩什么游戏呢？虽然有日内瓦条约，但有多少"老鼠"依然被凌辱致死呢？

至于不列入坏蛋行列的捕鲸者，也同样不受欢迎。指责挪威人和日本人很容易，但加拿大的印第安人、原住民和位于北部高纬度的因纽特人却抱怨说，他们捕鲸是生活所迫。面对这些人我们该怎么办？他们说，捕鲸并不只是他们的传统，鲸还可以为他们带来肉和钱。我们当然也要对此加以禁止，这样一来，强者的骄傲感才能得到暂时的满足：那些纯粹出于经济原因便将鲸鱼拖上岸杀死的国家，正试图保护最后几只鲸鱼——保护它们远离那些不会伤害它们的人之手。历史悠久的捕鲸者，加拿大努特卡印第安人，于1920年自愿停止猎捕，在他们的努力下，1995年对捕鲸额度作了妥协。我们当然可以问他们：你们就不能不吃鲸鱼吗？但另一方面，努特卡人同样也可以就欧洲家禽饲养场的问题来质问我们。然而如果无法猎捕一角鲸、白鲸和其他海洋哺乳动物，因纽特人将举步维艰，因为他们以此为生。

应该强调的是，我们在这里讨论的并不是要弱化人类的影响，或将屠杀鲸鱼合法化，而是要进行全盘考虑，以免因小失大。愤怒的反对者总是可以用特例来论证其观点，但这是无济于事的。有责任的行为意味着我们对物种的尊敬，意味着深入了解其生活环境、所有影响因素，以及各种已知的相互作用，只有在了解了所有因素，将健全的理智置于一切争议之上时，我们才能解决问题。

我相信，鲸鱼们也是这么认为的。

大吞！

被猎捕的猎人

如果没有狮子，坦桑尼亚的塞伦盖蒂国家公园会变成什么样？

羚羊放声歌唱：天堂来了。角马和斑马也跟着一起唱：天堂，天堂！统治者下台后，犀牛和河马也会很高兴，因为国王曾吃过它们的孩子。

塞伦盖蒂国家公园的狮子和豹子数量正在急剧减少，虽然它们仍然统治这个有蹄类哺乳动物的王国，但这些哺乳动物的更大威胁还是来自盗猎者的卑鄙圈套。大型猫科动物只有一个诉求：素食动物的数量不能太多，否则会引发灾难。但如果把这话告诉有蹄类动物，羚羊会说：我们肯定不会这么做，把这些愚蠢的狮子弄走吧。

好的，把狮子弄走。

这时，羚羊、角马、长颈鹿和斑马要先大吃一顿以示庆祝。它们吃啊吃啊，胃是爱情的催化剂，于是它们在盲目的爱情中拼命繁殖，但已经没有大家伙来吃它们了，它们的数量立刻迅速增长，然后小家伙也开始大嚼草茎和树叶，直到没有东西可吃为止。这些贪吃鬼疯狂地增长，其他物种受到了威胁，植物开始濒临绝种。植物消失后，重要的昆虫也完蛋了，然后是鸟类，塞伦盖蒂公园变成了荒漠。

渐渐地，大家开始呼吁尽快弄些狮子回来。犀牛认为，这些大猫其实也没有那么可恶，我们可以和它们达成协议。角马说：好吧，你们当然会安然无恙，我们却会像从前一样被吃掉，恕我无法答应。角马反对犀牛的提议时，它们的声音是那么低，因为它们已非常虚弱，死亡远比狮群离得更近。

犀牛说：这样的话，只有一个办法，你们必须死，死得愈多愈好，不然大家都得完蛋。

不，不，好吧！狮子在哪里？

最后，所有动物都希望狮子回来。可是，糟糕！离开了就是离开了。动物面面相觑：什么，再也不会有狮子了？众生悲叹，它们没想到会这样，这里不再是乐园了。当大自然没有生态管理者之后，一切都糟透了。

我们不能没有鱼翅？——只是视而不见罢了！

来自中国上海的胡先生是优秀的厨师，他坐在自己的小餐厅里列举了一大堆食材：鸡胸和熏肉、切成薄片的生姜、洋葱、一份上好的高汤。他解释说，腌鸡肉的卤汁很重要，由蛋白、花生油、米酒和香料制成，鸡肉泡在酱汁里的时间要恰到好处，最长半小时，然后加入油。除此之外还要用到火腿丝、豇豆、醋和芥末。

哎呀，差点忘了主料鱼翅。

胡先生说：新鲜鱼翅和干燥鱼翅当然有别。如果是干燥过的，必须浸泡一夜，再焖两小时，软骨必须焖断，但不要太软，然后把水沥干，将鱼翅放进特别调制的酱汁中，去掉残余的鱼腥味。

每一位优秀的厨师都有自己的秘方。胡先生说，没有新鲜鱼翅时，他都是按照自己的秘方烹调，因为需求很大，多数时候他只有晒干的鱼翅。胡先生知道，自从他把招牌菜鱼翅从菜单上撤走后，许多顾客就不再上门了，美食家也不再理睬他。但他也知道鱼翅是怎么运到市场的，还知道身上长有这些鱼翅的鲨鱼的下场是什么。

胡先生说："其实每个人都知道，但都对此视而不见。"

当胡先生明白鲨鱼是如何失去鱼翅后，再也无法坐视不理，尤其是看过中国动物保护者的纪录片后，他再也不喜欢喝自己做的鱼翅汤了，甚至和顾客激烈争论，但依然坚定地拒绝再做鱼翅汤。

一位面相和善、留着三分头的矮个子男人说："这是骗人的，我们吃很多东西，如果要这样想，很多东西我们都不该吃。欧洲人吃鹅肝，日本人吃生鱼片，我不认为鹅会关心自己肝脏的下场。谁能反对一切呢？只是，鲨鱼这回事嘛……我们总得有个立场。"

鲨鱼到底怎么了？

看了上文，你的情绪还稳定吧？那好。设想一下，你是一只鲨鱼，漫游在广阔的大海里，忽然看见一顿美食，一条美丽的大鱼，奇怪的是，它已经被切成两半。你不计较这些稀奇古怪的事，你饿了，于是吞下了这个诱饵，突然间你被吊在一根牢固的长绳上，开始挣扎。你嘴里的某个部位插着一个钩子，接着被拖行了好几米。你绝望地挣扎，试图重返自由，同时绳子在你身上绕了好几圈，带来一股撕扯般的疼痛。你渐渐丧失了力气，眼前愈来愈暗，这时一艘大船出现在面前，你很快感到自己被拉出海面，愈升愈高，最后啪的一声掉在甲板上。一个人狠狠地将鱼钩从你的颌骨里拔出来，撕破了你的腭，另一人在一旁观看，后来拿了一把长刀将你从尾部一直切到头部，迅速将鱼鳍砍下。

你被重新扔回海里。

你没有死，只是残废了，你将以一种痛苦的方式死亡。如果有人迅速冒出来把你吃掉，结束你的痛苦，那你应该感到高兴，可惜没有。你沉到海底，因为已无法游泳而不能捕食，然后就咽气了。慢慢地，你到达了鲨鱼的地狱。

趁鲨鱼活着的时候将它们的鱼鳍砍下，这种方法叫作采鲨鱼鳍。专家证明，正是人们对鱼翅美味的兴趣，令一些种类的鲨鱼濒临灭绝。尽管如此，世人对鱼翅这种软骨食物的消费仍然与日俱增，世界各地的餐馆都有这道菜，所谓文明的欧洲人和美国人也吃这道菜，并且问道：这道菜有什么特别之处？其实如果撇开调味料不谈，这些苍白的鱼鳍碎片根本没有味道。迪士尼公司在鱼翅上就遇到一个棘手的问题。

《海底总动员》是有趣的海洋故事，电影中有3条可笑的鲨鱼成立了一个素食协会。这故事搬上银幕后，香港迪士尼乐园的一些餐馆开始供应鱼翅汤，绿色和平组织和世界自然基金会得知后表达了关切。但迪士尼仅表示要尊重中国传统，毕竟鱼翅汤就像这个民族的养生文化，德国人还在啃骨头时，这个民族就已发展出各种美食了。迪士尼公司并同情地表示，很难想象没有鱼翅的中国晚宴。

直到激进分子向迪士尼表示严重抗议时，这道有争议的鱼翅汤才撤出了菜单。这次事件说明，世界上很多事情发生的原因都是相同的，捕鲸的争议，在讨论鲨鱼时也同样存在。对很多人而言，最重要的问题还是：虽然有风俗习惯，但我们再也不能吃鱼翅了吗？

不，还可以吃。

问题是，人们该以什么方法获得鱼翅，应该输送多少鱼翅到市场上才够。在德国，人们从公牛身上活生生地切下它最好吃的部分，如果在吃下肚前知情，德国人也会惊叫出声。家常牛尾汤的确鲜美，值得推荐，然而公牛并没有由于这碗汤而灭绝，它们也不会残缺不全地被扔进峡谷，悲惨地死去。相反，人们以正常的方式对其进行屠宰和利用，从它们的角到阴囊，以及尾巴，都扔进了汤里。

德国人正在尽情享受“席勒牌”熏鲨鱼小面包，大吃角鲨肉冻，法国人看见鱼子酱就喊“噢啦啦”，日本人见到旗鱼排就兴奋异常。日本人吃的旗鱼其实是双髻鲨；包在“席勒牌”熏鲨鱼面包里的，当然不是被制成罐头的大诗人席勒，而是星鲨。人们能指责那些对此一无所知的人吗？即使他知道这些事，倘若没有明白星鲨面临的严重威胁，也依然会坚持自己的饮食偏好。

其他民族也是这么做的，因纽特人食用晒干的格陵兰鲨，在爱尔兰，这些鲨鱼则在发酵后供人食用。吃与被吃的规律对鲨鱼和地球上的其他生物一样适用，动物是我们的基本食物，同时也是美味佳肴。吃与被吃都很正常。

不正常的，是某些堕落败坏的行为。

然而这种行为早已遍布全球。比如，虽然美国明文禁止割取鲨鱼鳍，但大家仍然进口鱼翅。在西班牙，人们也大肆切割鲨鱼鳍。鱼翅很值钱，从事这项可恶买卖的生意人几乎组成了一个鱼翅黑帮，就像哥伦比亚的贩毒黑帮一样。这些来源可疑的美味佳肴卖出了极高的价钱，不仅仅因为是美味佳肴，鲨鱼数量的减少也造成了价格上涨。世界各国都过度猎捕鲨鱼，还有更多国家悄悄加入了屠杀鲨鱼的行列，从这些淡而无味的鱼翅身上捞取罪恶的高额利润。

这种大规模猎捕的最主要原因是愚蠢。若形势无法改变，鲨鱼就会在某一天灭绝，接着，沙丁鱼、金枪鱼、鲭鱼和海豹就会很开心，直到人们开始告诉它们非洲大草原上有蹄类哺乳动物和狮子的故事。那时再想让时光倒流已是不可能的事了。

塞伦盖蒂公园的例子就摆在眼前，鲨鱼是海中的狮子和老虎，是公共卫生警察，负责清理老弱病残的动物，阻止其他物种数量剧增，其职责就和远古的鱼龙、蛇颈龙、沧龙或龙王鲸一样。它们的数量一直远远低于猎物的数量，这是自然界一项不成文的法规：生物愈小，数量便愈多，单一动物为了生存必须吃掉几打甚至几百个小生物，但这种大家伙只能占少数。此外，还得有足够的生物存活下来，以便繁衍后代。这条在浮游生物章节中提到的著名原理，在这里也同样适用，并产生了等级，最高等级是国王——狮子、老虎或鲨鱼。若国王退位，整个国家就会分崩瓦解，因此就连布什总统也不敢以民主为由对鲨鱼宣战。

若要帮海洋的生命画一张像，我们需要一幅巨大画布，就算这样，也无法将所有物种都画出来，因此我得郑重向某些海洋居民道歉，出于上述原因，我不能对它们在海洋中的独特地位给予应有的评价。所以，这本书没有关于龙或石纹电鳐的章节，也是我第一次和最后一次提及脐蜗牛。无论如何，鲨鱼属于那种能够影响全局的生物，少了它们，海洋的生态结构就会瘫痪，所以我们必须重视并保护它们。但是，全球鲨鱼保护机构的鲨鱼项目主管格哈德·魏格纳说，我们很难让人类去保护一种令他们害怕的生物。

魏格纳认为，唯一可以祛除恐惧的方法，就是更努力地去了解这些动物。下面列举一些事实。

有4种最大的鲨鱼以浮游生物为食：象鲛、巨口鲨、蝠鲨，以及平均身长14米的现存最大的鱼类——鲸鲨。鲸鲨非常漂亮，背部为灰蓝色或淡青色，镶着浅色条纹和白斑，很有时尚感。它可以连续几个小时在海面捕食浮游生物。鲸鲨的性情非常友善，毫不反对人们抓住它的背鳍并割掉一块。体格排名第二、长达10米的象鲛也同样温顺。在这两种巨大的动物面前，人们无须害怕。即使在其他鲨鱼面前，我们也不用担心。

有一种说法是，鲨鱼为了活命必须不停地游，否则就会窒息而死，这是错误的。正确说法应该是：鲨鱼没有推进的鱼鳔，所以只能依赖多油的肝脏。一般情况下，每种鱼在停止游动时都会下沉，但鲨鱼得学得更灵活一点。有时我们会看见它们趴在海底的沙地打盹儿，据说它们会张着嘴睡觉，这是因为它们不像其他鱼类那样有鳃盖，而只有鳃裂。一般鱼类的鳃盖会自动抽水，鲨鱼则不然，它们只能张开嘴，关闭鳃裂，然后吸进水，闭嘴时，鳃裂就会张开，水就排出去了，因此它们不用待在水流中。当然，它们的呼吸方法和其他鱼类不太一样，因此有些科学家认为，以鲨鱼的特性来看，它根本不是鱼类。

鲨鱼还有一个和其他鱼类不同的地方：它没有骨头，所以就像前面说过的，鲨鱼鲜有化石，它们死后只会剩下牙齿和皮肤碎片。如果你有机会得到一只死鲨鱼，那么你会惊讶地发现，它的躯体十分松软。它没有骨架，却能像长尾猴一样撑住身体。鲨鱼主要由肌肉和软骨组成，这样它们可以快速灵活地游动，最快的鲭鲨游速达每小时80公里，大白鲨只有每小时60公里而已。

从各方面来看，鲨鱼是一种不断被研究单位重新发现的物种。从泥盆纪起，它们就几乎没有改变过，就连法拉利公司也无法把它们的身体塑造得更完美。这种流线型的体形让它们能在游动中节省能量，这也归功于它们特殊的皮肤，这一点前文已经提过：它们的皮肤由细小的、齿状的、层层叠叠的鳞片构成，就像是张游动的砂纸，因此千万不要去摩擦鲨鱼的皮肤。而从嘴巴部位开始，鳞片愈来愈大，构成了鲨鱼特有的六角形牙齿。

鲨鱼吃人？——其实它是无心的

的确，有些鲨鱼会吃人，我们没必要掩盖这一事实。落到鲨鱼嘴中的风险和连续两次中彩票头奖的概率差不多。然而，即便落到它的嘴里，你也不一定会死或少几斤肉。每年全球有将近100起鲨鱼攻击事件，其中只有不到10起是有人死亡的。凶手是鲭鲨、双髻鲨或平滑真鲨。大白鲨、长鳍真鲨和牛鲨的袭击也会造成人类死亡，虎鲨尤其喜欢瞬间截肢手术，并不是因为它们比别的鲨鱼更有攻击性，而是它们的牙齿更锋利，它们咬一切活动的东西，包括人类。

是不是因为鲨鱼吃人，我们就说它们很凶残呢？是不是因为人类吃牡蛎，人类就很凶残呢？被鲨鱼吃掉的生物发出惨叫时，鲨鱼能感受到它们的痛苦吗？它们会把这种惨叫视为猎物新鲜的信号，就像我们把柠檬汁滴在牡蛎肉上，然后惬意地看着牡蛎战栗一样？

不是。

可以肯定，鲨鱼并不比掉在我们头上的椰果凶残。它们的行为并非故意，而是为了生存，生存就意味着必须吃东西。它们既没有遗传基因也没有科技手段得以先麻醉自己的猎物，再吃掉它们身上发育良好的部位，鲨鱼吃得肆无忌惮。

其次，人类并不在鲨鱼的菜单上，这是公认的事实，却一直遭到反驳，说葬身鱼腹的游泳者和冲浪者就是反例。设想一下，假如鲨鱼喜欢人肉，那么我们的海滩上会发生什么事？是的，什么也不会发生。那时，海滩会渺无人烟，因为所有的游泳者都害怕在鲨鱼的胃酸中结束生命。那种认为海滩附近没有很多鲨鱼的观点也完全错误，证据显示，海滩胜地的岸边有许多鲨鱼在游动，但它们吃了多少人？如果我们真是它们的目标，那么鲨鱼的数量会在短期内增加10倍，因为所有食肉动物都会优先跑到它们最爱的猎物所在之处，只有神经错乱的鲨鱼才会慢条斯理地捕食。

说到这里，人们还得纠正一种错误的认识：鲨鱼是寂寞的猎手。大家知道，某些鲨鱼是独行客，比如大白鲨，但更多鲨鱼是成群出没的，BBC的“蓝色星球”系列节目中就有上百只双髻鲨在海面附近的影像。若鲨鱼对人类有一定兴趣，那我们的海滩将会跟《圣经》中提到的景象一样：海会变成血。

至于鲨鱼为什么会咬人，我们现在也没完全弄清楚。有一种广为人所接受的理论是，鲨鱼把游泳者和海豹混淆了。听起来似乎可以接受，然而从海水中看过去，一个游泳者和一只活蹦乱跳的海豹很像吗？鲨鱼拥有惊人的感觉——不包括视觉，鲨鱼的视力很差，但对光线极其敏感；它们有超强的听力，内耳可以让身体保持平衡，而且用来判断猎物的正确方位。发出信号的频率愈强烈，它们的偷袭就愈有效率，信号频率愈低愈好，它们可以听见100赫兹到800赫兹的声音，受伤的动物乱窜时发出的振荡频率在100赫兹到120赫兹之间，而鲨鱼在250公里外就可以察觉和定位这种频率。鲨鱼若长出耳朵，那么看上去会很傻气，它们的脑袋上方只有两个微小的细孔，两个细孔中有一条狭长的耳道通向内部。正由于有这条耳道，鲨鱼才能对每一个接收到的信号进行空间上的坐标定位，并确切地知道自己前行的方向。

海洋不是设有自动服务柜台的超级市场，谁想在这里填饱肚子，就必须抓住每一个机会，对每一个动静追根究底。某地有船锚掉进水里时，鲨鱼都会凑过来看个究竟，碰碎一块珊瑚的潜水者可能就是因为这一点轻微的声响而吸引了鲨鱼的注意。鲨鱼会游过来，仔细打量这个环境的破坏者，然后扬长而去，前提是破坏者得乖乖地动也不动。冲浪者也会制造声响，一只从他下面游过的大白鲨会看到一个模糊的轮廓，听到水的飞溅声和海浪拍打冲浪板的声音，胳膊和腿在划桨时会造成不规律的震动，而凌乱的频率正是受伤动物的特性，于是鲨鱼渐渐靠近，想看看它要吃的是谁。它看到的是一个和海豹形状很相似的东西，于是一切就开始了。

真的吗？魏格纳想确切知道接下来发生的事情。他和瑞士鲨鱼研究者埃里希·里特尔博士一直不相信上述的“混淆说”。2004年，他们和机器人一起在大海上做了一连串引起轰动的实验，远程控制的胳膊和腿被安装在一块运动的冲浪板上，他们想知道，鲨鱼是否会被活动猎物的剪影激起猎捕的欲望。第二种专门为实验设计的设备是牢固的游动箱子，可以发出一些鲨鱼喜欢的频率，如海豹的声音。第三种是水里的诱饵，用来激发鲨鱼的食欲，里特尔博士和魏格纳偶尔会潜入水中充当诱饵。

数据显示，“混淆说”是站不住脚的。大白鲨对剪影一点也不感兴趣，人们需要放下诱饵才能吸引它们的注意力。冲浪者模型一开始运作，就激起了鲨鱼的好奇，它们谨慎地用鼻子轻碰冲浪板，触碰胳膊和腿，但并不咬它，而且很快就失去了兴趣。

箱子发出声响时，鲨鱼的兴趣变得更加强烈，它们开始聚精会神地聆听，里特尔和魏格纳多次改变声音的频率，凌乱的振动旋律吸引鲨鱼开始轻咬箱子（轻咬就是很小心地咬，不会给猎物造成很大伤害，只是尝尝味道）。它们毫不理睬旁边活蹦乱跳的机器人，冲浪者模型不管怎么舞动，也无法吸引任何一只鲨鱼，箱子却一直吸引着它们，它们会不断尝试它的可口程度。

魏格纳和里特尔以此证明，鲨鱼首先会对声响作出反应，他们成功地让鲨鱼去攻击一个正方形、和生物没有任何相似之处、只是会咯吱作响的箱子，剪影和可见的运动都不起作用。鲨鱼咬箱子的时候，只是在尝味道，或希望通过撕咬让猎物变得虚弱。几乎所有关于鲨鱼攻击的报道都将其描述成闪电袭击，攻击之后鲨鱼会潜进水下，等待接下来的动静。谁若是见过成年海象的长牙，就会知道它们的威力，独角鲸的虎牙也是可怕的武器。鲨鱼不是胆小鬼，但它们很谨慎，只有当猎物很鲜美时，它们才会守在那里，直到刚才咬的那一口令它们感到满意，它才会再去咬第二口——这一次，它们已系上了餐巾。

许多被鲨鱼攻击的冲浪者都存活下来了，而且没有受伤。鲨鱼对厨师帽和餐馆的星级不感兴趣，但它们会喜欢冲浪板吗？人们之所以会受伤，是因为某些因素的作用，比如在大量淡水浮游生物涌入海里的河口，经常会发生鲨鱼攻击事故。这些地区本身就很吸引鱼类，因此许多鲨鱼都来到这里，或许在猎捕中看花了眼，咬了一口冲浪板，但立刻又弃之而去。有时候食物丰富的水域里能见度太低，鲨鱼只好完全依赖自己的耳朵，闭着眼睛吃饭。鲨鱼视力差并非自然界的错误，而是它们生活方式合理的结果，许多鲨鱼因此成了夜间猎手，视力在这里起不了作用。只有在靠近猎物的时候，鲨鱼的眼睛才会发挥一点识别作用。鲨鱼要想看得见，就必须贴近猎物。

这一行为被很多潜水者误解。我自己就喜欢在马尔代夫群岛的狮头山潜水，狮头山是水下的暗礁岩层，也是各种礁鲨的家园。在马尔代夫看见鲨鱼不必恐惧，它们在其生活的自然领域已能找到足够的食物，只有脑子不正常时才会去攻击人类。此外，在安全的环礁，人们碰到的主要都是那些没有危险的黑尖鲨、白尖鲨及灰色的礁鲨。但在初次见面之前，人们还是会担心鲨鱼是否知道他们没有恶意。我在小船上也有类似的感受，当时我刚考到潜水证，下潜到40米深，并学会基本的逃生方法，其中包括在水中脱下潜水装备再把所有装备重新穿上，或抢救受伤的同伴。我已经和海鳝亲密接触过，用手轻轻挠过它们的下巴。海鳝很喜欢这样，人们能听到它们舒服的呼噜声。我曾两次遇到小黑尖鲨群，它们没有和我打招呼就游走了。但这次不同，我试图直接接触它们，而我必须承认，从船上翻入海中时，我开始怀疑自己的理智。

但顷刻间，奇特的事发生了。潜过一次水之后，人们会忘记一切恐惧。人们身在陌生的美妙世界里，这个世界并不是为了袭击那些好奇的都市人而建的。在这里，人类有时被视而不见，有时被嗅来嗅去，只要他们不犯下最糟糕的错误，或运气不是太糟糕，那么肯定不会被吃掉。当然还是有风险，但我们星期日在都市丛林里慢跑时其实还更危险。

水下的一切都发生了变化。

之前，人们眼中看到的是一片危险、漆黑、波涛汹涌的海域，而突然间，他们置身于光的世界中，原来暗礁的结构并不是人们眼中看到的那部分，暗礁垂直地扎入海洋深处，高高耸立的岩石狮头和天然的瞭望台为人们提供了方便的歇息地点。起先周围没有鲨鱼，几乎没有任何动物，只有阳光在水中晃动。慢慢地，真核生物出现了，海面变成荧光闪烁的游戏场，这是潜水最吸引我的一刻：周围熟悉的环境迅速变成了幻境。人们到达暗礁后，发现自己迈入了新的世界，我在狮头山也有同样的感受，惊叹自己来到了这个水下大都市。突然间，它们出现了：鹦鹉鱼、燕尾鲈、玻璃鱼、乌贼等等，狮头山周围的水不停地变化，对鲨鱼来说，这里太完美了。我们下潜到20米深处，占据了一块天然瞭望台，开始等待。

它们来了。

我不清楚那天看见了多少只鲨鱼，估计约有10只到15只，全是身长1.5米到2.5米的灰色礁鲨。它们在礁石前空旷的海水中巡逻，一副毫不在意的模样，虽然早已察觉到我们。正当我以为它们对我们不感兴趣时，一只礁鲨从鱼群中向我们飞速游来，绕着其中一位向导游了一圈，然后又离开了。有了第一位勇士，其他鲨鱼的好奇心也被唤醒，它们一只接一只朝我们游过来，围成一个圈，盯着我们，然后又转身去做别的事。我们当时只有4个人，这是好事。

我前一次见到鲨鱼是1998年在墨西哥的科苏梅尔，当时它面对50个日本潜水者，最后落荒而逃了。由于我们只有4个人，所以访客愈来愈多，在刚开始的困惑过去之后，大家开始为能接触到鲨鱼而感到兴奋，我从头到尾都没有觉得危险。它们对我感到好奇，它们就像智慧生命一样，打量着闯入它们领地的不速之客。鲨鱼暗示我们，它们能容忍我们的存在，只要我们尊重它们生活的地区。

当一只食肉动物围着人打转时，人们当然会觉得危险。鲨鱼之所以这么做，其实是因为它们的眼睛位于脑袋的侧面。由于它们天生弱视，必须靠近自己感兴趣的物体，围着它游一圈，才能知道对方的尊容。这么做主要是为了满足兴趣，而不是想考察对方是否适合成为猎物。然而在业余的潜水者眼中，这种亲密接触是一种发动攻击前的信号，如果这样的话，那岂不是每只嗅来嗅去的狗都满怀敌意了吗？其实不然，它们只是简单地问了一句："你是谁？"有时鲨鱼会用鼻子轻轻碰一下对方，这里提一个小建议：你不要也礼尚往来，毕竟你不是在足球场上，如果你把这视作友好的欢迎姿态，那么我相信，你会经历一次永生难忘的潜水故事。

还有一点是，鲨鱼也会害怕。澳洲虎鲨生活在海底，但经常去浅水区活动，人们不时就会碰到它们的鱼鳍。通常这些不速之客会自行离开，但有些时候它们也会咬人，大多只是浅浅的一口，意思是"此路不通，请回吧"。有时候，勇敢的年轻人会去拉鲨鱼的尾鳍，他们的下场当然不太乐观，就连温和的大保姆鲨也不会把这当成游戏。这点应该完全能够理解，想象一下，你们喜欢在大庭广众之下被陌生人抓一把吗？

就算鲨鱼感到非常厌烦，也不会立刻咬人，而是会先给一个警告。灰色礁鲨的行为和一只狗没有什么区别，它会弯下腰，放下胸鳍，再抬起头，如果人们还没有反应，它就会开始用力甩尾巴，或露出它的横侧面，然后开始进攻，撞击入侵者或张嘴去咬。它们通常张着大嘴，用上颌甩打，将入侵者驱逐出境。顺便提一下狗，从咬人的发生概率来看，人类最好的朋友还没有大白鲨来得友好。

我们终于渐渐看清了这些猎手的真面目，但对于大多数人来说，它们还是凶手。奇怪的是，海洋研究的先锋雅克–伊夫·库斯托竟巩固了鲨鱼的这种坏蛋形象。库斯托非常害怕鲨鱼，只敢在水下的笼子里接触“凶手”。其实，澳洲外科医生维克托·科普森早在1962年就已得出一个大胆的结论：只有精神错乱的鲨鱼才会攻击人类。事实上，动物也会得精神病，其程度从轻微行为错乱到完全疯癫都有。根据科普森的狂鲨理论，食人鲨就是种精神病患，这些疯子攻击所有在它们的妄想中显得危险的东西。

第一个提出严正反对观点的是奥地利的汉斯·哈斯，以及行为研究学者埃布尔–艾比斯菲特。他们首次舍弃了保护笼，只带着一根鲨鱼棍，和鲨鱼一样置身宽阔的水域里。库斯托团队用血腥的鱼屑喂食鲨鱼以吸引精神失常的进食机器注意的做法，也是哈斯团队所避免的。喂食是件棘手的事，但为了将鲨鱼引到外海，而一般做法又已失去作用时，喂食还是最有效的。设想一下，人们想研究你的行为，于是在大街上往你面前扔美味佳肴……

毫无争议，鲨鱼对进食的兴趣极大，但食欲只有在用餐时间才会出现。在许多潜水胜地，游客都会喂食鲨鱼，当然，这个过程很刺激。20世纪80年代的狮头山就常见这种景象，虽然许多潜水向导很谨慎，但很多人会玩一些危险的花样，他们把鱼的尸体夹在牙齿中间，鼓动鲨鱼去咬——咔嚓，鼻子一下子就没了。人们不能指责鲨鱼，它只是受邀来吃饭的客人，糟糕的是，鲨鱼学会了把人类和食物画上等号。一般人认为印度虎不会伤人，除非它曾经吃过人，然后养成了习惯，鲨鱼也是如此。许多由于鲨鱼眼花而导致喂食者断手断脚的事故，可能会给鲨鱼灌输愚蠢的想法。汉斯·哈斯在他的《鲨鱼的真面目》中写道：在南太平洋中，所罗门的贝罗纳岛居民并不害怕鲨鱼，因为它们并不袭击人类；瓜达尔卡纳尔岛却不同，这个岛距离贝罗纳岛只有几里远，游泳者却经常遭到致命攻击。回顾历史可以发现，卡纳尔岛在第二次世界大战期间曾经发生过一次海战，许多流血伤亡的士兵掉进海里，从此之后，那里的鲨鱼就调整了自己的饮食习惯。

和鲨鱼握握手？——认识鲨鱼的行为

只要不采用血腥诱饵，我们其实能了解到鲨鱼的更多自然习性，它们会给我们许多惊讶。人们很难相信，大白鲨的行为只是出于贪玩。人类也可以和它们相处得很好，只不过鲨鱼在短暂愉快的聊天后邀请你吃饭时，你千万要小心地问一下，先弄清楚它的意思。

目前许多人认为鲨鱼不喜欢人肉，但我们发现，这些魔鬼在紧急情况下还是会吃人肉的。无论用词如何委婉，鲨鱼也很难称得上可口。它们储存氨气，并分泌出不雅的气味，但我们还是吃鲨鱼。冰岛人采用的是远古时期的配方，以便把格陵兰鲨加工得可口一些。人们把它们放在空气中发酵，然后装进罐子或埋在地下，使其自然干燥。腌鲨鱼肉（Hakarl），正像雷克雅未克餐馆里的招牌菜一样，是发酵后的成果，和挪威的盐水腌鱼[1]很像。毒舌派会说，冰岛人吃腌鲨鱼肉其实是为喝酒找一个理由，我才不信这种鬼话。至今我仍拒绝吃腌鲨鱼肉，但吃过盐水腌鱼。我的一些好朋友是挪威人，他们告诉我，喝酒根本不用找理由，他们不用饮料稀释，也能利落地吃下一条臭发酵鱼。相反，一个老实的莱茵人会把盐水腌鱼给吐出来，就好像盐水腌鱼想重新回到海里一样。

可以确定的是，人类吃鲨鱼远比鲨鱼吃人频繁得多。为了不被指责偏颇，我得承认，鲨鱼中也有冰岛人和挪威人，也就是爱吃人的鲨鱼，但这种鲨鱼绝对是少数，或许是因为它们没有可以喝的烧酒了。我们知道，鲨鱼的味觉能迅速告诉它们什么可以吃，什么不可以吃。而它们的嗅觉也很发达，想一想巨齿鲨跟踪微弱的气味线索时晃动的脑袋，今天的鲨鱼并不比它逊色。海洋中嗅觉比鲨鱼灵敏的只有鳗鱼，哪怕29亿粒水分子中只有1粒香味分子，鳗鱼也能找到自己的路。鳗鱼的漫游是动物界的一大奇观，不仅因为它们独一无二的嗅觉，还因为它们长长的阵仗，横越大洋，永不迷路。

1　一种腌制的鲑鱼或鳟鱼，因味咸而得名。

经由洛伦氏壶腹的帮助，鲨鱼的感觉器官更是如虎添翼。这些位于头部和嘴巴附近的特殊细孔很值得我们细究，在它们的帮助下，鲨鱼能够追踪最微弱的电场。壶腹是由意大利解剖家斯特凡诺·洛伦齐尼发现的。1678年，他在其研究鲨鱼的权威著作里首次提出鲨鱼皮肤的侧线分布着微小体孔，这些体孔通过头发般细的通道与体孔的开口相连。通道和体孔里都充满了一种传导凝胶，可以将0.01微伏特的电压传导到鲨鱼的大脑中。鲨鱼体内每一个组织都由电场包围，发射出脉冲，侦测其他生物的电场，所以不管猎物藏在珊瑚的突出部位下或埋在沙里，电场都会泄露它们的方位。鲨鱼甚至还能通过壶腹辨别生物的状况。埃里希·里特尔认为，大白鲨对人类的态度之所以不尽相同，完全在于心脏跳动的速度。害怕不仅是一种糟糕的情绪，还会加快心跳频率，而心脏是电力节拍的控制者，当鲨鱼心跳剧烈时，它们的猎捕本性会被唤醒。为了得到更多的信息，里特尔曾潜入水下并使自己神志昏迷，于是他的心跳频率急速下降，这似乎激发了鲨鱼们的好奇，它们游过来贴着他，但没有发动攻击。最后，里特尔抓住了一只7米长鲨鱼的背鳍，由它领着自己漫游。

壶腹还有另一个功能。在鲨鱼的生活里，它相当于导航系统。因为不仅有机体有电场，海水流也能传播电流，而地磁场和电力地图没有什么区别。此外我们还发现，壶腹对温度的变化非常敏感，精确到千分之一度，因此鲨鱼在偏僻的地方也能找到产卵地和有利的猎场。

鲨鱼如何生活？它总不会永远吃个不停吧？长期以来，人们一直认为鲨鱼的行为有典型的社会性，目前的研究发现，鲨鱼群有完整的结构和等级，体形和经验决定了它们在群体中的地位。高大强壮的鲨鱼统治小鲨鱼，鲨鱼的个性特征彼此不尽相同，个性特征展现了物种的遗传行为和个体的自学行为，以及天资的界限，并反映鲨鱼智商的绝对上限。

鲜血能强烈刺激鲨鱼，一条正在大量流血的鱼会引来饥饿的鲨鱼群，这是它们的基因结构所致。第一次面对人类时，鲨鱼遇到的是全新的挑战，因为基因没有给它明确的指示，于是鲨鱼的硬盘里又多了一份新的档案数据。

问题在于，那些基因无法指导它们，这时应该如何处理外界的刺激。

正如我们所了解的，很多鲨鱼的天资很高，也就是说，它们能够作出不同的反应，拥有极高的思考能力。目前一些鲨鱼研究学者即认为人类可以和鲨鱼建立友好、信任、共存的关系。魏格纳和里特尔就曾以大白鲨为对象，做过冲浪机器人实验，这一幕就像电影情节，看得人们目瞪口呆。大白鲨紧贴着船，将脑袋探出水面，里特尔轻轻抚摸它的鼻子，这只海中巨兽不太习惯这样，困惑地缩了回去，一会儿又害羞地游过来，希望再被摸一下，这样反复了几分钟。我们很高兴地告诉你，里特尔博士的手仍然完好无损，我们只能猜测鲨鱼对此事的看法——它肯定不会觉得不高兴。

鲨鱼之间也相处友好，调情行为不时发生。和鲸鱼一样，雌性鲨鱼也会寻找安全舒适、温度适宜的海湾和环礁湖，以便产卵或分娩（不同种类的鲨鱼分娩方式不同）。幼鲨长得很慢，但是很早就能独立，它们大约到三十岁才有生育能力，这也是为什么过度猎捕会带来灾难性的后果。在一个人类大量掠夺鲨鱼鳍的时代，鲨鱼必须要努力活到三十岁。

鲨鱼的数目大量减少还有其他原因。它们的肝脏含有大量油脂和维生素A，除了制成飞机液压系统的润滑剂，这些肝脏还用于润滑膏、香水和药物。此外，这里还有权力斗争的问题。读过海明威自传的人都知道，《老人与海》是他个人航海钓鱼经历的写照。海明威既是敏锐的观察者，也是好强的沙文主义者，他以奇特的方式在两者之间摇摆，后者把鲨鱼当成强硬的对手。

自古以来，击毙野兽一直是男人的事，成功的猎人会得到极高的社会地位，因此无数精英一直将鲨鱼视为新的挑战。每年都有许多发福的经理人带着年华不再的太太参加鲨鱼旅游团，向它们乱扔缆绳和各种脏东西，导致鲨鱼死亡。

许多所谓的钓鱼客在看见鲨鱼时，会立刻用爆破标枪猎捕它们，或干脆扔一枚手榴弹进水里，至于后果不妨参考这宗发生在佛罗里达的事件：一只大白鲨吞下了一枚手榴弹，然后游到肇事者快艇的下方，结果手榴弹爆炸，把船体炸开一个洞，钓鱼客全都淹死，其实他们应当受到更严厉的惩罚。

鲨鱼难道是友好的生物吗？当然。

但是！

要是你有兴趣，下次去海水浴场度假时与鲨鱼来一次亲密接触，导致一条腿分家，千万不要来找我，别说我没有警告过你。自古以来，大自然一直是野蛮的，你绝不会愚蠢到在猎犬的耳朵上打洞。你得学会克制自己，在你不确定鲨鱼的意图时，要表现得很平静，最好不要动。情况不妙的时候，就慢慢回到珊瑚礁那里，因为鲨鱼不喜欢去狭窄崎岖的环境。千万不要随身携带流血的鱼类残骸或用标枪戳死的鱼，因为不仅鲨鱼会因此抓狂，就连梭鱼也可能出其不意地对你下手。此时更不可乱蹦乱跳，在鲨鱼看来，只有受伤的动物才会这样做，如果它不让路给你，试着大声喊叫也可以赶跑它。如果你成功击中了一只进攻中的大白鲨或虎鲨的眼睛，你会惊奇地发现，这个大家伙顿时就变成了胆小鬼，这件事还可以拿来在朋友面前吹吹牛。

为了防止极少发生的鲨鱼攻击事件，建议你带上一支鲨鱼枪或鲨鱼盾（鲨鱼防卫设备POD）。鲨鱼讨厌电击就和我们讨厌瘟疫一样，它们体内的洛伦氏壶腹会因此抓狂。因为鲨鱼盾的电脉冲会覆盖它们的面部，使它们痛苦地抽搐。

除此之外就没什么了，祝你玩得愉快！

不管你做什么，无论如何都不要相信当地导游，他会坐在酒吧里吹嘘他的外甥用一把刀杀死了一只虎鲨。那些剖开鲨鱼腹的“高贵野人”纯属虚构，没人能比当地人更了解这一事实，游客却总是天真无知。

全世界每年平均有10个人死于鲨鱼之口，而全世界每年有2亿只鲨鱼因为人类而死，鲨鱼需要我们不带偏见的关注，需要我们的保护。在470种已知的鲨鱼种类当中，有100种目前正受到威胁，某些已减少到原有数量的1/10。生物学上认定，大白鲨已有灭绝之虞。如果所有的鲨鱼都消失，整个海洋生态系统会在短短几年内瘫痪。海洋会死去，海洋死去后，我们或我们的孩子也不会幸福，此时此刻我们应该学会克服自己的恐惧。

你可以从小事做起，比如说玩玩曲棍球。

大吊灯的帝国

我们下潜到更深处。

深不见光的水底也有鲨鱼。大白鲨能潜至水面1公里以下，灰鲨（不要与灰色的礁鲨混为一谈）最喜欢待在海面下2公里处，但我们大可不必潜到这么深的地方，因为仅水下几百米便几乎伸手不见五指了。

并不是因为黑暗。

而是因为光亮。

想象一下，一个黑漆漆的夜晚，你驾车行驶在路上。假设你刚参加完一场宴会，宴会上虽然有充足的饮料，吃的东西却不太够，于是你到附近的麦当劳吃了一个夹着奶酪等乱七八糟东西的汉堡，然后继续上路，而且你还发着光。瞧，你多么闪闪发亮！准确地说，其实是你胃里的汉堡在发光，我们离很远就能看见你。但我刚才忘记提醒你，你自己是透明的（反正是假设嘛）。

只是，这件事其实并不像听上去那样不可思议，至少在深海不是。深海中有许多会发光的生物，不管是掠食者还是猎物。

海平面以下100米到200米处被称为真光层[1]，从水下40米处开始，

1 真光层（Euphotische Zone）：受日光照射的浅层水域，在这里可以进行光合作用。

对阳光的转化利用已明显减弱，但这里依然能进行光合作用。在热带珊瑚礁区，如果水位很深，那么虫黄藻的光合作用可能就无法维持珊瑚虫的生长，但真光层基本上算得上是海洋的制氧工厂。

从水下几米开始，颜色已渐渐消失，海水对光波有散射和吸收作用，首先是长波光，所以从水下10米起就看不到红色了。接着海水会过滤掉橙光，然后是黄光，最后是绿光。蓝光也会被海水吸收而逐渐变淡，但速度相对较慢，其短波能到达深水处，水深每增加1米，光的亮度便减弱近1.8%。水面约200米之下称为弱光带，事实上，1公里的深海依然有光，但亮度太弱，光子寥寥可数。往下更深则是无光带，这里再也透不进一丝阳光。

尽管如此，许多弱光带及无光带生物的视力都出奇的好。虽说无光带生物见不到货真价实的阳光，但其他生物发出的光取代了阳光。远方时而闪现一点微光，时而燃起焰火般的亮光，进化女神在深海创造了真正了不起的光亮，因为她给这些原本处在永恒黑暗中的孩子们配备了激动人心的特殊装置——生物光。

生物发出的光大约90%都是蓝色光。在海水中，蓝光传递的范围最远，这一点我们已经知道了。顺便提一下，生物发光最有趣的例子不是发生在深海，而是水面。公元前50年，古希腊航海家和自然科学家阿那克西米尼提过一则奇妙的海上荧光现象：只要把手伸进水里或用船桨把水拨开，水中就会亮起蓝绿色的光。他还说，如果有人在夜里从甲板上跳下水，那他自己也会神奇地发出微光。2000年后，谜底终于解开，研究人员取了海水样本放在显微镜下研究，发现那是一种充满小生物的海水，由夜光藻及夜光梨甲藻组成——那是一些0.2毫米到2毫米长的涡鞭毛藻。有人触摸它们的时候，这些单细胞海藻就会有节奏地发出光脉冲，也就是所谓的生物光（bioluminescence）。在希腊语中，Bios的意思是“生命”，Lumen是拉丁语，意思是“光亮”，合在一起就是生物光。

浮游藻只需轻微的波浪就可将体内的荧光素酶合成荧光素，毫不夸张地说，荧光素与氧气发生反应所产生的亮光能让所有的电灯泡都黯然失色。因为生物光对能量的转化利用率高达100%，而电光源的利用率则只有5%，那是由于电灯的大部分能量都转变成了热量。而藻类发出的光是冷光，几乎没有热量产生。观测卫星在索马里海洋所拍摄的照片中，可以看到15000平方公里的洋面，海水连续3个晚上都如珍珠般闪闪发光，发光的区域随着洋流逐渐移动。海水发光是浮游藻类在营养盐丰富的水中大量繁殖的典型表现，卫星图片能帮助人们了解带来营养盐的洋流动向。

许多深水区的大型生物，如鱼和海蜇，能在特定的细胞中生产荧光素，我们称这些细胞为发光器。这样描述真核生物可能有些画蛇添足，因为它们本身就是一个发光器官。那些自己不能发光的鱼类，例如琵琶鱼和一些乌贼，在发光细菌的协助下也能够闪耀光芒。这些细菌寄居在鱼身上狭窄的缝隙里，以鱼的新陈代谢为生。值得一提的是，这些深海生物无论是细菌还是鱼类，并非随时随地发光，而是能自己做主，决定什么时候被看见，什么时候不被看见。自行发光的鱼类能自行打开或关闭发光按钮，而借助细菌发光的鱼则通过张合身体的缝隙来决定发光与否。

来吃我啊，来吃我啊——诱食用发光器

那么，这些蓝色奇迹（有时也呈黄色或绿色）有什么意义呢？这种光显然无法照亮大范围的水域。在人类看来，生物光俨然是进化女神逗我们开心的趣味发明，然而这其实是非常精心的设计，展现了生物生活在永恒黑暗中的3条基本法则：

1. 不用费力运动就能吃饱。

2. 尽可能不被吃掉。

3. 交配，交配，再交配！

现在看来第一条规则，也就是饭来张口。一般说来，猎物看到天敌就会迅速逃跑，因此这些肉食动物必须学会珍惜深海的有利条件，利用昏暗来掩蔽自己。这种局面给猎物造成了极大的压力，因此它们只好也隐藏自己。理论上来说，最好的隐蔽就是不被看到。

真的吗？小新插嘴问，但这样的话，生物发光的理念不就是纯粹的瞎胡闹吗？如果捕食者发光，就捕不到猎物；如果猎物发光，就会把敌人招来。

不，小丸子反驳道，这才不是瞎胡闹。如果四周一片漆黑，对谁都没有好处。黑不溜秋的夜里，捕食者怎么找得到猎物啊，又怎么觅食？到那时候，所有鱼类都将瘫痪在漆黑的海底，肚子饿得咕噜作响，听到头痛。而且到那时它们也无法交配了。

看看，女孩子就是比男孩子想得多。

那么只能二选一：要么都不发光，要么都发光！前一种情况已被排除，要真那样，拉斯维加斯就会变成极夜之城了。

再说后一种选择，比如说琵琶鱼，这贪婪的家伙有着气球般膨胀的身体，血盆大口中满是钉子般的尖利牙齿，生活在1公里以下的黑暗海底，并且能够发光，准确地说，是它的诱饵在发光。它的额头上会伸出一根能弯曲的长触须，触须末端闪着微光并来回摆动，像个小电筒。这个摇摇摆摆、发亮的“小虫子”能在黑暗中吸引其他动物的注意，却不知道在这个看似滑稽的小东西背后，竟是让人不寒而栗的庞然大物。琵琶鱼不动声色地等待猎物自投罗网，小虫子很能吸引一些动物的胃口，这些可怜的家伙会游近，试图抓住小虫子，没料想自己却先被一口吞了去。

其实琵琶鱼的“钓竿”是一根伸长的背刺，进化女神发明的钓竿花色繁多。某些琵琶鱼的诱饵令人想起哆哆嗦嗦的小文昌鱼。另一些诱饵则散发着流苏般的灯光，像霓虹般闪烁，诱惑着猎物。还有一种诱饵是直接从上颌长出来的。某些琵琶鱼摇动着胖胖的刺须前进，诱饵一会儿紧挨着牙齿，一会儿高高突起。树须鱼的光尤其明亮，因为它有两根“钓竿”，一根在头顶，一根在下颚处。而“毛茸茸琵琶鱼”

无疑称得上是深海里最古怪的鱼。它全身长满丑陋的鱼鳍，头上和身上竖着12根长长的刺和须，饥饿的时候活像干瘪的手提袋，饱食后又胀得滚圆，吞掉的战利品往往比自己的体积还大。

如果把琵琶鱼从水中捕捞到地面，它那寒光闪闪的利齿顿时就会失掉威慑力。琵琶鱼的体积并不很大，有些身长仅几厘米，有的长1米，摸起来软绵绵的，肌肉组织并不发达。在黑暗世界中，长距离追捕没有太大意义，捕食者无须具备优秀的泳技，却要有高明的骗术。深海琵琶鱼不会冷不防地用尾巴扑甩猎物，武器装备也并不时髦，它们的生活主要包含两个内容：等待和节省力气。在这样的生活中，它们用不着大眼睛，但要在琵琶鱼的眼皮底下开溜几乎不可能，它们会在猎物蹑手蹑脚逃走时一口咬住，行动就像机器人一样精确。琵琶鱼的体侧器官有传感器功能，就像电波接收器，注意着每一次细微的水波。毛茸茸琵琶鱼几乎连牙齿也一起武装了。按理说琵琶鱼几乎用不着动弹也能悬浮在水中，可惜它们体内没有气囊，所以还是得动一动，以免沉下去。

深海中还有很多其他的极端分子，如角高体金眼鲷。它们长着巨大的獠牙，以致上下颚无法闭拢，只能用吸的方式把食物送进嘴里。巨口鱼的身体比较长，不像琵琶鱼那样粗笨，头很符合我们对龙的描写，主要生活在弱光带与无光带的交界处。大多数巨口鱼能容身在巴掌大的地方，但下颚探出的钓饵可达几米长。这根“钓竿”常常配上很多发光器引诱下方的猎物，一旦感觉有东西上钩，巨口鱼就会呼啸而下。有些巨口鱼更厉害，竟然在深海建起了“红灯区”。

难道这些小强盗会兴致勃勃地去约会吗?

未必。其实巨口鱼的眼睛后侧额外长着两个发光器，活像探照灯。发生意外时，它们很适合当照明工具，不过只能为它自己照明，因为它们发出的是红外光，这种光波只有巨口鱼才能看到。红色在深海一般呈黑色，这种光使它们能看到猎物，但猎物却看不到它们，只有在受到攻击的时候，牺牲者才会意识到巨口鱼逼近了。不过，只有很少的物种有幸享受这种被突袭的乐趣。另外，巨口鱼彼此间能通过眼神秘密交谈，别的鱼看不懂这些信号：

——嗨，听着，今晚去鲁迪那儿吃对虾怎么样？

——噢，好的，太棒了！还有谁去？

——罗西和伯尔德。

——太好了。

——别跟琵琶鱼说，听到没？

——知道，我什么都不说。

我从来不建议任何人下辈子转世做巨口鱼，不过，做巨口鱼的好处是起码你的身份是猎人。最无助的还是猎物们。

这回吓到你了吧——惑敌用发光器

下面我们就来看第二条规则：尽可能不被吃掉。假如命中注定你下辈子要投胎到深海做水母，那你得尽量保持一动不动，生物学家称其为“水雷战略”。假设你搔痒的时候，有猎人注意到你，这时你要尽量冷静地等待，等到即将被抓住的那一刻，然后突然亮一下，吓对方一跳。一眨眼的工夫，你把自己变成了旋转的灯笼，吓傻攻击者——猎人唾手可得的猎物猛然不见了，取而代之的是敌人的目光，这种行为的专业术语叫“掠食者警报”。如果有人坐潜水艇在深水中前进，经常可以看见如烟花般壮观的光芒。那是水母，它们生气时不是发火，而是发光，遍体发光。如果有人不小心靠近了短手水母，它们会朝来人抛出触手，然后趁对方被触须缠得无暇脱身时逃走。

欢迎来到大吊灯的世界。

在可怜的猎物眼中，八爪鱼几乎就是死神。在深海，我们会邂逅各种享有盛名的掠食性乌贼。很多十爪的深海鱿鱼能发出生物光，但目的并不是为了一边怪叫着发光一边追赶猎物，而是让天敌盯着它们大吊灯般的触腕，好迷惑天敌。萤火鱿发光时身上会亮起点点光斑，原本的轮廓会变得很模糊。想想看，它们在追捕者面前突然变身，眼前的大家伙骤然变成一群发亮的小东西，猎人必然会摸不着头脑，不知道自己应该朝哪个光点下手。号称“神灯”的光眼鱿也采取类似的手段迷惑敌人，这种在水深3公里处安家的小乌贼，能发出彩虹般的七色光来模糊身体的轮廓。它的表亲纺锤乌贼的眼睛周围有圆形的光斑，进犯者会因为面前有两只水母而退缩，毕竟水母可是出了名的不好惹呀。

“大吊灯”家族中有一种乌贼被称为“来自地狱的吸血鬼”。19世纪末，一支德国的深海考察队从太平洋中捕获了这种乌贼，队员们给了它这个带点歇斯底里意味的名字。恶魔般的吸血鬼乌贼身长不过10厘米到15厘米，触腕之间的皮肤宛如披风，仿佛穿上吸血鬼的夜行服。吸血鬼乌贼黑中透着暗红，与巨大的大王乌贼同源，所以我们最好对这种乌贼友好一些，否则它的大靠山会对我们不客气。根据科学家的推测，吸血鬼乌贼在深海已生活了3亿年，因而它不仅是活化石，而且很可能是现存所有大王乌贼的祖先，真是个不折不扣的“老不死”。

在黑暗中，它们无法以吸血鬼式的外貌恐吓别人，所以只得靠生物发光的手段。它那硕大、闪着红光或蓝光的眼睛瞪着周围，从身体比例来看，任何动物都没有如此巨大的眼睛。被袭击时，它会弯起钩爪般的“手腕”护住身体，然后这些“手腕”会迅速亮起来，只此一招便能把攻击者吓得呆若木鸡。不过吸血鬼乌贼的本领不止于此，就像浅水域的乌贼会喷墨一样，吸血鬼乌贼也会抛出一团含有发光菌的光雾来扰敌视听，等中计者好不容易从光雾中挣扎出来时，小吸血鬼早已遁入黑暗之中。

蝙蝠鱿的独特之处也颇令人侧目。很久以来，人类都不能确定蝙蝠鱿到底是大王乌贼还是章鱼。虽然它与大王乌贼有许多相同之处，却只有8只触腕，而后者有10只。

进一步观察后，人们发现蝙蝠鱿还有两只细细的、没有吸盘的触腕，这两只触腕很可能是蝙蝠鱿身上最美味的地方，因为它通常会把它们卷起来藏在身体下面。然而真正让人惊叹的是蝙蝠鱿拥有各项独特的能力，例如它可以在缺氧的环境中安然无恙，新陈代谢缓慢时反应依然敏捷。如同正宗的吸血鬼，这些小家伙的秘密也藏在血液中——它们的血液不含血红蛋白，却有血蓝蛋白。血蓝蛋白令它们在极端恶劣的条件下也能获得氧气。在黑暗中度日的吸血鬼乌贼显得十分懒散，可是一旦开始行动，它们的动作会比饥饿的吸血鬼还要快。

在防御艺术上，唯一能胜过吸血鬼乌贼的是哲水蚤。在危急关头，哲水蚤会射出一团烟雾，敌人一开始并不会察觉到这团烟雾，片刻之后烟雾才会突然炸开，闪闪发光，于是捕猎者立即朝光亮处狂奔而去——当然是追错了方向。这就像是好莱坞女影星凯瑟琳·泽塔琼斯站在派拉蒙工作室的西边，所有男人却都冲向工作室东边，因为她的香味从那里飘来。

在黑暗中，仅有极少数生物完全没有发光器官，比如吞噬鳗（又称“宽咽鱼”）身上就没有发光器，但由于它太过特立独行，因此进化女神把它创造出来后，又懊悔自己做得太过分，还是应该让这个小家伙发光。介绍这个小家伙可不是件容易的事，这么说吧，想象一个大腹便便的贝壳，外表是皮质的，突然间贝壳张开了，张得很大，只有一小块肉将两片壳连在一起。这时我们会看见一排尖利的小牙齿，大嘴上面是一些圆圆的小眼睛。基本特征就这么多，还差一项：一根长1米多的细管状身体，吞噬鳗的上半身就长在这根管子上，仿佛这只贝壳梳着一根辫子。吞噬鳗就是这么一种动物，上下颌骨仅由一片薄膜相连。如此听来，它游泳的样子应该惨不忍睹。此话也不假，它通常直直地立在深水中，有东西靠近时就啪嗒一声把下颌骨张开，水流产生的吸力就会把猎物送进它的管子里。比起琵琶鱼，它的管子更具弹性，所以也可以吞下比自己个头还大的动物。

打起灯笼好把妹——求偶用发光器

不难想象，在黑暗世界，偷情变成一种普遍行为。我们正要谈到这一点。你还记得《冈瓦纳古陆之前的潜水艇》一节中提到的琵琶鱼交配习性吗？两性异形：大个头的雌鱼和小个头雄鱼，雄鱼附在恋人的生殖器上。黑暗世界中的觅偶和交尾也非易事，所以鱼儿们孜孜不倦地用生物光来表达自己的意向。

规则三：交配，交配，再交配!

雌性琵琶鱼的诱饵在雄鱼眼中是性欲的标志，它们迫不及待地想满足前者的欲望。

雄鱼体积较小，而且没有“钓竿”，它们可能毕生都无法享受“钓鱼”之趣，只能四处乱甩那条肌肉发达的短尾巴，直到瞎猫撞上死耗子。为了辨别方向，雄鱼还会散发出一种好闻的香味。对黑暗中的其他生物而言，这种生活习惯未免太复杂了，它们宁可集两性于一身。而水愈深，雌雄同体的现象就愈普遍。对此处的动物而言，在暗夜中终究只有自己才不会弄丢，此外也不用担心伴侣会喜新厌旧。

眼不见，心不烦——深海的透明生物

在无光带，只有强悍的生物才喜欢隐身，比如抹香鲸。它们偶尔会从上层水域潜到深海，享用一份发光的饲料——主要是大王乌贼，然后返回阳光明媚的水域。相反，大王乌贼却是深海的常驻居民，它和鲸一样低调，但两者经常会发生激烈的争执。抹香鲸时赢时输，因为对手毕竟高大强悍，而且拥有令人望而生畏的乌贼嘴。大王乌贼连吸盘上都长着细小的尖齿，搏斗时会把这些尖齿刺进对手的脂肪层。1933年，人们在纽芬兰海岸发现了迄今为止最大的大王乌贼，身长22米，被发现时遍体都是伤痕。解剖搁浅的抹香鲸尸体时，常在其消化器官中发现更大的大王乌贼的残骸，这也说明了世界上还有更大的大王乌贼，没有任何一家希腊餐厅有足够的空间来油炸这么大的食用乌贼。不过油炸乌贼并不是什么好主意，因为大王乌贼的体液中有高浓度的氯离子，能让所有想品尝其美味的饕客大倒胃口。

在弱光带，除了会发光的生物，我们还能发现一些透明的家伙。当然“透明”其实是一种不想被别人看见的花招。有些巧戎看起来仿佛是卓越的玻璃工艺品，闪着微光，眼睛硕大，腿脚修长，钳子令人望而生畏。幸亏这些可怕的家伙最长只有20厘米，某些类似小蟹的内部构造和透明的樽海鞘纲很像，小桶状的身体恰好为它们提供了理想的下蛋地点。这里还有一些完全透明的章鱼、大王乌贼，甚至带壳蜗牛。有些生物的身上有金属般的反光层。不过玻璃工艺中最为杰出的代表当然还是水母，而水母中的极致则是管水母。

管水母到底是什么样的动物？即使学识渊博的海洋动物鉴定专家恐怕也得猜上一猜。19世纪中期，德国生物学家恩斯特·海克尔因找不到更好的定义而把管水母称为“个体”，当然，管水母肯定不是个体动物，那么它是集体动物吗？也难说。现在人们把这个由千百个透明水螅状的个体构成的生物视为超级有机体，这些个体因不同的功能而具有各种各样的外貌和体格。有些个体只负责供给，成了整个机体的触手，负责捕获猎物，并把猎物送到负责消化的团队手中；有些个体负责防御；有些负责感觉；此外还有专门负责绿化的个体，以及负责推进力的成员。

链状水母是最大的管水母，加上触手可长达40米。近年来人们惊讶地发现这种水母的新生触手能发出青绿色的光芒，老触手则发暗红光，显然是为了诱捕鱼类。人们之所以惊讶，是因为巨口鱼曾教过我们，在一定的深水中，红光只能被同类看到。显然这里还有个例外，然而人们对此尚无法作出完美的解释。

最有名同时也最危险的管水母被称作“葡萄牙战舰”，站在船上就可以辨认出它们。这种水母主要由一个胀鼓的大水螅体构成，水螅浮在水面上，带动整个水母顺风巡弋，就像一艘帆船。这种管水母并没有被造物主弃于深海，然而它那水面下的触手很有破坏力，最长能深达50米。如果有人撞入这个家伙的触手网中，几乎必死无疑。管水母的力气并不大，但触手就像珊瑚虫的触手一样，有无数剧毒的细胞，只需轻轻一碰就能使猎物中毒，继而引发心脏衰竭和窒息。这种僧帽水母的牺牲品也包括人类，几乎没有人在遇上“葡萄牙战舰”后能全身而退，被蜇伤后皮肤会剧痛无比，而且肿胀难受。如果受害者能及时被运回岸上，或许还有一线生机，但上岸后必须先用盐水冲洗伤口，切不可用淡水，也不要试图把黏附在伤口处的螯针拔掉，应该用沙子敷在上面，再小心地用小刀将残余的触手慢慢刮去。受伤者如果没有昏迷，肯定会呻吟不止、大喊大叫，最佳的止痛妙方是将浓度5%的醋酸溶液淋在伤口上，然后赶紧去医院——越快越好！

海水深处也有管水母的身影，它们在水中张开闪闪发光的触手，宛如蜘蛛网。同“葡萄牙战舰”一样，它们也有一个负责推动前进的个体，但里面装的不是气体，而是水。在深海里，装别的东西也不切实际。水的可压缩度很小，气体则不然：水深每增加10米，气体的体积便减半，原因是外界压力的不断增加。海平面上的平均气压为1巴或1大气压，也就是海面上方空气的总重量。确切地说，1巴气压是地表与外层空间的压差。但是水的密度比空气大800倍，水深100米处的压力已达11巴，气体也就相应地被压缩。在水下3公里深处，身体表面每平方厘米的面积要承受300公斤的重压，某些经验不足的潜水员缺少此类物理知识，在水下二三十米处上浮过快，结果往往赔上性命，因为他们的肺随着压力的迅速减小而成倍胀大，如果肺叶没有被完全吹开，可能会爆裂开来。发生这种情况时，仅在肺部造成小裂口已是幸运，通常会一命呜呼。

在黑暗中抛媚眼给谁看——深海生物的大眼睛

因此深海生物的器官并不填充空气，只要它们待在适合的压力区，就可以自由上浮或下沉，身体不会受到任何损害，进行垂直方向的追捕行动也没有问题。链状水母就会闪着定位灯向上追赶浮游的虾蟹。如果人们以为水母是随波逐流的一群，那就大错特错了。水母有高度发达的视觉器官，功能如同我们的眼睛，而且具备娴熟的导航定位技巧。与大多数无光带的动物相比，生活在弱光带的动物都是货真价实的大眼睛。冬肛鱼是一种深海鱼，筒状眼睛永远注视着上方。从弱光带望出去的天空并非黑色，而是介于蓝色和暗蓝之间，在这里，猎物的形象只是一抹剪影。栖息在深海区的帆鱿鱼以独特的方式加强了这种“剪影”印象，它喜欢侧着身子游动，一只眼睛向下看，以防止侵袭者靠近，而另一只三倍大的眼睛则翻向上面。

还有斧鱼，形如其名，看起来仿佛一把斧头。斧鱼总是盯着上方，指望发现浮游生物。它的眼睛对光极度敏感，但不幸的是，它的身体构造决定它无法朝下看，而下面是危险重重的深海。为了弥补这一缺陷，它的腹部配有发光器，能发出蓝光。奇妙的是，这种蓝光的波长为480纳米，恰好是太阳光穿过水层到达它所处位置的波长。再加上它那银光闪闪的体侧，在蓝天的映衬下仿佛变魔术似的消失了。我们都懂得这个道理——眼不见，心不烦。

如果肉食动物没有一套洞穿猎物伪装的本领，那还凭什么自称为肉食者呢？因此，某些鱼能够区分生物光与真正的自然光，所以不管斧鱼再怎么要发光的诡计依然能被它们识破。于是红皇后又开始竞跑，气喘吁吁地比赛：伪装，识破，再伪装，再识破，比詹姆斯·邦德还累。

女王们奔跑，灯鱼们则闲庭信步。

夜幕降临时，灯鱼们从两公里的深水区一直向上游到水面附近，每次游行3个小时。灯鱼的发光器长在眼部下方，群游时就像成千上万的小灯盏。它们来到这些营养盐丰富的水域，因为夜里的浮游生物正趁着天敌入眠时浮到水面上。灯鱼闪闪发光的小眼睛能吸引浮游的虾蟹，它们是灯鱼的首选佳肴。遗憾的是，这些灯光也会吸引夜行的鲨鱼。鲨鱼接近小灯时，灯鱼会迅速合上眼睛下方的一条缝隙，然后小灯便熄灭了。若能接受训练，灯鱼甚至能用摩斯电码发报，但意大利人却总是说：Sei stupido come un pesce（你笨得像条鱼）。

介形纲中的海萤堪称最美丽的演员，雄海萤和雌海萤情意绵绵地结合时，发出的光亮就像小小的太阳！

老实说，这难道不叫浪漫？

在造物的深海宫殿

如果两只名叫维纳斯花篮的海绵动物能聊天，它们或许会探讨这样的问题：天空是什么样子？黑暗的那一头是什么？

由于深渊的黑暗无所不在，所以它们的看法自然不会很有见地。尽管如此，它们依然相信世界上有这样的一个地方，因为不久前一对友好的小虾刚从那里迁居过来，现在就住在它们的花篮里。它们也相信自己的世界是流动的，食物就是这样流动着到它们面前。这些构成维纳斯花篮的世界观，包括一个有趣的造物传说：上帝花了7天的时间创造了整个世界，首先是黑暗的空间，然后是流水，之后是坚固的大地，随后是所有的生命，也就是微生物、小虾和其他生物，它们总是缓缓爬行，要不就傻乎乎地在维纳斯花篮上爬来爬去。最后还有吗？那些团状的东西通过黑暗像雨水一样降临，最后造出来的就是维纳斯花篮。

因此维纳斯花篮说：上帝累了，必须休息一天，因为在如此短的时间内创造出这样复杂的世界，是要花费很多力气的。如果有人问，上帝的长相怎么样，维纳斯花篮很可能会考虑很久。上帝的样貌对海洋深处的居民来说没有太大意义，它们猜想，也许上帝在无所不在的流水中，或以吗哪[1]的形式昭示自己。另外，我们也可以假设上帝按照自己的长相创造了维纳斯花篮，要不，一切就说不通了。好吧，上帝就是一个和维纳斯花篮差不多形状的东西。想象一下，一位神色威严凝望着远处的维纳斯花篮。

所以说每个人都有自己的看法。

欢迎新婚夫妻入住——偕老同穴

小虾的上帝当然是一只虾，所以它们讲《创世记》故事用的是小虾的版本。它们窃窃私语着，海底的那一边是一个巨大的空间，在那里它们显得如此渺小，那里有大大小小的各种生物，海底的物种其实已经不计其数，远远超出海底小花篮的狭隘想象。但如果再往上走，生命会渐渐迷失，所以那里的生命很少，再往上就是一片永恒的虚无，那个地方叫作空无区，是未经创造的空间。

维纳斯花篮根本就不信这套说法，甚至觉得不可思议。可是作为小人物，它们没有机会去检验这件事情，而且对于理智的海底小花篮而言，这些奥秘太过遥远。谁能去追问那些高不可攀的真理呢？

海绵就是海绵嘛。

它只是玻璃海绵，学名为“偕老同穴”，或称“维纳斯花篮”。它不知道上面的水世界有各种各样的生命，而且没有止境，在水世界的另一端还有一个由大气构成的世界，那个世界有更奇怪的生物——人。他们野心勃勃，想探索自己居住星球的每一个角落。幸运的是，维纳斯花篮没那么疯狂，它们不会去讨论有关深层海洋区和空无区的问题，如果说它们缺少什么，那就是大脑。

维纳斯花篮是奇特的生物，住在海底5公里到6公里，有时甚至是7公里深的地方，外表十分脆弱，仿佛是硅酸盐做成的高脚杯，也就是

1　吗哪，《圣经》中上帝赐给以色列人的食粮，故为“天赐的礼物”，符合海绵动物饭来张口的生活习性。

一种硅化物。看起来虽然一动不动，但它们似乎随着一种无声的旋律不停地摇摆。即使是威尼斯的琉璃艺术之岛——慕拉诺岛的大师，也难以复制出精致的维纳斯花篮，因为这些多孔动物交缠在一起，网状交织的柔美隔膜呈纯净的白色，人们几乎不敢把这种羽毛般轻盈的生物拿在手里，因为害怕掉在地上摔坏。然而这些多愁善感的人却错了，维纳斯花篮其实非常结实，毕竟它们生活在地球上生存条件最恶劣的区域，即深渊带和更深的地方——超深渊带。

“超深渊带”一词源于希腊的冥王哈得斯——世界上最荒凉的地方，一般人无法在那里存活。人们把海底6000米以下的地方叫作超深渊带，提到深渊带和超深渊带时，人们还会讲到海底，听起来仿佛“海底”是一个更深的地方。注意，这是概念的混淆，海底指的是所有海底的整体，它涵盖内海或海岸区这些太阳能够照射到的浅海底，以及阳光无法到达的深海底。海洋的平均深度是3.79公里，包括浅海域和地球最深的地方——日本东南方的马里亚纳海沟，所以海底是一个很广义的概念。

顺便提一下瑞士的深海探险者雅克·皮卡尔和他的同事美国海军少尉唐·沃尔什，两人于1960年1月23日乘坐自制的深海潜水器到达了马里亚纳海沟的底部，他们宣布自己抵达了11340米的深度。而依皮卡尔的经验，海沟应该只有10924米深，事后他承认犯了一个错误，他们在瑞士所作的测量仪校正是在淡水中进行的，而淡水和咸水的密度不同，因此产生了数据误差。

目前人们认为皮卡尔和沃尔什当时到达的深度为10916米，这份数据也不正确，真正的深度应是10740米。但无论如何，这都是一项非凡的成就，想一想，世界第一高峰也不过海拔8848米。1995年，日本人派出了他们的深海机器人Kaiko下到海底，它的发现并不比皮卡尔的精彩，在海底淤泥中发现蝶鱼的瑞士人很可能看到了更多东西。最近，美国伍兹霍尔海洋研究所最新发明的混合型遥控潜水器将重新探索这一终极深渊，去骚扰那条皮卡尔发现的鱼。我们只知道，那条鱼在最深的海底出现过，这意味着那里存在着高级生物。除此之外，我们对世界的最深处实在所知有限。

和马里亚纳海沟相比，维纳斯花篮的世界简直称得上阳光普照，不过只有它们被渔网或科学家俘虏时，我们才能一睹它们的风采。它们很受欢迎的一个原因是广纳房客，更确切地说是因为它们的象征意义。由于这种象征，这种硅质海绵还有两个绰号——洞房和婚姻牢狱。这两个绰号来自同一个典故：两只相爱的小虾在度完蜜月后立刻迁进海绵的身体里，它们新婚燕尔、情意绵绵，因此忘记了时间。不知不觉过了好久，小虾的身体渐渐长大了，再也不能游到外面去了，只有它们的孩子身体够小能离开父母的房子，而妈妈和爸爸只能留在里面，含情脉脉地望着对方，白头偕老。

根据日本的传统风俗，维纳斯花篮是用来送给新婚夫妇的礼物。波茨坦的马克斯–普朗克研究所负责生物材料研究的彼得·弗拉策尔对这种25厘米长的海绵抱着完全不同的兴趣，他和美国加州圣塔芭芭拉实验室的科学家正在一同研究硅质骨骼的惊人强度。事实上，想将维纳斯花篮打碎绝非易事，它们拥有胶合得天衣无缝的7层玻璃纤维，所以根本不必费心购买玻璃破碎险。弗拉策尔将那些纤维称为微薄片，直径仅几微米，以这样的装备，海绵能够优雅地应付锋利的蟹钳、蛸属乌贼的大嘴和狂怒的激流。对弗拉策尔和他的同事而言，维纳斯花篮中隐藏着现代工业技术的奥秘——如果在经历了4亿年的发展史之后，人们还愿意称其为现代的话。

对自然构造法则的好奇，激发了人类对超深渊带和其上的海底世界的兴趣。有趣的是，在希腊文和拉丁文里，abyssus是“无底深渊”的意思，海底则是海洋的底部，在其下不会再有海洋。为什么会这样呢？因为在远古人类的世界观中，海洋是没有底的。然而深海海底确实存在，只不过那里没有植物，植物只有在阳光下才会繁茂生长。

在开始考察深海泥浆之前，我们再次对这些概念作个总结：

海底带：所有海底区域，包括平缓的海岸线、大陆坡一直到海洋的最深处。

浅海带：阳光能照射到的海岸地表区到海面底下200米还能进行光合作用的深度。

半深海带：海下200米到2000米的海域（有些定为2500米）。弱光带也属于这一海域，深度介于200米到1000米之间。

深渊带（深海带）：海平面以下2000米到6000米的区域。部分科学家认为海平面1000米以下就开始属于深渊带，包括整个无光带。

超深渊带（超深海带）：海平面6000米以下。

这些数据也只是近似值，就像地质年代的划分一样，它们同样也可能不精确。人类很难就统一的数据达成共识，比如说，对可见日光的海水层范围介于300米到700米之间，大家的看法并不尽相同。在海洋学专家派对上，或许会有人宣称是500米，其他人则会反对，也有人表示赞成，你最少总会找到一个和你英雄所见略同的伙伴。

世上最荒凉的住宅区——超深渊带

我们潜入很深的地方，来到深海海沟的泥浆区，这里是由松软的沉积物和有机腐殖质构成的。由于巨大的水压和自身的重量，这种有趣的混合物受到挤压，内部变得坚硬，而上面又不断有新的沉积物落下来——沙子、排泄物、碎片，以及各种各样的“有机雪”。在这里，看不到美丽的风景，地球上没有任何一个角落比深渊带和超深渊带更荒凉无趣，然而对于在海底生存的物种来说，这里却是一个绝佳的好住处。深海底居住着各种各样的生物，其多样性不亚于巴西雨林。

海底的生活无论如何都不算最差，生物无须时刻担心自己掉下去，它们开心地爬来爬去，在地面上定居，讨论关于空无区的问题，甚至将房子转租给热恋中的小虾。经过仔细观察，可以在这里发现各种生物：伸长手臂捕食的阳燧足、居无定所的海胆、最长达30厘米的巨型软体动物、蜗牛和小螺、蚤蟹，各种带须、片状、长鳞和长毛的蠕虫，以及难以想象的真核海洋生物，还有住在钙质壳里的单细胞变形虫探出柔软的触手，连小蟹也不错过——已知最大的真核海洋生物长达12厘米到15厘米，泥浆里的变形虫只有几毫米或几百微米长，还有头发粗细的线虫和线状蠕虫，它们会像吸血鬼一样吸光猎物的汁液。海底淤泥中布满了这样的生物，每一个沉积物颗粒中都有一个或多个住户。

所以海参很高兴。

海参一饿肚子就不高兴，所以一直在泥巴里翻来翻去，把好吃的消化掉，把废渣排泄出来。单细胞生物一旦进了海参的肚子，有壳变形虫那快乐的单身汉公寓就被翻修一新，打扫得干干净净，搬进新主人。如果说鲸是水面的筛检器，那海参就是海底的鲸。在海底，海参也叫作“爬动的肠胃”，属于棘皮动物，是非常庞大的一门，包括海星、海胆和海百合。海参最大的成就是头尾分明，所以它不会用尾巴吃晚饭，用其他部位排泄。它那张忙个不停的嘴四周布满了多肉的触须。它没有脚，只有一些长得像脚的触手，背部还有柔韧的管道。海参可以活动，它有很多充满液体的小脚，这些小脚也称作管足，它们靠着这些脚来探索世界。海参没有骨骼，更确切地说，它只有很少的骨骼结构。海参在亚洲被当成美食，这其实很危险，因为有些海参体内有毒素，用来向敌人射出有毒的黏液。水肺是动物王国中的异数，海参的肠中却有水肺，它懂得如何取舍。

它必须学会取舍。和自游生物不同的是，海参的狩猎范围只限于海底。科学家把深海底的居住带称为“集聚[1]”，类似于水底城市。和地面城市不同，超深渊带的城市之间紧密相连，没有任何一个角落没有生命。尽管如此，真正繁荣的大都市——较为密集地居住各种各样生物的群落——依然只是遥遥相望。我们马上就要到热液喷口附近看一看，那里才是真正的模拟都市。

还是回到吃饭的话题上吧。

1　集聚（斑块状）(Patches)：生态学上，生物分布常形成一小群一小群的情况，类似小型城市或是社区，这些小聚落便称为集聚。借由集聚的概念，科学家可以有效地分析海洋生态。

不管微生物数量多么庞大，单吃它们很难填饱肚子。因此，超深渊带里的生物经常要帮自己找些补给品——有机腐殖质（Detritus）。如果你是笃信宗教的年轻人，或许会觉得奇怪，螃蟹、蠕虫与海参和基督重金属乐团怎么会有关系。是的，有个乐团将自己命名为Detritus，也就是拉丁文“垃圾”的意思。从事文学的人对Detritus的理解则是英国奇幻小说家特里·普拉切特小说中的角色。另外，Detritus这个词还有碎石和岩屑的意思，表示化石风化后的残骸。

我们现在谈的是生物死后残余的有机组织。海底是海洋残屑回收再利用的场所。如果虎鲨吃了一条大马哈鱼，大马哈鱼的残体就会渐渐下坠，经过一条正在帮鲈鱼或大海鳝清洁牙齿的清洁鱼身边。如果它很幸运，没有在路上被一张张饥饿的嘴巴拦住，最后会落到漆黑的海底。如果是一条死去的鲨鱼，它的整具尸体会沉到水底，下层海域的住户会纷纷撕咬它的肉，但总有一些残余会抵达海底最深处。有机腐殖质是所有悬浮物质的统称，在潜水艇或远程遥控摄影机的光柱里，它们看起来仿佛是一场暴风雪。它们是总重数百万吨的有机废物，一部分被洋流携带漂流到很远的地方，有时会被卷到高层水域，直到维纳斯花篮、深海虾和海参都从中分得了一杯羹。磷虾、樽海鞘纲和其他清除者[1]等排泄出来的“有机雪”也属于深海有机腐殖质。

哦，对了，清除者！这个概念是第一次出现。生物学上，人们把那些捡剩菜的微生物称为清除者。在进食过程中，这些生物分解了分子，并且释放出二氧化碳和氧气，因此对生态平衡具有非常重要的意义。一些菌类、蠕虫和蟹类都属于清除者，在之前几个章节，我们已经认识了很多种这样的小小清洁工。

简言之，在造物的海底宫殿里，一切物质都得到了最大限度的再利用：海底微生物腐殖质、海藻、死去的浮游生物。好运都从天而降，通过这种方式，能量载体（海面植物借光合作用生成的能量）最终也

---

1 清除者（Destruenten）：有机体，以微生物为主，它们在动植物死后将其尸体重新带入自然循环中，方法是将动植物的残骸以及粪便分解成矿物质。

成为底栖生物的食物。本来饥饿是它们一切活动的根本动机，但这种说法并不完全正确，我们的维纳斯花篮从洋流中过滤出营养物质，海参则一块一块吞食海底的土壤，不错过每一口美食。在海底，几乎每一寸土壤都留下了海参或蠕虫的足迹，一切都以极其缓慢的速度进行，包括超深渊带生物自身的新陈代谢。在这个永恒的冰冷世界中，它们别无选择。

当然，海参和它的朋友是不会被冻坏的。深海海底的生物并非恒温动物，这就意味着它们的新陈代谢使得它们能够适应环境的温度。但无论如何，在这样恶劣的环境中，人们应该学会储备和节约能量。能大规模消耗能量的情况只有一种：来了一个大家伙。

首先，大家伙总会带来致命的危险和毁坏。维纳斯花篮不是一直都知道吗？世界末日总有一天会来临，只有正直的维纳斯花篮才能进入天堂，而且那里没有经常动手动脚的坏螃蟹。一切从一道强大的浪压开始，正当这些海底的小东西开始问自己糊涂的小脑袋，现在究竟该怎么办的时候，一头巨大的抹香鲸从天上摔了下来。维纳斯花篮、海百合和海葵，这些不幸住在这一区的家伙都被压得扁扁的，几只小蟹也遭遇了同样残酷的命运。包括海参和其他腔肠动物、毛足蠕虫、海星、海胆等在内，都没能及时躲到一旁。

鲸刚刚摔下来，众多生物就开始积极忙碌了起来。事情很快传开，其实单是落地时巨大的响声就足够报信了。尸体很快吸引了无数食客，灵敏的嗅觉器官为它们指点了通往美食之路。首先到来的是小蟹，它们的两只前爪是优良的切割工具。蚤蟹或端足动物遍布海洋中的所有水域，它们聚集在鲸的周围，和食腐的盲鳗及步兵鱼一起分享这只鲸。片刻之后，身材庞大的长尾鲨也来了，灰鲸也吃得很卖力。许久之后，蠕虫才开始上场。几个月之后当所有的肉都消失了，大家又开始打起骨头的主意。这具尸体为不同的生物提供了整整一年的食物。但当一般人都发誓这鲸已经被吃干净的时候，鳗鱼还能在骨头里面发现一些小小的组织残渣，而之后剩下的工作就交给清道夫了。

当然，这种生活并不是那么诱人，更何况这里的风景一点也不吸引人，没完没了的平原不是深棕色就是红色，然后是坡势平缓的山脉，接着又是平原，又是山脉缓解一下视觉疲劳，之后又是平原。算了，人们根本就看不到什么东西，更惊人的是，在这种枯燥的环境中却住着无比繁茂的生物。现在来看看黑烟囱，它也被称为热泉或热液喷口。对我们来说，黑烟囱并不很陌生，因为我们的时间之旅就是从这里开始，从硫化铁水泡的内部开始的。如果罗素和马丁的理论正确，那么这里的烟囱就是我们遗忘已久的故乡。某一天，我们的探险家从潜水艇“阿尔文号”的大眼睛朝外望的时候发现了它。但人们几乎不敢相信自己看到的一切，他们原本是想探索海洋中部的中洋脊。

结果却发现了一颗陌生的星球。

活在水深火热之中——黑烟囱的居民

1979年，所有人都开始关注一种生境（niche/biotope），之后又作了多次相关报道，包括那座数米高、历史悠久的“烟囱”。烟囱里冒着热乎乎的水、硫金属化合物、锌、铁和其他矿物质。

我们简单回忆一下，海底地壳裂开的地方有地下岩浆涌出来，凝固成了多孔的堆积层，海水从裂缝渗入几公里以下的深处，最后到达岩浆库的上方。那里温度极高，因此这些热液又以400℃的高温重新高速喷射回来。将地球内部的矿物质溶入近饱和后，热液冲破了栅栏。由于深海的压力，这些滚烫的水无法汽化，只能保持液态，但矿物质成分一遇到深海洋底0℃到2℃的海水就会氧化形成悬浮固体，因此喷涌出的烟雾变成黑色，这就是“黑烟囱”名字的由来，当然也有浅色烟囱。沉淀的硫化金属物质因自身重量下沉到地面，构成了烟囱的基座，时日一久，烟囱就形成了。目前已知的最大的黑烟囱名叫“哥斯拉”，高达24米，称得上是海底的东京。烟囱周边住着适应这种极端特殊环境的微生物，种类数以百计。

探险家万分惊讶地睁大了双眼，注视着这个奇异的世界，过了许久才明白自己发现的结果和意义。他们当然知道，海平面200米以下的地方缺少阳光，没有光合作用，因此人们理所当然地认为，这个深度以下的海底不存在复杂的生物群体，除了那些以有机雪为食物的生物，但这些海底数公里深的生物依然间接依赖着光合作用。而在中洋脊，情况却恰好相反，热液泉黑烟囱周围的居民的食物都来自地底，它们从地球内部获取自己的食物，它们的存在成为没有阳光也能形成生命的铁证，这个事实为罗素和马丁的假设奠定了基础。

接下来的几年，人类踏遍地球的每一个角落，四处寻找这种古怪的生命群体。在东太平洋小角上的加拉帕戈斯群岛，研究者在海底2000米的深处找到了它。在美国西北部海岸胡安·德富卡的中洋脊上，也有这种丰富资源。1993年，人们在北大西洋海深1700米处发现了一块区域，面积约150平方公里，这里的喷口泉涌着大约333℃的热液。这座名为“好彩香烟”的黑烟囱，是人类迄今为止所发现的最大规模的海底热泉喷口。这里的食物链从细菌开始，这一点并不令人惊讶，因为只有细菌才能坦然面对高温。它们通过化学合成而非光合作用，将地球内部取之不竭的能源转化成可利用的物质，这种物质也能满足更高级物种的需要。有免费午餐供应时，必然就会涌来大批生物，诸如贝类，以及前面提到过的蟹类、鱼类、蠕虫和软体动物，大都市于是开始崛起。

所有住在黑烟囱周围的居民当中，最引人注目的是大管虫（Giant Bearded Worm）。这是一种巨大的管状蠕虫，就像一个生殖崇拜的大怪物，最长可达3米。烟囱四周布满了大管虫的长管状小房间，看起来仿佛白色的绝缘管。不需要掩护的时候，蠕虫就通过这种管子观察外面的世界。大管虫本身的颜色是血红色，没有眼睛，长着两片凸起的嘴唇，用以感知周围环境。实际上，大管虫根本没有嘴巴，也没有肛门和肠道，这种动物的前端是轻盈的气管鳃，布满特殊的血液，即使在充满硫化氢和大量重金属的环境中也能生存。体内含有血红蛋白的生物几乎都会因大量的硫化氢而窒息，因为硫化氢会阻止氧分子和血红蛋白分子结合，但大管虫的特殊血液却能分解氧和硫，只要这两种物质不混合，就能避免中毒。

大管虫的鳃管间住着数百万个硫化菌，它们全部加在一起差不多就占了蠕虫总重量的1/2。黑烟囱为我们提供了一个共栖生存的绝好例子，蠕虫用它的鳃为细菌捕获大量硫化氢分子，这些细菌就依赖硫化氢而活，它们会分解这种有毒的东西，留下自己爱吃的部分，而合成的有机物质又可再被蠕虫利用。如此一来，大管虫就可以从清洁工那里得到所有维持生命的重要物质。这是一条深海蠕虫对幸福生活的需求，它甚至不需要独立的肠道来消化这些食物。

喷口附近群居着庞贝蠕虫（Pompejiwurmern）。从本质上来讲，它们是大管虫的同类，和后者一样住在白色管道上，但个头小一些。它们最显著的特点就是花朵般的头部。在蠕虫王国里，它们算得上是高温纪录保持者。在水温达到60℃到80℃的时候，它们还能像人类一样洗个热水澡，花状头部伸入滚烫的热水中，尾部就插在低温水区里。它们旁边还栖息着一种鳗鱼般柔韧的鱼类，名叫墨西哥暖绵鳚，它们靠捕食海绵身上的小蚤蟹为生。深海温泉蟹像警卫一样，拖着强有力的大剪刀在大管虫的领地来回巡逻。这里还有小虾和海葵，大管虫领地的周遭是白色的泡蛤（Calyptogena）和红棕色的热液贻贝（Bathymodiolus）的领地，泡蛤和细菌也像大管虫一样过着共栖生活，但它们偶尔会吃掉细菌。没有眼睛的铠甲虾打泡蛤主意的时候，泡蛤会及时关上家里所有的门窗。铠甲虾则成群结队地出击，到处惹是生非，还会不时骚扰大管虫的管状房子，想把这些血红色的小东西挤出来，可是小蠕虫早就闪电般躲到管道里去了。

太平洋和大西洋的热泉共栖生物群在很多方面都很像，只有细微差异，例如太平洋那里没有大西洋的大管虫，而有成群的灰白色小虾。看到这里可能会让人联想到蜂群，在详细研究过小虾之后，科学家发现小虾的习性确实和蜜蜂一样，社会结构和蜜蜂王国也有惊人的相似性。小虾并不是全瞎，而是有小小的视觉器官，因此能够认识新的生活环境。尽管海底深处是一个黑漆漆的世界，但科学家最近发现，热泉会释放一种非常微弱的亮光，成为移民的指引路标。

拥有一身发现活跃热液喷口的本领，对热液喷口生物群至关重要，因为这决定了这些生物能否继续存活。这些深海大都市并非永垂不朽，一座黑烟囱可以活跃上百年，之后会进入休眠期。许多黑烟囱在活跃了10年到12年之后就会熄灭，还有些会受到频繁的火山活动和海洋地壳构造活动的影响，最后被夷为平地，赖以为生的生物群就会沦为祭品。由于缺乏房地产经理人，那些灾难后幸存的生物还得自力更生，转而寻找其他适合的新住处。细菌依然是动作最迅速的一群，似乎永远都比别的生物更早到达，其实它们一直都在那里，就在海底地壳上等候着，直到新的热液喷口出现。

大管虫和庞贝虫经常和城市同归于尽，然后又奇迹般地重新出现。

令人惊奇的事还不止这些。20世纪80年代中期，科学家发现了黑烟囱的表兄弟——冷泉，那里同样栖息着无数种寄生虫。冷泉通常是一片周边群居着贝类的海底盐湖，就在金色海滩下方的水域，那里是贝类的群居地。奇特的是，当你凝视湖面时，会以为可能有鸭子来这里戏水。这些湖就像深色镜面，镶嵌在深海的底层，没有任何氧气，和其上的海洋各自独立。盐湖的湖水十分厚重，密度极大，富含碳氢化合物和矿物质，因此不会和上层的海水混在一起。盐湖内部的压力是地表的400倍，这里也生活着一些真核生物，它们对这里的环境相当满意。这里没有含硫的热汤，却有四处流溢的冰冷甲烷，一部分甲烷和水结合后冷凝成了水合物。这些水合物上栖居着许多小个头的胖蠕虫——冰虫，它们白天几乎很少活动，偶尔会蹦蹦跳跳活动一下，但单单这种活动就已经足以让它们在冰层里挖出凹洞，为自己营造舒适的房间。它们和以甲烷为生的细菌共生，但这些细菌得向冰虫缴税。冷泉的世界里还有大管虫的苗条兄弟，后者比住在热液喷口源头的亲戚长寿得多。热液喷口附近的生活转瞬即逝，因此生物必须快生快长。

冰泉则相对稳定，蠕虫也生活得优哉游哉，可以活到两三百岁，在全世界长寿纪录名单上高居榜首。

底栖生物的世界其实还是很融洽的。除了永恒的觅食，它们只有一个困惑——性。不是说那里的生物对此不感兴趣，但在如此漆黑的地方，大家又都行动缓慢，而且身体不发光，意中人或许就因此擦肩而过、无缘相见。因此有些地表居民经常和有意交配的同伴一起出游，比如说阳燧足、蠕虫和海胆，如此一来，伴侣总在自己身边，可以一起进食和交尾，无须培养更进一步的共同爱好。

有人吗

嗯，谁住在这里？

“我们不知道。”德国人口发展研究院院长莱纳·科林霍茨叹了一口气，显得很无奈。数据太少了，人们对这个地区的认识实在乏善可陈，已经掌握的少数情况也非完全可靠。单单那里生存的生物名称就尚未统一，常出现各种笔误。科林霍茨和其他学者一同起草了一份关于这种情况的详细报告，并建议德国将人口普查完全透明化。

德国？

啊，是的，科林霍茨谈的不是海洋里尚未被发现的生命，他谈的是德国。他研究人口和发展，然后向总理默克尔女士提供人口普查报告，了解一下每个人的职业。按照现有资料，人们对此实在是所知甚少，连对人口的统计都困难重重，只有那些微笑着挨家挨户发问卷的人才能得到最真实的数据。

内政部长对这项提议很感兴趣。绿党正在为宪法争论作准备。谁要是还记得上次大型人口普查肯定会打个冷战：这次不会又是“255、256、257……唉，我数到哪儿了”吧。另一方面，大家都知道我们不能作抽样调查，否则又会出现“一个妈妈生1/3个孩子”的恐怖数据。人口普查是件麻烦事，虽然我们有阳光、出生证和公共措施。

谁要是出主意说，我们应该在海底进行生物普查，他肯定会被认为是神经病。在浅水域或许还有可能普查某座珊瑚礁上的生物，虽然海马和珊瑚虫之类的家伙既没有登记注册，也没有固定住址。海底100米以下的世界如此阴暗，人口统计学家也无计可施，只能试探性地问一声："有人吗？"他当然得不到回答。在海底5公里的淤泥中悠闲散步的海参必然会躲开这种普查。但是，和它们被发现的概率相比，海参向政客提出上诉的概率可能更高，即使你会问它："你叫什么名字？"

针对这一问题，2000年初，1700位科学家共同启动了"海洋生物普查计划"（简称CoML），总部设在华盛顿。他们希望建立一个数据库，里面不仅登记每一种海参的名字和绰号，还包括所有生活在海洋里的生物。

回忆一下：地球表面积的2/3都被海洋覆盖，其中的4/5属于深海，总体积为3.18亿立方公里。如果你更喜欢百分比，海洋占了地球表面积的62%，而所有大陆的面积总和也差不多只占这个广袤阴冷的海底世界面积的50%。虽然地球上95%的生物都生活在大洋和海里，但其中只有不到0.1%的生物曾经被近距离观察过。更令人惭愧的是，勘探过的海洋地壳面积，包括所有那些潜水机器人和人类实地考察过的泥泞的海底地壳加起来，总面积才5平方公里而已。只有5平方公里！和海洋的总面积相比，这个数字只占0.0000016%。

我们要在一个未知的国度做生物普查吗？

正是，CoML的专家说，他们并没有被别人的说法误导。20世纪90年代中期，这个项目受到美国斯隆管理学院的启发而成立，到目前为止项目已经涵盖73个成员国，而且享有政府津贴。为了确定海洋鱼类和浮游生物的总数量，人类投入了大约10亿美元。此外，科学家还有其他任务，他们必须详细描述大洋里的所有生物，包括生活在海里的哪个区域，生活场所有何特点，喜欢吃些什么，谁是它们的天敌，海底水流、气候，特别是人类活动对它们的生存有哪些影响等等，诸如此类。简单来说，重点问题只有3个，在2010年之前，CoML将致力于回答这几个问题：

过去，海洋栖息过哪些生物?

现在，海洋栖息着哪些生物?

未来，海洋将出现哪些生物?

从任何一个角度来看，这些生物普查员面对的都是一颗完全陌生的星球。根据生物学家估计，目前我们才刚刚发现地球上所有物种的1/10，超过90%的物种还没有被发现和描述过。当然，反驳者提出合理的怀疑：既然那些物种还没有被发现，我们怎么能知道它们的数量呢?但也有专家认为，我们不能这样看问题，我们虽然还不知道海洋里有什么物种，但是根据它们长期为大气层输送氧气，我们仍然可以推测深奥的海里蕴藏了多少臣民，我们未知的生物还有多少。

这么说也不无道理。然而事实却与人们猜测的结果大相径庭。有学者认为，这个黑糊糊湿漉漉的世界生活着几十万种生物，有人却相信有几千万种甚至更多。只有一点没有争议：到目前为止，大多数海洋居民都还没有被发现。我们至少还能看到浅水区的动静，但海里愈深的地方，能看到的东西就愈少。换句话说，如果有人去一趟海底运回1立方米大小的淤泥，那么他很有可能就会在淤泥里发现一种陌生的生物，甚至好几打。

尽管这个专案似乎是那块希腊大力士西西弗斯永远推不完的巨石，CoML研究人员给人的印象还是很踏实的，不会凭空说大话。如果前往CoML位于苏格兰的总部参观，你肯定会觉得更踏实。“当然，我们也会考虑那些无法探索的领域。”海洋科学家表示。言下之意是：“虽然我们很大胆，但还不是神经病。”

所以，海洋生物普查并非艰难的“猛犸计划”，而是许多子项目的综合，每个子项目都有一个限定的调查领域。法兰克福森肯堡研究所也参与了这个项目，负责在非洲海岸上探索深海世界。在2005年11月的会议上，学者们出示了第一份卓有成效的报告，即每1平方米经考察的海底所拥有的生物最高达500种，重点在于这些被发现的物种中，只有10%为我们所知，其余那些未知生命恰好验证了一句名言：我们对海洋的了解还不如月球背面。森肯堡项目的组长布里基特·希比西抱着保守的乐观主义态度说："我们当然永远不会真正知道海洋里有多少种生物，但我们能不断加强自己的认识。"

那么海底究竟有什么呢？我们知道有海参、维纳斯花篮、盲鳗、单细胞生物、鲸鱼尸体、生物烟花、巨型水母，和披着吸血鬼长袍的乌贼。另外，别忘了还有鲨鱼、哲水蚤以及一些稀奇古怪、如玻璃小桶般的生物。

"太美妙了！"森肯堡研究所的海洋无脊椎动物[1]专家迪特·菲戈博士说，"如果人们把一只深海刚毛虫放在酒精里，它会变得很难看。可是在天然的生活环境里，它总是光彩夺目，有着奇妙的颜色和形状。"菲戈曾多次亲自到海底参观这种刚毛虫的住处，并为各个水域和水深的小家伙们拍了许多照片。几年前他还举办过摄影展，引起了不小的轰动，因为照片里的生物美得出奇，优雅宛如名模。科学家几乎每天都发现新的蠕虫，因此愈来愈多人的决定不当火车司机，要改当蠕虫专家。某种程度上，这位善良的博士也在为鲸类保护和鲨鱼的去妖魔化作准备工作。那时，不为人知的蠕虫也会成为优雅的代言人。

嗨，蠕虫。

未知生物，人们总会联想到海蛇或巨鳌蟹，想起三头六臂、牙尖嘴利的大怪物，或联想到其他智能生物、深海里的都市。无论如何，肯定都是大家伙。是的，寒武纪有巨兽，泥盆纪也有巨兽，地质期的每个时代都有过巨兽。今天也有，只不过我们是在大银幕或舞台上看见它们的——鲨鱼！鲸！而大多数未知生物只有在显微镜下才会绽放自己的美丽，这点你大概也已认识到了，在非洲海岸发现的多数生物都只有几厘米长而已。

2002年，研究船联合乔迪斯·决心号在深达5000米的海域，往海

1　海洋无脊椎动物(Marine Evertebraten)：生活在海中的无脊椎生物，其中包括某些蠕虫，有爪动物如海参，还有棘皮动物，如海星和海胆。

底沉积物下钻探了420米，一直抵达玄武岩的表层。有些脉岩形成于渐新世，距今3600万年到2400万年。那里也有很多生物，这些石头居民心平气和地以碳化物——生物的残骸为生，经历了无数沧海桑田。这也再次说明，深海是一个缓慢的世界，细菌们不带手表，也不定闹钟。

水下世界繁多的生物种类让CoML的研究者惊叹不已。挪威CoML项目海洋生态计划的负责人奥德·贝格斯塔特带领他的项目小组于2004年乘坐考察船C.O.Sars号往返于冰岛和亚速群岛8个星期。两座岛屿都是火山岛。他们的目的是考察地中海中洋脊沿岸的生物多样性。来自世界各地的60多位科学家研究各种表皮、鳞片和甲壳，派出遥控机器人携带摄影机和测量仪到4000米深的深海，借助水中声呐系统，聆听“寂寞”深海的动静，收集浮游生物及其他生物。这项耗资8.3亿欧元的计划使科学界多认识了8万种鱼类、水母类和头足纲动物，从极小的幼虫到4.5米长的鲨鱼，无所不包。人类一度以为海洋就像平壤的夜晚般荒芜空荡，科学家却在这里发现了一块跨文化的绿洲，里面有大量前所未见的生物。我们了解深海热泉边的部分生物群体，如发光生物和海参，知道它们很适合制成日本宴会的料理，但新物种依然陆续被发现，而且几乎都是微生物。

科学家还发现了一些奇特的章鱼，它们长着巨大的眼睛和翅膀状的巨型触手，这些漂浮的触手也是它们的防撞气垫。分子遗传研究显示，这些软体动物能生出长达7米的触手。海洋生物普查计划的研究人员则用声呐测位仪发现了迄今最大的浮游生物群，在海流的影响下，这群生物形成了一个直径达10公里的完美圆环。在极深的海底，研究者还看见好几米高的珊瑚，它们与自己的热带亲属同样美丽动人，而且显然对2° C的海水相当满意。这些珊瑚固定在海底山脉的岩石上，从海流中过滤出小生物。迄今为止发现的最大的珊瑚礁位于挪威的罗弗敦群岛，面积约100平方公里，生物种类和澳大利亚珊瑚礁一样繁多，尤其单细胞生物种类的数量一直在不断翻新。

除此之外，还有什么新消息吗?

当然有。贝格斯塔特一直想研究清楚一件事，就是遥控机器人在亚速群岛海底北部一座两公里深的山坡上发现的东西。摄影机在那里拍下了一些笔直排列的神秘建筑群，每个建筑上都只有一个小小的开口，没有任何一位城市规划师能设计出比它更精确的住宅区。这些建筑宛如大型小区，有成百上千排。虽然作了深入观察，但研究人员还是没发现有关建造者的蛛丝马迹。贝格斯塔特甚至不知道这些建筑是不是个案。它也可能是通向一座庞大地下建筑的通道。是瞎眼小虾的杰作吗？或是一些我们无法想象的其他生物？真令人毛骨悚然。不过CoML的研究者对此兴趣并不大，他们想要的资料是：嗨！你们这些家伙，快从该死的小洞里爬出来，报一下数！按照大小和年龄排成队，好了吗？

虽然掌声不断，但研究者还是承认，他们无法统计看不见的事物。CoML探险的声呐测位仪经常发现大面积的物体，科学家却不知道这些从船下经过的是鱼群还是未知的巨大生物。理论上，水中生物在个头上是不受限制的，但庞然大物并不支持人口普查，而浮游小虾不会注意到自己被统计了，它们还未注意到计数器就落入了统计者的大网中。反之，真正的大家伙已学会远离机器人的探照灯。想象一下，一只25米长的大王乌贼躲在光柱的一边挖鼻孔，我们却不知道它们的存在，这情形真让人懊恼。数它们甚至比数沙子还困难，沙子至少不会愚弄人们。

即使如此，CoML的研究者依然非常乐观，毕竟拓展海洋知识的目的是为了更妥当地保护海洋。CoML不仅促进了世界各国科学家及科学研究机构的团队合作，还公开了自己的成果。所有参与者不仅不能隐藏自己的发现，而且必须将成果登记在海洋生物地理信息系统中。目前这个网络数据库已有500万条记录，详细记载了4万多种生物及其生活状况，而且数据每天都在更新。在项目启动之前，我们只知道25万种海洋动物及植物。

项目的下一站是南极地区，那里也是一个熙熙攘攘的世界。想想冰层下的百万磷虾大军吧！到目前为止，科学家只考察了南极大陆架的边缘部分，谁知道那里生活着什么呢？展现在人类面前的丰富生物世界委实令人怦然心动，可是谁愿意去1公里深的冰层下面呢？阿尔弗雷德·魏格纳学院提出了一个“黄色鱼雷”方案。仔细看，这些优雅的黄色鱼雷其实是一具水下自动机器人，简称AUV，它们带有摄影机和测量仪，能够自行前往75公里外的冰层，潜到3000米深的水下，所拍摄的影像可以实时发送到考察船上。CoML的乐观主义者期待能有新发现，悲观主义者却把AUV译成“中止和失败”，因为自行活动的遥控机器人本身就是个捉摸不定的东西，它们经常会对一些异常现象熟视无睹。

2010年，CoML将向人们展示一幅海洋生物的广角图，这是不适宜人类生存的世界。怀疑论者将研究者的工作视为“外星人”的努力，他们就像想记录加州海滩盛景的外星人一样，每年只在那里拍一个小时的照片，而且总是在冬天。无论如何，我们还是应该期待他们的成果，看他们最后数出多少种生物，发现多少种。从法律角度看，他们的行为无可指摘。

谁知道呢？或许统计端足类动物真的比统计联邦公民还简单。

智慧野兽

贝格斯塔特一直幻想着这样的场景：深海山脉的可疑洞穴中爬出一些前所未见的古怪生物，对着水下机器人说：

“带我去见你们的老大！”

为什么不呢？海洋中的生物比陆地上的生物要古老得多，而陆地生物的脑袋却聪明得多。太奇怪了，我们是不是忽略了什么？“我只知道自己一无所知。”每个海洋研究者都铭记着苏格拉底的这句名言。谁能宣称深海中没有智慧生物呢？比如说狡猾的乌贼，当它躲在一旁时我们根本无法察觉。说点正经的，认知研究领域的学者认为人类很难认出智慧程度远胜于自己的生物，就像狗眼中的主人都是“狗人”一样，小狗只能理解它行为范围内的事物。人类的思维太过复杂，狗儿只觉得很混乱。在路经地球的银河系外来客眼中，统治我们这个世界的其实是老鼠，它们强迫我们为其服务。这些灵敏的小畜生，思维也很复杂，我们却以为它们是因为愚蠢才被猫吃掉的。事实并非如此，一切都是一个高级计划的一部分，例如海参，海参或许是这个星球上最有智慧的生物。也可以这样想：比较海洋45亿年的历史与人类区区600万年的历史时，我们不由得会怀疑：为什么海洋深处没有出现更高等的生物？

有三点可以说明：

第一，我们已经说过，时间长短并不重要。自宇宙诞生时起，时间就是一个无关紧要的概念，某个事物存在多久并不有趣，有趣的是，是否产生了？又是在怎样的条件下产生的？周边条件必须符合要求才行，这些周边条件通常是重大变化的结果，刚出现时往往不受欢迎。

第二，把陆地生物与海洋生物分割开来是毫无意义的。生命的历史是共同的，生命史中不断涌现新的物种，这些物种不断转换媒介，离开海洋，又回到海洋，直到完成更高级的变形。乌贼原本也能统治地球的，可惜它们没有。嘿，真倒霉。

第三，我们还得与“进步”的生命史挥手道别。如果人们满腹牢骚地问进化女神，为什么她需要45亿年才能变出一个会说话会思考的物种？这位女士只会耸耸肩告诉我们，她并没打算创造这个物种。听到这句话，人类可能会打个冷战，事实上，进化女神的确没有远大的理想，如果情况需要，她会一巴掌把所有生命打回到单细胞状态。达尔文早已清醒地意识到这一点，想必不会乐见“进化”这个概念被维多利亚时代的生物学暨社会哲学家赫伯特·斯宾塞[1]所曲解。就像当时很多学者一样，他们都在寻找可以通行世界的定则。英语中“evolution”这个词同时带有“进步”和“发展”的双重含意，因此斯宾塞将“进步”视为一种自然规律，而这让达尔文很为难。达尔文使用这个词只是因为它比“有变化的起源”或“强者生存”更顺口，他相信的是“发展”与“选择”。在自然中，达尔文无法也不愿意看到进步，他肯定很同情《爱丽丝镜中奇遇记》的红皇后，她只要不落后就能活下来。然而达尔文死后，红皇后已成了物种竞争的代名词。

我们之所以将日趋复杂性和进步画上等号，是因为人类一直有个误解。历史进行了45亿年后，人类抬起头开始追溯自己的历史，他们似乎看到了某种确凿的迹象，这些迹象让他们更确信自己就是生产线

1 赫伯特·斯宾塞(Herbert Spencer,1820—1903)：英国哲学家，人称“社会达尔文主义之父”。

上的终极完美产品。因为人类发现，一切生物都是先从原始的单细胞有机体开始发展为多细胞，然后开始武装自己，种类日益繁多，势力日益增大，渐渐扩散到整个星球上。这样看来，自然界明显呈现出向高等发展的趋势。不是吗？就连创世论的信徒也承认，上帝在创世纪的头几天只摆出舞台，然后创造了一些跑龙套的角色，最后出场的才是主角，而主角是不可超越的。

事实上，自然界只是在为现有的世界添加新的内容而已。有些内容很复杂，有些却很简单。有些物种消失了，然后被更好、更坏或差不多的角色取代。整体看来，进化的基础是不可逆转的，粉墨登场的都是主角。多细胞生物出现后一直存活到今天，甲壳类生物亦然，奇虾却灭绝了，它将位置让给别的甲壳类生物。后来世界上又产生了脊椎动物，例如频频登场的鱼类。恐龙轰轰烈烈地死去，但蜥蜴活了下来。昆虫、鱼、哺乳动物、猴子、人，这些生物都在上演自己的历史，如果自然中真有进步，那这种进步也只是45亿年来生物种类增多了，物种名册变厚了。的确，但量多即意味着进步吗？

设想一下，在一场宴会上，50名宾客正在尽情狂欢，这时你来了，之后人们会说你的到来让宴会进入了一个新纪元吗？众宾客会只以你为话题吗？因为你跟大家一起喝了一杯酒，就会因此带起宴会的另一波高潮吗？

我们对世界的理解就是如此。每当一个声称有着“进步的进化”的新物种出现时，我们就会高呼万岁，仿佛其他物种根本不值一提。上文已提到，单细胞生物的种类不断翻新，CoML的研究人员每天都会发现新物种。进化女神的工作千头万绪，她只能这样工作，因为她的产品同时也是周边环境的一部分，所有物种都根据周边环境来调整自己的生存方式——若它们不想完蛋的话。产品愈多，周边条件的网络就愈复杂，多样性就不断增多。一直到某一天，在不停适应世界的过程中，一种具有自我意识的生物产生了，他们开始使用自己的手，然后直立行走，大脑容量渐渐增大，最后还出现了语言。

恐龙本来也能够进化成这样的智慧生物，掠夺成性、智慧过人的迅猛龙或许也会进化成直立奔跑、长两三米的蜥蜴，然而外在环境并不眷顾它们，最后智人踏进了宴会厅，满心期待所有人围着他转。看一看宾客名单，人们或许会自问：镜像自我辨识的能力，是否就像过度修长的脖子一样，真的不可或缺？我们加入宴会之前，众宾客都玩得很开心，但突然间玻璃碎了，食物被下了毒，大气被熏臭了，整场宴会都陷入了混乱。被臭骂一阵后，我们或许会被其他宾客扔出宴会厅，他们则继续狂欢，这样世界就会少了一种复杂生物。这种复杂生物与一切擦肩而过，很快就消失得无影无踪，但世界依然丰富多彩。回首历史，人们会说：我们陷入了一种复杂性危机——我们高度发达，却无法适应社会。

尽管如此，人们还是固执地认为自己是进步趋势的代表。好吧，我们暂且接受这一说法，接下来得问一句：什么是趋势？开放的百科全书维基百科将其解释为一种“可以统计的基本倾向，发展前进的方向”。还进一步解释：“趋势是社会、经济或科技中出现的新观点，可以引起一场新运动或引导一种新的前进方向。”这说明趋势是不断交替的，有的趋势很短，只能称为潮流，但它们产生时我们依然称之为趋势。其他的趋势理应得到一个名称，我们可以认为自然界有一种修改生命蓝图的趋势，迷你裙也是一种潮流，这种潮流则是女性意识趋势的一部分。

事实上，没有任何一种发展能持续几十亿年，没有任何一种趋势能够持续强化某一现象。任何一种复杂性的加强都伴随着复杂性的危机。而且，如果人类把迄今为止的一切趋势都存进计算机，计算机也无法以此预知未来的趋势，或预言某一趋势的持续时间。混沌理论告诉我们，预言在大多情况下只能是草案，条件不同，草案也会发生变化。此外，所谓的趋势常常在人们最措手不及时烟消云散，历史中曾有一种趋势告诉人们追随超人，但尼采的这一美梦却化为泡影。不管是天气还是证券行情，人们都很难对此作出长期预测，更何况物种的发展和变化程度。人们只知道，在特定的条件下，复杂性的加剧是无法避免的事实。

美国古生物学家史蒂芬·杰伊·古尔德在《生命的壮阔》一书中谈到这种边缘现象。他描写了一个醉汉蹒跚回家的状况：醉汉右手边是房屋的墙壁，而他不断地跌倒在排水沟里或车道上。在不断跌倒的过程中，他总是靠左走，在这里我们能推算出一种趋势，认定醉汉摔在排水沟里的次数大于摔到车道上的次数吗？这是一个很天才的比喻，让我们不由得联想到一位蜘蛛研究者，这位研究者推着蜘蛛大喊："跑呀，蜘蛛，跑呀。"于是蜘蛛开始跑，这时他拔掉蜘蛛的两只脚，再次重复这个实验，蜘蛛依然在跑。即便少了两只脚，蜘蛛还是能前进。所有的脚都拔掉之后，蜘蛛终于无法响应他的命令，于是这位学者在报告中记下："没有腿的蜘蛛是聋的。"蜘蛛的腿愈少，听力就愈差——世上没有这种趋势。世上也没有醉鬼摔跤地点的趋势统计，这个醉醺醺的家伙并不想向左或向右摔，他更喜欢一头倒在床上，由于右边是墙壁，所以他只能跌跌撞撞地靠左走，因为那里没有墙会挡住他的路，所以他总是跌在排水沟上。

自然界的墙壁或边缘也是这样，不停更迭出现的新物种并不比一个单细胞更优越。假设一场灾难扼杀了地球上所有的生命，只有单细胞生物存活下来，那么整个生命发展又会从头开始，世上又会出现更大更复杂的生物，因为这是进化女神唯一的前进路线。生物不会愈变愈大，因为这里有一堵墙限定有机体的最大体格，但我们还是喜欢说，进化女神喜欢大家伙。

如果大个头真是一种优势，那么腕龙应该比猛禽更先进。还记得石炭纪几米长的蜈蚣和巨型蜻蜓吗？大气中氧含量提高，引发了生物的巨人症，这是一种延续了几百万年的趋势。而氧含量减少之后，生物也相应地变小了。

世上并没有迈向更智慧、更大和更复杂的进步趋势。从进化的角度来看，两栖动物的登陆也不是什么进步，只是一种变化：水里很好，陆地上也不错。有人问，为什么海洋中没有产生智慧生物？

谁说没有？

鲸就提出了许多我们无法解答的问题：在不断变化的世界中，我们如何去测量和定义智慧？无论如何，智慧不能被限定在某个物种的价值观上，但一种我们无法辨识的智能形态，只会让我们感到陌生而怪异。写《群》时，有个想法一直吸引着我：早在人类以前，这种陌生的智慧生物或许已经诞生了，人们永远不会想到单细胞生物也有高智力。正因如此，《群》的主角才不是鳃人或大乌贼，而是微生物，它们强迫我们意识到自我感知的危机。

这世上存在《群》里头的Yrr生物吗？

当然有！不过只在我的想象中，其他情况我不了解。但我认为，其他行星上完全有可能出现Yrr这样的生物，它们也是具有自我意识的生物群。蚂蚁当然不在此列，虽然我们平时也会称赞它们"聪明"，但那是一种无意识的智慧。动物并不聪明，但作为一个爬行社会的精巧母体，整个蚂蚁家族是有智慧的，只是由于生物原因，它们无法变成真正的智慧生物。但在特定条件下，这种最渺小的生物或许也能创造出具有自我意识的超级大脑，令它们的才能得到更大的发挥。

这些我们只能猜测，人们也可以选择相信自己愿意相信的事物。这里列举出一些最受欢迎的名言："人不必什么都了解"、"不是一切事物都能解释"、"我觉得这些动物能感受到爱"、"蚂蚁当然有感觉"、"科学是冷漠的，它无法解释这个世界"、"海豚注视着我时，那真是一种神秘的体验"，诸如此类。恕我冒昧，这些都是屁话。我们再回到海豚的话题上，当海豚跳圈时，我们说它们真是聪明的小家伙，但这就表示它们是智慧生物吗？与狗相比，海豚的声音更优美，但这就是语言吗？当然，它们具有高级声呐系统，绝对是生物工程学的杰出成就，但由此就能认定它们有智慧吗？

20世纪60年代，美国心理学家及意识研究者约翰·里利兴奋地发现，海豚能运用复杂词汇交流多种信息。在他看来，这种程度的智慧足以证明海豚是智慧生物。事实上，如果对比海豚和人类的脑容量占其身体重量的比例，我们就会发现海豚的脑袋比例更大，或者说它们更有头脑，但这有什么用呢？除了在吃鱼或游戏时表现出独特的礼貌，它们还有其他了不起的行为吗？它们不写书，也不创作流行音乐。抛开人类在评判智慧生物时的偏见不谈，海豚压根儿就没有好好利用过它们的大脑袋。

或许是因为它们敏感的声呐系统需要占用大量神经元存储空间。

第一批计算机诞生于20世纪60年代，从其微薄的计算功能来看，这些计算机简直是庞然大物。数据整理工作得在大厅进行，屋里还必须堆放无数乱七八糟的柜子。今天，一台笔记本电脑就能完成同样的工作，甚至功能更强大。海豚的大脑就像以前的巨型计算机，因为声呐系统需要同时进行无数次计算，并在瞬间处理大量数据。更深入的研究显示，虽然海豚的大脑构造比黑猩猩更精细，但相比之下，它的大脑皮层较薄，脑沟也更浅。人类的自我意识，如学习技能、建立语境、模式思考、事先计划都藏在我们的大脑皮层下。不能否认，海豚几百万年后也能发展出这么厚的大脑皮层，达到类似的水平，但毋庸置疑，虽然它们已跨越了懵懂兽性的某些阶段，但依旧还是动物，脑壳里的神经元还不足以让它们更上一层楼。

对此，英国物理学家、诺贝尔奖得主、遗传工程的先驱弗朗西斯·克里克找到了绝妙的答案。他如此解释海豚的大脑袋：因为海豚很少睡觉，几乎不做梦。在梦中，我们可以摆脱自己往日的经历，克服消极的联想，海豚的大脑则没有这种弥补作用，因此它们需要储存空间来处理每天遭受的过度刺激。它们对自己的经历进行分类存档，而这需要巨大的脑袋。

到底什么是智慧？

我们得学会区分智慧（处理事物的能力）和智能（学习能力），这一点也不简单。比如说有人认为智慧是一种深谋远虑的才能，但如果你提供充分的数据，计算机也可以事先得到结果，因此智慧绝不止于此。联想力、制订计划的能力、设想情境、概括抽象事物、自我批评、客观评价他人、恨、爱，以上的任何一点都是计算机无法达到的智能。

但海豚与计算机不同，它有感觉。和人类一样，它在海洋中也能感受到友好和亲近的意图。我们可以说它是一种敏感的动物，但不能因此说它是智慧生物。海豚只能机械地重复它所学过的东西，像鹦鹉一样模仿。它们不知道这些动作的意义和目的，即使教会鹦鹉说公式$E=mc^2$，它也不会把这句话和光速联想起来。高级社会行为甚至可以通过基因遗传给下一代，就像我们上文提到的蚁类。

但我们不能由此断定大海里就不存在有意识的智慧生物。在这里，我们不能不提到一种尖牙利嘴的海洋物种——虎鲸，也称剑鲸。智慧生物研究者对它们特别有兴趣。

如果问一位西加拿大印第安人，虎鲸是否为智慧生物，他们肯定会回答是。在他们的神话中，好人会转世成为虎鲸。这个神话流传久远，最近的例子是一只出生于1999年的虎鲸，名叫露娜，它在2001年离开了自己的家庭，孤零零地出现在温哥华岛的努特卡海峡。露娜沿着穆查拉特湾，于2003年到达穆哈拉湖，这里的人发现这只鲸非常面善：狡猾的眼睛、流线型的下颌、频繁的冷笑……对了！原来它是他们去世不久的酋长！太棒了！安布罗斯不是一直希望以虎鲸之身重回这个世界吗？

现在他满意了。

露娜很温顺，允许人们抚摸它。它恋恋不舍地跟着小艇，最后温哥华水族馆和渔业部决定把这只奇特的鲸送去研究。印第安人温和但坚定地阻止了这项尝试，酋长怎么能去那种地方呢？渔业部指出，露娜会给游客或水上飞机造成危险，同时也有可能伤害自己。印第安人反驳说，这头鲸会在合适的时机再度消失。我所知道的是2006年3月之前的情况，那时人们对印第安人的敏感表示理解。无论如何，露娜毕竟是一只与众不同的鲸。

虎鲸的名字可译为“来自阴间”，各大洋都有它们的身影，不管是赤道还是南极。库斯托将它们归为最残忍最危险的鲸类，但迄今为止，我们还未听到任何有关它攻击人类的新闻。即便它的叫声被称做“刽子手的呼唤”，我们也没有理由去惧怕它。相反，人类应该喜爱虎鲸，虽然它们有充分的理由对人类怀恨在心，因为第二次世界大战时飞行员曾把这些动物当作练习的靶子，把它们的身体炮轰得四分五裂，而这些残忍的屠夫却大声叫着“棒极了！”“好！”和“天哪！”海军潜水员也一直把它们当作头号敌人，渔民也恨虎鲸，因为捕鱼时它们常会来捣乱——虽然他们捕的鱼已经够多了。

在《威鲸闯天关》上演之前，人类的观念已发生转变，大家开始转向另一个极端。虎鲸的角色摇身一变，从小丑到精神医疗师，应有尽有，唯独没有它自己。这几年间，人们才开始研究这种神秘的动物，并发现了一些令人惊叹和疑惑的结果。

虎鲸是除抹香鲸之外最大的齿鲸，其实它应该算巨型海豚，雄性虎鲸长达7米到10米，雌性稍小一些。雌鲸的寿命几乎是雄鲸的两倍，因此守寡的鲸夫人要比硬朗的鲸鳏夫多。在加拿大西海岸，特别是温哥华岛，这些鲸建立了一种独一无二的社会结构。虎鲸是赏鲸者和行为研究者的宠儿，这些人把虎鲸的日常生活划分为四个领域：捕猎、休息、旅游和社会生活。

鲸类学家则把虎鲸划分为三类：一类是近海虎鲸，住在近海一带，捕食一些鱼类，彼此间交流频繁，对这类虎鲸，人类目前所知甚少；第二类是过境型虎鲸，以小型群居方式在西海岸过着居无定所的生活，它们也靠海豹和其他鲸类为生；第三类是定居型虎鲸，这也是最配合研究的一种虎鲸，整个夏天都待在加拿大西海岸的特定区域，而这得归功于它们对鲑鱼的喜爱。位于温哥华岛和加拿大本土之间的约翰斯顿海峡是鲑鱼的交通要道，这里河道密集，鲑鱼每年一次聚集于此产卵。为了达到这个目的，鲑鱼锻炼出各种看家本领：逆流而上和跳高。有一幅著名的画作就是描绘鲑鱼跳进大熊嘴巴的景象。定居型虎鲸很少吃其他鱼类，因此需要大量鲑鱼食品，但由于过度捕杀和工业污染，鲑鱼的数量正在大量减少。

定居型虎鲸是居家动物。我们用群体或次群体来称呼那些社会规则较强的鲸群，这是一个母系社会，一个群体大约5个到50个成员，它们听命于一只地位最高的母鲸。更大的群体会出现四代同堂的现象，即便最不认同鲸类社会行为的研究者也不得不承认，这些家庭成员间的关系相当密切。首领去世后，位置就由原本坐第二把交椅的母鲸接替，新的首领并不会把前任的子女驱逐出去，还是充满爱心地照顾它们，就像公正的教母。可以这么说，虎鲸具有其他动物群体几乎没有的责任感，这不仅仅是受到基因左右，还是自觉的社会感知的结果。雄鲸同样忠诚于母权制，它们只在配对时才离开自己的群体（因为虎鲸家族禁止近亲繁殖），之后便会返回。

虎鲸有时会举行嘉年华，很多鲸家庭都会前来参加。这种超级集团秀是纵情狂欢的日子，是孩子们的节日。而且不仅如此，虎鲸酒会就像北美印第安人的大型仪式一样，大家一起跳舞、游戏、履行仪式、交流信息。鲸在水中激情洋溢地跳跃着，就像芭蕾中优雅的旋转，伴随着拍鳍和浮窥，把小脑袋伸出水面，窥视周围的动静。与座头鲸备受赞扬的歌声和海豚快乐的叫声相比，虎鲸之间的交流显得更高级，啪嚓声、吱吱声、咕隆声、嘎嘎声、汪汪声、咕咕声和号叫声此起彼伏。

这是语言吗？

学界对此看法不一，但倾向于否认。无论如何，这种声音不像人类的语言。它们发声主要是为了寻找伴侣、合作捕猎和确定方位。人类的语言却更为复杂，如“今晚做什么？”或者“你去买香肠，我去卖鱼的柜台。”或者“请问去火车站该怎么走？”

虎鲸在交流时会发出断断续续的声音，但每一种鲸的语言都不太一样，说不定是因为方言。难道虎鲸语言中也有上巴伐利亚州或萨克森方言吗？在一定程度上，是的。不仅虎鲸会讲施瓦本方言和咿呀学语，某些鸟类和猴子家庭之间的语言也有所不同：“嗨，窝要呵水！”或“尼又水嘛？”

是语言吗？或只是动物的小节目？

说到这里，我们可以做一个有趣的思想小实验。想象外星球的一种生物，他们和我们长相不一样，想法不一样，沟通方式也不一样。他们试图从更高的语言适用性上研究人类的语言，最终，怀疑论者占了上风。他们先给学生们播放一些原始录音。

首先是醉醺醺的男士声音，他向一位女士问好：“你真有钱。”这句话在外星老师看来并非创造性语言，只是觅偶的老把戏。接着又来了一位男士，他打了这个醉鬼几个耳光，喊道：“别骚扰我太太，不然就打死你！”老师认为这些声音是两位有求偶需求的雄性动物之间的仪式性对抗。这名醉汉不敢硬碰硬，最后偷偷溜走了，于是男士对女士说：“我给了他点厉害看看。噢，我肚子饿得直响，服务生，两杯啤酒，还有菜单。”于是老师又从遗传学观点解释了一番：雄性动物的求爱行为和觅食。客人与服务生之间的互动则视为一种共生关系——服务生给先生和女士提供食物，这位先生大快朵颐后付账，服务生提供服务后则用这笔钱去夜总会。在此之前，他对吧台边两位亲切的老先生说：“我们马上要打烊了。”这是警告，也是在保护自己的领域。老先生们点点头，在回家的路上继续讨论康德哲学，其中大段引用黑格尔和海德格尔的观点。支持语言说的学者依据这些复杂的语音交流，大胆宣布：这是一种清晰的信息交流，他们不以特定的行为模式为基础，声音组合之间的差别很大，我们还未听过类似的语言组合。怀疑论者则反驳道，这种看法不一定正确，人类显然能够改变其声谱，有时他们只是用同样的语音组合成新的结构，这种所谓的聊天或许恰好展现了他们对交际的需要。人类就是贪玩。

相关研究仍在继续，以无言的方式。

定居型虎鲸最大的社会成就反映在它们放弃了权力争夺。雄鲸不会彼此殴打，同类也不会自相残杀；它们不会争夺领土，也不抢食物，一切平分，战利品分配给较弱小的鲸。家庭成员尽其所能互相协助，有时甚至跨越家族界限。年轻的鲸经常让座给老年雌鲸，帮助它们穿越海峡。几乎没有人想去拥抱虎鲸，虽然它们是带鳍重生的印第安人，性格宽宏大量，但是请小心，虽然我们受到感动，但别忘了过境型虎鲸和近海虎鲸性格迥异，它们没有攻击人类的传统，但它们的捕食方法依然令人毛骨悚然。

BBC曾记录过以下惊人的一幕：三条过境型虎鲸把一只小灰鲸从母亲身边夺走。追捕了数小时后，这对母子筋疲力尽，最后它们扑向小鲸，撕碎它的下颚，但只吃了舌头，尸体的其他部分则沉入海底。这就是过境型虎鲸。在它们的残忍习性中，我们很难想到它们智慧的一面，但残忍和智慧并不互相抵触。如果外星生物想报道人类，我们只能希望他们绕过土耳其监狱，并尽可能避开古巴关塔那摩恐怖监狱。

值得一提的是，虎鲸能开创新的捕杀战略，然后传授给下一代，而这并不是基因给予它们的。南极的虎鲸群会一起掀起海浪，把海豹从冰洞中冲出来。毫无疑问，是因为它们知道其中的因果关系，因此鲸类学家猜测，虎鲸已经从本能的动物行为跨越到自觉的计划阶段。温哥华水族馆海洋科学中心的负责人约翰·福特对鲸类智慧的看法最保守，他认为某些鲸拥有文化财富，“学习与传授对动物的影响比基因排列更大”。新斯科舍省哈利法克斯市达尔豪西大学的教授霍尔·怀特海对此表示赞同：“在我看来，我们有理由认为大部分的鲸类行为都是文化，是它们从其他动物身上学来的行为。”

虎鲸与早期人类的相似性问题一直饱受争议。实验证明，虎鲸有个体意识。当然它们不是人类，也绝不会成为人类，或许某一天当大陨石迎面而来时，虎鲸会搭着飞行的高科技水族馆飞向外层空间，留给我们一句友好的“好，再见啦！谢谢你们的鱼！”就像道格拉斯·亚当斯在《银河便车指南》中预言的那样。或许它们不会害怕地球灭亡，因为对于尚未发生的事，它们并无概念。

只要人类的价值观对智慧还没有明确的定义，我们就很难去定义或怀疑海洋智慧生物的问题。与陆地相比，海洋适合成为高级意识的发展空间，在此之前，海洋中所有的生物最应得到的是人类的尊重。

X档案

哥伦布筹备他的首次大型探险时，考虑了各个层面。他花了好几年时间向西班牙皇室提出申请，请求从法国出发开始他的探险。他赢得了国王夫妇的宠爱，终于在1492年4月17日签署了《圣塔菲协定》，批准他去打通一条通往亚洲的西部航线。皇室给了他高额工资及显赫头衔，万事俱备后，船于8月3日动身起航。

接下来：

“但是！先生！你们难道不知道大海里到处是怪兽和海蛇吗？黑暗之海盘旋着地狱的恶灵！我们经过的磁山会吸走大舢板上所有的铁钉，我们会悲惨地沉没，假如在此之前撒旦的恶魔还没吞噬我们！”

诸如此类的话。

黑暗之海当然是大西洋。不久之后，哥伦布明白，要想让这些胆小的水手忘记“但是”，他只需提出利润分红就可以了。水手们终于同意出海，尽管如此，他们还是坚信：不相信有海蛇的人就是傻瓜。本来这种事情就时而发生。

在一切可以想象得到的怪兽中，海蛇占据着永恒的位置。巨蟒在北欧神话中环绕地球，在日耳曼神话中则环抱着整个世界，雷神托尔曾两次试着用他的大锤敲击巨蟒的脑袋，但每次都是自己掉进海里。

出卖特洛伊人的拉奥孔受到惩罚，他的儿子被一条从海里爬出来的巨蛇缠绕致死。神话里还有一条咬自己尾巴的世界之蛇，安徒生把这则神话改编成了讽刺童话。在这个童话故事中，鱼和鲸试着和这条庞然大物对话。这个大家伙是条沉甸甸却瘦巴巴的蛇，它曾经环抱着世界，对前来搭讪的鱼和鲸不理不睬。最后证实，这条蛇原来只是一根深海电缆。

今天我们还能经常碰到这种披着鳞甲的恶魔，尤其是在北方的海洋。神秘动物学[1]认为，这种海蛇的长度能达到30米，而且种类繁多。在基督教传说中，这种海蛇本来就有神秘意义。就这个领域，16世纪瑞典大主教奥劳斯·马格努斯的作品《北方民族史》颇值一读。这本书记录了他的一趟瑞典长途航行，沿途遇到的渔夫向他讲述他们在暴风雨夜的经历，或真正看到的景象。地理学家马格努斯以精绘北欧国家及海洋地图而闻名，他对民间传说也很感兴趣，尤其对斯堪的纳维亚地区的传说更是好奇。许多同时期的风景画家都喜欢画战争场景、异国风情和野兽，但马格努斯具有启蒙意识，过于荒诞的传说只会引起他的怀疑，不过他对海蛇的存在深信不疑。他曾在一幅图中画了一条巨大无比的海蛇，具有爬行动物的节状身体和龙的头部，这条海蛇正袭击一艘商船，并津津有味地大肆吃人。在人们普遍相信有这种海蛇的时代，敢出海航行的人无疑是勇士。

神话奇兽现场见证——海马及海蛇

几乎所有描述鳞甲巨兽的人都会提到它们长着如龙似马的头部。而提到海和马，我们自然会联想到另一种不可怕而可爱的动物——海马。我以名誉担保，海马并不是这样诞生的，它来自太平洋岛，史前时代生活在陆地上，长着蹄子和鬃毛，从一处海岸疾驰至另一处海岸。有一天，它受够了岛屿的狭窄，于是决定只用后腿奔跑，缩回前腿，

1　神秘动物学（Kryptozoologie）：一种超科学（不能完全称之为科学），研究传奇动物或尚未知晓的动物种类。

但这个办法并不是很有效。然而岛上实在太拥挤了，于是有一批海马决定搬到水中居住。现在看来，这个提议实在太棒了，终于有了足够大的空间，于是它们渐渐变成了巨型海马，后腿几乎不再使用，慢慢长成了尾巴的形状，鬃毛则直立起来，形成美观的视觉效果。

加勒比海的海马有6米长，所以海神波塞冬才强迫它们拉车。北方的海马个头却不大，相反，冷水引发收缩效应，因此这些在水中行走的生物渐渐变成了众所皆知的小海马。不知从何时起，它们开始厌烦北方的寒冷，于是迁往赤道，自此以后一直定居此地。

如今世上依然有巨型海马，但居住在海底深处，面包和方糖都不能逗它们出来。水下麦克风有时会录下它们的嘶鸣，在科学家的额头上烙下深深的皱纹。

你当然不会以为我在向你描述一匹马。像所有传说一样，这个故事也隐含令人难以置信的真实。比如说，陆地动物返回海洋后肢体收缩，直立行走导致前肢缩小，关于这一点，任何一只直立行走的蜥蜴都能作证。后肢变化为适合海洋生活的尾巴时，鲸就出现了。甚至流传了若干世纪的神话奇兽——雪白美丽的独角兽，在海中也有对应物，那就是独角鲸。几个世纪以来，独角鲸一直在为独角兽的传说注入养分。当然，这对它们来说很可惜。世界各地都有独角兽的传说，它们象征着才智、纯正、善良和强壮，这些都表现在那只纺锤状的角上。中世纪的人们热衷于描述独角兽的神奇力量，只要拥有它的角，死去的人就能重获生命，湖泊河流及日常饮食也会散发出香气。中世纪的人喜欢互相下毒，因此宫廷中的人都疯狂地想拥有从独角兽那只角上刮下来的粉末，或者干脆吃它的角。

机智的水手早已发现北方海域有一种长达数米的齿鲸，这些鲸就长着一只角，但不是长在额头上，这只角是上颌骨的左门牙，比一般的门牙长很多。有些鲸甚至有两颗这样的门牙，向外突出，长达3米，看起来就像真正的独角兽。这是一种风靡世界的畅销货，可以加工成护身符、酒杯和首饰，因此齿鲸被捕杀得近乎灭绝了。

回到海蛇的话题上。

神秘动物学中的X档案便是海蛇，史卡利和穆德探员对此应该感到很高兴。1746年，挪威船长洛伦茨·冯·费里曾看到一种生物，像一匹海中的马，有飘动的白色鬃毛，但躯体很长，而且身上有多处拱起。1817年，有人在美国麻省格洛斯特市看见有如尼斯湖水怪的巨大蛇怪。有一半的格洛斯特市人都宣称自己曾见到一只长达15米的怪兽。为了检验这些数不胜数的目击信息，当地甚至成立了一个专家委员会，但至今没有获得任何具有说服力的证据。

英国人也是巨型海蛇的坚定信徒，1848年他们在好望角与一只长达18米的怪兽进行了一场赛跑，四年之后，这一说法似乎得到证实。但事实上是两位捕鲸人遭到一只巨型生物的攻击，激烈战斗后巨兽被击毙，原来是一条45米长的海蛇。人们完全无法把这么大的海蛇拖到港口，只好砍下它的头，脑袋刚好塞满船的货舱，但在返航途中这艘船沉没了。这便是怪物的诅咒，它会给所有遇上它的人带来噩运！

按理说，随着时间流逝，这些目击报告会渐渐减少，但事实恰好相反。在一个梦想和理想双重匮乏的时代，人们对海中怪兽的想象大幅增加。到了平凡的20世纪，人类把最后的神话放在海洋，那里有无数闻所未闻的生物。1906年，有人在大西洋冰层上发现了一条10米长的蛇。1937年，中国海域出现一只长达7米多的长颈怪兽。1964年，澳大利亚胡克岛的水下出现了一道长达25米的蛇影。1983年，加州的海岸边来了一条长达30米的巨蛇，并刻意摆出各种姿势。文明人经常在河流湖泊中目睹带鳞的爬行动物，数量日益增多，在瑞士马乔列湖游泳的人都得小心翼翼地避开一只马头怪物。瑞典的斯道斯约恩湖住着一只蛇颈龙，据描述很像是尼斯湖水怪的表亲。挪威的米约萨和塞尔尤尔这两座深湖据说也住着怪兽。

神秘动物学家贝尔纳·厄韦尔曼斯打算将所有目击数据整理成册，这份文件可以证明海蛇物种的多样性，并消除人们的各种误解。厄韦尔曼斯的记录中出现了水中生物长颈海马，泳速可与世界纪录媲美，还有身上带着气囊的多驼兽、恐龙鱼，以及大水獭和海蜥蜴等。厄韦尔曼斯并无意捣乱，但人们不应该把生命力依旧旺盛的鹦鹉螺登记成已灭绝的物种，被认为已消逝物种的生命力往往很顽强，然而动物学家却一直在固执地寻找那些“仙逝”的祖先。

厄韦尔曼斯的理论如下：灾难来临时，如果一个物种还想活命，它只能逃往水下。这样看来，蛇颈龙不但存活下来了，而且在之后的几百万年里还发展出了其他旁支，因此人们对它们的描述才会出现差异。现代最有名的蛇颈龙无疑是尼斯湖中的巨兽，绝大多数目击资料都符合对一只上龙、蛇颈龙或薄片龙的描述。虽然苏格兰人并不吝啬信息，但直至今日，依然没有确凿的科学证据能够证明某支海蜥蜴族在某座湖泊中活了下来。厄韦尔曼斯和其他神秘动物学家反驳指出，这片水域通往海洋，但即便如此，人们依然很难想象一只蛇颈龙会住在湖泊中。

人们依然各执一词，其实这种争论具有很强的浪漫主义色彩。试想一下，如果《美女与野兽》中没有野兽，故事会是什么样子呢？那将会是一种无聊的美丽，而让·马雷[1]则会错过饰演主角的机会。

等会儿，我们来检验一下。

我们的确遇见了海蛇。某些海蛇甚至将近3米长，它们是真正的蛇（而不像鳗鱼只是蛇的亲戚），就住在海里。在浮出海面吸取空气之前，海蛇可以潜伏深水中达两个小时。它们的尾巴呈扁平状，这样有助于游水。不管是野生海蛇还是观赏型海蛇，其环状花纹都十分美丽，但几乎全都含有剧毒，因此人们只能谨慎地远观。并非所有的海蛇都是危险角色，但就像森林里的蘑菇一样，我们最好不要招惹它们。

如此我们的认识又多了一些，但真正的海蛇并不是一切可怕故事的罪魁祸首。不过没关系，我们还有更好的——皇带鱼！

这种偶尔浮上海面的深海生物有11米长，背部有鬃毛状的突起，

1 让·马雷（Jean Marais）：法国导演、演员，主演代表作为《美女与野兽》。

外形像马。皇带鱼很少见，但数据证明，几乎所有海域都有它们的身影。这里只有一个小困惑：绝大部分有关海蛇的传闻都说海蛇把头伸出海面，但皇带鱼如果这么做只会窒息，所以它们只会缩着脑袋待在水下。但只要人们愿意，有什么东西他们会看不见呢？

从海妖塞壬到小美人鱼

水手们很爱谈论美人鱼，海上的长时间航行使得水手的脑袋僵化，而且必须忍受荷尔蒙的困扰，种种因素造就了许多这类传说。不过，美人鱼并没有受到严肃的公正对待，生物学家干脆否认她们的存在，唯一真实的美人鱼只能安静地坐在哥本哈根港口的石头上。为了解开那些被灌了迷魂汤的水手口中的海妖之谜，我们得先回到古希腊罗马时期去看看海妖塞壬。

塞壬脖子以上是女人，下半身是鸟，如果女士喜欢穿轻便鞋和紧身裙，或许看起来就和她差不多。塞壬与鸟身女妖截然不同，但有一副好歌喉，歌声诱人，男人听见了会如痴如醉。船只经过塞壬所在的山丘时，听到歌声的人都会茫然跌入水中，或淹死，或被吃掉。莱茵地区的山丘上也坐着一位和塞壬相像的女妖罗蕾莱，只是她没有鸟腿。几个和塞壬女妖有关的名字都与其奇特天赋有关，如魅音（Thelxiope）的意思是“咒语”，华声（Aglaopheme）意为“甜言蜜语”，歌曲（Molpe）则是“歌谣”。塞壬只要开始唱歌，就连英雄奥德修斯也得缴械。美貌聪慧的女巫喀耳刻及时警告了他，正如我们从《伊利亚特》中所读到的：

你会首先遇到女妖塞壬，
她们迷惑所有行船过路的凡人；
谁要是不加防范，接近她们，聆听塞壬的歌声，
便不会有回家的机会，不能给站等的妻儿送去欢爱。

塞壬的歌声，优美的旋律，会把他引入迷津。

她们坐卧的草地，四周堆满白骨，

死烂的人们，挂着皱缩的皮肤。

讨厌！如人们所知，诡计多端的奥德修斯一点也不笨，却对塞壬非常好奇。他用蜡封住同伴的耳朵，再让同伴把他绑在船桅上，自己倾听塞壬的歌声，这使他成为除了俄尔甫斯之外唯一可以抵抗这些丑乌鸦诱惑的人。俄尔甫斯是用自己的琴声盖过了塞壬的歌声。

歌声响彻海面，如果附近没有陆地，也没有山丘，又会怎样呢？

塞壬的神话开始变形，根据目击者的描述，她突然不再是人头鸟身，而变成人头鱼身。美人鱼被看做希望的象征，塞壬则是精灵和恶魔的代名词。1882年，一位街头艺人带着一只据说是打捞后死去的美人鱼在美国巡回展出，这个所谓的美人鱼其实是他用鲑鱼的后半部和猴子的身体缝补起来的。和神话相比，他这个版本的美人鱼显然身长不够。在儒勒·凡尔纳的小说《海底两万里》中，主人公在鹦鹉螺号的瞭望台上发现了一只长形的黑色生物在红海游泳。

"我眼花了吗？"尼德·兰突然喊道，"它在游泳，好像一只鲸。但不是鲸，见鬼，鳍看起来好像残缺不全的人的四肢……它在仰泳……它的胸部伸展开了……"

"那是一只海牛，"康塞尔喊道，"一只真正的海牛！"

"一只儒艮！"我说。

"海牛种，哺乳类，脊椎动物，脊索动物。"康塞尔说。

是的，儒勒·凡尔纳在这里描绘了一只接近神话的美人鱼，只有色欲熏心的人才会从畸形的儒艮身上看出美人鱼的影子，据说航海者甚至会奸淫这些肥胖丑陋的生物。儒艮是一种心地善良的生物，它发出咕咕声，想象力丰富的人从远处看去，会以为那是在波浪中起伏的人。虽然它们的身体曲线很难称得上诱人，但有一点太诱惑男人了，就是儒艮的胸部长在前面，有肘关节，当它激动时眼睛里会流出眼泪，这些都足以迷惑那些愚蠢的水手，这样当夜晚的激浪拍打船舷时，他们才不会感到孤独。

海怪情结

厄韦尔曼斯坚信一定有其他证据证明神秘生物的存在，他最可信的证据不是儒艮或皇带鱼，而是传说中的大乌贼。凡尔纳也精确描述过这种生物，并利用古老传说去证明它的真实性。一只坐在岩石上、伸出8条如蛇般长臂去捕捉水手的巨兽，除了大乌贼还能是什么呢？公元前700年，荷马描述了两只外形很像乌贼的巨兽——斯库拉和卡律布狄斯，这两个女妖凶狠地折磨奥德修斯的手下，因此今天希腊人依然怀恨在心似的大量捕食乌贼。古罗马作家老普林尼描写过一只手臂长达10米的大乌贼，16世纪的瑞典大主教马格努斯也声称他见过这种恐怖的鱼，它长着一双可恶的铜铃大眼，身子像移动的树根。如果马格努斯不是直接引述自想象力丰富的水手，那么他遇见的就是一只大王乌贼。

凡尔纳描绘发生在鹦鹉螺号上的戏剧性争斗，灵感来自尼莫船长在1861年讲述的故事。他在Ackleton vor Teneriffa号船上的瞭望台发现一只巨大无比的漂浮生物，无论是捕鲸用的大鱼叉还是枪击，人们都无法伤害这只大怪物。根据描述，那家伙应该是只乌贼。最后当人们用绳索将它拖上甲板时，它的身体裂开，大部分残骸消失在深海中。

1997年，渔民通报在美国俄勒冈海域发现一群3米长的大赤鱿。专家证实，这些原本居住在中低纬度的食肉动物活动范围已向北延伸，而原本在浅海狩猎的习性也改变了。大赤鱿也称洪堡鱿，因为它们也会栖身在流经南美智利——秘鲁沿岸的洪堡寒流（又称秘鲁寒流）之中。与传说并不完全相符。传说中的大型乌贼长度有不同版本，在适宜条件下可长至20米，重达250公斤。（在下一章中，我们将认识一些小型乌贼。）

大赤鱿被认为极具攻击性，上半身呈管状，仿佛潜水艇的后半部，鳍则像翅膀，并有一双巨大的眼睛和10只手臂，其中两只较长，宛如鞭子，前端还有爪蹼。智利海面也曾出现成千上万只这种红白相间的乌贼，它们疯狂捕食那片海域的鱼。造成这种局面的罪魁祸首是南美西海岸异常的海流现象，及由此引发的气候变化。德国Mariscope Chilena海洋工程技术公司对此解释道："温暖的海水涌入，这些乌贼栖身于暖水团所包夹成的透镜状冷水团中，因此被带到这片海域。"研究者热烈欢迎大批稀有生物来访，而渔民则叫苦连天。

本章将近尾声，我们还剩一个有趣的小理论，用来解释海蛇及其他恶魔生物的目击现象。我们知道，诺曼人用龙头装饰他们的船头，并非出于审美考虑，而是由于北方海域烟雾缭绕，蒙蒙雾气中显现在敌军面前的船头就像一只逐渐逼近的怪兽，这其实也是各种传说的一个来源。有人说，哥伦布虚构了许多受惊水手的传说，并四处张扬人们对深海生物的恐慌心理，因为哥伦布不是唯一寻找黄金的航海者，其他人也在努力组织远航队。早在古希腊罗马时期，人们已开始用可怕的海兽图案来装饰船旗，不是因为见过它们，而是为了吓退其他的海上竞争者。如果此言不虚，那么哥伦布应该算得上是美国特工的老祖宗了。

而他终于也到达了美洲。

明天

帕迪与虚拟小羊

他看上去跟人们印象中的爱尔兰人没什么两样。一头黄中带红的头发，鬓角已经花白，而且有些蓬乱，圆圆的脸上长着一双湛蓝的眼睛，与红色的脸颊相辉映，手边不远处放着一瓶健力士黑啤。我们就坐在都柏林的“戴维·伯恩”酒馆里，这是乔伊斯崇拜者的圣地，而他们热爱的这位作家仿佛正以犀利的目光注视着玻璃后的众生相。

“它算得上是世上最有名的酒馆之一。”帕迪·奥东尼尔说。他的名字在爱尔兰人中多到泛滥，但他还是叫这个名字。可是《尤利西斯》里几乎没有提到这个地方。只有四句话：“他走进戴维·伯恩酒吧。道德酒吧。他不喜欢聊天。有时在那里喝杯酒。”真没劲，不是吗？但这几句就够了，足以让人们从这里一直排队到圣詹姆斯门。

圣詹姆斯门，健力士啤酒厂就在那里。我把上唇浸到白色的啤酒泡沫里，吸一口底下的黑啤，等着听下文。

“你知道吗，只有4%的爱尔兰人是红头发。”帕迪终于开口了，“只有4%！”

“不知道。”

“真的。其他人的头发都是深色的。我们的祖先是凯尔特人，但他们后来和北方那些稀奇古怪的原始人通婚了。”

“你们的行为总是让一般人难以捉摸，”我说，“你们这里满街都能看见小羊，但酒馆里却只有新西兰小羊肉。”

“这个，”帕迪不以为然地笑着，似乎不太高兴，因为他很清楚我的言下之意是什么，“你不会懂的。”

实际上这件事并非那么难懂，它来自于人类的开拓精神。现代人一直坚持不懈地探索一个问题：怎样才能征服浩瀚的大海，把自己的文化扩展到世界的其他角落。游泳这种方法显然不在考虑之列，就算人们想吃到附近海岛上的椰子，采用这种方法也很困难。有一个很有趣的现象是，很多海岛居民都患有晕水症。我认识一些马尔代夫的渔夫，他们根本就不会游泳，每次出海打鱼都心惊胆战。穆斯塔格察觉到了我怀疑的眼神——他是一位捕龙虾的渔民，我们在一次潜水旅游团里相识——他耸了耸肩。

“你真的相信，只是因为你居住的地方四面环水，就必须爱上它吗？”他说，“你是城市人，一天到晚在高速公路上跑来跑去，你会觉得它很有意思吗？这些该死的东西还都那么危险！”

的确，人们和水之间的关系多少有点不寻常。一方面，任何陆栖动物都不像人这样拥有高超的游泳技巧，而且游的时间这么长；另一方面，我们只要没看到陆地，就会产生一种与生俱来的恐惧感。如果考虑到与航海旅行相伴的种种危险，我们就应当向那些敢于探索未知领域的人致敬。正如波利尼西亚人所说的，“（海洋）是会把你吞噬的土地”。航海探险史也是一部人类自我超越的历史，甚至比航空史更让人难以忘怀。几千年来，人们从未在航途中看到其他道路，但却也从未放弃。北美或南美的印第安人、澳洲土著或是其他地方的原住民，也许更希望哥伦布及其伙伴把他们的精力用在国内航行中，但最终，仍有很多人从这些探险家的行为中获益。

而如今，航海已经逐渐成为一种奢侈的旅行方式。要是对纽约进行一次商务访问，就不得不忍受剧烈的颠簸，在飞机上看那些自己丝毫不感兴趣的电影，在平淡无味的面条里拨来拨去，同时还得违心地夸奖现代交通的优越性。而退休的老人和富豪们却可以优哉游哉地翻阅油轮时刻表，乘着玛丽二世女皇号在北半球上漂来荡去。可是有什么办法呢？飞机早已取代了笨重的轮船，这一点已不能更改！很难想象柴油燃料终将耗尽。我们甚至还以为世界的未来就在头顶的天空里。

我们的未来在空中？——无可取代的海运

错了。

首先，柴油肯定会耗尽。但人们仍然可以乘坐飞机，通过电能。波音公司已着手进行这方面的研究。有些航线已成功加入轻型飞机，其螺旋桨所使用的燃料电池功率为25千瓦，当然它们的运输能力也小得多。但波音公司对这项研究十分有信心，无论如何，人们总不希望因为输油管干涸而把美丽的大型客机改装成家庭旅馆。而且燃料电池也更环保，它产生的只有水和热。不过，大型客机的油箱难以储存足够的氢燃料。至今为止，人们还在苦苦探索节能方案。

人们对船舶动力的替代品也进行了很深入的研究，因为未来不仅是在天空中，而且更可能是在海洋里。人们在利用飞机进行洲际旅行的同时，几乎忘了世界上的物资供应主要还是通过海运完成。在全球航空运输中，人是最经济的货物，因为克服重量是要花钱的。例如要想把1千克的物品运送到太空站上，人们得花费15000美元到25000美元，而最初的预算只有200美元。由于重力原因，航天员甚至无法携带他们最喜欢的棒果巧克力抹酱。在一般过境旅游中，游客们也会被重量问题所困扰。既然爸爸们常会在潜水装备和高尔夫球杆包之间犹豫不决——因为两者不能同时携带——那么我们自然可以想象，用航空运输汽油将是怎样的一种情形。首先，海上再也不会出现翅膀粘在一起的海鸟了。不过，这倒是好事。第二，上百万辆敞篷跑车停用，以后人们简直可以在里面种牵牛花了，还有锈迹斑斑的豪华轿车，再加上不堪重负的短途交通。谁会满意？如果以空运取代海运，不仅98%

以上的商品都会涨价，而且还会造成物资严重匮乏。不管谁的未来在天上，反正世界经济的未来肯定不会在那里。

所有的预言都集中在海上。预言家为了挽回自己的颜面，声称迄今为止，他们对海上贸易所做的预言基本上都是对的。统计学家在20世纪80年代中期时预言，到本世纪末，按照总登记吨数计算，90%以上的货物运输将通过海运完成，而事实也正是如此。不仅是空运，包括铁路运输都被远远地甩在了后面。由于海运更加环保，相对来说成本也较低，所以上百万辆马自达、丰田和三菱汽车都以海运方式运到欧美；与此同时，同样数量的大众和福特汽车也被送往了中国，这个国家正在迅猛发展，把两个轮子换成四个轮子。货物运输方面的预言家很快调高了他们的预测数字：早在1999年，就有9亿吨的货物是由海运来负担的。随着发展中国家的汽车需求量不断增加，汽车运输显得更为急迫。如果把每年从德国出口到中国的汽车都装到一列火车上，那么火车的长度得从德国的沃尔夫堡一直延伸到北京。同样，为了满足中国人的胃口，美国的农产品也正通过巴拿马运河输入，如果借助空运，即使动用世界上最大的机组，恐怕也只是杯水车薪。

海面上的沉默羔羊——为什么要把本地的农产品运到半个地球外

海运的低成本，带来了一种奇特的繁荣现象。譬如在爱尔兰充满田园风光的西海岸，这里的一切还算正常，气候也算风调雨顺。在这里，我可以跟帕迪一起在酒馆里喝酒聊天，在一群咩咩叫唤的苏格兰盖尔羊群里，品尝来自新西兰的小羊肉。而爱尔兰的小羊却正在出海，好极了！

但是为什么？

因为这样可以为所有人带来更多收益。帕迪就是一位农场主，同时也是出口商。很多年前，当爱尔兰的经济还不太景气时，他就想到，人们把最好的东西吃掉，这样到底划不划算？结论是：太奢侈了。所以帕迪开始将比较便宜的新西兰羊肉运到本地，一边在他的健力士酒馆里骂街，一边数着挣来的钱。他的骂声很轻，主要是为了拉拢那些没有从中获益的人。海面上从此多了沉默的羔羊。它们被挂在货仓里，被切成两半冷冻起来，这一切都在帕迪的算盘之内：要是他把这些牲口运到都柏林，比运到半个地球以外的地方还昂贵。

虽然听起来有些令人难以置信，但这就是现实。所有奥秘都藏在货船上。将来这些货船的规模还会变得更大，人们将用它们运输更多来自亚洲的笔记本电脑。20世纪90年代初期，你每买一台索尼牌随身听，10%到12%的钱都将付给海运公司。如今的费用已经降到当时的1/10。根据汉堡港口与仓储股份公司调查，目前一辆摩托车的海运成本已经低于100美元，电视机为30美元，影碟机为2美元。当你带着愉悦的心情品尝一瓶纯正的中国产李子酒时，只需为它的海运成本支付13美分。与此相比，帕迪过去将货物从戈尔韦运到都柏林的费用就极为奢侈。而在新西兰，也只有将羊肉通过海运出口，才真正有利可图。

专家们认为，到了2010年，运输成本还会进一步降低。货柜行业能在短时间内取得这么大的成功，也要归功于一个天才的构思：几乎所有商品都被打包装箱。没有什么东西会比箱子更能节省空间了。

通过汉堡经济与劳工部门的档案，我们能了解过去几十年远洋运输业的快速发展。20世纪80年代初期，一艘超巴拿马级货柜船（吃水深度逾14米）长295米、宽32米，重量可达5000TEU（6米标准箱的大小）。到了90年代，货轮级别又有所提升，长度超过300米。而到了20世纪末，已经超越350米大关。到2010年，人们将会看到长380米、宽55米的超大型货轮。比较一下就更明白：科隆大教堂的北塔高度为157.38米，这表示货轮可以将两座世界上最大的哥特式教堂首尾相连地放在货船上运走，而且还多出60米的空间，可以用来放置其他构件、桥梁，甚至为大主教准备一个小居所。但是科隆方面可能不会允许将教堂拆开，并分装到12000个标准货柜里，虽然超级货轮完全能容纳这些货柜。或许科隆市会这么记载：约希姆·梅斯纳大主教就是坐在这种箱子里来的，他在风暴里迷了路。

从1997年开始，大型货柜船队的货船数量从56艘增至200多艘。在20世纪末，没有其他任何行业的增长速度可以与之相提并论。这些巨型货轮可不像小型车那样，可以灵巧地倒车泊车，它需要大容量的船坞提供泊位。因此，将来我们衡量一个国家的经济实力时，只需比较其港口的吞吐力就可以了。货柜的一大优点就是极易利用火车和货车运输，但是它对铁轨和公路网络的要求也更高。谁能像汉堡和鹿特丹那样，在这方面进行大规模投资，谁就能把规模变为经济效益，这就好像把水酿成酒一样。

经由陆地运输小羊肉的时代已经过去了，一方面因为陆地运输能力有限，所以往返次数会增加10倍之多；另一方面，由于每次都是满载而去、空车返回，也降低了经济效益。如今人们送货完毕，回程还会满载其他货物。不仅载货量增加了，物流业也在不断发展变化。除了在牧场上吃草的小羊、货仓里沉默的羔羊，现在还可以对第三种羊进行贸易：虚拟小羊。

虚拟小羊网上交易——网络带来的全新商机

www.咩.com?

差不多就是这样。不久以前，羊还是羊，船还是船，但现在，一切都数字化了。所有物品都可以在网络上找得到。汉堡的GloMaP公司将货船上油腻腻的握手变成了网络交易，供货商和采购商也可以在网络虚拟空间里谈生意。人们以电子邮件发布订单，在线讨价还价，以鼠标进行利润分析，并通过光纤寻找合适的海运公司。GloMaP已成为大批创新服务提供商的代理人，他们将传统的货船带进光纤时代。半空的货舱已经成为历史，谁的货船上还有空间，或者谁愿意寻找一点空间来运送一架祖母的钢琴，又或者500箱红酒，都可以在GloMaP公司的平台上找到合作伙伴。对装载能力的充分利用，进一步压缩了运输成本。GloMaP宣称，仅通过电子商务，海运行业的成本就降低了20%。帕迪·奥东尼尔也会在网上闲逛，并在电子货舱里销售他的数据，偶尔也会杀价，如果价钱合适，他就会到船上去完成交易。

作为远道而来的小羊肉消费者，却不一定会为自己买的那块肉少花些钱，尽管所有商人都担保，他们所节省的费用会使更多的消费者获益。事实上，真正从中赚钱的是生产商、海运公司和批发商。

与此同时，大型海运公司还结合成了虚拟联盟。帕迪·奥东尼尔为住在都柏林的朋友安排羊肉的运送，完成交易后，还会与朋友去戴维·伯恩酒馆喝一杯。“私人关系，”帕迪说，“在网络时代显然已经不复存在了，倒是我跟银行之间的关系愈来愈不错了。不过，多少还是有些遗憾。来，喝一口！”

帕迪举起了杯子，但他并不是真心觉得遗憾。

我们从贝恩德·弗雷德的身上却丝毫感受不到这种怀旧的情绪。根据这位赫伯罗特海运公司前总裁的预测，到2010年，公司超过50%的业务将在网络上完成。在他看来，与客户之间的距离不是拉远，而是更近了：“联结全世界的客户，是赫伯罗特公司长久以来一直遵循的标准，而且还会进一步改进。作为一种新型媒介，因特网让我们也有机会为小客户提供相应的服务。”

这句话有一定的道理。新科技不仅让大型集团的经济利益得到更多保障，也让小客户从中获益，譬如祖母的钢琴和500箱红酒。然而，像赫伯罗特这样的大型公司尽管是全世界最大的海运商联盟成员，但它们是否真的完全在联盟旗下经营，却很值得怀疑。因为大供货商还是会被优先考虑，而且承运商也想从中分一杯羹。所以赫伯罗特这样的公司，通过这种方式建立了一条水平供应链。谁要想统包全揽，就必须独自面对各种风险，德国的戴姆勒·克莱斯勒汽车公司就是一个典型。第三个千禧年的头个世纪，经济的腾飞在很大程度上要归功于业务外包的发明，至少理论上是这样。不过在现实环境中，行业中的巨头们仍然会面临各种各样的风险，他们得像河豚那样把身体鼓起来，抵御各种入侵。

日不落帝国的美梦——下一场航海业革命

这里就又出现了一个问题。

每个人都有自己的脾气，在经济高人的指点下，愈来愈大的货运海轮朝着愈来愈大的港口前行，一切看来都非常完美，只有小新表示怀疑。他完全不能理解这一切，他甚至无法让浴缸里的橡皮鸭按照他希望的路线前进，但这些人难道没有从地球发展史中学到什么吗？赫伯罗特公司的人难道忘了长颈鹿的遭遇吗？复杂性危机！人们不能永远不停地生长，就拿小新的妈妈来说，她就气得要命，因为小新的衣服一天比一天短。在她的眼里，成长需要付出昂贵的代价。

全球化肯定会带来快速成长。除此之外，海上贸易也推动了全球经济的发展，而且实现了超乎预料的成长。当亚洲、欧洲和美洲联手共同生产汽车和咖啡机时，全球市场将在供应品的繁荣中爆炸，过量生产和低价销售愈频繁，人们就必须通过海运传输更多的商品。最迟在“9·11”事件发生后，市场就开始急剧成长，海运公司也嗅到这一商机，他们遇到了货运能力瓶颈，于是拼命生产货柜和货轮。2007年，大型油轮船队的规模将再增长10%，而货柜业也发出了同样的信号：全力前进！哦，金色的地平线！

与此同时，二手油轮和货轮的市场正悄悄地崩溃。

另一方面，海运公司的股票却面临着令人绝望的萧条。对趋势的信仰，带来了经济过热。繁荣更像是一种短暂的流行，而不是趋势。实际上，“风筝船”的发明者斯特凡·弗拉格认为，继续用传统的方法建造超级油轮和货轮，与人类追求长生不老的努力并无区别。在他看来，98%的贸易船运输的货物中都包括它们自己需要的燃料，这是一种自相矛盾的现象。弗拉格的天帆天帆公司将一股新风气带入了这个行业中：海风。他与航空工程师斯特凡·布拉贝克合作，共同实现了让轮船乘风而行的梦想。

2005年10月，凡是看到波罗的海上空那只巨大滑翔伞的人，都会目瞪口呆——一个充满压缩空气的大风帆后面，竟拖着一艘18吨位的船！驾驶帆船并不是什么稀奇事，但面积高达5000平方米的帆布以缆绳拖着一艘货船，这就有点非同寻常了。一般来说，就算是再好的帆船，帆布能升到海平面以上50米就不错了。但弗拉格的帆布比一般位置高了100米到500米。缆绳绑在轨道上，根据需要，它可以围绕整个船身移动，如此就能够尽可能地将风能转化为船的动能。它与传统帆船的区别在于，船体几乎没有发生倾斜。

"由于高度增加，可利用的风能也大大增加了，"弗拉格说，"上面的风不会与水面发生摩擦，所以风能损失很少。因此，即使是在所谓的赤道无风带，也会有足够的能量来驱动船只。"

这种方法乍看是一种倒退，实际上却可能会为航海业带来一场革命。弗拉格用不了多长时间，就可以向海运公司证明这当中的好处：一艘200米长的货船满载时，如果采用天帆公司的方案，就可将速度提高2.25节（海里／小时），而且每小时减少700升燃料的耗损。为什么还需要燃料呢？因为有时候也会出现逆风前进的情况。在这种情况下，风帆的作用就大大降低了，尽管自动导航装置仍会不停地进行计算，并将船身与风向的夹角调整为50°。复杂的操作也可以通过传统方式来完成，比如驶入港口，在交通繁忙的海峡中进行导航等等。天帆毕竟是一种远洋航行的解决方案。

对很多人来说，用大风帆将一艘长度380米的巨型货轮在海面上拖来拖去的确太疯狂了。弗拉格却不这么看。从中期来看，用天帆驱动超级油轮是有可能实现的，但这需要裁减员工。这位预言家说，在远洋航行中使用天帆的导航系统非常简单。船上有一个按键，上面写着"开"和"关"。你无须知道更多的东西。

未来会在天上吗？

不管你用的是柴油、桨、滑翔伞还是海鸟模型，有一点是肯定的：

海洋上的船只会愈来愈多。欧盟宣称海洋上的超级高速公路不会是免费的，将来的高速船只都会在这条公路上面飞驰。无论如何，早已厌倦了飞行的经理们已在怀疑，云层之上的自由是不是真的那么美好？如今，侧壁式气垫船（Surface Effect Ships）已为他们提供了一种新选择。尽管高速船只的速度仍比大型喷气式飞机或空中巴士要慢，但是，最新开发的海上巴士（Seabus-Hydaer）已有能力在外海达到时速220公里。这种介于轮船和飞机之间的运输工具有着光洁明亮的外表，它利用喷气式飞机的某些技术，但是并没有离开水平面。它不仅可以运送数百名乘客，而且可以运输商品。侧壁式气垫船不仅干净，而且安全。如果真的发生了什么，那么航海数据记录器——黑匣子——就会记录所有细节，供日后查明事故原因，并作出改进。在此之前，寻找传统轮船上的黑匣子经常都以失败告终。人们总是说，在飞机的碎片中，比在几公里的深海里更容易找到黑匣子。但是这个论据现在也不成立了，我们发明机器人是干什么用的呢？

海运巨头们仍然霸占着海洋，他们的货柜就像一个个超大的彩色乐高积木一样堆积成山，而且愈堆愈高。传统的超级油轮在全世界倾倒合法的头号毒品——石油。尽管一群梦想家还在憧憬着高速和风能，但现实生活中，仅有不到一半的油轮拥有双层船壳。一次又一次的油污染冲击着我们的家园，而海鸟的命运更是堪忧……

“别再说了，”帕迪抱怨道，“别再忧国忧民了。我们对海洋所做的事情根本没那么糟糕，难道不是吗？别到处说了，人也不是只会吃喝拉撒而已。有些人真的会有一些好的想法，比如世界贸易、环保动力、替代性能源等等。相信我，我们中间有的家伙真的很棒！”

“当然，”我的马尔代夫朋友穆斯塔格附和道，“虽然大多数人都不会游泳。”

“我不是为了指责谁。”我辩解道，试图告诉帕迪，我的怀疑只是为了让大家在头脑发热之余能够稍微冷静一点罢了，“如果Seabus-Hydaer或者飞机帆船能源成为现实，我将是第一批乘坐这些交通工具的人。我相信这些都是非常伟大的发明。即使我面前摆的是口味糟糕的新西兰羊肉，我甚至也可以谅解。但是你不能强迫我喜欢它，对不对？”

帕迪朝我靠了靠，窃笑着说：“你可以预订啊，我今天早上刚刚卖出了一批爱尔兰的戈尔韦小羊肉。”

我的身体也向前探了探。

“但是帕迪，”我慢条斯理地说，“这样你的利润不会受影响吗？”

“你知道吗，”帕迪对我耳语，“世界贸易就是个骚娘儿们。你会倾尽一切去拥有她，但是你会跟她结婚吗？”

“但是我以为……”

“你以为的太多了。闭上你的臭嘴，喝酒吧。”

幸福之“药”

你知道独角兽吗？

一种奇特的生物，当你走近看时，它可能会是一只独角鲸。但是独角兽，甚至它的一部分，能为我们带来什么呢？它能吸出河流、食物和人体中的毒性，驯化野兽，为心脏充血。这听起来是不是太离奇、太危言耸听了呢？

是的，但有些人说，效果非常好。

但是如果拿它跟头号灵药比起来，那就根本不算什么了。老普林尼是一位自然研究者和作家，同时也是罗马舰队的海军上将。他肯定是饱受落发的困扰，否则他就不会推荐人们把煮熟的猪尾巴、水、熟豆子和烤海马混合在一起敷到脑袋上，或者在上述混合物里添上一点香料和猪油，然后吃到肚子里。老普林尼也相信中国人传承了几千年的海马茶的特殊功效。古时的中国人认为，腌渍、晒干、磨碎、烘焙、在阳光下漂白或者用其他手段处理过的海马，能够治疗恶心、大小便失禁、动脉硬化、甲状腺疾病、皮疹、蛇毒、蚊虫叮咬、头痛、肝脏损伤和狂犬病等各种疾病。

中世纪的西方医生们也认为，将海马与玫瑰油混合后能够退烧。菲律宾人认为，喝海马汤可以治疗呼吸困难，前提是要用海马的嘴熬这种汤。还好不是用它那蜷曲的小尾巴！据说它那小尾巴可以消除肾结石和胆结石。至于疲倦的人要是吃了海马的脊骨，一定会鼾声顿起，安然入睡。它还能催奶，这是18世纪英国医生的观点。此外，医生们还认为海马血可以治疗痛风，比新鲜的金丝雀心脏更有效。在德国和法国，人们认为瘸子吃了海马脑袋后，立刻可以健步如飞；要是吃了黄色的海马，前列腺就能焕然一新。而在中国台湾，海马被称为海里的“蛮牛”。人们只需把它的尾巴割掉，然后就像喝能量饮料一样，把海马身子一吮而尽。

我们遗忘了什么吗？

哦，对了，海马当然也是一种可以为人们带来好运的护身符。时髦的亚洲女孩把它们做成饰品挂在耳朵或脖子上。孩子们用它来玩游戏。如果你知道全世界每年有2500万只海马被制成药材，你一定会问，进化女神为什么不直接把它制作成药品送给我们呢？大约有30多个国家的人，每天都会把海马当成蜂王浆那样的补品服用。在香港的夜市，海马被倒挂在小摊上，每只卖12美元。请想想，12美元就可以买到能治百病的神药！但谁又问过海马的意见呢？

但是，人们现在已有了一些担忧。是吗？为什么？这些小家伙会灭绝吗？它们在世界濒危物种名录上排名如何？我们其实只是出于科学研究的目的才……呃……而且由于我们的文化……不管怎么说……

算了吧。

另一个问题：吃了海马以后到底有没有效果？德国人吃了海马后，竟出现胃痉挛、冒虚汗、脸上出水痘、肾绞痛等各种症状。人的尿也是一种仙丹。就算哪个欧洲人对亚洲医术佩服得五体投地，大概也想象不出，东方人曾在他们的药酒里撒尿：童子尿也是一味药引。

你必须容忍这些事情，并且相信它们，坚信不疑！只有这样，瘸子才能像小马驹一样健步如飞。

信则灵，现代医学也讲究这一套。但这里指的不是那些不可思议、从头到脚都可入药而且十二万分灵验的神奇秘方。人们已经逐渐认识到，传统医学的很多说法都是无稽之谈。所谓的海马文化，其实是因为人们自己的抵抗力发挥了效力。欧洲的生物医学业收集了来自亚洲、非洲、美洲的各种药酒、药膏、油膏、药粉，并在放大镜下进行仔细研究。而传说从来不重调查，有些人以为一切阳具状的东西都可以壮阳，事实证明这只不过是意淫罢了。令研究者感到惊奇的是其他东西：杂乱无章的分子中或许存在着某种能够抗癌的物质。目前可以肯定的是，自然界的确是一个大药箱。人们要做的，就是睁大眼睛去发现，当然必要时还得戴上潜水镜。

那些自称是生物勘探者的冒险家在药材的天堂——热带雨林、西伯利亚大草原和大海里不断寻找，也不断有令人振奋的发现。乐土果然存在，但不能说是“土”，而是水面以下那个充满未知的世界。

鲨鱼身上应该有说明书——海洋药物的高研发成本

为什么偏偏海洋成了寻找药材的焦点呢？威廉·凡尼克教授以极大的耐心和热情对此作了一番解释。凡尼克领导着位于美国加州的斯克里普斯海洋研究所，他有足够的理由心情愉快。每年化妆品巨头雅诗兰黛在他的账户汇入七位数的款项，资助他进行具有抗发炎作用的Pseudopterosin的研究，这是从一种称为“海鞭”的柳珊瑚目动物体内提炼出来的物质，发现者正是凡尼克教授。采用它精制而成的润肤用品不仅可以缓解日晒性皮肤炎，而且还能够治疗牛皮癣。Pseudopterosin还可以成为可的松的替代品，而后者一直饱受诟病。

“海洋里的生物必然会进化出一种完全不同于陆地生物的生存法则，”被称为神奇生物勘探者的凡尼克说，“海洋里绝大多数都是共生体，尤其是与微生物共生的共生体。所以那里的生物所形成的化学物质远比陆地上要多。道理很简单，因为它们生活在水环境中，而水是一种有效分配的介质。”

没错。但没有任何人会因而同意使用化学武器。海洋中有很多动物，比如海绵就是活体毒药工厂。化学物质是它们唯一的防卫武器，因为它们不会逃跑。海绵既没有锋利的牙齿和爪子，也没有坚硬的外壳、尖锐的螯针来抵御来自海螺、螃蟹乃至各种鱼类的袭击。人们也没有在它们身上找到骨骼结构。敌人把它吞进肚子之前，它的毒液就足以让敌人倒尽胃口了。海绵本身是不会产生毒液的，它只是为上百万只细菌提供了一个很舒适的居所，而细菌则为它提供防御武器。海绵不仅用这些武器自卫，也用它们来觅食。它就像个过滤器一样，对靠近身边的物体进行筛选。因为浮游生物在水中不停移动，而且游动得非常快，所以海绵必须拥有这种本领，否则就只能饿肚子了。它不是通过接触来捕食，而是用毒液麻醉猎物。还有很多其他生物也采用类似方法，比如珊瑚虫、海鞘、苔藓虫和海葵等等。总而言之，都是一些定居海底的生物。

很遗憾的是，老普林尼于公元79年被埋在维苏威火山之下，所以海马泥到底有没有让他的头发再生已经无从考究。但我们还知道，他曾信誓旦旦地说，橙色马勃海绵(Tethya aurantia）具有镇痛作用。它和加勒比海海绵（Discodermia dissoluta)一样，都产自加勒比海深海中。而瑞士诺华药厂正是从后者之中萃取一种抗癌物质，名为Discodermolid。几乎所有的海绵体内都蕴含着珍贵的有效物质具有抗滤过性病原体和抗菌的作用，而且在临床试验中成功抑制了肿瘤。西班牙科学家目前已经发现超过40种新型海绵和海藻的成分，并用它们制成防火材料。仅从海绵身上，人们就萃取了2000多种有效物质。

尽管医学界对这些医疗物质很感兴趣，但若考虑到经济效益，它们就未必那么吸引人了。例如，热带海绵（Cymbastela hooperi)可以提炼出一种治疗疟疾的特效药，疟疾也是全世界传播最广的一种传染病。尽管制造这种药物并不困难，但是没有人热衷于此。因为疟疾是一种穷人病，它的市场虽然大，却不像过敏、牛皮癣、癌症市场那样有利可图。药品业宣称，我们必须考虑到研发成本。实际上，只有大约1/10经过临床测试的药物最后能够成为医生的药方。很多海洋药物经过多年辛苦研究，耗费大量资金之后，又会悄无声息地沉入大海。

这一切都是进化女神的杰作。也许热带海绵身上应该空出一块地方来存放详细的使用说明。每种海洋生物的身上都应该有这样的设计，当然也包括鲨鱼——也许应该放在鱼鳃中间，当人们把它捕捞上来时就能一目了然：啊，肝脏富含鱼油；骨胶原可以制成运动员使用的软膏，或者制成能够激发潜能的药剂；体内的有效物质MSI-1436有减肥作用，因为它能够抑制胃口。这肯定是一条角鲨——呵呵，那就别吃了！拿来做药吧。

目前看来，大海里遨游的鲨鱼并没有随身携带说明书。竿螺（Conus Magnus)是一种锥形螺，它的硬壳上也没有标明：我的80种毒素中，有两种可以制成镇痛药，疗效要比吗啡强1000倍。其他500种海螺也有各种各样的毒素喷射器官，体内都蕴含着各种神奇的秘方，但谁也没有带着说明书在深海里穿行。海藻们似乎也不怎么配合。没错，它们太小了。难道它们就不能把说明书印在微缩胶卷上吗？那样的话，至少人们在放大镜的帮助下就可以看到：红藻可以降血脂；绿藻可以制造多糖，从而抑制胃溃疡；褐藻具有抗凝血作用；而所有藻类都具有抑制风湿和抗感染的作用。“请把我碾成药粉吧！”海藻背上的说明书应这么写，“这样就可以把我用在你的面膜、敷泥和沐浴乳中。”

但现实并非如此，一切都需要人们自己去探索。这样就只有一种方法：试验，试验，再试验。

一吨海鞘——才能治疗一升眼泪

有时候我们也会欢呼雀跃。

马尔制药公司（Pharma Mar）是一家中等规模的西班牙企业，其生物技术方面的专家来自西班牙化学企业塞尔提亚(Zeltia)公司。该公司自创立以来经营状况一直不错，但也并非声名显赫。直到2000年情况倏忽一变，塞尔提亚开始庆祝他们的成功。原来他们的子公司马尔制药成功研制出一种抗癌药物，它的有效成分完全产自大海。这种药品的名称是Yondelis，它在一系列试验中都获得成功，一旦获得批准，便将迅速产生巨额利润，正如它遏制癌细胞扩散的速度一样，特别是乳癌、肺癌和前列腺癌等等。欧洲的销售体系愈来愈大，最后美国琼斯公司也获得海外销售许可。要知道，一旦进入美国市场，就等于手里握了一张空白支票。

“迄今为止，Yondelis研究第二阶段的结果显示，这种药物在临床上已经获得成功。”米格尔·伊斯基耶多博士在2004年美国临床肿瘤学年会上发表了上述结论。伊斯基耶多博士是马尔制药公司的临床研发部主任，他对这种药物的研发进程感到非常满意。Yondelis中的有效成分ET 743来自于一种海鞘，属于脊索动物门，既没有眼睛，也没有心脏和大脑，现在却吸引了所有人的目光。它为亿万癌症患者带来了希望。而研究这种药物的成本早已被人遗忘。要想提炼1克ET 743，必须从礁石和深海层中捕捞1吨的海鞘。其他的海底药物看起来也非常吝啬。生产18克生物抗癌药Bryostatin A需要消耗38吨苔藓虫（Bugula Neritina)。谁来采集呢？医药业想要打开这个市场，就必须解决两大困难：第一，突破人的能力极限。第二,一旦海鞘和苔藓虫灭绝，人类就需要对它们进行人工培育。

然后呢?

“目前看起来还不会出现这种情况。”马尔制药的专家说。在此之前，人们一定会找到人工繁殖的方法。到那时，我们就必须饲养海鞘了。在佛门特拉岛周围，已经有人开始着手这项试验。某些细菌正在人工环境下迅速生长，但是大多数并未像人们预期的那样进行繁殖。到目前为止，贝类、海螺、苔藓虫、海鞘和海绵只能在特定海水环境中生长。与此同时，制药公司与研究所的船只在热带海洋礁石之间游走，在北海的海脊中穿行，并在那里进行大量新型试验，每天通过由机器人控制的分析仪器，对30万种物质进行扫描。人们不断对各种分子图谱进行化学混合，期待着，直到有人发出“Eureka（我找到了）”

这样的欢呼。

“每平方米的热带礁石上都会有上千个物种，”威廉·凡尼克为我们解释生物勘探者所遇到的困难，“估计海洋里共有上千万种海藻，而我们只研究了其中的1/10。除此之外，还有300万种细菌和50万种动物，我们未来的路还很长。”

化妆品业也沉浸在狂热之中。“来自海洋的美丽。”化妆品公司向人们许诺。在蔚蓝的海岸，人们忙着将海藻制成粉末，以便从细胞核中完全萃取维生素、矿物质、蛋白质和氨基酸。岱蔻儿公司不断推出各种使皮肤紧致、净化、充满活力的产品，而且一直强调，所有产品都是纯粹的生物制品，可以确保不会产生副作用。

它们可以让四十岁以后的人保持平整光滑的肌肤。不过，前提是它们能为公司带来利润。

正当人们把热带地区称为动物界的药箱时，位于德国不来梅的魏格纳研究所工作人员却希望能在地球上冰雪覆盖的区域中找到宝贵物质。受汉高集团的委托，“极地之星”考察船正致力于从极地生物体内提炼出高效的防晒秘方——在北极的夏天，这些生物一直在强紫外线的环境下生存。当然，人们也对南极生物自行生产的天然防冻剂展开了研究。很多生活在这里的鱼类，尤其是冰鱼，都能够在体内对多达8种物质进行合成，从而产生降低冰点的作用。北极的微生物还能被加工成食品营养添加物，通过添加物提高或改变食品中的自然营养成分。酸奶中的菌类就是一个例子，鸡蛋里的鱼油、混合在麦片里的钙，都属于这个范畴。

海洋里的产品似乎无所不包，药品、化妆品、杀虫剂、船漆甚至效果更好的洗衣粉。这家德国研究所希望在2010年开发出新的分子模型技术，不仅包括以基因工程改变微生物，使其分泌出人们所需的有效物质，也包括在实验室里合成天然物质，以避免物种灭绝导致相应的产品消失。他们的目标不是利用海洋生物本身进行批量生产，而是对它们进行大量复制。海洋从原料供货商变成创意产业，想起来都让人觉得好笑：研究者面对优质的软体动物和原生动物，绞尽脑汁地想着怎样才能用它们来治疗偏头痛。其中一位突然有了天才的想法，立即从中分离出某种高浓度的物质，而实验室里的其他人则开始进行复制。

“现在我们急需一些新的药物，”威廉·凡尼克总结道，“我们需要新的武器来对付那些病原体，它们已经对现有的药物产生了抗药性；我们还要对付肿瘤和阿兹海默症，到目前为止，人类还没有找到治疗它们的良药。海洋里的生物是未来药品发展的方向。对于这一点，无论多么乐观估计都不为过。”

与此同时，他的内心也在考虑怎样保护这些物种。尽管已经很有成就，凡尼克仍然保持着理想主义者的态度。他并不想把自己的研究所改造为一个跨国制药公司，他更愿意和英国的药厂巨头葛兰素史克合作，继续安静地从事他的研究工作，同时能有更多的时间在水中度过。

这也是一种共生现象，是大型药厂所乐见的。事情总是这样进行着：当灵活的小公司努力寻找炼金石时，大集团往往扮演旁观者的角色，同时对各种各样的探索行为予以资助。一旦炼金石被发现，他们就开始介入。

听起来不错，实际上也确实不错。来自海洋的药物能够而且必将给予人类很大的帮助。那么，每个参与者都应该得到必要的保障：生物勘探者、制药集团、海绵以及病人，一个多么幸福的世界。不过我们应该考虑到发展中国家的复苏，因为他们正在大量出售自己的生物资源。新开发的药品对他们来说可能只是苦果，因为他们无法以适当的方式参与其中。

也许生产一种能够适应市场的疟疾药将会是个不错的开始。

小小的“瓦特”之旅

读过传记后，我们知道德彪西原本想成为一名水手。后来，他用另外一种方式在海洋上航行——管弦乐。对此我们应该感到庆幸。没有人能像他那样，用一种不可捉摸的方式创作出如此充满天赋的音乐作品。当德彪西长久地沉浸在美好的海洋中时，海明威的表达却显得那样简洁，《老人与海》展现的是海洋冷酷的一面。海洋让一个老人经历了最残酷的考验，他有足够的理由放弃，但最终失败并没有降临到他身上。达利对这部小说倾心不已，并为它画了一幅速写。梅尔维尔也把海洋看做是一个幽暗的决斗场所，而瓦格纳则认为它是地狱的象征。

每个人都有自己的观点。这其中也包括威廉·赫伦姆斯，他认为海洋是一颗电池。

这位彬彬有礼的老先生是麻省大学的教授，全然没有什么思乡情绪。你要是问他人类历史上最伟大的发明是什么，他一定会说是风车。赫伦姆斯与风，这将是场持续一生的恋爱，而且会在新的想法和预期中不断达到新的高潮。“任何一种产生能量的方式都需要风的参与。”这是教授的口头禅。在美国，他被奉为风力能源之父，学生们也正沿着他的足迹前进。“风是人所需要的一切——同时人也需要足够长的寿命来获得正确的想法”。

早在20世纪70年代，赫伦姆斯就提出了一种理论，即将风力涡轮从陆地上转移到海上，比如大轮船上，或者近海平台上。石油大王们对他抱持怀疑态度，他们认为这个人完全是在捣乱。

但是到了1972年，形势骤然改变了。随着石油危机的降临，所有人都为之一惊，然后开始倾听赫伦姆斯的声音。这位教授告诉大家，海洋是一个巨大的加速泵，洋流每年所传输的太阳能足以为几千个地球供电。他比后来的英国海洋预报专家提前精确地预言，所有海洋能源储量的1/5000就可以满足全球的能源需求。在赫伦姆斯的设想中，海洋只扮演了区位的作用，要将它与永恒的海风结合起来，才能变成取之不竭的能源。赫伦姆斯说，人们要做的，就是将它收集起来，并且加以利用。

只是……

这里同样也存在问题。怎样才能收集风呢？赫伦姆斯不厌其烦地用图像来描绘他的构想：人们可以看到巨大的桅杆——绑在浮标上——桅杆升得很高，船只看上去就像玩具一样。每个桅杆上都装有大型风力涡轮，最多达30多个。即使从美学角度来看，这些大家伙也不一定难看，赫伦姆斯教授为此努力了一辈子：不，风力涡轮机不会很丑陋，只要我们别把它造得太丑就行了。最后他认为，从目前的状况来看，把它们建在海上要比建在陆地上好得多，因为它们在海上能提供更多的能量。

实际上，海上风力设备可比陆地设备多获取40%的能量。另外，风也不是一个很值得信赖的合作伙伴。有时它会呼号不已、横冲直撞，有时候又会一连几天沉默不语，此时涡轮桅杆也无能为力。如果你乘火车从汉堡出发前往叙尔特岛，路过尼比尔，邻近北海，就会在海边看到风力发电机，它一会儿愉快地转个不停，一会儿又像个废物一样傻愣着不动。而在海面上，它们会一直不停地转动，当然，所产生的电能也会不断变化。

赫伦姆斯了解这个问题。在他生命中的最后几年，他一直在思考如何利用海洋获取能源。他设计多种海上风力发电的方案，其构想大大超出当时的科学水平。然而2002年11月，这颗充满智慧的头脑停止了转动，赫伦姆斯因为癌症与世长辞。目前，一些后继者正在继续着他的事业。从现状来看，这项事业的前景无可限量。无论在美国还是英国，风力发电事业都在突飞猛进。自20世纪90年代起，欧盟内共有30个研究项目致力于推动风力发电，更多项目仍在不断涌现。

现在的人们把水力发电当作一种新发现来兜售，实际上只是一种重新发现。水磨坊不是今天才有的，水能也不是在人们寻找环保替代性能源之后才被发现的。早在几百年前，亚洲人和中东人就已在使用水车进行农田灌溉。美索不达米亚地区被认为是水能的摇篮，早在公元前1200年，那里的人就开始使用水车了。古罗马人对水力的利用已达到很先进的水平，比如他们会利用水能制作升降机。从中世纪开始，水磨坊已经成为欧洲各大河流上的一道风景线；而在工业化的年代里，它们也同样发挥着巨大的作用，比如在采矿业中大显身手的水泵。

将传统水利技术推上舞台的，是19世纪末水力涡轮机的发明。水车能够产生10千瓦到50千瓦的能量，但它无法解决全世界对电能的渴求。如今，水力资源的应用主要在中国和非洲，在那里，它对农业生产发挥了无可替代的作用，不仅生产出几百万兆瓦的电能，同时那些伟大的工程也引发了人们摄影的冲动。

“瓦特的瓦特”中的一瓦特是什么意思？——国际标准单位的发明

瓦特？兆瓦？什么玩意儿？

OK，在进一步深入探讨这个话题之前，让我们重温一下少年时在课堂里的情景：“现在来问一个很白痴的问题，什么是瓦特？”

瓦特其实应该念成“沃特”，因为瓦特是一个英国人的名字。我们暂且保留“瓦特”这一读法。瓦特是一位苏格兰发明家，参与发明了现代蒸汽机，而物理学功率的SI也是以其名来命名的。SI的全称是Le Systeme International d'Unites,即国际标准单位。我们应该感谢标准单位：在墨西哥喝下一升啤酒，跟我们在巴伐利亚喝一升啤酒没有什么区别，因为液体的体积是相等的。

如果国际单位没有统一的话，那么全世界交流起来将存在很大的困难："从这儿到火车站有多远，年轻人？""大约500米，仁慈的夫人。""啊，步行就可以了。"这位女士已经起身出发了。如果问的是邻国朋友，那么答案将变成："噢，不太远，大概60施纳克吧。"或者"嗯，大约2000维普乌斯吧。"1维普乌斯可以表示1米，也可以表示1公里，谁能知道到底有多远？那么多少维普乌斯等于1个施纳克呢？要是都这么表达，那么在地球村上生活简直太痛苦了。

于是，1954年，国际单位体系诞生了。从那时开始，全世界都用"米"作为距离单位，以"秒"计算时间，以"千克"作为质量单位，以"安培"来确定电流强度等等。除了这些基本单位之外，还有很多其他的SI单位，比如赫兹是频率单位、摄氏度是温度单位、巴是压力单位等等。很多情况下，一些科学家的名字最终成了国标单位的代号，比如牛顿作为力的单位（用来向艾萨克·牛顿爵士致敬），而功率的单位正如我们提到的，是瓦特。

那么瓦特（这个人）的瓦特（这个单位）中的1瓦特究竟是什么意思呢？瓦特表示的是能量在特定时间段内转换的情况。严格地说，瓦特表示的是单位时间内所做的功。物理学认为，能量是永远不会消失的，只会发生转换，比如风能可以转化为电能。为了对转化结果进行定量表达，人们用某一个值来表示所转移的能量，也就是瓦特。

因此我们可以像对待"米"那样来对待"瓦特"。如果在显微镜下观察1米长的物体，那它简直就是一头恐龙。因此人们把米又分为分米、厘米、毫米、微米等等，最小的单位是攸米（1米的10^{-24}）。而当我们想用"米"来表示地球和月球间的距离时，因后面添加的零太过壮观，所以我们又发明了"公里"这个单位。而当距离更远时，我们就用光年来表示。光速在任何情况下都是恒定不变的，每秒30万公里，因此每光秒就相当于30万公里。要是你想用数手指头的方法来算清楚1光年到底要走多远，恐怕得长几百根手指头吧。

能量转换的度量与长度比较相似。当原子内的最小成分夸克发生反应时，只会产生极其微小的能量。而要是一颗星星发生爆炸，它的能量级别则远远超乎我们的想象。对于这两种情况，我们都需要使用某种刻度来描述它们，而这样的刻度也确实存在，共分为16个级别。

最小的能量单位是仄瓦，这是最小的能量级。当一架遥远的太空探测器向地球发射无线电信号时，一座接收器所接受的能量就约等于1仄瓦。比仄瓦高一级的是阿瓦，然后是飞瓦，这是接收超短波所需的最小能量，然后是皮瓦，相当于生成一个体细胞所转移的能量，之后是纳瓦、微瓦和毫瓦。

接下来才是瓦特，排在第八位。人类心脏的功率约为1.5瓦；一个100瓦灯泡的发光功率约为5瓦（剩下的都是热功率）；冰箱运作时需要140瓦的功率；如果爸爸、妈妈和两个孩子在家里待上一天，打电话、看电视、做饭、听音乐、洗澡，而且一直开着灯，他们所耗的电功率约为500瓦。如果和全世界所有人的需求相比较，这也算不上什么，光是爸爸开车上班消耗的能量，就比全家人用掉的还多，因为1马力相当于735.49875瓦特。著名跑车布加迪的发动机功率正好是1001马力。

排在瓦特后面的是千瓦，也就是1000瓦特。尽管我们的游泳健将弗兰齐斯卡·阿尔姆西克常与金牌失之交臂，但她的运动功率在很短时间内就能达到1.5千瓦。这已经相当不错了——欧洲最强大的太阳能发电厂的工作功率为500千瓦。弗兰奇斯卡只需要来回游上333次，就可与发电厂媲美了。

1000个千瓦等于1百万瓦，一个大型风力发电设备需要达到这个量级才能实现经济效益。德国铁路的城际快车需要8百万瓦的动力才能运行，而美国海军的航空母舰则至少需要200百万瓦的能源支持才能前往中东服役。1000个百万瓦等于1吉瓦，1000吉瓦等于1兆瓦。目前测量到的最强的激光束为1.25拍瓦。

接下来，每次乘以1000还有艾瓦、泽瓦和尧瓦。亲爱的太阳公公以386尧瓦的能量照耀着我们，但如果拿它跟银河的光芒相比，那就又不值一提了。两者相比就好像是昏暗的灯光跟伽马射线对比一样。

你还记得吗？从奥陶纪过渡到志留纪时，就是因为伽马射线的出现导致了大规模的生物灭绝。我们不知道还有什么比它更强，至少我们从未观测到更强的光。

不过可以肯定的一点是，从宇宙大爆炸那时开始，我们的宇宙就已释放了难以用瓦特这个概念来计算的能量，就好像《米老鼠和唐老鸭》里面那位吝啬的老鸭叔叔，他的财产也是无法用十亿或者万亿来计量的：这位世界上最富有的公鸭的财产，只能用无数亿来描述了！

再说一点点跟物理有关的内容，然后我会就此打住。

我们总是能看到“千瓦／时”这个概念。瓦特表示的是功率，而“千瓦／时”则表示所做的功，也就是1小时所转换的能量。一个连续运转的发电厂，每天24小时都为我们提供恒定的电能，但是风车却无法做到这一点。如果没有风的话，这些设备也会停止运行。此时人们使用一种辅助手段，比如平均功率是指这台设备每天提供若干千瓦的功率。也就是说，根据磨坊主一家人每天所需的电量，可从风力发电厂获得8、12或16千瓦/时的电能。

国际标准单位本来是科学界推动的一项发明，但后来却成为经济学上的一种基础语言。当然，特立独行者永远都不会消失。美国几乎只在科学研究方面使用国际单位，英国用哩和码来计算距离，用华氏来计算温度，当人们需要喝点健力士黑啤酒时，他们会要上一品脱。“半品脱，”小老板常常会说，“是给娘儿们喝的。”

德国：零分——海洋能源方案比一比

据推测，到2050年，全世界人口将会消耗30兆千瓦／时的能量，如果那时的人口数量增加至100亿的话。这还不算是大问题，我们可以从海洋中获得足够的能源。但实际上要达到这点要求并不简单。尽管水力发电厂能够产生大量电能，例如巴西的伊泰普水电厂，总发电功率为12600百万瓦，相当于10座中等的核电厂。到2009年，中国三峡水电站的发电容量可达18200百万瓦。但是这些发电厂都是内陆电厂，它们利用的是河流的能量。海洋的情况与河流不同，它没有稳定的水流，因此到目前为止，能源业一直忽视海洋。目前有5种方案还是值得我们讨论的。

潮汐发电站

潮汐发电站是利用涨潮和退潮时所产生的水位差来发电的。人们找到某个入海口，在水中建起一道墙，将河流与海洋分开，并使其通过涡轮井。在此过程中，涡轮井会转动两次。第一次是涨潮水流进入时，第二次是水流流走时。动能驱动涡轮，而涡轮则产生电能。

但是，这种方法存在三个困难。

一方面，涨落潮是周期性的。当水位达到平常状态时，电源槽内就不会有电流通过。

第二方面，只有在潮汐落差达5米以上的地方，才能兴建潮汐发电站。对德国而言，这是个坏消息，因为德国的潮汐落差不超过3.5米。

第三方面，环保人士还指出，以围墙将河流与海洋用人工隔离开来，会产生很多不利的后果。整个生态系统都会受到威胁，因此人们找到一种替代方案——不再修建隔离墙，而是隔一段距离建一个人工的涡轮岛，这样鱼儿就不会再次经历德国人的柏林墙噩梦了。

海浪发电站

平均来说，每米海岸线可产生30千瓦的能量。要是你利用50公里的海岸线建设海浪发电站，就可以省下兴建一座大型核电站的力气。可惜——或者谢天谢地——不是每条海岸线都适合建设发电站。就算我们可以忍受笨重的储藏室把海边变得不那么美丽，海里的居民也会抗议，比如螃蟹、浮游生物、鱼、贝类、海藻等等。因此，只有特定地区可以考虑。

尽管如此，全世界15%的能源是可以通过海浪发电站来提供的。然而德国同样无法参与其中，或者准确地说，参与程度极为有限。在全球海浪能源的一览表中，德国排在后1/3的位置，每米海岸线只能产生10千瓦到20千瓦的能量。

相反，我们在好望角的岩石周围可以获得100千瓦／时的功率，北非的情况也差不多。澳洲南部海滨，每米可产生70千瓦／时的功率，那里是海浪发电站的天堂。西班牙、苏格兰、挪威和南非也很适宜建造海浪发电站。与此相反，加勒比海地区的海浪能源甚至比德国还贫瘠，那里的功率只能达到10千瓦／时。

很棒的技术！前提是你得拥有海浪才行。

在外海上不会有任何的不足。欧盟正在推行一项充满希望的计划：海浪之龙（Wave Dragon)。设备被安装在距离海岸线很远的海上，其中带有一个高于海平面的储水器，水流进入储水器中，再经由传统的涡轮机转化为电能。为了充分利用海浪的动能，人们利用两个很长、非常平整的坡道，将水引入储水器中。海浪之龙与传统海浪发电站根本的区别在于它的停泊方式——整套设备会根据风向旋转。海浪之龙被设计成一个停泊场，所有组件都在这里聚集。在测试过程中，这条巨龙的表现的确令人刮目相看。

但苏格兰人却认为，龙并不属于水，它们会把人们钟爱的陆地上的骑士和少女当成美食。聪明伶俐的苏格兰设计师们想到了一个老朋友，它更适合海洋：黑背海蛇（Pelamis Platurus）。

在希腊文中，Pelamis是海蛇的意思。黑背海蛇是一种分布很广的爬行动物，几乎所有热带海洋都是它们的栖身之所，此外，在南非和马达加斯加附近的海域，甚至巴拿马运河中都能寻觅到它们的踪迹。根据动物学家的描述，它的最大体长可以达到1.5米。但等到出现150米长的“海蛇”之后，这一纪录将被改写。从2004年8月开始，人们已经开始谈论这条“海蛇”了。在奥克尼岛的水域中，人们争相一睹它的真面目，包括严肃的科学家们。这个大怪物闪着红光，直径达3.5米，胃口大得惊人。

不要恐慌。

黑背海蛇只是这个浮在水上的发电站的名字而已，这没有什么稀奇的。它是爱丁堡大学的理查德·耶姆的杰作，由4个彼此相连的长形钢制气缸组成，当海浪出现时，它们就会做简谐运动，并通过重缆与海底相连，每个部分都会不断地晃动，同时将振动能量传递给一个模块，再由模块为液压发电机提供能源。

海蛇发电站最多能将80%的波浪能量转化为电能，每个模块可以产生750千瓦左右的能量。海蛇现在仍是唯一一个示范，但是很快它就会有伴儿了。

不过，苏格兰人总算可以狂欢一番了。经过多年向世人推广尼斯湖水怪确实存在的辛苦过程后，苏格兰人终于可以让人看见一条活灵活现的海蛇了。

虽然它只会吞噬海浪。

潮流发电站

潮流发电站是由全世界动力最强的发动机驱动的，也就是海流。它与风力发电机的原理比较相近，但它的驱动轮却藏在水底。从理论上来说，它的桅杆可以安置到任意一个深度，但在实际使用中一般不会低于25米。

潮流发电站赢得了很多人的赞赏。水的密度是空气的800倍，只需使用很小的转轮，在很低的转速下就可以得到惊人的能量。当潮流速度达到每秒2米到3米时，所获得的能量就相当可观了。而且与风力发电站相比，它还避免了一个非常重要的不利因素，那就是重力。风力涡轮是一个庞然大物，但没有什么比涡轮桅杆的不稳定更为致命的了。尽管水流涡轮也对静力学家提出了很高的要求，但是在水中驱动本身就已降低了重力的影响。人们只需要对付潮流就可以了，它会扯动设备，造成腐蚀，带来造成堵塞的海藻，或者将沉积物卷扬起来。

2003年，在距离德文郡北部海岸3公里的海面上出现了这样一个潮流发电站，人们将根据其模型建造一系列涡轮泊位。这一“海流计划”（Seaflow）是由德国和英国的工程师共同设计的，但是迄今为止还未提供过1瓦特的电能，原因仅仅是它还没有和电力网相连接。除此之外，一切都很令人满意。

海流计划不仅累积了经验，而且能够提供300千瓦的功率，这已大大超出设计者的期望。转轮由碳纤维和钢材制成，非常牢固；桅杆长50米，锚定在水下20米深处。你很难从海流工程上看到什么，除了一根大柱子、一个大箱子和上面的一个维修平台。转轮叶片可以进行180° 调节，因为涨潮和落潮的方向是完全相反的。总而言之，这是一个完美的设计。

海流工程设备拥有完美的安装地点，这是沿着欧洲的大西洋海岸不断寻找后才发现的位置。第一个完全运转正常的涡轮工程如今出现在北爱尔兰和苏格兰之间的海面上。这种新一代设备名为SeaGen，到2007年，每根桅杆的功率会达到120万瓦。与单转轮的海流塔相比，这里共有两个转轮同时工作。SeaGen桅杆特别适宜安装在停产的海上钻油平台。这真是一个历史的讽刺：过去用于开采石油的钻油平台，如今却参与了完全环保的再生能源经济。

然而德国依旧一无所获，正如我们在欧洲电视网金曲大赛上的表现一样。我们缺乏资源。海流太弱了，潮汐落差太小。我们的电视名嘴斯特凡·拉布对此也无能为力——就算他是工程师又怎样？

在英国的另一项重要计划中，海面产生不了什么作用。他们通过所谓的“魟鱼技术”（Stingray），将一种古怪的机器固定在海底，这种机器由千斤顶和踏步机组成，形成一个十字交叉的形状。在四根粗壮的支撑脚顶部，有一个凸起的短桅杆，其顶端有一个活动叶片安置在铰链中。水流不断上下冲刷叶片。

这台测试设备就在设得兰群岛附近，它不仅可确保充分的能量平衡，而且动物们也能适应这些四条腿的大家伙，它们上上下下的运动速度很慢，显然不会吓到这些海洋的原住民，当然更不会伤害到它们。无论环保主义者如何热爱那些漂亮的大风车，有一点是他们始终无法回避的，那就是来自飞鸟行业公会的质疑：每年有数以千计的小鸟遭遇风车劫，最终成了人们盘中的宫保肉丁。

海洋热力发电站

这个理念很早就有人提出来了，可长期以来一直被认为无法实现。但是近年来，随着科技的进步，热力发电站重新成为人们谈论的话题。如今它们被称为OTEC（Ocean Thermal Energy Conversion，海洋热能转换系统），可以利用不同水层的温差获取能源。

在热力发电站中，人们需要一种液体的运作介质，并要求它的沸点尽可能低。比如说，氨气和温暖的表层水混合后，很快就会蒸发和膨胀。蒸气可以产生压力，并且驱动发电机，然后产生电流。当对温度较低的深海水进行充气时，氨气就会重新液化，然后发热，接着再次液化，如此循环往复。总之，至少在深度超过1000米，而且水层温差超过20° C时，热力发电才能发挥足够的效用。

可惜，这仍不适合德国。

渗透发电站

渗透发电站别具一格的是，盐的含量在这里产生了决定性的作用。在入海口，淡水和咸水发生了交汇。此时液体会相互混合，以平衡它们的浓度差。如果不让它们混合，会出现什么情况呢？你只需制作两个容器，并用膜从中隔开就可以了。这种膜的特性是，淡水可以通过，但浓度较大的咸水则无法通过。也就是说，水只能向一个方向流动。假设是从右往左，左边容器内的水平面开始上升，此时就产生一定的压力，而这种压力即可驱动涡轮机，一个渗透发电站也就建成了。

它的优点在于原理非常简单。数十亿年以来，进化女神一直进行着渗透实验——在人体、动物和植物的细胞内部。问题不在于原理本身，而在于渗透膜。要想产生百万瓦级的能源，它的面积就必须达到20万平方米。怎样才能做到呢？缠绕起来，放在管道模块里，这样才能做到美观，否则一个20百万瓦的发电站看起来就像一堆废墟。现在出现了一种新的设计，将渗透发电站建在地下。如果这能发挥最大效益的话，那么欧洲每年即可获得2500亿千瓦／时的电能，这是德国每年用电量的4倍。

顺便提一下德国……

不，我们仍然一无所有。可恶的波罗的海不够咸，而北海出海口又不存在明显的淡水和咸水分界线。德国：零分。

上述所有的发电站都有一个共同特点，那就是它们无法储存电能。它们所生产的电能必须直接投入使用，而且除了个别特例之外，大多是不太稳定的，因此也不能完全取代传统的发电站。

但是，如果将它们与其他一些环保型的能源结合，比如太阳能等等，还是可以发挥愈来愈重要的作用的。我们必须继续努力。正如前面所说的那样，直到20世纪70年代石油危机以后，再生能源才引起人们的注意。而随着石油价格的下跌，人们对它的兴趣也迅速减弱。如今，由于二氧化碳的问题愈来愈严重，人们对水力发电站的热情也逐渐高涨起来。

在德国也是如此。即使我们没办法好好利用这些方法，但我们仍可在技术方面不断地开发、输出、提供服务。因为，德国的工程技术就是一流的再生资源。

科技进化的影响

美国艺术知识分子中的权威雷·库茨魏尔在他那部充满争议的《现代智人》中写道：

“进化过程正以几何级数的速度向前发展，而技术的进步也始终与它保持一致……技术终将发展出新技术……因为技术其实是另一种形式的进化，因此它的增长速度也是几何级数的。”

如果我们自认为可以与进化女神平起平坐，也许犯了一个大错，因为即使没有我们，她也会不停地为这个世界操劳。但在人类的发展过程中，我们已从进化女神那里分到一杯羹。我们尽量做到谦虚、宽容，但仍然追求“科技进化”，我们要以技术的手段来延续自然的建构和功能，这就是我们的理念。

什么？仅是因为我们的大脑让我们拥有这样的能力吗？这颗由进化女神创造的大脑？

好吧，好吧。

不管怎样，科技进化一定会对我们未来的生活产生重要影响，不管我们在哪里停留，也不管我们将来要做什么，它前进的脚步将愈来愈快。科技进化是一个不可逆转、强制性的过程。凡是想得到的，就一定能做得到。一旦付诸实施，科技进化的过程就会不断加速。

过去100年的科技进化，抵得上过去1000年的成就，而接下来10年的发展，又肯定能与过去100年的进步并驾齐驱。计算机的计算能力遵循着摩尔定律，在过去20年中一直呈几何级数增长。我们有理由期待，在不久的将来，晶体管的分隔层厚度只相当于几个原子。摩尔定律将在一个新的加工技术中找到它的立足点。在想象和实践的世界里，螺旋上升的速度日益增加。

几十年后，西半球可能没有人能够离开计算机义肢而生存，大量的神经植入体将取代我们的器官，帮助我们聆听、观察、思考。计算机病毒将会超过心肌梗塞和癌症，成为人们健康的最大风险。随着基因技术的进步，人们会一个一个克服这些疾病，但稍具天才的恐怖分子也会躲在某个暗室里，不断生产出新的病毒。有钱人的小孩都是经过精心设计的，而且为了预防万一，他们还会再复制一个。人类将对大脑进行分子扫描，纳米技术和超微技术的迅速发展也让长生不老不再遥不可及。前提是，我们必须离开自己的身体，将自己与人工智能进行联结。机器产生了意识，愈来愈人性化，而人则愈来愈像一部机器。

这是人类的前景。

然而现实生活中的调查显示，多数美国人和欧洲人对科学根本没什么兴趣，几乎一半的人不相信科学家和政治家所说的话。曼哈顿的小孩把母鸡画成6只脚，因为他们的妈妈总是会买6只装的鸡腿回家。科技进化不是一场喧嚷游行，把所有人都席卷其中，它明明是在我们眼前发生的，但同时又让人难以察觉。

科技进化可以是一副助听器，是对天生感官的一种技术性扩展；它也可以是一支激光笔，就像人们在课堂上使用的那样，是我们的食指在光线上的延伸；当我们看电视时，我们所使用的眼睛本来最多只能看到几百米远，然而此时却超越了国界。不管我们是否愿意，我们已经成为百分之百科技进化家庭中的孩子，没有了它，我们甚至无法生存。它过去是，而且现在也是我们适应自然或社会的途径。

好的设计就像大自然——仿生学

在进化与技术的结合中，目前最能引起人们兴趣的恐怕要算是仿生学[1]了，它清楚地展现了未来发展的方向。一般来讲，仿生学原理是仿照自然界的各种形状和运作原理来为人类服务。尤其是海洋仿生学最受关注，因为海洋中的生命体历经数百万年大自然的磨炼，已经创造出很多令人叹为观止的功能和解决问题的方法。比如飞鱼就长着分叉状的尾鳍，因而能像离弦之箭般在空中滑翔。而乌贼也引起了高科技产业的兴趣，因为它们的色素囊可开关自如，而且能够闪电般地适应周围环境。这些小囊可以对温度变化产生反应，自行收缩或膨胀。此外，乌贼还丰富了计算机显示器的生产技术，并且能够应用在隧道的警告板上，因为它能对有毒物质产生反应。具有自我清洁功能的洗脸盆，也要感谢人们对超光滑的海豚皮肤的研究。

海豚为仿生学家带来愈来愈多的惊喜。比如在水下进行数据的无线传输就曾让声学家们几近崩溃，因为在水面下，信号会发生多次反射从而相互重叠。但海豚之间并不存在这个问题。它们会“唱歌”，也就是说，它们能不断地更改自己的发送频率。柏林科技大学的科学家们以仿生学权威鲁道夫·班纳施为核心，开发出一种歌唱式的发射模块，从此人们可以在没有干扰的情况下相互交流。感谢海豚！

仿生学如此新颖，仿生学又如此古老。

潜水员身上的橡皮潜水鞋，就是在观察研究鲸和鱼类之后模仿它们的尾鳍制造出来的。而在仿生学的时间轴上，人们还可以继续向前追溯。早在公元前500年，希罗多德就已介绍过潜水装备。他提到一位先生，从某种意义上说，这位先生是一位伟大的仿生学家和科技进化的先驱。他不仅了解象鼻的作用——他花了很长的时间去观察大象潜水，发现它们能够用这种天然的进气管道呼吸——而且还对这种原理

1　仿生学（Bionik）：技术的构造和生物的功能原理相结合。仿生学家主要分布在工程学、生物学、医学和建筑学等领域。他们试图将生物进化的许多功能和原理和谐地融到技术创新中。

加以抽象化，对此进行了改造。

他的名字叫西里斯，是薛西斯一世旗舰上的奴隶。

有一天，西里斯听说他的国王正准备进攻希腊人的船队，他吃了一惊。他本身就是希腊人，于是他开始担心同胞的安危，他觉得自己应该用某种方式向他们发出警讯。他策划了好几种方案，又全都放弃，直到最后，他决定偷一把刀，然后从甲板上跳入水中。事情并非如他所想象般神不知鬼不觉。但当看守者冲向船舷时，西里斯已经消失了。也许他已经淹死了，薛西斯国王的部下们这么想，于是继续准备入侵。他们完全没有料到，此时刚刚逃出去的西里斯正趴在船身下。当他确认人们不再关心他的去向时，就立即潜入水中，游向距他最近的岸边。

薛西斯打算第二天启程。西里斯感到勇气正逐渐消失。他要怎样才能提前通知希腊首领呢？他跑得很快，游泳时耐力也很强，但是距离太远了，再快也来不及。他只有一条路可以走：搞破坏。不管怎样，他手里有把刀，这是他完成一切英雄壮举的全部武器。最大胆的办法就是割断薛西斯船队所有抛锚用的缆绳，这样就会让船队在海浪的作用下撞成一团，国王将浪费很多的时间。但是他必须先悄悄地把船集结在一起。要想在水下游这么远、做这么多事情，显然是不可能的，仅仅是各船间的距离就足以让他肺里的空气消耗殆尽。

他的目光落到芦苇丛上。

突然，他灵机一动。西里斯咧嘴笑了，他骄傲得就像整个希腊军队的统帅。他找到一根特别结实的芦苇管，将它截断，然后向里面吹了几口气，确保里面没有堵塞。而后他就等着天黑钻进水里，嘴里叼着这根管子，潜在水面下，游到锚定的船队中间，一根锚索接着一根锚索地实施他的计划。最后，希罗多德写道：他游了15公里才上岸。

人们完全有理由相信，是西里斯发明了潜水用的进气管。在他之前没有记录表示其他人也曾有过同样的想法。

150年后，亚里士多德描述了用陶罐当作头盔的潜水员，而亚历山大大帝对水下的生活也非常感兴趣。据说这位统帅曾使用一个由木头和玻璃制成的大桶潜到水下20米处，就是想看看那里有什么可以占领的。当然，他的所见所闻应该非常有限，因为空气储备非常少，空气在深水处会被压缩。尽管如此，传说中仍有这样的说法：

“这位伟大的国王坐在他的玻璃船中，在深海里待了70天，他看到了海底的各种奇景和庞然大物。有一次，他发现了一条巨大的鱼，他花了3天时间，才从鱼的身旁驶过。”

这条鱼或许只是一只鸭子，深海的魅力无法否定这个事实。1515年，达·芬奇设计了一艘潜水艇，但是这些都无法打破海面下的昏暗。直到1620年，荷兰人科尼利斯·德雷贝尔才发明了第一台机动潜水装置，而呼吸问题则被埃德蒙·哈雷（世界上最著名的彗星就是以其名命名的）解决了，他的方法是用一根软管将潜水装置和一些充满空气的大桶连接起来。当时的玩意儿当然称不上是真正的潜水艇，直到18世纪中叶，潜水装置仍然只应用在帆船和带桨的小船上。

海龟到深飞——从爬的潜艇，到会飞的潜艇

1776年，美国发明家大卫·布什内尔的“海龟号”潜水艇终于改变了这一切。在手摇柄的操纵下，两根螺杆相互运动，这样人们就无法在水面上看到那个单人航行的笨家伙了。很快地，美国海军部队全部使用海龟号，并在纽约港开始服役，以便应付英国战船的威胁。他们试图在船身打孔、安装炸弹，但是最后没有成功。同样，1801年由美国人罗伯特·富尔顿设计的三人潜艇鹦鹉螺号在战场上也没有建功，它看起来更像一只跛脚鸭。

那时候，根本没有人意识到，将来也许会出现潜水艇的战争。

到了1960年1月23日，潜水艇开始被应用于和平事业。雅克·皮卡尔和唐·沃尔什将的里雅斯特号潜艇开到马里亚纳海沟底部。在此之前人们从未到过这么深的地方。尽管威廉·毕比和奥蒂斯·巴顿曾在20世纪30年代用他们的潜艇——一个2.5吨重的大钢球——来到900米的深海，但是直到有了皮卡尔的的里雅斯特号，整个世界才真正陷入对潜水的深度痴迷中。从此之后，一些结构相似的仿造装置也被用于深海考察。后来，雅克–伊夫·库斯托发明了小型可移动式潜艇，而这种潜艇也成为他的“卡吕普索[1]号”的基础。

然后，罗伯特·巴拉德开创了新的时代。

迄今为止，巴拉德的“阿尔文号”应该是见闻最广的潜艇：大西洋中海脊上黑烟囱里的深海绿洲、泰坦尼克号、俾斯麦号……这个清单可以列得很长。这位最受欢迎的海洋学家，早在1964年就建造了这艘潜艇，但直到今天，阿尔文号仍然可以潜入深海。它的结构在当时是革命性的，因为巴拉德使用了钛这种材料，不仅更加牢固，重量也比钢材轻了一半。由于阿尔文号装设了机器人手臂、计算机、摄影镜头和各种测量仪器，因此对科学勘探而言非常理想。这条长达7米的潜艇（刚刚好）可以容得下3个人，再把水箱装满海水，这样就可以让潜艇像一块大石头一样沉入4000米的深海。

直到40年后，依然很少有潜水艇的潜水深度会超过3000米。与阿尔文号齐名的是俄罗斯的双子潜艇：MIR I号和MIR Ⅱ号。好莱坞导演卡梅隆就是乘坐它们前往海底拜访泰坦尼克号和俾斯麦号的。这两艘潜艇的观察窗比阿尔文号要大，而船舱的直径为两米，却比阿尔文号小得多。这倒无所谓，当外面的发光水母跳着深海芭蕾舞时，谁还会在乎座位的大小呢。这两艘潜艇可以潜入6000米的深海，它们是世界上最大的科学考察船克尔德什院士号的配备潜艇，而座位往往早在几年前就预订一空了。日本的深海号和法国的鹦鹉螺号也能潜到6000米的深海处。这些船只有一个共同点，那就是它们都依靠蓄水舱的进出水让潜艇下降和上升。潜艇前进依靠的是电动马达，但是速度就不值一提了。

格雷汉姆·霍克斯对此并不满足。

1　卡吕普索（Calypso）：希腊神话中的海洋女神，将奥德修斯囚禁在她的岛屿上过了7年。

几年前，这位美国的深海潜艇设计师开创了潜艇设计的一种全新原理，试图以此彻底征服大海深处。他的深飞（Deep Flight)结构，与飞机原理、运作方式有着惊人的相似之处。在真正的飞机上，动力由机翼提供，深飞号也是依靠纵剖面提供动力，而且还会向后喷出烟雾。它可以进行垂直转弯，也可以像喷气式飞机那样曲线飞行。

由于霍克斯的潜艇上没有蓄水舱，因此他的潜艇非常小，这样就能更容易地适应逐渐升高的水压——对于深飞一号和二号而言，实际上并没有深度的限制。这种时速可达每小时20公里的深海快艇非常灵活，而且由于潜艇拥有耐磨的陶瓷外罩，霍克斯终于实现了他最大的梦想：美国人其实也想抵达马里亚纳海沟的底部。而在海底着陆的那一刻，他显然比皮卡尔表现得优雅许多。

笨重的漂浮水箱时代终于走到尽头了。也许有人驾驶的潜水航行也会逐渐退出人们的视野。亲身体验陌生的世界或许是唯一的、真正的冒险，但是如果从健康考虑，这种做法却不值得推荐。取而代之的是新一代仿生潜水装置，是它们征服了无利可图的深海。

微型机器人。

几年前，无线的遥控探测器——也就是所谓的AUV（水下自动机器人）——的控制范围还只有两三米远，现在人们却已有大幅进步，连遥控器也不再是必需的设备。将来，程控式机器人将在海底游走，自行作出决定，相互交换信息，并将数据通过无线电传送给卫星。德国的机器人系统DeepC可在6000米的深海自主工作60个小时。另外两种典型的新一代机器人系统，“桑瑟斯”（Xanthos）和“驯鹿”（Caribou）的外形都比较像鱼雷，不久也会被改装成鱼的形状，包括它们强劲的尾鳍，因为这样不仅可以明显减少能源消耗，还能将驻留海底的时间延长4倍。

未来的趋势是艇身将愈来愈小。目前，美国的Nekton研究公司正在测试一个长仅7厘米的微型潜艇舰队，这些机器人可以相互协调，还能相互通信。无论是石油公司、环保人士、科学家还是通信业，都对它相当感兴趣。

然后呢？让我们用实际的眼光来看吧：当海里游动着一群群微小的、长得跟鱼一样的机器时，我们将会得知一些全新的知识，而渔夫们也会钓到一些罕见的、无法食用的渔获。

深海考察队的旅行

我们要是早点知道就好了！

有这样一种深海乌贼，多年以来，我们只能看到它那支离破碎的遗体——断裂的触须和令人毫无食欲的躯体残骸，身旁围满了苍蝇，发出阵阵恶臭。现在，终于有日本人拍摄到这种神秘怪物的近亲。它在水面下900米处吞食诱饵时被捕获。在奋斗4个小时逃跑未果后，这个贪吃的家伙颇不情愿地弄断一只手臂逃走了。即便如此，对于研究者而言，这也是相当重要的一份战利品。

为什么我们要等待这么久才让这位八面玲珑的拳击高手出现在我们的镜头前呢？仅仅因为它太罕见了吗？基本上是正确的。不过主要原因非常复杂，同时也体现了水下勘探众所周知的两难境地。

要不是《圣经》里从来没提过海洋深处，我们也许早就发现更多令人惊奇的东西了。不过，我们并不是深海鱼类。我们开着咕噜噜冒着气泡而且发出嘟嘟响声的潜艇驶往那个未知的世界，试图有所发现。潜艇的卤素前照灯也许可以照亮20米到30米的距离，但我们对那里的情况却一无所知。我们早已确信存在这样的大乌贼，但始终缘悭一面，我们唯一知道的就是它不会发出抱怨。一位美国的研究者为此大吐苦水："下面的生物多得吓死人！问题是，一旦我们来了，它们就回避了。”

一无所获的不仅仅是深海里的探险者，即使是在浅海里，人们也常常无功而返。尽管海洋生物对游动的物体有着不小的好奇心，但如果这个笨手笨脚的物体试图接近它们，情况当然就不一样了。现在的潜水装置会产生噪音，移动起来一点也不优雅，而且一旦出现紧急情况，人们就不得不浮出水面：当你遇到有趣的东西时，往往会屏住呼吸，但总不能为了一饱眼福就从此停止呼吸吧？机器人可以潜得更深、待得更长，但是它们显然并没有得到乌贼的信任。当你允许不明潜游物体靠近自己时，你会得到什么？也许当你为此而失去一根触须时，你一定会把这个消息告诉伙伴们，只要你还有机会这样做。

因此，我们对海洋生物的了解甚至还不如我们对月球背面的了解。这种状况令一个人感到难以接受，他就是雅克·鲁热里。

重建失落的亚特兰蒂斯——水下科学工作站

当大家称这位法国建筑师为疯子时，他大概会认为这是一种奉承。他本人就认为作家凡尔纳是一个疯子，但他依然为凡尔纳感到痴迷。对于鲁热里而言，疯狂是对保守和缺乏想象力的反击。大约30年的时间，这位自认为是现代尼莫船长[1]的建筑师一直住在塞纳-马恩省河上的一艘游艇里，坚持设计他的先锋派潜艇和海底住宅。

1973年，NASA（美国国家航空航天局）委托他设计一个完整的“海底村落”，不久后，美国人实现了他的“水村落”（Aquabulle）计划。这是一个位于水下35米处的透明住宅，鲁热里的这个设计理念来自于肥皂泡。

另一个项目是1976年的“小石屋”（Galathée）计划，有6位科学家在这里居住、工作了半年之久。这个建筑的结构一目了然：鲁热里用

1　小说《海底两万里》中的角色。

了56吨钢材和玻璃建造了这个地方，它了无生气，就好像英国科幻小说家赫·乔·韦尔斯的火星车跟一只青蛙配对后的产物。对于鲁热里而言，采用这种设计的原因很简单：在陆地上，我们总能想起几百年来的建筑传统，对于建筑大师而言，就好像在便利商店里探囊取物般。而在这个世界里，压力不断增加，水流冲来冲去，空气严重不足，任何历史都无从谈起。鲁热里说：我们应该向谁学习呢？难道不应该向那些英勇地适应环境的生物们学习吗？

因此，这位法国人后来把精力投入到仿生学中。他所模仿的不仅是外表，还包括功能。结果往往令人惊讶地简单，比如说，既然海洋生物们对机械驱动物体很不欢迎，那为什么不拿掉马达呢？因此他造出了一个小型的水下实验室，它可以利用水流在海中漂浮，就好像水母和樽海鞘纲生物一样。在“观察海洋”（Ocean to Observe）计划中，这种装置的自然运动方式使鲁热里可以更加接近观察的物体，因此他的想法愈来愈大胆。他设想一种有人驾驶的潜水站，能够24小时不间断地工作，非但不会吓着动物，反而会吸引它们。他一直在探讨水母和冰山的动力原理，研究海马和NASA的航空飞船设计，他的制图板上出现了一种前所未有的东西：鲁热里设想着一种海洋飞船的模型，“海卫星”（SeaOrbiter）——这种美妙的未来形象，足可让史蒂芬·斯皮尔伯格嫉妒至死。

现在，“海卫星”还只是一个3.5米高的模型，但是只需几年时间，这个水中工作站就会投入使用，并且引发海洋研究的一场革命。专家们喜欢把“海卫星”比喻为庞大的海马，但是又很难对它进行归类。它像一艘能够穿越克林贡[1]的旗舰，又像是一座浮动的大教堂。它高达51米，由直径达10米的圆形缆绳进行固定，而漂移的特点又很像一座冰山。在一个超大的浮标之外，还有两个模块。通过舷窗和全景窗，人们可以随时观察水面上下的世界，因为这个白色的铝制结构只有1/3

1 著名电影《星际旅行》中的外星帝国。

浮在水面上，剩余31米隐藏在水面下。整个结构共有8层工作空间，看上去跟一座大厦没什么两样，只是大部分都泡在水下。

那里的一切都非常有趣。共有18名工作人员，其中10位都生活在枯燥乏味的环境中。除了厨房、起居室和卧室之外，这些深海勘探队员们还要整天待在装备齐全的实验室内，进行声学和生物学方面的长期研究。最引人注目的还是海洋飞船的多层高压模块，它可以让水下空间的内压与周围水域的压力彼此适应。研究者在下水之前，无须再浪费时间进行减压操作，他们只需钻进一个塑料圈里，穿过一道闸门，滑到外面就可以了。潜到水下35米变得易如反掌。

科技的便利当然也需要人们付出代价，那就是隔绝。这里的隔绝指的并不是囚禁。人们可以向上移动，但是得付出一定的代价，高压区与“海卫星”露在水面上的区域是密封隔离的。在海平面以上，气压为正常值，那里的工作人员主要从事后勤物流工作。这里不时吹来凉爽的海风，有导航与通信仪器，人们可以站在舰桥上瞭望辽阔的大海，或在宽阔的露天平台上观赏鲸鱼、海豚、海浪和天边云彩。整个庞然大物是由空气驱动的。就理论上讲，“海卫星”可以无限期地待在海上，在实际运行时，人们可以在船上度过3个月隐士般的生活，尤其是在高压区。

燃料不再是问题。“海卫星”不需要动力，它只有两台电动机，有时用来调整方向。除此之外，鲁热里的设计理念是完全由水流驱动这个工作站，这一点很像观察海洋计划。“海卫星”可以静悄悄地穿过各大洋，只有运转不息的洋流才会影响它的节奏。

尽管这个浮岛看上去很大，但它对动物世界却不存在任何威胁。作为自然体系的一分子，它甚至还会吸引一些海洋生物——鲁热里希望在“海卫星”的周围逐渐形成一个生命的绿洲，一个完整的生态系统，就像我们在礁石和废弃船只上看到的生态圈那样。这个想法也许不算新鲜。早在公元前200年，希腊诗人俄比安（Oppian）就曾写过渔民的故事，他们在海边类似礁石的结构上养鱼，这样就不用顶着恶劣的天气每天出海了。

正如当年的人工鱼礁一样，“海卫星”上也形成了一个由微生物组成的外罩，有一些小虫和鱼苗会把这里当成一个不错的避难所，并依靠这里的微生物存活。接下来是一些小鱼，它们以吃小虫为生，而自己又成为大鱼的腹中之物。蝙鱼和金枪鱼也被吸引过来，身后跟着鲨鱼。这里如此热闹，所以海豚也就不请自来了。除此之外，以浮游生物为食的鱼类，包括须鲸，也会沿着“海卫星”的航行轨迹游来游去。总之，过不了多久，这个工作站就会呈现一片欣欣向荣的景象。

除了这里，海中生物难道还有更好的约会地点吗？远洋是一片蓝色的单调景色，没有任何固体结构存在。有时候风暴会把折断的棕榈叶吹到远洋上，而这些叶子成了某些生物共栖的场所。每个安居乐业的机会都能得到积极响应，只要对象不会发出吵闹的杂音，也不会耀武扬威地来回摆动让动物们觉得反感。“海卫星”静静地滑行着，它可以成为一个真正的国家组织，而且可以为研究者提供一个无与伦比的机会，在水中生物的自然生活空间内，对它们进行观察——夜以继日，永不停歇。

深海勘探队员们还可以潜入水中，与海洋生物零距离接触，他们还可以使用两艘船承载迷你潜艇和线控机器人照相机，将其推至水下600米深，让同伴们看到实时拍摄的照片。一个大功率的天线系统可与卫星联系，记录目前的位置、天气和海浪运动，同时传输研究数据。

“这将是一种全新的观察水下世界的方式。”鲁热里谦虚地说。他说得很保守。在21世纪，我们面临的最大挑战就是如何更了解海洋，毕竟它占据了这个星球70%以上的面积。“海卫星”让我们有幸能够看到海洋空间里感动人心的每一幕——鲁热里梦想发现新物种，而国际海洋生物普查计划的调查员对他的项目表现出浓厚的兴趣，这已经说明了一切。然而这个法国人踌躇满志，从海底山体结构的研究到海洋生物化学的调查，乃至药品适应性等等，他都想涉及。与此同时，“海卫星”还是海洋与大气层的一个接口，它可以估测全球二氧化碳增加所产生的后果，研究海水温度升高对全球气候的影响，测定有害物质浓度，并记录“生物放大作用[1]”的过程。

鲁热里不厌其烦地强调自己计划的教育意义。与过去不同的是，研究结果现在不再局限于专业圈子内部，而是在电视上现场直播，输送给学校，上传到网络，就像它们的榜样——国际海洋生物普查计划所做的那样。鲁热里尤其希望让年轻人接触到海底的未知世界，并让他们对敏感的生态平衡真正敏感起来——现代人一直不停地在破坏生态环境。

有人批评说，“海卫星”只不过是一个浪费钱财的怪胎罢了，而这位凡尔纳的追随者只是在自娱自乐。对此，鲁热里严厉地驳斥道：“我可不是为了逗自己开心。如果我的梦想成真，那么我只有一个目标，那就是用它真正的价值为全人类服务。”

上太空前，请先下水——未知宇宙的太空站

至少NASA认可了这一点。他们让未来的航天员在休斯敦的水下执行太空任务，让他们在这样一个大游泳池里体验失重的感觉。

NASA深海科学项目NEEMO(NASA极限环境任务操作）的负责人比尔·托德说：“在水中，运动与人体工程学条件都和太空中的情况比较接近。”不过，由于水下情况一目了然，因此很难模拟出太空中那种致命的无限感。“你很难让一个游泳池变得凶险莫测。”前航天员斯科特·卡朋特表示。1965年，他曾在加州海滩的一个深海工作站SealabⅢ上待了整整一个月，以便对船上太空站进行测试。“我们需要更大的空间，‘海卫星’对我们的目标将产生无可估量的作用。”他说。

实际上，高压区也发挥了航天员训练中心的作用。这有两个原因：一方面，在地球中，广阔海洋的环境最接近所谓的“永恒性”。谁要是

1　生物放大作用：环境中的化学物质在机体内部无法分解，不断累积而使浓度增加。

离开了披着太空外衣的“海卫星”，就再也找不到土壤和墙壁了，只有无尽的遥远，消失在黑暗的尽头。另一方面，高压区内的条件与太空舱或太空站里的条件也高度相似。深海勘探队员们生活在隔绝而狭小的空间内，生理条件也发生了剧烈变化。这就使得“海卫星”有机会看到研究者自身的灵魂深处：当这些来自不同文化圈的人们每天摩肩接踵地接触时，他们彼此相处得如何？会产生责任感、团队精神和友谊吗？人们是否会产生谋杀和蓄意伤人的念头？当然也包括：海洋高压会对人的健康带来多大的影响？

NASA对这些问题有着浓厚的兴趣。他们拥有一个水下实验室，这是全世界服役时间最长的实验室之一。30年来，NASA一直在这里进行长达数周的训练课程。“宝瓶座”实验室位于佛罗里达礁岛群6公里外的水下20米处，这里的装备比较简陋，空间也只有45平方米，算不上充足。多年以来，似乎正是为了证实鲁热里的设想，“宝瓶座”已经逐渐与周围环境融为一体，上面长满了海绵和珊瑚礁，而且物种丰富。

每年，NEEMO都会让研究员整天待在水下，告诉他们这里的实际生活可不像科幻小说里那样迷人。空间和社交上的狭窄，扯动着每个人的神经，这里不存在任何私密空间，网络摄影镜头实时跟踪人们的行动。在NASA控制中心，老大哥悠然自得地坐在老板座椅上，对水下居民们发号施令，就好像在太空中一样。此外，队员们始终生活在昏暗的光线中。到了夜晚，焦油状的黑暗逐渐袭来，此时发光水母就成了他们最好的伙伴。有时候，他们感觉时间好像静止了一样，或者流淌得极为缓慢，就如同无处不在的海参一样，谁要是想起了丰富的美食，那么他只能去画饼充饥。这绝对是为了更高的理想而进行的魔鬼训练。

佩姬·惠特森也很欣赏这种折磨。她是“宝瓶座”实验室中的培训负责人，佩姬本人曾在国际太空站（ISS）上待过148天，她对水下类似的太空漫步醉心不已：“我们完全可以让自己保持平衡，然后就像在太空里一样四处行走。但是最大的相似之处还是生活空间和隔绝的环境。”有人担心航天员无法完成严肃的海洋研究活动，她却不这样认为。NASA训练中心的航天员还额外承担了一些水下研究任务，比如对珊瑚石和海洋生物群的行为进行研究。她并不担心自己无法进行海洋研究，而且正好相反：“我觉得‘海卫星’上的生活一定很有意思，因为我们最近刚制作了一幅珊瑚暗礁的地图。在水下测绘暗礁非常有趣。”

要是佩姬能在“海卫星”上进行下一次训练，她一定会发现“海卫星”比“宝瓶座”更先进，但不一定更人性化。在这里，人也会感受到孤独和心理压力。潜水员很少能上浮到9米深的水域，更别提把脑袋探出水面了——太空中也是这样的。在几周内，他们的天空一直是液体。

鲁热里希望“海卫星”能在2008年完成其处女秀，借助墨西哥湾暖流向北出发。它将创造人类在水下生存时间的最长纪录。之后，“海卫星”将对印度洋和太平洋进行科学考察，鲁热里希望它能在2012年之前穿越所有大洋。“海卫星”的服役寿命约为15年，它就像海上的国际太空站，也就是国际海洋站。它曾在欧洲最大的海水池里进行了长达6个月的测试，证明自己能够承受15米高的巨浪。只要再筹足区区几百万欧元，这个伟大的计划就将实现——“区区”这点数目已让鲁热里头疼不已，因为他的绝大多数幻想都未能实现：

“20世纪70年代，人们对海洋研究的兴趣实际上已日益消退，太空飞行显然更能引人注目。对全世界的广阔海域进行研究，不再是人们津津乐道的话题，他们更愿意谈论太空。”

也许这一点正在发生变化。未来仍是一个未知数，但是我们绝不能永远对海洋一无所知，而海底深处的一切也跟太空里一样，这个未知的世界足以令我们激动万分。当地外生物学家在香槟里沐浴时，当他们在火星上发现单细胞动物快乐地爬来爬去时，海洋深处也聚集了数不清的生物，其中大多数仍有待我们去发现。国际研究的结果同样令人振奋，但是囊中羞涩的现状仍然没有改变。此前也有一些财团向这个领域洒了一点“及时雨”，比如法国的建筑与能源集团Vinci就对专门从事水下技术的马赛企业Comex公司以及NASA进行资助，2500万欧元被用于“海卫星”的建设和首航，至于现在还差多少资金，建筑师出于礼貌保持沉默。鲁热里含糊地宣称：“该计划已接近完工，本来几乎可以下海了。”

本来……

“我们在海面上忙碌了几百年，直到20年前，人类才开始有意识地发掘海底的生态、工业以及科学潜能。”我们这个时代的尼莫船长——鲁热里总结道，“我们的目标是：用尊敬、理解和知识来面对这个巨大的生存、希望与能源空间。”

就是这样！为了崇高的目标，我们确实应该从国库中抽出几百万来进行投资，难道不是吗？

两栖动物的回归

“10——9——8——”

你还记得迪特马·勋赫尔的银河计划吗？还记得他扮演的麦克兰指挥官和太空巡逻队吗？想想在20世纪60年代末期，有多少德国人坐在电视机前的沙发里为《太空巡逻队》这部电视剧而着迷？那时的德国人真心相信，猎户座号太空巡洋舰、德国战后经济奇迹时期的时髦发型以及夏娃·普夫卢格的制服就是第三个千禧年的象征。在当时人们对未来的幻想中，时髦的玛戈·特罗格尔将统治“妇女星球”，时尚教主将成为上流社会关注的焦点：“什么，让一个女人来领导我们？”简直难以想象。在所有能够想象得到的创意中，一位来自东德的妇女成为联邦德国的女总理，从未成为人们的话题。俗话说，科幻小说是美好的，先生们，但是它至少总该有那么一点点的可能性吧。

“7——6——5——”

计算机的声音构成了未来的冷静节奏。要不是从一个科隆人的口中说出，人们大概会把它当成合成人声。这个科隆人以莱茵河区的轻快口音，为太空巡洋舰进入轨道倒数计时。山呼万岁之后，巡洋舰将被一只幸运之手推向遥远的银河，这是一个光怪陆离的世界。特罗格尔女士和她的同伴们一起（都是些勇敢的航天员），带着可怕的武器和满腔的信心开始了太空历险。

不得不承认，我挺喜欢这部电视剧的。当然，我也很害怕那些蛤蟆，以及那些暴走的机器人，它们的手总是让我联想到五金店里的货物。我对爆炸的星球很感兴趣，后来我才知道，它们是用装满面粉和咖啡粉的锡箔球制成的，而每一个真正的粉丝也肯定知道，猎户座号的操纵器是一个反过来的熨斗。或许人们应该把它们托付给危机四伏、经费不足的NASA。

“4——3——2——”

《太空巡逻队》后来成为战后人们自我陶醉的一个象征。但大家却错怪了这部电视剧的制片人，让那些伟大的创意饱受指责。我们应该注意到，麦克兰与他的同伴们提出了一个很有意义的问题：既然条件符合，为什么智慧生物就不能生活在海底呢？不管怎样，我们原本就来自大海。那为什么我们不能回到那里去，让我们的太空飞船从那里起航呢？水能够载重，所以它也应该可以载着我们前往其他星球。那时，我们将一边伴随着美妙音乐翩翩起舞，一边可以看到晚餐的美食在厨房窗外的水中漂来漂去。人类的未来在海洋——显然，早在20世纪60年代，人们就已经觉察到这一点了。

这部电视剧的片头十分有趣：一块闪烁的铁饼从急剧膨胀的海洋漩涡中渐渐升起，就好像从气泡中诞生的维纳斯一样，然后很快达到了光速。多么令人浮想联翩！每当解释我们这个种族为什么会进入大海繁衍时，未来学家首先想到的就是《太空巡逻队》。

预言家们不厌其烦地推销着海底的城市建设。在海底生活的原因有很多，比如在一次核战后，地球表面完全被污染了；臭氧层遭到破坏，迫使我们必须找到一个受保护的地区；随着世界人口的增加，人们需要更多的生存空间；外星人将我们赶到了地下，我们不得不生活在海洋里。两栖动物，我们所有人的祖先，此时发挥了自己的作用。

其实，刚出生的小孩本来就很能适应水中的生活。在长达9个月的时间里，他们一直呼吸着液体，直到有一天他们来到这个充满新鲜空气的环境里。医生在他们的屁股上拍了一巴掌，通常情况下他们会感到很不情愿，于是哇哇大哭起来。

海上炒地皮——填海造地

如果未来在海里，会是怎样一种情形呢？

凡尔纳于1895年创作了讽刺幻想小说《机器岛》。在这部小说里，一个由音乐家组成的军队原本想去圣地亚哥，结果由于遭遇了一连串不幸而来到了一个人迹罕至的地方。他们在一个看上去极尽奢华的城市中找到过夜的地方，但是后来发现，这原来是一个漂浮的大岛屿。它的驱动装置是功率高达1万马力的涡轮机组，整个岛屿由27万座浮桥首尾相连而成，每座浮桥高17米，长和宽都是10米。

这里的居民把它称为"模范岛"，这个海上独立王国总面积为27平方公里。它是一群美国富翁的杰作，而它的首都也很自然地被称为"亿万城"。这里一切应有尽有：舒适的居所和厨房、广阔的公园、花园和剧院、高级的饭店和著名的娱乐场所等等。

尽管他们是被劫持到这里来的，但是他们仍愿意和这些富翁们共同度过接下来的12个月。几个星期后，他们路过了一个又一个知名或不知名的海岸。两个亿万富翁家族，汤克顿和库弗利家族一直在争夺模范岛的统治权，最后也终于分出了胜负。他们还救起了一些落水者，事实证明这是一个严重的错误，因为这些家伙全是些无赖，他们带来的野人让岛上的居民饱受惊扰。一场历时长久的大屠杀让很多人成为牺牲品。最后发生了领土纠纷，在此过程中，群体和整个岛屿都分崩离析。自然的力量没有做到的事情，却由愚昧和傲慢完成了。

长时间以来，人们把凡尔纳描绘成一个技术的追随者。但实际上并非如此，他的怀疑态度其实更加令人印象深刻。写作《机器岛》这部小说的目的，无非是为了满足那些信仰浪漫冒险精神的人们的虚荣心，他们乘坐炮弹飞向月球，他们坐热气球环游世界，他们钻向地球的中心地带，他们会花费更多时间考虑怎样穿着更得体，或去遵守一些很愚蠢的赌约，而不是去考虑同时代的穷人能从他们的成功中得到什么。毫无疑问，凡尔纳是一位幻想家，但是他总是在描绘一些疯狂的厌世者或颓废爱胡思乱想的人。模范岛之所以存在，就是为了将它的居民带到一个气候宜人的地方。但是历来器量狭小的汤克顿和库弗利家族却始终沉溺在家族的纠纷中，根本无法成为进步的代言人，只会引起无休止的争斗。

凡尔纳对海底有着明显的偏爱，但他只是用海底来比喻人类的堕落。《海底两万里》中的鹦鹉螺号没有兑现开创人类生活新空间的诺言，而且最后还成了国际恐怖组织的乐园，在维多利亚时代的本·拉登手中沉没了。占领者罗布尔和钢铁城市中的舒尔策教授都因为自己的天才而获得了成功，但同时也走向最终的失败。凡尔纳一方面毫不掩饰他对创造性的赞叹，另一方面又对创新者的道德人品发出严正质疑。

无论是飞行的奇迹还是漂浮的奇迹，创新者在技术上都遥遥领先于自己的时代，但是人的理智却远远落在后面。最终，先前的进步成为一片废墟，只有老实人才能从中幸免，庸才成为烟囱里始终温暖的火焰。很无聊，但是不无道理。钢铁是建造各种庞然大物的材料，它是冰冷的，但用来制造炮弹却再合适不过了。

这位19世纪末的作家，道出了人类定居海底最重要的一个问题。想一想深海的纽约是什么样的，很有趣。但可能没有人愿意居住在那里。

不过这样的幻想绝不应该随意扼杀。1975年，德国海洋生物学家汉斯·哈斯告诉我们，他看到了未来。它就在东京南部的水面下，是由日本建筑师菊竹清训为一位醉心潜水的商人建造的。为此成果而泪水盈眶的人不仅仅是哈斯。

这片绿洲位于水下12米处，只有穿上潜水衣才能抵达，它拥有时尚的大门、精心设计的家具、鸡尾酒吧、电视和电话。自豪的主人为哈斯举行了一场宴会。红酒、晚礼服和套装都是免费提供的，16位客人跟着主人潜入水中，然后浮出水面，将橡胶材质的潜水服换成西装领带和低胸礼服，享受各种美味餐饮、跳舞、睡觉，在梦中想象海底的一切。海底生活展现了它的全部魅力：鱼儿在房间外面游来游去，由于压力发生了变化，啤酒不会有泡沫，所以人们又可以省下一笔钱。第二天早晨，女清洁工来了，脱掉潜水衣，摘掉潜水镜，收拾好碗碟，清洗干净。所有的一切都证明，海底生活可以像陆地生活一样正常，唯一不同的是，阳台上长满了珊瑚礁，而且为你把信叼来的不是狗，而是饲养的鲨鱼。

菊竹清训是优雅乌托邦的专家。他是一位享誉世界同时又充满争议的建筑师，他属于一个自称“代谢主义”的建筑学派，他们将建筑比喻为生物的代谢，随着时间经历出生、成长、繁衍和消亡等生命周期。菊竹设计了一个漂浮城市，能够容纳200万人居住。当哈斯来参加他的一个小型聚会时，他正在为冲绳国际海洋展建造一个模型。

当时，水上城市被看成是海洋自治的教科书。

如今，这个小岛却成为一堆荒废的残骸，在它面前，任何一个海上钻油平台都像是希尔顿酒店。但从那时起，这位被人们尊称为“海上城市之父”的菊竹清训就开始不断探索新的深度。在很多大都市都出现了一些永远无法完工的项目，比如一些高于海平面20米的超大平台。另一个计划就是固定在海底山脉上的大浮桥。菊竹并不仅仅沉醉在幻想之中，他设计的东京EDO博物馆就称得上是现实主义的杰作：它停靠在岸边，当洪水来临时能像诺亚方舟一样游动。

作为一个狭小国家的典型子民，这位幻想家一直在设想一种线形都市，也就是一个长达1000公里的超大城市，正好位于东京和南部的九州岛之间，由浮动的居住构件和机场共同组成，它们通过钢缆与真正的岛屿连接起来。由于整个城市的每个部分就像项链上的珍珠一样彼此相邻，因此需要像喷气式飞机一样快的磁浮列车将人们从一端运输到另一端。一开始，线性城市看上去要比20米深海处的小城市还要荒诞不经，但实现起来却更容易。因为乌托邦主义者想出来的水下生活，肯定无法在现实生活中得到人们的认可。

至于水上生活嘛……

“1958年时，我是第一个画出浮在水面上的建筑物的人。”菊竹回忆道，“我突然想到，在日本，有很多工厂和工业企业都建在沿海地区，这不仅破坏了风景，也对环境带来了不利的影响。那时候我就想，应该想一种办法，让工厂和机器都搬到海面上，这样陆地上的人们就可以在更好的环境中生活了。这就是我最初的想法。但当我真正开始做这件事情时，我的想法又发生了变化。我发现，海上的环境是多么的美丽迷人。这时候我就想，应该让人们到海面上去生活，而让工厂和机器继续留在陆地上。这就是我设计出第一座海上城市的原因。”

不仅菊竹有着跟水有关的梦想，英国建筑师诺曼·福斯特爵士也有同样的想法。要是他的千禧塔建成了的话，我们将会看到一个高达840米的全世界最高的摩天楼。这座楼的地基宽126米，固定在东京湾水下80米处。福斯特已经远远超越了虚无的理论，他的高塔在设计过程中历经无数次修改，已经可以付诸实施，这个直冲云霄的大都市将拥有100万平方米的居住区、商业区、剧院、电影院和饭店，完全可以抵御地震和飓风的袭击。

可惜，“9·11”事件的发生，让这个摩天大楼的建设搁置了。据说，中国对这个冒险的设计很感兴趣。福斯特的声望不仅在于他的设计方案被列为计划，而且还获得实施。他用世界上最美丽的冷杉球果——瑞士再保大楼——装点了伦敦，他为香港赤鱲角国际机场设计建造了一座人工岛屿。自1998年落成以来，赤鱲角国际机场已经成为亚洲最重要的机场之一。福斯特向我们证明，大海并不是只会侵蚀我们的海岸，就像席尔特岛的状况，我们也可以从海洋那里夺取更多的土地。

同样引人注目的是日本关西机场。建造者在距大阪5公里的海域里，倾倒了大量碎石、沙子和垃圾，总体积相当于吉萨金字塔的75倍，他们喊着这样一句口号：“哪里没有岛屿，就要在哪里造一个。”无数的桩基打入了海底，环绕在一座大坝的周围，以便对那些填充物进行加固。大型水泵将多余的水抽出，然后平整地面，建造航站大楼、停车楼和火车站，并且最终建成了日本吞吐量最大的航空港，同时也成为世界第三大机场。

这些人工岛屿的建成解决了一系列的问题。比如关西机场，陆地上根本没有空地来建造这么大的机场，而且机场的噪音也肯定会招致指责。而现在，顶多那些海鸟会感到耳鸣吧。现在，第二航站已经出现在大阪湾里。至于第一航站——仿意大利一座著名环礁湖上的城市而建的——每年都会下沉5厘米。水是没有横梁的。

不过建造者说：我们的水是有横梁的，我们内建了一种校正系统。飞机跑道和建筑物始终处于同一个水平面上，包括地下弯弯曲曲的管道系统，我们也实行了灵活的设计。请问还有什么问题吗？

“海洋本身就是问题。”约翰·克雷文博士回应道。克雷文教授是来自夏威夷的海洋专家，他发现了一个令人担忧的趋势：人们低估了海洋的活力。“当人们在陆地上使用碎石和填充材料时，一切都还正常，但当人们在海面上这么做时，所铺设的地面就完全受制于海洋了。而一旦新建成的陆地受到某种震动，比如发生地震时，原本牢固的地面就会变成流沙”。

克雷文和菊竹一样，都属于海上建筑物的赞同者。他指出神户大地震对所有地面上的建筑物，比如桥梁、铁路和公路都造成了巨大的危害。“但是，地震对海上建筑和船只没有造成任何危害。”他说。

海岛建设的另一位导师，来自麻省理工学院的恩斯特·弗兰克尔也得出了相似的结论。他发现堤防技术对整个生态系统是一个很大的威胁。在堆积如山的建筑材料下，所有生命体都面临相同的命运。灌注了水泥的海底不再免费提供任何营养，而且这种状况还会蔓延到周围的大片地区。

与此同时，在大阪湾中，人们还在不断地往里面倾倒碎石。不仅如此，面对交通困境，人们又想到了海底隧道。将来会有长达120公里的海底隧道穿越整个海湾，届时，火车和汽车会从这个多层隧道中呼啸而过。不过，与自然的生存空间消亡相比，这个隧道也许有所不同。它还可以将淡水输送到工业化程度较高的浅水区，从而拯救那些被化学物质腐蚀的受害者。

打造海上大都会——浮动岛屿

在摩纳哥，凡尔纳的机器岛已经成为现实了。

尽管“岛城”(Isola)并不会穿越整个地中海，但它其实正以此为目标。凡是了解这个地中海曼哈顿的人，都会知道摩纳哥人空间紧张的状况。这里的人口密度高达每平方公里17000人，是全世界人口密度最高的地方。热那亚的格里马尔迪家族在13世纪以其掠夺性而著称，他们当时绝对想不到，自己的后代会在地中海中间建造一座岛屿。然而摩纳哥实在是太拥挤了，而法国又不肯从“伟大的国土”中割让一块给它。

所以就轮到菊竹了。根据他的设计，人们得在一个离岸很远的船坞上兴建一座大浮桥，将人工岛屿拉向摩纳哥，并在那里进行软着陆，这点原始民族已经办到了：将建筑物放到空心柱上，然后趁涨潮时放到水中，并固定在海底。

但是真正拍板的是法国建筑师让–菲利普·佐皮尼。他的“岛城”是对凡尔纳的一次致敬。这个环形的漂浮城市将为4000位居民提供豪华居所，它的直径可达300米，除了直升机停机坪、泊船码头之外，还可以有一些漂亮的附属设备，比如配有玻璃的水下林荫大道等等。整个建筑有25米位于水下，15米在水面之上。在小岛的四周建有防波堤，即使外面波涛汹涌，里面的居民也可以安然入睡。

佐皮尼把“岛城”看成是整个世界的窗口，一个全新的、面向未来的摩纳哥象征，它的大使是作风前卫的摩纳哥王侯艾伯特二世。当这座豪宅还只是蓝图时，它的绰号就已不胫而走。有人称它为水上宇宙飞船，有人说它是巨型蛋糕。它有着倾斜的立面，内部设有游艇码头，并带有一些中世纪风格，如防御性的城堡，可以将暴徒、窃贼以及一般人的嫉妒挡在亿万富翁的城堡之外。

这不是摩纳哥人第一次走到海上了。早在20世纪70年代，摩纳哥王室就通过填海的方法建起了丰特维耶城区。目前，丰特维耶二期工程正在规划中，它建在一个100米长的高埠上，被称为“小威尼斯”。要知道，格里马尔迪家族在威尼斯过得很开心。这是他们迄今为止最漂亮的一个项目，它本身就是一种仪式，一个可以居住5万人的漂浮城市，位于国土之外1.5公里的地方，拥有纯地中海式的宫殿和风景如画的运河。钢筋混凝土制成的柱子有6米厚、125米高，它们支撑着彼此连接的平台。

事实上，在所有海上建筑设计中，浮动岛屿取得了最可观的成功。它们既可由单独的组件组合而成——尤其是钢筋水泥的浮桥——也可以直接建成一个整体的浮动城市，理论上它们的大小不受任何限制。它们被缆绳固定在海底，能够适应海洋的活力。这样一个海上伦敦或海上巴黎的好处是，它们可以暂时与整个城区分离，在某个船坞上进行维修。海洋生物不会像大阪海域那样受到打扰——大阪的鱼儿和螃蟹突然发现脑袋上多了个庞大的机场，洋流受到的影响微乎其微，海底的营养成分可以继续进入水中。所有人都感到心满意足。

日本在这方面也走在尖端。20世纪90年代中期Mega-Float公司在东京进行了有关浮动模块的试验。人们计划使用300米乘60米的平台构件，连接后固定在海底。生产地是一个由机器人控制的船坞，设计师最感兴趣的一点就是，这个由模块建成的城市在长年累月变幻莫测的海浪冲刷下，会有什么样的表现。海水有一个特点，就是会不断地冲撞、拍打固定的物体，直到使之解体为止。

除此之外，盐分和矿物质的腐蚀作用也是不可小觑的。Mega-Float公司通过钛涂层和精心设计的控制系统来抵御腐蚀。这个模型至少能维持100年，居民不仅可以自在地生活，而且不用担心晕船。当漂浮城市的规模达到一定级别时，它的稳定程度就和纽约、柏林、罗马没有什么区别。理论上，当风力达到8级时，你仍然可以安稳自如地玩撞球。

但是，如果遇到海啸怎么办呢？这一点目前还没有明确的答案。当海啸从小岛下方穿过时，会撞击到那些钢索。前提是，这些小岛都经由钢索与数百米乃至数公里深的海底相连。不过，“岛城”、Mega-Float以及类似工程，都是针对平静的海面而设计的。假设出现20米高的巨浪，足以将岸边的林荫大道撕成碎片时，小岛的命运会怎样？谁也无法想象。也许小岛的弹性设计可以抵消一部分碰撞的能量。然而小岛最终的命运可能和《机器岛》的命运一样。或者也不一定呢？

是的，菊竹说，海啸当然是个问题。但是在海上，这个问题就没那么严重了。当外面的波浪非常高时，浮在水面的物体是否会像船那样到达波峰，这一点值得怀疑。如果确实如此，那么它只能随波逐流了。但是至少上面的人是不会被冲走的。真正会发生断裂的，还是固定的船坞。

实际上，现在几乎已经没有人再去怀疑水上生活的可能性了，人们只是对这种生活的状态存在疑虑。优雅的凡尔纳先生在他的鹦鹉螺号里还与时俱进地设置了一个吸烟室，那里不提供哈瓦那雪茄，而只提供含有尼古丁的海藻。凡尔纳再一次用他那独特的方式向我们提出一个问题：我们应当营造哪些基础设施，才能让人类这种陆地生物适应海上的生活呢？怎样才能让他们乐不思蜀呢？也许将来烟民们会看到万宝路潜水员做着这样的广告：请到万宝路岛来。用另外一句广告语来说：我游过千山万水，只为一支骆驼牌过滤嘴香烟。

下文引自《机器岛》：

“这里是太平洋上的明珠。每当船头或船尾抵达小岛顶端时，平查特和佛拉斯科林都同意，这里缺少的是海角、海岬、沙嘴、海湾和沙滩。这里的海岸线只不过是一条由千万个螺丝和螺母组成的、闪着银光的斜坡。如果这是一幅画，那么画家为什么没有画风化的岩石，展现它那大象皮肤般的褶皱？为什么没有画海藻，让它在微风中轻拂着浪花？的确，技术的作品再完美，也无法取代自然的美丽。”

尽管距大陆只有几公里之遥，而且还用笔直的桥梁或松散的钢索与大陆相连，我们依然得在生活习惯上作出极大改变，尤其是饮食方面。当然，这里也会有红酒、烧牛肉和烤猪肉串，但更多的恐怕是海藻和蟹肉做成的汉堡。海洋城市肯定会尝试更多新型的养鱼、水中栽培和水中养殖法，当然也要考虑到环保因素。城市的海水淡化设备可以自行生产淡水，从海洋中萃取食物的产业将会提供新的就业岗位。这里的居民不会满足于自给自足，他们肯定会朝着扩大出口的方向发展。

“我们可以设想一下将来的海上技术型社会，”法国工程师蒂埃里·戈丹说，他的专业是浮动岛屿的基础设施问题，“这里拥有科学研究、学术工作和频繁的信息交流。”

在问到成本问题时，戈丹表示，在海面上建设要比陆地上成本更低——至少原材料使用海上运输就可以节省一笔经费。他说：“你应当考虑到，现在生产的模块将来会组成一座城市，生产这些模块的企业都拥有现代化大规模生产的优势和灵活性，所以生产这些模块肯定要比陆地上的产品便宜很多。”

约翰·克雷文对海洋中的能源生产进行了可行性分析，他认为，这里存在着取之不竭的资源：低温、清洁、富含营养成分，非常适合进行冷冻，适合生产淡水或作为水中栽培的肥料。风、海浪和阳光都可以充分利用，而不必担心造成持续性的生态破坏。海洋城市甚至还可为沿海的沙漠地区供应生活用水。人们可以通过数公里长的管道系统将冰凉、脱盐的甘霖输送给大陆地区，引入长期曝晒的土地里，或者蒸发后形成雨云，增加当地的降水。

那怎么处理垃圾呢？

循环利用，克雷文认为这是一个方法，或者是燃烧，因为没有其他的方法。既不能用货柜运送到陆地上，也不能直接倒进海里。这样很好。问题是，是不是所有人都能遵守这样的规定？肯定会有人往海里倒垃圾的，不久前有位德国工程师这样开玩笑。也许他说到了问题的关键。

现在的海上城市还只是一些模型，住在上面的都是些富有想象力的人，或者是真正的科学家。海上生活正一步步走向现实，但归根结底，人还是一种陆地生物，他们不愿意总是被水围绕。人们总是认为岛上的居民性格偏于乖戾，并非没有道理。当然，陆地上的人们可以任意迁徙。他们可以步行，可以骑自行车，也可以开着汽车上山下海。他们总是把目光投向远方。也许在我们的内心深处都有一种担心，所以随时都要准备好退路，即使这种担心只是一种心理上的需求而已——当原子弹爆炸来临时，就算你拥有短跑运动员的速度，恐怕也在劫难逃吧。

另外，喜欢冒险的中欧人热衷于前往马尔代夫。就算两个星期以后就得离开那里，他们也会感到心满意足。如果花五分钟的时间绕着小岛走一圈，也足以令他们感到开心——在这个几平方公里的小地方度过一段时光，四面环水，这也是一种心理需要。我们是不是有一种与生俱来的岛民心态呢？这种远离技术的生活不也很舒服吗？

“对啊。”小新说。他每天都会想象自己在海上城市的沙滩上嚼着冰块的情景，那儿还有飞机呢。要是我们想去看看爷爷奶奶，坐下一趟航班就可以了。

这个想法很有吸引力。爷爷奶奶当然会住在一个全是爷爷奶奶的小岛上，那里到处都是漂浮的农场，养着鸡、牧着马，开着各种各样的杂货店。在小新的幻想中，应该还会有一个游戏岛——而且还是用鱼肉块和复活节彩蛋做成的！当然也有不那么令人开心的学校岛，但是无所谓了。反正当风暴来临的时候必须停飞，飞机都得入库了。

对不起，小新。到那一天，飞机早已过时了。

新“海底两万里”——这次不搭潜水艇，改搭高速列车

至少麻省理工学院的弗兰克·戴维森是这么认为的。对于短途交通，人们可以选择空中巴士——其实我们应该放弃那些耗费柴油的笨家伙了。在戴维森眼中，飞机就像一只笨拙的鸭子，快艇也许更有效。但是戴维森最欣赏的还是海底隧道，就像大阪湾里的一样。为什么还要飞越太平洋呢？坐飞机时，首先要不停地爬升，在一根大管子里待上好几个小时，吃着碎裂的小面包，一边吃一边撒面包屑，当气流来临时，你还得当心空姐端来的热咖啡。更何况，上帝造人的时候，压根儿就没有给我们飞行的本领。

说得有点道理。你可以看看那些飞来飞去的生意人，每个人都拿着一份报纸或商业杂志，一直不停地看着，他们读的永远是同一个标题，而且压根儿就没有读进去。当我自己坐飞机时，我曾发现一位经理把他手里的《金融时报》拿倒了。所有人只有一个愿望：快点着陆吧。当然也有一些人非常热衷于飞行，我想他们上辈子大概是只黄蜂或鹦鹉。

戴维森的设想其实就是英吉利海峡隧道的跨太平洋版本。假设我们在洛杉矶附近，登上火车，开进一条隧道，这条隧道穿越大洋，直达东京，大约在水面下100米处，建在一个高埠上，固定在一个平台上。隧道内部是真空状态，这样火车就可以顺畅地通过。在25000公里的时速下，你只需要刷个牙，就可以抵达亚洲了，然后吃顿早餐，肯定可以准时喝到伦敦的下午茶。当然这个网络可以穿越所有的大洋。“只需”以5倍于音速的速度，你就可以在1小时内从汉堡抵达波士顿。摩纳哥王室肯定会为这种系统开拓新的前景。在200里区域之外，海洋就不再属于任何国家了。但是人们可在大西洋上建造一个摩纳哥2号，并通过隧道穿越直布罗陀海峡。20分钟，从摩纳哥到摩纳哥，戴维森认为做到这一点几乎没有什么难度。

平心而论，真的可以实现吗？

当然。被堵在法国十字路口动弹不得的人一定会举双手赞成高速隧道。同样，交通规划把四线道变成了单行道，内城堵得一塌糊涂，却没有考虑修建环城公路，这简直是最愚蠢的逻辑错误。真想不明白是谁搞出这么复杂的东西的。难道事情本来就该这样吗？是不是存在着某种潜在的定律：把法兰克福十字路口那几百立方米的柏油碾平竟比登月还难？

“从技术上讲，这种设计是完全可以实现的，”戴维森说，“问题不在于它的可行性，而在于人们是否真的会实施这样的计划。”

不管怎样，这样做是很有意义的。凡尔纳曾经预测，到20世纪末，地球上将有60亿人。目前地球人口已经超过65亿了。向你致敬，凡尔纳先生！你要是去亚洲的某个大城市旅游，一定不会找到任何尚未开发的土地。那些摩天大楼在挑战两公里的高度，甚至更多。你只能祈祷那里的电梯永远都不会坏。有一点我们得铭记在心：对高度的崇拜必须适可而止。未来的方向还是大海，当然这算不上什么革命性的发现，因为几百年前人们就已经这样做了。木桩上的建筑、浮动的市场、帆船上的村庄——一切应有尽有。

回归海洋——不，其实人类并不想

那么深海里的生活呢？

神秘莫测的海底城市呢？人们可以在那里无休止地建设吗？在凡尔纳的《海底两万里》一书中，尼莫船长这位充满幻想的建筑师说道：

“跳入水中，你会发现海洋里每一层的生命都具有活力，比所有大陆上的生命都要强。有些人说，它是死亡的要素，而对于成千上万的动物，也包括我来说，它却是生命的要素——这里的生命是最纯粹的。我突发奇想，为什么不在海底建造一个漂浮城市呢？这是海底的居所，正如我的鹦鹉螺号一样，每天早晨钻出水平面去呼吸空气。这是多么自由的城市，这是独立的城市！”

啊哈！要是汉诺威或威斯巴登也这样沉入海底，那么当它们浮出水面呼吸空气时，将是多么壮观的场面，就算蓝鲸在它们面前也显得那么渺小！或者你可以想象一下科隆：当科隆大教堂的塔尖从水面下升起时，将是多么伟大的一幕！我们必须跟海洋飞船之父——雅克·鲁热里先生——谈一谈这种设想。但是答案很出人意料：

“不，我不认为海里会出现这样的城市。将来会出现一些小型团体去海洋中从事某些特殊任务。可以预见，这群人的数目不会超过300……人们每次只能在有限的时间里完成特定任务。海上城市，可以。海底城市，不行。”

天哪！海底城市？生活和海洋紧密联系，不可分割？我们是不是两栖动物的孩子？它总是幻想着回到自己黑暗的宇宙中。

反问：它为什么要回来？

两栖动物需要夺回某种元素，它已经很长时间没有接触过它了。你可以反驳说，进化已经使得蜥蜴和古鲸重新回到大海。没错，但像陆行鲸和鱼龙这些原始鲸类根本无法选择自己将来的样子，即使它们能够做到这一点。假设你告诉陆行鲸，它只是一种过渡阶段，那么在气冲冲地吃掉你之前，它也许会问：我是什么东西的过渡阶段呢？每种生物都处于某条进化链的末端，比如蓝绿藻、三叶虫、邓氏鱼，在它们自己的时代，难道不是这样吗？智人和尼安德特人都不应被视为过渡阶段的人，他们用棒子就能把你的达尔文主义打得灵魂出窍。也许他们根本不懂你在说什么。尼安德特人和细菌有一个共同的特点：作为百分之百的进化女神宠儿，它们都还没有学会如何去反驳你的话。

即使是现代人，也只能算是进化过程中的一环而已——有一个不同点：由于他有着高度发达的意识，因此他学会了怎样去欺骗进化女神，或者自己决定去哪里旅行。比如我们可以在水里待上一段时间，而不用因此改变自己的生活方式和外貌，因为我们拥有一些陆行鲸所没有的东西：技术。

它让我们发明了潜水服和氧气筒，我们不需要长出鳃就可以潜水。

我们谁也没有长出翅膀，但我们可以通过空中航线进行长途旅行。在这两种情况下——在水下和机舱里，我们都不会感到太安逸。没错，潜水很有趣，飞行很迷人，甚至待在太空里也是一种挑战，航天员就很乐意接受这种挑战。但是不管怎样，在某个时候，我们还是想脚踏实地，呼吸新鲜的空气。

陆行鲸、海蜥蜴、蜘蛛、千足虫、蜻蜓和早期哺乳动物，包括后来的猴子，所有这些物种都缺乏质疑自己生活方式的能力。怎么可能呢？它们永远不会用另外一种方式来生活。我们却不同，我们可以根据我们所在的位置千变万化，变成鱼或鸟。我们不需要花费无穷的时间来长出羽毛、长出尾鳍、放弃双手或改变新陈代谢的方式。我们适应各种变化的方式就是技术进步。我们的鳍和翅膀就是仿生的义肢，它们不是由细胞组织构成的，而是由碳纤维、钢材和硅制成的。

也许这就是我们与地球上所有其他生物的根本区别：我们把二选一的两难问题，变成了两个都拿的“既有……又有……”。飞机就是我们飞行的肢体，潜水艇就是下潜的肢体，要是视力不好，还可以配副眼镜。我们的新型新陈代谢是微型芯片，我们的尾鳍是螺旋桨，我们的羽毛是喷射推进装置，而我们依然是我们自己。只要环境没有迫使我们必须钻进水里，我们就不需要自己去适应海洋的环境，我们可以通过快艇、渔网、潜水衣、潜水艇、水下住宅和无人驾驶的探测器从海洋中获得我们想要的东西，而大王乌贼却还为此丢了一只手。

现在我们适应海洋的方式不再是进行身体的改造，而是不断改进我们的替代工具。可以想象一下500万年以后的人类（要是那时候人类还存在的话），我们会发现，人类所剩无几的毛发将会完全脱落，我们的脑容量会进一步增加，而咀嚼器官则会退化。事实上，这种情况可能并不会出现。只要人类还继续生活在地球表面，我们的后代看上去就不会和我们有太大区别。现代人类可以征服海底世界，而不用像鲸类那样发生突变。最后他还是他自己——在另一个生存空间里做客，而不是把那里当成家。没有人愿意戴个潜水罩去买面包或肉。

"人类没有理由到海里去生活，"鲁热里总结说，"陆地生活是人的天性，他们可以暂时去海里工作，可以暂时待在太空里，但这并不意味着他们要退回大海……我不相信。"

这是一个梦，但常常是一个噩梦。

目前世界上56个载人的水下实验室中，55个都是空着的，这并非偶然。现在，愈来愈多的潜水任务被交给我们的下一个亲戚，也就是机器人（真的，说不定什么时候，它们和我们的相似程度会超过黑猩猩）。新型的材料可以抵御腐蚀和洋流。浮动的控制中心，代替了固定的海上钻油平台，因为人们想从深海里钻取石油。自动化的深海工厂从沉积物中将石油抽出，由智能自动装置负责监控。在浮动控制中心里，我们已经很难看见人类的身影。

不管怎样，我们只需在岸上发号施令就可以了，在伸手不见五指、充满危险的深海里，各种设备会和我们随时通信联系。这里有着完备的虚拟等级，比如机器人清洁工、机器人修理工、机器人装卸工、机器人主管，还有一些机器人专门负责将损坏的机器人送到机器人医院里进行治疗，最后还有自动化的机器人护士，她们会为铁皮病人朗读机器人童话。所有这些，都比直接派遣人类更具可行性。数千名石油工人可能会丢掉他们的工作机会，这是一定的。但是，说真的，这难道不是一份糟糕透顶的工作吗？无非工资高点罢了。

如今，随着光纤、卫星等远程通信和远程控制技术的发展，机器人几乎可以被用在任何地方。它们可以在船坞上打扫船身，在深海里进行地震监测，探测适当的地点用于建厂、打造地基，传输关于水流、植物和动物群落、水污染与其他任何可能的内容。人们通过虚拟装备，可以对机器人进行精确指挥，让它们在5000米的深海里，进行精确的机械操作。

人工智能走得愈远，机器人就愈能自行做出决定。这种现象引起的不仅仅是欢呼，因为它有一个缺点：我们已不是真实的自己。

尽管如此，只有在为环境所迫时，我们才会长时间地待在水里。

一旦出现那种情况，地球上就不会再有人类这种生物了。因为水这种万能的溶剂在别的星球也有。海洋可能已经产生其他形式的生命，而它从未上过岸。原因很简单，因为那里没有任何陆地。另一方面，某些水域或许确实适合人类居住。如果有一天，我们搬到其他星球，也许会在那里建设一个水中的文明，在一个部分处于水下的城市中生活，那将是对鲁热里“海卫星”的致敬。地外生物学家认为，在富含水分的星球上出现生命的可能性要比充满天然气和液体硫黄的星球大得多。

然而即使在那样的情况下，生命也是有可能产生的。

我们对生命起源的了解已不算少，但还远不足以排除其他的生命形式。

第一，一般而言，生命起源对温度有特定的要求。这个行星不能太热，也不能太冷。比如金星距太阳就太近了，火星又太远，地球在中间，刚刚好。尽管有些地方被冰雪覆盖，但对于生命的发展而言，它已经很合适了。它既不那么热，导致所有的水分蒸发，也不那么冷，把所有的东西都冰封。

第二，这个星球还不能太大，这是出于引力方面的考虑。如果一个行星相当于地球的5倍，那么其引力也会是地心引力的5倍。那里的生物都会变得跟比目鱼一样扁平，也许根本就不会有生物。

第三，转速也有重要作用。我们已经通过“单球”理论了解了这一点。如果行星转得过快，生物就会从曲线中被抛出去。要是它转得过慢，又会在漫漫长夜中迅速冷却，然后在同样长的白天里急速升温。

第四，没有生命能够脱离大气层而存在，因为没有大气层就没有氧气，没有氧气就无法呼吸。这就要求行星的体积也不能太小。因为如果体积太小，重量就轻，过轻的行星无法让大气层始终围绕在自己的周围。

最后，固体的表面也是必要的，这样人们才能走来走去，不断向前发展。

这是传统的理论。

英年早逝的美国航天员和科学家卡尔·萨根却认为，这都是无稽之谈。这些条件对于地球上的生命体或许是不可或缺的，比如人类在木星上肯定无法生存。

但是还有其他的生命。

目前，木星被认为是宇宙中人类最不想拜访的地方。这是一个充满有毒气体的庞然大物，是地球重量的309倍，内部深处是金属内核，表面是固体，但是人们绝不愿意在那里着陆、散步。否则，我们要么被那里的气体压成肉泥，要么就会被可怕的热量烤成肉串。大自然在这里创造了一个完全不适合出现生命的环境，就算萨根也会对此表示同意。

但是气体层的高处却完全有可能产生生命。木星大气层里充满各种有机分子，对于产生光合作用的生物而言，这里有极佳的原料，然而它们必须在极短的时间里完成进食和繁殖的过程，因为迅猛强大的引力会将它们吸入地面。人类的死亡原因有很多：年老体衰而死、被汽车撞死、在喜马拉雅山上冻死、在浴缸里淹死，或被鱼刺卡死。但木星上的生命却无一例外地是被引力拉向地面而摔死，并且注定要被烤成糊状。

萨根把这种形式的生命称为“沉沦者”。某些浮游生物在进化过程中学会了储存氢气，这样它们就变成了“浮游者”，像齐柏林飞船那样漂浮在木星的大气层里，看上去就像是一个个大型水母。这些生命的体格庞大无比。地球上的航天员驾驶着宇宙飞船，焦急地寻找出口时，或许会骤然发现，自己原来被什么东西吞下去了。我们当然更愿意假设浮游者不会吞噬航天员，它们应该更像地球上的须鲸，一种温和的庞然大物，只靠吃一点有机体为生。某些小型浮游者则走上另外一条路，它们不断提高自己的思考能力，逐渐变成了猎捕者，到处追逐着其他温驯的同类。与此同时，一些微小的生物又会寄生在浮游者和猎捕者身上，这样就逐渐形成一条复杂的食物链。最后，我们可以想象出大气层表面和铁核中的“单细胞鳍极生物[1]”，以及依靠从天而降的动物遗体为生的“分解体”等等。

不管萨根的幻想故事显得多么诱人，有一点是无可争议的：拥有水分的行星为生命的演进提供了丰富的竞争者。而陆地——请不要与固体表面相混淆——则是一种纯粹的奢侈品。所以，航天员和地外生物学家才那么热衷于寻找含有水分的星球，并且设想出种种激荡人心的画面。

让我们最后一次从机舱中开出猎户座号太空巡洋舰，把熨斗操纵器擦亮，倾听那带有莱茵地区口音的倒数计时。数到0时，飞船一阵颤抖，然后被人工制造的漩涡吸入高空。突然出现一道日光！我们在漩涡中升起，一个接一个地穿越对流层、平流层、中间层、热电离层，最后来到逃逸层，而且一直伴随着有节奏的主题音乐。

你知道吗，那是啪……啪……啪啪啪……

管风琴的声音！这些现在都已经没有了，只会出现在未来。

星星闪烁着寒光。

那颗蓝色行星不停地转动着。我们看着，看着，突然涌起了一阵乡愁。与此同时，我们对自己的物种产生了无比的愤怒！吹毛求疵的笨蛋，总是无缘无故地相互争斗，永无休止。

我们在寻找陌生的海洋，寻找我们可以生存的地方。

如果不受阻拦的话。

1　鳍极生物（Extremophil）：鳍极生物的某些有机体能经受住极端的环境条件。一个典型的例子是，热液喷泉中的蠕虫和细菌能够忍受300℃的高温。在极冷或盐浓度极高的水域以及地心深处，人们也能发现鳍极生物的踪影。

水世界

在最后一章里，我们将回到古代，然后进入中世纪，并从那里直接进入太空，不断寻找水的存在。现在我们已经了解了地球上的海洋，也了解我们很有可能会有一天飞向其他星球，所以预先对那里的环境作一点了解，至少没有什么坏处。不管我们在哪里着陆，如果周围没有水，我们就不需要出舱了。

但是这个地方比我们想象的要近一些，就在我们的太阳系内部，只隔两个行星而已。我们用不了多长时间就可以到达那里，只要几年就够了。航行途中，我们可以讲讲奇闻轶事来打发时间。

把妹达人——天文学家给卫星取名字的方法

让我们聊聊爱情。

一对夫妇坐下来开始聊天，聊到热烈时，他们往往会回忆起刚认识的场景：他们怎样散步，发生了什么有趣的事情，他们最后是怎么走到一起的（“你知道吗，当时我就在十字路口，他开车从我身边经过，我一下子就觉得他怎么那么可爱！”），后来发生了什么，接下来——如果聊得高兴的话，你还会听到他们呵呵的笑声。也许情况还会更好。在大多数情况下，叙述者往往比倾听者更投入，而后者的版本也许更加荒诞不经（“哎呀，一开始我还觉得她怎么那么弱智，但是几杯烈酒下肚之后……”）。有没有人在你面前讲过类似的故事呢？

“嗨，知道吗，海蒂每个月都在他老爸的汽车店里打工，这是我的一个兄弟告诉我的。我一直觉得海蒂挺正点的，至少她不会装可爱说着‘哈，我不知道啊’，或者‘我们一定能再见面’之类的蠢话。我走进汽车店，看见海蒂正忙着擦那些丰田车，我就钻进一辆白色的保时捷敞篷车里，慢慢地开进院子。海蒂当然看见我啦。那车可真棒！我用右前灯朝她一眨眼，把车门那么一推——哦，哥们儿，你们绝对想不到，她直接就上车了！香车配美人，一点儿都不错！她上车后，琢磨了一阵仪表板，又摸了摸座椅，还把她的嘴唇噘向化妆镜前。她突然又想下车了，我可不管，锁上车门一溜烟就跑了！我在大草原上连续几个小时一路狂飙，最后到了一个很荒凉的地方，真是一个鸟不拉屎的地方。我把车停在那儿，这时我才有空喘口气，好好地跟她亲热了一番，然后她很快就怀孕啦！后来我就把那个地方叫作海蒂。对了，你们是怎么认识的？”

当你把它当成纯粹瞎编的无聊故事时，你得当心了。你应该知道，人们常以这种故事自我陶醉。赤裸裸的大男子主义和愚蠢的胡言乱语，钻进别人的保时捷，然后就可以随便命名土地了。

你不相信吗？那么再来听一个罗马版本的吧。

腓尼基曾有一位公主，她长得漂亮极了，名叫欧罗巴。她的父亲是一位有权有势的统治者，拥有数不清的子民和牛羊。有一天，欧罗巴引起了主神朱庇特的注意（准确地说，她引起的不仅仅是他的注意）。恋爱中的朱庇特找到了神的使者墨丘利。他说：听着，墨丘利，你得帮我个忙，把腓尼基的牛群赶到大海里。欧罗巴和她的玩伴喜欢跟这些牲口待在一起，她们也会跟着到海边。“这又有什么用呢？”墨丘利问道。“关你屁事，”朱庇特说，“快点照我说的办。”

墨丘利只能遵命，而且办到了。没多久，欧罗巴和她的同伴们就在海边玩起来了。突然间，在牛群中钻出一头健美无比的白色公牛。它友好地看着欧罗巴，而她也深深地被它打动了。她亲切地抚摸它，对它的温柔感到很惊奇，最后她跨到牛背上。

也许她不上去的话，结果会更好。

这头公牛立刻开始狂奔，一头跳进海里，背负着惊恐不安的公主游到了克里特岛，然后它变回了朱庇特。原来这头牛正是朱庇特变的。我们可以猜想，欧罗巴一开始肯定把这位神臭骂了一顿。而当他要求她宽衣解带时，她也犹豫了很久。也许他向欧罗巴承诺，把周围的这块土地和那块土地用她的名字来命名，才让她安静下来，后来的进展就比较顺利了，他们很快就有了9个孩子。

这就是真正的故事。这个老骗子竟获得一个行星的称号。在西方，木星就是用朱庇特来命名的，它是太阳系的第五颗行星。但是，欧罗巴也声名远扬。事情是这样的：

1610年，意大利学者伽利略用他的望远镜观察木星，发现周围有4个物体围着木星在转。他很快认定这就是木星的月亮。这个发现在当时是大逆不道的，因为它证实了当时不为人所接受的哥白尼学说，即宇宙不是以地球为中心，而是以太阳为中心的，也就是说，各种天体都是围着太阳转的。这种目击证据证实了哥白尼的猜想。伽利略证明，聪明的哥白尼是正确的。那4个月亮很明显不是围绕着地球在转，而是围绕着另一颗行星。伽利略公开发表了自己的这些发现和其他一些观点。很快，宗教法庭就下令让顺从的信徒收集柴薪，堆积起来燃成熊熊大火。谁要是还敢抗令不从，就让他尝尝火烤的滋味。伽利略不得不收回自己的言论。

尽管如此，四年后，德国学者西门·马里乌斯还是发表了《木星世界》一书，自称是这4颗卫星的发现者，并宣称他发现的时间比意大利同行还要早几天。不出所料，所有这一切引发了激烈争论，后来的历史学家作出了英明的裁决。今天人们仍然会把它们称作4颗伽利略卫星，但是它们的名字却是西蒙取的：欧罗巴（即木卫二）、伊俄（即木卫一)、卡利斯托(即木卫四)和盖尼米得(即木卫三)。

冰海美人欧罗巴——冰柜里要怎样进化出一片叶子

木星共有63颗卫星,有些很小,有些很大,比如盖尼米得比水星还要大,而卡利斯托则明显小得多。这些在外层空间环绕木星旋转的卫星主要是由冰组成的。而伊俄和欧罗巴则距木星近得多,因此它们的密度也要大得多。

我们对木卫二非常感兴趣,它是伽利略卫星中最小的一个,直径为3121.6公里,比冥王星要大一些,但是质量仅相当于地球的0.008倍。它围绕大气层以每秒2公里的速度旋转,平均距离为67万900公里,每转一周所需的精确时间为3天又13小时14.6分钟。它的内核应该是由冰和镍组成的,四周是硅酸盐岩石。

它的表面上是一望无垠的海洋。

仅从光学角度来讲,欧罗巴就已经是太阳系所有卫星中最闪耀的一颗了,因为它的亮度很高,通过普通的望远镜就可以观测到。它的表面可以反射64%的阳光。人们对它格外关注,原因也很清楚:它的表面全是冰层。除了少量的矮丘陵之外,它几乎是一片茫茫的大平原,但是上面还覆盖着一层不寻常的纤维状结构。

人们曾经猜想,这是用来干什么的。很显然,这是壕沟。有时候相互平行,有时候彼此交叉,长可达1600公里,宽达20公里,它们横越过整个表面覆盖层。有些已经变红,边缘比较模糊,但中间有明亮的条纹。随着时间的推移,人们对它的了解也日渐增多,它应该是一个由地质运动造成的断裂地带。很显然,某些冰块在强大的对流作用下发生了移动。它们应该在某种物体上漂浮过,就好像地壳在岩石圈上漂浮一样,这种物体应该就是水,或者是呈糊状的冰块。

此外，人们发现欧罗巴上似乎还有冰火山[1]存在，那里喷发出来的不是岩浆，而是寒冷的冰块，冰块填满了下面的缝隙，就好像流动的岩浆涌入中洋脊的扩张中心一样。欧罗巴上的其他地区也能让人联想起南北极解冻时的浮动冰层。最后，人们发现了两个地区，那里的冰层潜伏在其他板块之下——潜没！那里的一切都在不停地运动，因为木星具有强大的潮汐能，甚至能引发30米高的洪峰，所以冰层被完全破坏了。冰层继续运动着，直到卫星围绕主星旋转一周为止。随后会出现暂时的宁静，直到下一次洪峰来临，然后卫星上又会出现一道道裂缝。现在我们已经知道，那里每半小时就会出现一道新的裂缝，因此欧罗巴的地质运动是最活跃的。

但活跃是否意味着是活的生命呢？

人们首先预测冰层的厚度以及冰下海洋的深度，“伽利略号”与“旅行者号”太空探测器发回的数据提供了帮助。现在我们已经基本上可以确定，它的表层厚度可达19公里，而下面的深渊足可让地球上所有的大洋看上去就像一个鱼池。欧罗巴上的海洋深度介于80公里到100公里之间，在太阳系内的各大天体中，它的水含量是最高的。但奇怪的是，它的表面没有发现任何陨石坑，这证明了两点：第一，这个卫星比较年轻，也就是说它产生时，木星已经存在很多年了。第二，早期欧罗巴的表面应该是流动的。就在5000万年以前，欧罗巴上面应该还有海洋。当时的水应该比今天的水温度高一些，并且包含各种小行星和彗星所含的有机物质。

水、温度和有机物。事实上，进化女神所需的基本元素已经准备就绪。究竟发生了什么事，使得欧罗巴的表面完全结冰呢？

我们的南极圈里有一片湖泊，没有人能够跳进这个湖里。不是因

---

1 冰火山活动(Cryovulkanismus)：冰火山是存在于地外天体上的与火山相似的一种地貌，通常出现在冰冻卫星或是其他一些低温天体上。冰火山活动即冰火山喷发。与火山喷发不同的是，冰火山喷发的不是熔岩和岩浆，而是水、氢、甲烷一类的挥发物。木星的“欧罗巴”卫星和土星的“泰坦”卫星上就有火山喷冰现象。这些卫星虽然没有高热的地核，却存在地震和地质构造活动。

为它太冷。沃斯托克冰湖隐藏在冰层下4公里处，尽管它的水温很低，仅为-3°C，但却没有完全冻结，因为冰层产生了巨大压力。长时间以来，人们认为，这里大片的水域（250公里长，差不多与加拿大的安大略湖一样大）从未见过阳光，因为它的位置只能接受地面的温度。因此，在沃斯托克湖里几乎不可能有生命存在。

然而根据新理论，沃斯托克湖实际上是几百万年前，甚至几十万年前才结冻的，因此人们至少可以找到某些生命的印记。经由在冰层上钻孔和取水样等科学方法，终于证实了这种说法：下面存在着生命！主要是单细胞生物，但无论如何也是生命。对泥泞的湖底进行研究是非常困难的，而且耗资巨大，但研究者猜测那里应该会有数百万年高龄的细菌培养基。

自从人们发现密封的水域中也存在着生命体以来，地外生物学家就对欧罗巴给予了更多关注。

很多著名专家都认为，木星的卫星上存在生命是完全有可能的。一方面，木星的潮汐能让欧罗巴不停地颠簸、变形，这对水域的充分搅拌是很有益的。另一方面，在此过程中，水的温度也逐渐升高。它们不断膨胀，最后在断裂区形成一条道路，并且向上凸起。这样，有机生命体就可以在水底生存了。

克里斯托弗·希巴是美国加州SETI（搜寻地球外高等智慧生物计划）的教授，他认为欧罗巴是太阳系中最有可能出现生命的天体。持怀疑态度的人当然会问，那些生命在漆黑一片、冰冷无比的海洋中靠什么来维持生命呢?

希巴用两个模型回答了他们的问题。一方面，位于木星磁场中的高能量微粒会不断聚集和加速，最后在欧罗巴的外壳中发生爆炸，从而导致表层的分子发生分裂，进而释放出氧气和过氧化氢，分裂所产生的物质可能会经过裂缝区进入海洋深处，从而成为初级的能量源。这种模型要求断裂层必须横越整个冰层，而迄今为止我们并没有发现这方面的证据。事实上，可能性更大的一种情况是，那里不断涌现一些新的糊状冰块，在表面与断裂边缘发生摩擦。如果是这样的话，那么营养成分的传输就需要很长的时间。

没关系。欧罗巴上的微生物可以忍饥挨饿度过上千年的时间。据我们所知，单细胞生物的生命力强得惊人，它们可以在寒冷的季节里一连数百年僵硬不动，看起来跟死了一样——一旦生存的条件得到改善，生命又会重新复苏。

希巴指出另一种获得能量的方式。假设欧罗巴的海洋中含有特定的盐分，那么其中就会存在某种放射性的钾40同位素。这种射线或许足以使流动的水发生裂解，从而分离出氧气和过氧化氢。即使是在冰层中，也会发生这种反应。当然，与能量充沛的微粒发生的表面爆炸相比，这种反应肯定没那么剧烈。“但是它也足以产生大约1万吨的生物量。”希巴估计说。这跟我们的海洋所产生的生物量相比，简直是九牛一毛。在欧罗巴的海洋中，生物量的浓度应该会低一些。但是，希巴也不排除另外一种可能性，即冰洋中释放出来的氧气要比地球上的氧气更容易沉积下来，这反而会导致生物量的浓度更高。

一般而言，我们想象中的外星生物是以能够自我复制的链式分子为基础的。但是希巴却摇头拒绝这种想法，他可不愿意去和电影上常常出现的外星异形打交道，他已经想好了第三种情况。

在这种情况中，断裂区也扮演了某种角色，这一次不是作为由外而内进行传输的通道，而是由内而外的通道。水位不断升高，直到冰层表面下方很近的地方，甚至到达冰层表面。此时欧罗巴上的空气极其稀薄，就像二次大战结束后的咖啡一样。它们当中含有一定的氧气量。当遥远的太阳发出紫外线，使冰层表面融化，并破坏那些能量充沛的微粒时，这些氧气被保留了下来。释放出来的氧气继续留在欧罗巴的引力场中，而轻一些的氢气则消失在太空里。

在几乎是真空的区域中，冰发生了汽化、液化，然后重新结冰，汽化、液化、凝固，循环往复。水的流动使得断裂层愈来愈大。所有一切都不断地重新混合，水、有机物质、表面的分子等等，都被紫外线破坏，从而产生高能的化学反应。光合作用很有可能会出现。各种生物有可能在复杂的环境下逐渐成长，长长的根扎进冰块中，并用它们微小的叶片捕捉偶尔闪现的光子。我们应该怎样为它们命名呢？小叶片体？历史上有过比这更愚蠢的名字吗？

叶片体并不是简单的叶片体。有些叶片体是固定生长的，有些则在水中漂浮，甚至主动搜寻猎物。进化女神发现自己面临很大的挑战，叶片体先生和夫人必须学会如何周游世界。欧罗巴在旋转，尽管速度很慢，但是仍然不停地旋转，因此它与木星相对的那一面也是不断变化，正如我们看到的月亮一样。这就导致木星上的潮汐有时会影响欧罗巴的这个地区，有时会影响另一个地区。有些充满叶片体的冰裂缝会闭合，有些则会打开。如果叶片体民族不想灭绝的话，就必须学会搬家。如果永恒的流浪令它们感到厌倦，或许它们会自己去海洋中寻找安宁，或者穿过断裂地区向海洋深处前进。在水下，它们也许会有各种各样的发现，或许曾有多细胞生物在欧罗巴上定居，也并非完全不可能。

怀疑者提出了他们的疑问。有些人直接认为，欧罗巴上太冷了，不可能形成DNA这样复杂的物质。另一些人提出其他疑虑。有证据显示，欧罗巴的表面存在大量过氧化氢和高浓度的硫酸。这些具有腐蚀性的液体覆盖在冰面上，尤其在有水从下方涌出的地方。这样我们可以推测出两种情景：

第一种是，海洋中形成了硫酸镁，硫酸镁与空气接触后，发生反应产生了硫酸。第二种（更糟的）情况是，整个海洋都由硫酸组成，因为海底存在的含硫火山不断喷出毒气和毒液。在这种环境中，生存会变得极为艰难。酸具有腐蚀作用，无法提供稳定的生命体存活环境。

有些人会反驳上面的意见，因为有些单细胞生物在pH值等于零的情况下也存活得很好。比如NASA喷气推进实验室天体生物学小组负责人肯尼斯·尼尔森就认为，完全没必要对硫酸反应过度。“硫和硫酸也许会成为生命体的能量来源，因为它们可以将其他物质氧化，酸性环境中也可能会产生生命”。

如果观察一下热液中的生命体，或许就会赞成尼尔森的话。一切都会令人兴奋莫名。这种兴奋会一直持续到2008年，到那个时候，人们会制造出一种耐硫酸的机器人，它将登陆欧罗巴，钻到冰层下面去，看看到底谁住在那里。

有人建议，它应该带着足够的备用钻头。因为即使是在欧罗巴的赤道上，温度也不会高于-163℃。在这种温度之下，冰的硬度可与花岗岩相媲美。还有人设计出另外一种方案，那就是穿冰机器人[1]，可以融化冰块，钻到冰层下，并在那里投放一艘微型潜艇。当然，最理想的情况也许是，人们在冰层上就能听到“嘿，你好！”和“最近怎么样？”的招呼声。友好的叶片体会带领从地球来的客人抵达海洋深处，它们会打开最亮的灯，因为那里比地球上所有的海洋都要黑暗。

也许在泰坦（土卫六）上登陆会更容易一些。

泰坦是土星众多卫星中的一个。它的表面环绕着一层橙红色的稠密烟雾，仿佛早期的大气层一样，所以很难看清它的庐山真面目。我们所知道的一切，都来自于卡西尼探测器，它通过雷达对土卫六进行探测，让我们看到了它的原貌：这是一个看上去比较年轻的天体，没有陨石坑，但有山脉和峡谷，可能还有河流、湖泊和海洋。人类如果选择在这里定居，那就注定是一个巨大的错误。在-180℃的环境中，你肯定找不到任何流动的水，有的只是流动的沼气。但是生命仍有机会。正如我们自己的星球告诉我们的，生命的存在并不完全依赖于流动的氧气。

不管未来登陆欧罗巴的是人还是机器，结局都可能是毁灭性的。毁灭的不是我们，而是曾经生活在这里的居民。所有的登陆工具必须是百分之百无菌的。即使是地球上最细小的微生物，也不应当进入一

---

1 穿冰机器人（Cryobot）：一种探测机器人，它在冰体星球上降落，钻进冰层，直到碰到流动的水。穿冰机器人在流水上放下一个小型潜水艇，或自己潜入水中，搜集未知世界的数据。穿冰机器人也能在南极地区提供具有珍贵价值的服务。

个陌生的环境。这就等同于一次外星生物入侵，只不过受侵略的不是地球。最无伤大雅的结果可能是，我们把来自地球的有机物质当成外星生物。赫·乔·韦尔斯在小说《世界大战》中预言道：火星入侵之后，存活下来的不是人类，而是感冒病毒。

某些由冰组成的天体地质运动非常活跃，同时又会在其他天体的引力作用下发生剧烈变形，在它们的冰层下发现流动水的可能性非常大。这些寒冷漆黑的地下海洋到底在多大程度上适合人类居住，此点姑且不论。正如我们说过的那样，人类心理上并不适应这样的环境。即使在地球以外存在着其他的规则，人们也很难想象欧罗巴上的海底城市到底是什么样的。殖民者们也许更愿意在其他星球的水面上建立自己的文明。

我们不只是猴子，还是泡水的猴子——人从水猿而来？

你还记得《水世界》吗？

凯文·科斯特纳的这部电影票房惨遭滑铁卢，难道是因为他非要在龙卷风区拍摄，所以电影布景一次次地被风撕破？科斯特纳为了这部讲述鳃人奇谭的电影花费了1亿7500万美金，片中的角色看起来却一点也不赏心悦目。整部影片相当扣人心弦，但也有一些前后矛盾的场景，比如那些被称为“吸烟者”的坏人从早到晚都叼着烟不放。在这个被洪水淹没的星球上，人们哪来那么多的烟草呢？好吧，就算是有人送的吧。影片的中心思想有一种世界末日的魅力：当人们脚下的土地被剥夺时，他们是怎样生存的呢？还会产生文明这样的东西吗？人们离开了陆地，真的可以继续生存下去吗？

在地球上，人们不会提出这样的问题。即使当我们有一天在漂浮的岛屿上生活时，我们也会把它当成自然生活空间的一种人工延伸。要是我们厌烦了，就可以到陆地上去度假。但是在由水组成的星球上没有任何陆地，既然没有人能有幸得到一块固定的陆地，这些漂浮岛屿上的居民们就会逐渐把它当成理所当然的一种生活状态。

海洋生物学家阿利斯特·哈迪认为，所有的问题都是发展的问题。他于1960年在《新科学家》杂志上提出了一种有趣的假想，认为那些发抖的猴子并不会简单地从树上掉下来，然后学着怎样在陆地上用两条腿直立行走。哈迪提出了水猿论，认为我们的祖先首先移民到了水里。它们在海滨水域、河流和湖泊中繁衍生息，在水中觅食生活，并在湿润的环境中进化成最早的人类。

难道两栖动物的作用比我们想象的更大?

哈迪的猜想来自于一项科学发现，即人类皮下脂肪组织与皮肤结合的程度，远远超过所有其他陆地哺乳动物。我们的脂肪层具有更强的保暖性，而这种特性只有海洋哺乳动物才具备。哈迪的结论是：很显然，皮肤细胞与脂肪细胞的紧密结合，是人类曾在水环境中生存的结果。

他的文章《过去的人类是否更接近水生动物》引发了一系列讨论，并且重新提出了一些问题：我们的进化过程到底有多脆弱？两栖动物难道如此强大吗？从它上岸一直到旧石器时代，生命以各种形式存在着，在内陆地带高度发达，有些生命甚至一辈子也没见过大海——尽管所有生命都源自于大海。但是猴子生活在树上，谁摔落到小溪里，它的唯一下场就是被吃掉。

“说对也不对。”哈迪说。在灵长类动物的“人类化过程”中，一切皆有可能。但凡有可能的，往往都会出现。

科学家把灵长类动物的人类化过程称为人类进化。在这个过程中，唯一可以排除的可能性是我们曾学过飞翔。除此之外，没有任何一种理论能够令人信服地解释人是如何成为人的。每种理论都试图用它们的方式去营造当时的情景，这其中也包括我们在本书第一章中介绍过的场景，也就是大草原假说。人类其实并不情愿从树上爬下来，他们是被树枝摇落下来的，因为雨林逐渐消失，陆地变成了草原。在人类进化过程的目录中，有些东西是令人信服的，而另一些则令人费解。

进化史就像一层薄冰，而人类学家一直如履薄冰、战战兢兢。人类出现得太快。早期人类没有留下日记本，只留下了骨头。要想证明我们的祖先曾在水中生活，便需要他们的皮肤、肌肉和脂肪组织。木乃伊和冰人太少了，所以持水猿论的科学家们只能从现代人身上寻求帮助。而这种皮肤-脂肪组织的结合只出现在陆地人类身上，黑猩猩、大猩猩和其他灵长类动物身上都没有这种现象。风吹来的时候，我们都会习惯性地颤抖，因为我们身上已经没有长毛了。而在水中，我们却比很多长毛的生物更能抵御寒冷。

哈迪认为，这个论点为他的理论找到了佐证。但是批评者却认为，他的观点太过片面化。他们认为人的脂肪层中有一层额外的营养物质储备区，这样才能为我们复杂的大脑提供足够的能量。

令人注意的是，人类的婴儿包在一层厚厚的脂肪中，这在小黑猩猩和其他猩猩属的幼仔中也从未出现过。或许这是进化女神为了让我们在水中出生而准备的襁褓。有些从未经历过水中发展历程的哺乳动物，一出生就能适应水的环境。因为所有哺乳动物都经历过一段水中时光——在子宫里。未出生的动物应该感谢这种机制，因为这样它们就不会在胎囊中呛到了，无论人还是其他动物都是这样。

但人类的婴儿是所有幼仔中最厉害的游泳健将。在生命最初的几年里，他们在这方面展现了最优秀的天分。还有新郎为新娘戴上戒指时，戒指所在的位置，恰好是我们手指上的蹼膜退化后的残余部分，是它们把我们的每根手指联结在一起。哈迪甚至认为，人类的直立行走也与水有关——事实上，黑猩猩很少进入水中，当它们蹚水的时候，的确是用两只后腿直立行走的。

很好，但这一切还没有足够的说服力。比如古鲸就选择了另外一种方式。它们没有像海獭那样进化出可以抓东西的前肢，而是让四肢完全退化，最后形成一种流线型的体形。“没错，”哈迪说，“但这并不重要。有人选择了海洋，有人选择了陆地。但真正具有决定意义的是，我们在某种程度上与鲸鱼更加相似，而不是猴子。首先是皮肤和脂肪组织之间的关系。其次，我们是没有过多体毛的，这和陆地上大多数哺乳动物都不同，除了裸鼠（一种非洲的啮齿动物，看起来就像是没有毛的老鼠，当然我们也不太情愿和它们攀什么亲戚）。鲸鱼也没有毛，因为毛发在水里会阻碍前进。”

那么海豹呢？海狸呢？这些都是生活在海里的动物，它们长着毛发，但依然生活得不错。

迄今为止，哈迪还没有就此作出回应。水猿论的支持者和反对者在激烈的争论中，仿佛从一棵树上跳到了另一棵树上。哈迪派说，人类的嗅觉曾经很差，因为在水里根本不需要嗅觉；而反对者说，要想失去嗅觉，需要在水里度过很长的时间，那么应该会长出尾巴了。也许并非所有人类的祖先都曾在水里生活，也许游泳健将的祖先是水猿，而登山家的祖先则是高山猿。也许还有其他可能？

有一点是肯定的，现代人的很多基本特征不能解释为他们对戏水的一时喜爱。也许我们更可能是所谓的“拼贴进化”的结果，我们不断尝试着适应环境，经历过各种变化，最后才成为今天这个样子。同样可以肯定的是，大多数人类都生活在海边，或者干脆生活在海上、河岸边、湖泊周围，我们和其他陆地动物相比，游泳和潜水的技能都更强。

或许只需要几代人的努力，我们的后代就可以对漂浮岛上的生活习以为常了。要是岛屿够大的话，我们也可以为登山家梅斯纳的后裔堆出一座人造悬崖。

玛丽莲·梦露的魔鬼三围变形了——着陆水行星

只是，我们对水行星的感觉如何？

请保持耐心，欧洲太空局（ESA）已在努力地搜寻。这个探测水行星的计划被称为“爱丁顿计划”，而水行星这个概念则是由法国天体物理研究所的天体物理学家阿兰·莱热提出的。他认为，水行星的重量应该是地球的6倍，而体积至少是地球的2倍。它应该像地球绕着太阳转一样，以同等距离围绕着自己的母体星系旋转，并拥有大气层。它的地质构造应该和地球一样，呈洋葱形，内部是由金属组成的核心部分，直径大约为4000公里，外部是一层岩石地壳，莱热估计厚度约为3.5公里。在此之上还堆积着5公里的冰层，混合较重物质的冰，这些物质会阻碍冰块上升。而冰壳上还有深达100公里的海洋，海洋的上方还有一个由各种气体组成的大气层。

谁或什么生物住在这里呢？

爱丁顿计划的研究者说：原则上，任何生物都可以在这样的海洋里生存。基本的生命要素都已存在，甚至连光合作用所需的光线也不缺乏。

最重要的是，究竟怎样才能在那里形成生命呢？在地球上，根据罗素-马丁的观点，热能是最初的动力。在它的协助下，分子会结合成较高等的形式。但在一个海底全是冰的星球上，火山或者其他热源都是不大可能出现的。由于缺少陆地，也很难有矿物质会进入水中，因为不会发生冲蚀现象。此外，在无边无际的大海上，那些爱好交际的分子们却各据一方，相聚甚难。某种热力活动也许能产生辅助作用。

这就需要冰层的某些部分发生破裂，然后开始漂流，需要那里存在一个黏稠的输送层。但莱热却为我们勾勒出了一种岩石上的冰层图景。地球上的冰河在移动，但它们依然有足够的空间可以扩张。相反，在莱热的星球上，冰块始终不停地在相互挤压。当然，在水世界里形成生命还是很困难的，但进化女神非常有创造力，她总能找到某种方法，因为原则上来说，水世界中的环境是最理想的。

我们的太阳系中有两颗行星很可能曾经是水世界，或者有可能会变成这样的世界。海王星和天王星都是拥有厚冰层的水世界，至少外部是这样的。在它们上面，太阳看上去就像是闪着微光的火苗。但是有些行星很喜欢改变位置。我们知道，在其他一些星系中，有些行星会不断地靠近它们的恒星。与此相似，当冰行星的表面开始融化时，它们也会逐渐移动。此时，进化女神的电话铃响了。“我们可以动手了，”上帝说，“海洋已经是液体了。请装好氨基酸，我想跟你500万年后再见！”

即使水行星上不会产生任何生命，我们也可以从其他星球上移民过来。对于专业人士而言，这种想法已经具有足够的诱惑力，让他们启动一项雄心勃勃的计划。尽管资金有那么一点紧张，但是欧洲太空局还是信心十足。人们希望尽快发射爱丁顿探测器。它的摄影镜头对亮度十分敏感，可以捕捉到千万分之一的光线变化。因为只有这样才能探测到行星。由于行星本身不发光，因此只有当它们进入恒星的黑暗区时，才会露出一点儿蛛丝马迹。当它们从恒星旁经过时，会投射出自己的阴影，而灵敏的探测器就会立刻记录它们的痕迹。

爱丁顿不会是唯一的宇宙侦察员，行星猎人们已经陆续做了很多工作。到2014年之前——条件允许的话也许会更早——达尔文计划将向太阳系外的空间发射八艘太空飞船，去搜寻可能存在生命的星球。目前，没有人指望它们会在那里登陆，因为光速为我们的扩张欲望设定了一个自然的极限。

但达尔文计划中的飞船还可通过频率分析来探测水行星或其他行星。设想一下，某个行星拥有大气层，那么光线在那里会发生多次折射。通过收集反射回来的波长，计算机就可以计算出那里的大气层含有哪些化学物质，以及它们之间会发生哪些反应。仅仅通过光谱分析，就可以断定某个行星上是否覆盖着由水组成的海洋，甚至知道那上面是否存在生命。在八艘飞船中，有六艘被设计成飞行的超级望远镜，它们会把相关的光学和电子数据传送给第七艘飞船，由它对数据进行整合后发送回地球。第八艘飞船负责在星际船队和地面指挥中心之间进行通信。

设想一下，如果船队撞到了水行星怎么办？准备游泳裤吗？

别着急。

它们可以进入长眠状态，上好闹钟——比如20万年后的早上6点30

分。或者我们也可以找到一种克服光速的方法。怎样做到这一点，那得再写一本书了。作为有经验的虚拟冒险家，我们假定自己已经掌握了这种技巧。现在我们已在水世界的轨道上运行了，由于它的质量很大，因此对我们产生了很大的引力，我们看到了漂浮的城市就在我们脚下，然后我们着陆了。

根据这颗行星的厚度与大小，我们在降落的时候就需要穿着防护服，里面包含了各种各样的设施，比如人工肌肉等等。要是这颗行星不同于我们的预期，质量比较轻，那么一开始我们的呼吸会变得困难一些，但是经过数代人的努力之后，也许我们会适应那里的条件。当然，我们的身体会发生明显的变化，我们的曾曾曾孙们会比我们矮一些、结实一些。水行星上的玛丽莲·梦露的魔鬼三围或许是：75–24–75。

潜入那里的陌生海洋时，我们会发现什么？

“一无所有。”有些人说。水行星上没有任何生命，那里荒凉一片，空无一物。“应有尽有。”另一些人说。既然这么多参数都符合要求，那么那里应该会产生某种形式的生命。

好的，我们假设乐观主义者是对的。那么水行星上的生命在起源时也跟地球上的生命一样，非常微小，主要的物种应该是微生物，更高级的生命体不太可能出现。这样一个星球既不会喷射火焰，也没有极端的天气，更不会出现剧烈的气候变化，所以生命不需要进行高度发展。生命都是重大自然事件的产物，这一点在地球上已经表现得极度明显。自然条件的剧变，迫使生命必须适应变化，促使单细胞生物聚合成多细胞生物，并且发展出进攻和防御机制。那么在一个海底全是冰层、形状亘古不变的海洋里，这些生命面临的压力又是什么呢？

点上火炬吧。

第一，我们完全有理由相信，水世界的内部仍有残余的热能。我们可以设想那里还存在火山，或者至少有热区。有时候那里还会发生短暂的沸腾。第二，化学物质能够促进贝壳的形成。第三，陨石会坠入海中，改变整个体系，带来外星微生物，引发一系列事件，使得某些物种或者毁灭，或者获得新生，如此等等，不一而足。我们所需要的一切，就是多细胞生物和有性生殖。

现在生命可以进化了。由于球体上的海洋没有边界，因此它可以不断生长。水行星上的生物可以长成庞然大物，它们吞噬一头蓝鲸就像吃鱼子酱一样轻松。这就必须有足够的原料。不是每个人都可以身材高大、体格强壮，也就是说，从微生物到和一座城市差不多大小的生物，各种形态都应该具备。

个体愈硕大，它的问题就愈麻烦，我们从恐龙和史前鲨鱼身上已经看到了这一点。水世界中最大的生物，应该是由很多生命体组成的混杂物，这是一个可以根据需要组合或分离的联盟。这种群居生物也许会发展出一种在我们看来比较冷血、陌生的集体智慧。水世界中的知识分子很有可能不会去讨论个体的自我实现。或许我们可以说服它们浮出水面，成为人类殖民者的岛屿，让我们在它们的背上建造巨大的动物山脉，同时用可口可乐和其他美食来满足它们的需要。在水行星上，这些都是稀有商品。

其实，我们只要好好观察一下自己星球上的海洋，就会对外星海洋中的生命多样性有一点认识。外星海洋生命不会和地球上的海洋生命相差太多。在外层空间，我们也会碰到类似鱼的生物，碰到长着触须和很多手臂的家伙，碰到掌握了反作用推进和爬行技巧的动物。只有鲸鱼恐怕不会出现，因为那里没有陆地，不会让这个家伙先爬行一阵子，再钻回海里。

要是水世界的居民能建造出宇宙飞船的话，那么它们必须带着充满水的容器去旅行，就好像我们背着氧气筒去潜水一样。光合作用可以让各种生物在海面下很浅的地方生存，同时深海区也可能会出现生物，它们可以经由自身发光来进行交流。最好的一种情况是，海底也是光明一片，就好像詹姆斯·卡梅隆的电影《无底洞》中描绘的那样。我们会不会受到长着鱼脑袋的异形们的友好欢迎，来到它们的高科技堡垒中，看它们伸出那金丝制成的手臂，与我们来一个黏糊糊的握手呢？这样的可能性很小。在高压海洋内的腐蚀性区域中，人们很难建造出漂亮的城市。最大的可能性就是让自己变成城市，然后尽量让它的形状随心所欲地变化。或许那里会有一座纽约城，但是柔软得跟橡胶一样。弗兰克·辛纳特拉也肯定不会为它唱颂歌了。

我们应该怎样跟它们相处呢？这些……异形们？

友好相处。大部分生物会和我们相安无事，因为我们的群落生境差别很大，我们会和深海生物保持一种外交性的接触，浅海生物也许会成为我们的食品。或者反过来说，水世界会为我们带来一些意外，浮动岛屿的倾覆或许可以算得上是其中之一。陆地变得愈来愈倾斜，然后猴子就摔到了水中，然后有什么东西游过来，一下子咬住了它的屁股。

跟地球上的情况完全相同。

其实知道这些也挺好的。

后天

未知的宇宙

后天奶奶过生日。后天驾训班要考试。后天德国跟阿根廷有场比赛。

后天鳕鱼会灭绝。

总之，在四个例子中，有三个例子都能让人感觉到有即刻行动的需要。也许老爸的汽车会被开到沟里，也许该准备一份礼物了，也许应该囤积点啤酒。人们在倒车时会压坏草地，奶奶会抱怨白兰地巧克力不好吃，或者当球门被攻破的那一刹那，没有人有喝酒的冲动。后天就在转眼之间。

“但是很难想象，”小新说，“后天就吃不到鱼块了！”

即使是在远离海岸的大城市里，人们也知道鱼块不是在冷冻柜里长大的。它们本来也有头有尾，而且也不是从小就裹着一身食用油在海里游来游去，这些知识也是广为人知的。我永远不会忘记生命中的某一天，那天我决定带一条鳟鱼去祝贺我最爱的人。为了买到它，我去了一家大商场有名的食品区。我旁边有一位女士正在买扇贝，她的女儿应该处在青春期吧，大概有十四岁，正在跟售货员开心地聊着她在叙尔特岛[1]骑马旅游的情景。妈妈仔细地挑选着扇贝。而我紧盯着一个水族箱，里面有各种各样的动物，当然也包括鳟鱼。我是一个狂热的鲜鱼爱好者，所以我请售货员帮我从水箱里钓一条上来，解除它生存的烦恼，最好再把它的内脏掏干净。

我差点脱口而出，我还想把那个十四岁女孩儿的坐骑弄过来大卸八块。因为接下来的情景让我后来真想这么做。小女孩的嘴唇突然开始颤抖，她用一种极其厌恶的眼神盯着我，就好像看着一堆烂泥，温柔的表情一下子消失得无影无踪：

“这条鱼现在就一定得死吗？”

“是啊，它也是一条生命啊。”妈妈吃惊地说道，“嘿，你说说，年轻人，你就没有点羞耻感吗？这儿到处都是上等的商品，你大可不必杀了这只小动物！”

“这条可怜的鱼。”小女孩开始颤抖，甚至还流出了同情的眼泪。

其他人也开始看着我了。

“你可真是面善心恶，”一位老先生摇着头说道，“有必要这样做吗？”

“可是……既然……我只是想……”我辩解着。

“就是，你可真是面善心恶！”那位老大妈又掺和进来，“听说过过度捕鱼吗？你为什么不买那些出售的东西？”

“可是这里确实卖鳟鱼啊，它们……”

“糟透了。”这位大法官的目光投向了售货员，“这种经营方式令人无法接受。对了，请拿给我200克金枪鱼，要上好的，可以做寿司的。”

该说什么呢？我觉得这一切真是难以置信。难道人们只要去买那些切成段放在冰块里冷冻的鱼，就可以不用背上残杀动物的罪名了？就可以宣称他们是多么关注环保了？我知道，那对母女一定是出于最崇高的动机，才把我看成了一个魔鬼。那匹马一定充满活力，鼻子里

1　德国北方小岛，曾与大陆连接，后来因连接处逐渐被北海侵蚀而成为岛屿，目前仍在缩小中。

喷着热气，在叙尔特岛的沙滩上飞奔而过，把脚下多少小虫和螃蟹踏为齑粉。小女孩会为它梳毛，并轻抚它、拥抱它。我断定那位妈妈肯定是哪个动物保护协会的成员。在对我的审判过程中，她已经说明了自己的立场。我羞得满面通红，手里拿着那条刚宰完并已掏空内脏的鳟鱼，悻悻然走了。直到把鳟鱼扔进锅里时，我才重新找回了内心的自信，我们俩吃得很愉快。

也许人们会问，为什么一定要吃鳟鱼呢？为什么不吃普通一点的、价格便宜一点的、通常都能买到的鱼，比如……鳕鱼呢？

是的。鳟鱼尝起来不错，最重要的是，我们还能买到。严格来说，现实中并没有什么鳟鱼，它们是虹鳟鱼，肉色发红，是人工控制的淡水和海水中养殖的鱼类。尽管我们在20世纪80年代曾受到水污染的威胁，溪流鳟鱼和湖泊鳟鱼的数量却大幅增加。而鳕鱼一直被称为穷人鱼，很多人觉得就算人类灭绝，它也不会灭绝。可是这种富含蛋白质的生物在海洋中却近乎绝迹了。2005年，欧盟渔业与农业政策委员会宣布，一些食用鱼类的存量已经非常少了，而海洋中许多区域正变得更加荒凉，鳕鱼也面临着灭绝的危险。

可以肯定的是，这种英国人最喜欢吃的鱼，数百年来一直是水手和士兵的家常菜，但以后它们或许也要列入奢侈品了。你会发现它渐渐出现在美食家餐馆的菜单上，变得愈来愈稀有。但它原本也是最好的大众食品。正因如此，从1950年到1980年，冰岛人为此发动了三次所谓的鳕鱼战争。他们不断扩大自己的捕鱼区——每次都是因为原来的区域遭到过度捕捞，每次都会和英国的渔民发生冲突，甚至出现斗殴死亡事件。联合国和北约委员每次都出面干涉，但每次冰岛都能达到自己的目的。仅仅几年的时间，他们就把捕鱼区从3海里扩展到200海里。1977年，200海里成为欧盟所有成员国必须遵守的规定。为了弥补禁渔区缩小带来的损失，人们又引进了捕捞定额的概念。

定额？听起来不错。但是身在远洋地区的人记性总是不太好。因此，现在的鳕鱼几乎和童话中的动物一样稀少。除此之外，比目鱼、鲷类、狗鲨、金枪鱼和琵琶鱼等都出现了紧缺的情况。比斯开湾的挪威龙虾已遭过度捕捞，无可挽救。鲟鱼也近乎绝迹。而这只不过是冰山一角。全世界1/3的渔场已经迁移到无人地带，这也打破了生态系统的平衡：海狗、企鹅、齿鲸和海豚就要挨饿了。食物链断裂了，复杂的生态群落逐渐消亡。德国曾试图加强保护的力量，但是2004年12月，欧盟渔业与农业政策委员会宣布，不再建立任何鳕鱼保护区，毕竟人们不能剥夺渔民们的生存基础。

尊重的结果——出海的船愈来愈多，捕到的鱼愈来愈少。如今已经开始捕捉鱼苗了。当一个物种失去它的孩子时，它就踏上了前往博物馆之路。尽管欧盟信誓旦旦地保证渔民的生存基础，但其实正以一种愚蠢的方式破坏着这种基础——欧盟为渔民的捕鱼船队提供津贴，使他们的谋生工具得以保留。这样还不如启动一个福利项目，使失业的渔民不至于一无所有。类似建议遭到渔民的严词拒绝，毕竟海里还有那么多鱼呢。说实话，究竟有多少鱼，谁也没有数过。一切都是杞人忧天，都是“绿色环保”的废话。但这种掠夺式开发的支持者并非一无是处——我们的确不知道世上到底还有多少鳕鱼、帝王鲑鱼、金枪鱼、鲟鱼和小虾。问题是，既然没人知道，也就无法设定一个捕鱼定额。但是没有定额限制是不行的，渔民们希望估计值愈小愈好。但是在捕鱼业中，如果估计值太小的话，肯定得不到足够的支持。

渔民们进退两难，非常无助。他们会失业的！今天、明天或者后天。有些人曾经鼓励他们武装起来，但是现在又抛弃了他们。他们也是过度捕鱼的受害者，这一点我们也不能忘记。这是一个自我毁灭的族群。

近来，欧盟希望捕鱼船队能根据鱼类的存量调整捕捞工作。简而言之，就是毁船上岸。西班牙拥有欧洲最大的捕鱼船队，那里的人很难吞下这个苦果。现在西班牙的渔民唯一可以信赖的不是渔网，而是社会保障系统。他们与非洲的塞内加尔或摩洛哥签订协议，把那里的水域洗劫一空，使得塞内加尔和摩洛哥的渔民顿时陷入贫困，而国家显然不能为他们提供足够的社会保障。渔业的衰退完全应当归咎于错误的建议。当然，人们可以延缓痛苦，他们总是可以找到一小片捕鱼区，或者某个尚未被开发的物种，这时所有人都会一拥而上。当然，有人怀疑人类是否真的能够让某种鱼类灭绝，因为当一种鱼急速减少时，大家就会把目光投向其他鱼类，而这种鱼就可以赢得喘息的机会，从而再次兴旺地繁殖起来。但是繁殖不是朝夕之间的事情，而且那些有所恢复的物种，数量也没有回到过去的水平。也许它们能够满足物种多样性的需求，但是仍达不到可供利用的标准。一切都还在，但已不值得人们为它们而起航了。

现在，很多地方的人们已经意识到了这种疯狂的状况。但类似的口号依然存在：捞吧捞吧，一起捞鳕鱼。明天也许还能捞到，后天就要朝远方搜寻了。

要是后天连远方也没有了呢?

其实，我的最后一章献给遥远的未来，也就是1亿年后的生活形态——到那个时候，非洲大陆会与欧洲大陆连在一起，地中海将会消失。在热带海域中，成群的鱼追逐着昆虫，鱼和鸟杂交产生了新的生物，这些都是德国电视二台的纪录片《野性的未来》中的场景。大乌贼将会来到陆地，而小乌贼则会进化成智慧生物。既然我们在“明天”这一章节中已经移民到了海上或者其他星球的海洋中，那么在“后天”这个章节中，我们除了观察鳕鱼之外，是不是还应当多考虑一些?

然而后天是一个相对的概念。从个人角度出发，后天有着绝对的优先地位。它会进入我们的思想，展现出一幅幅五彩斑斓的图像，提醒我们未雨绸缪。这种“后天”对我们有着直接的触动：奶奶的生日、足球决赛、驾训班考试。但是从集体角度出发，后天就缺乏一种“体温”。我们必须相信冰冷的数字和统计数据，让那些图形、曲线和表格来引导我们的行为。

只不过我们距离鳕鱼还不如奶奶那么近，至少在天然的生存环境上是这样的。当人们闻着盘中鳕鱼的香味时，谁会想起银光闪闪的鱼群呢？谁又会想起那一张张宛如停机棚般大小的拖网呢？谁会身临其境地感受那成千上万的小鱼呢？一支足球队，不错，那是一群挺棒的家伙。驾训班教练鼓掌的情景，也能随时浮现在我们的脑海中。当我们思考一些主观、个人的问题时，我们是全世界最棒的。但是我们缺乏集体观念、抽象思考的能力和先见之明。除此之外，我们还有一个缺点：进化女神已经赋予我们集体感知的能力，但是我们在思考和行动时，究竟有没有从全面的角度出发呢？上周奶奶看起来不太舒服，或者她的眼袋又变大了，我们对此往往感触颇深，而对一种鱼类的灭绝，我们却又常常无动于衷。这并不能说明我们缺乏同情心。一片空空如也的汪洋大海看上去是什么模样？我们其实也不知道一片充实的大海看起来又有什么不同。而且，如果大海真的已经枯竭了，那我们餐桌上那么多的鱼又是从哪里来的呢？

是的，小新在呼喊，那煎鱼块呢？

它们来自水产养殖场、食用鱼和贝类的大型养殖企业。我们今天食用的鱼类大多来自养殖场。原则上来说，这是件不错的事情。养殖的鲑鱼也许吃起来没有野生的那么鲜美，但它至少还是鲑鱼。人们通过发展水产业，完全可以摆脱过度捕鱼的风险。难道不是吗？

小丸子对此表示怀疑。她家里就有一个水族箱，里面游着一条小金鱼。小丸子说：你得经常喂它。那么养殖鱼类吃什么呢？是的，鱼。要是养殖的鱼愈来愈多呢？当然吃的鱼也会愈来愈多。那么作为养殖鱼类饲料的鱼又该从哪里来呢？

过度捕鱼牵扯到无数问题。

与某些地方鸡和猪的大规模养殖相比，水产业或许还不值一提，但它依然无法解决自己的两难困境。适度经营是一种良好的期望，只有这样，人们才能避免物种灭绝，让它们继续为人类服务。一旦过度利用，肯定得不偿失。

后天是一场梦魔，是距离我们最近的一场审判。谁曾经违背捕鱼定额，竭泽而渔，试图以此维持自己的生存基础，那么他就会在后天遭到惩罚。过度捕鱼只会导致生存毁灭。大集团的利益考虑，个人对失业的担忧，人们有太多的理由把理性思考抛诸脑后。我们知道，有些溺水者在水中挣扎，而另一些人则在水下努力地自救。

2003年和2004年，西班牙是欧盟成员国中过度捕鱼率最高的国家。爱尔兰在海里捞得也不少。尽管欧盟捕鱼委员会对每个成员国的捕鱼额度作出了明确规定，但在监控方面显然做得不是很好。根据委员会的报告，很多国家都违反了规定。而三年来，英国、丹麦和瑞典曾先后拒绝就他们遵守义务的情况进行举证。2005年，当欧洲法庭决定给予英国、比利时、爱尔兰、丹麦、西班牙、葡萄牙、芬兰和瑞典等国家严厉惩罚时，他们的反应不是认罪伏法，而是相当恼怒。在欧洲发生的一切，同样出现在美洲和亚洲。情况都差不多，大家都一样浮躁。

掩耳盗铃究竟会有什么结果呢？纽芬兰的大沙洲可以告诉我们。那里曾是绝对的鳕鱼天堂，而到了20世纪90年代中期，渔业已经彻底崩溃了。环保分子现在想把过去的捕鱼区变成环境保护区，他们依然任重道远。

渔业所做的事情，就好像在锯一根大树枝。树枝上栖息的，不只是海里的鱼类，还有60亿地球人。要是我们明天建造的水上城市，后天就不得不在荒漠中漂移，那么我们的生存根基显然岌岌可危。加拿大戴尔豪斯大学得出一个阶段性的结论：50年的时间足以让几乎所有的大型鱼类数量锐减90%，其中包括鳕鱼、大比目鱼、鲨鱼、金枪鱼和箭鱼。全世界的生物多样性已经降低一半。由于大型鱼类基本都是掠食者，因此它们的大量减少可能会导致生态系统的不平衡状态。目前，世界海洋几乎百分之百遭到过度捕鱼、污染或其他形式的破坏——只有大约0.5%的区域还处于严格保护中。

后天……

对于渔业而言，这是一个可怕的词汇。但是其他领域也未能幸免。跨国石油公司在海底钻探，试图寻找储量丰富的油田，而能源公司则希望找到埋藏在大陆边坡下的压缩天然气，专家认为，它可以供应给全球的存量比陆地上的还多，能够解决我们所有的能源问题。压缩天然气当然不仅仅分布在沿海地区，有些甚至位于大西洋中部。愈来愈多的化学物质被排放到沿海水域中，远洋地区的工业化导致海洋毒素不断增加，生物群落遭到破坏，所有这些都对我们产生了深远的影响，比如大气层的变化，甚至气候变化等等。与此同时，全球气温的升高也引起海平面的上升，从而使得很多鱼类对性行为失去兴趣。“宝贝，我兴致很高。”鳕鱼女士对鳕鱼先生说。后者却回答：“真抱歉，亲爱的。我刚刚喝了一点化学物质鸡尾酒，不小心变性了。”实际上，这种情况的确发生了。

尽管如此，每一个在黑暗中摸索的人，都试图在深海里捞上一笔。你能想象在漆黑一片的地方进行心脏外科手术吗？

这样的结论是不是很虚伪？

绝不是这样的。我们并不是要永远停止工业化，停止开发资源，禁止捕鱼、捕鲸，我们只是希望一切都能保持适度。我们应当更了解这个未知的世界，更了解我们与它之间的关系。观察、理解、行动，这就是国际海洋生物普查计划研究者提出的要求。他们建议在海底建立类似于坦桑尼亚塞伦盖蒂国家公园那样的自然保护区。这样，人们就可以更清楚地观察那里的动物，欣赏它们，研究它们的生活方式，同时对食用鱼进行圈养和捕捉。而石油公司和能源公司也应在指定区域内进行钻探、采集等工作，他们也不会因为塞伦盖蒂而失去什么。这种建议看起来各方都能接受，但是仍然存在问题：海水是流动的，其他区域中的资源也许会流到国家公园中。

是的，听起来有点令人沮丧。另一方面……

你还记得硫化铁小气泡吗？它们是一些活跃的大分子。当地震出现时，中洋脊的黑烟囱就会被摧毁，而它们也会化为乌有。

“我们应该放弃吗？”这些大分子问道。

当这些可怕的毒气占领大气层后，又轮到氧气提出这样的问题了。

“我们应该放弃吗？”数以亿计的单细胞生物问道。

然后是全球性的冰冻。我们知道吗，地球会变成一个大雪球，那是我们能想象到的最不适合生存的地方。

“我们应该放弃吗？”第一批多细胞生物问道。

然后是可怕的陨石雨！

“我们应该放弃吗？”寒武纪的生物问道。其中包括盾皮鱼、海蝎、菊石、海蜥蜴和巨齿鲨。

每一次，进化女神都思考许久。

“不，”最后她说，“你们不应该放弃。你们或许只需轻轻地放手，放弃你们已经养成的某些习惯，比如现在，这些习惯不合时宜了。只要你们改变了自己，适应了环境，那么一切都会恢复正常，也许还会比过去更好。你们知道吗，我们正在进行一些创新。嘿，谁想来点装备？钳爪和螯针？谁想要尾鳍？谁有兴趣直立行走？”

生命就是这样产生的。生命演进了35亿年之久，也许还要更长，直到最后才出现了人类。

我们应该放弃吗？

不，我们应该挽起袖子。让我们睁大眼睛，在未知的世界里遨游。未知世界的魅力在于，它不仅隐含着风险，更孕育着答案。到目前为止，只要努力寻找过的人，都会有所收获。与过去几十亿年中的动物相比，我们还拥有它们所缺乏的一点——智慧。

我愿意以此作为本书的终章。本来，我也可以再添上一章，列举出环保分子乃至工业集团应当立即采取哪些行动，才能得到积极的结果。

但是你必须自己去寻找答案。

请相信我，这样做很有意思。我是说下一次的时间旅行。你去安排你的，我来安排我的。请原谅，这本书要跟你说再见了，但是我很愿意再写一本书，我们一定会再见面的。在此之前，我对你的一路阅读陪伴表示衷心感谢。

稍等！进化女神似乎又做了点什么，她一定很乐意在未知世界等着你的光临。后天，或者任何时候，任何地方。

这位女士当真有感情吗？

地质年代表

距今年代（百万年）	时间表／时代		时期	纪元	什么东西出现了！
0.01	显生元	新生代	第四纪	全新世	智人
1.8				更新世	尼安德特人 直立人
5			第三纪	上新世	南方古猿
23				中新世	灵长类动物的发展
34				渐新世	有蹄动物的繁盛期
56				始新世	最早的马
65				古新世	恐龙灭绝；最早的灵长类动物
146		中生代	白垩纪		第一批显花植物
200			侏罗纪		最早的鸟类
251			三叠纪		最早的恐龙和哺乳动物
299		古生代	二叠纪		爬行动物繁盛期，大多数昆虫目生物出现
359			石炭纪		最早的爬行动物；最早的树木
416			泥盆纪		硬骨鱼的形成；最早的两栖动物和昆虫
444			志留纪		多种无颌脊椎动物；最早的陆生植物
488			奥陶纪		最早的鱼类
542			寒武纪		最早的硬体组织有机物（如三叶虫）
630	前寒武纪	元古代	埃迪卡拉纪		最早的多细胞生物（如蠕虫、水母、海藻）
			成冰纪		地球变成一颗大雪球
2500					原核细胞
3500		太古代			大气中的自由氧气
4600		冥古代			最早的细菌
					地球的诞生

致 谢

如若没有与多位学者和出版商的密切合作，没有他们的支持——就像我撰写《群》时一样——这本书完全不可能问世。在写作的过程中，我每天都在跟踪时事新闻报道和科学论文的观点。只要条件允许，我都会试图与作者取得联系，同他们对话，以此深化自己的理解。

近年来一直致力于海洋研究和古生物学的一些作者和研究者，我在书中也已点名提及，这也是我表示感谢的一种方式。如果说《海，另一个未知的宇宙》是一本可读性和时效性（有效期截至2006年3月）较佳的书，那也应归功于这些人的宝贵建议和想法。对所有那些执着于让人们更好理解海洋及其居民的人们，我尤其要表示衷心的敬意。

深深感谢你，莎宾娜，你是进化的光辉产物，感谢你的理解和支持，感谢你一直为我提供各种好建议，感谢你的爱。两栖动物爱你！感谢保尔·施密茨和于尔根·穆特曼，在此我向你们许诺，以后我会有更多的时间给诸位。相信我，孩子们，时机成熟，万事俱备；感谢我所有的好朋友（大家也知道，如果一一罗列出来，这将是一个无穷无尽的名单）；感谢世上最好的父母，他们是世间难得的长辈；感谢我的家人、我的岳父岳母，拥有你们我深感荣幸；同时感谢卢茨·杜尔斯特霍夫，感谢他细致的编辑工作，乐意为您效劳。

还有于尔根·克兰普，衷心感谢！

最后，我还要特别感谢两位朋友，这本书是献给你们的：索罗和洛伊。没有你们，生命就像未斟满的酒杯，永远空出一半；而有了你们，它才会幸福四溢。

图书在版编目（CIP）数据

海：另一个未知的宇宙 /（德）弗兰克·施茨廷著；丁君君，刘永强译．-- 成都：四川人民出版社，2018.3
ISBN 978-7-220-10675-0

Ⅰ．①海… Ⅱ．①弗… ②丁… ③刘… Ⅲ．①海洋—普及读物 Ⅳ．① P7-49

中国版本图书馆 CIP 数据核字 (2018) 第 002639 号

四川省版权局
著作权合同登记号
图字：21-2017-703

HAI：LINGYIGE WEIZHI DE YUZHOU
海：另一个未知的宇宙

著　　者　［德］弗兰克·施茨廷
译　　者　丁君君　刘永强
选题策划　后浪出版咨询(北京)有限责任公司
出版统筹　吴兴元
编辑统筹　梅天明
特约编辑　赵　波
责任编辑　张　丹
装帧制造　墨白空间·张萌
营销推广　ONEBOOK

出版发行　四川人民出版社（成都槐树街 2 号）
网　　址　http://www.scpph.com
E - mail　scrmcbs@sina.com
印　　刷　天津翔远印刷有限公司
成品尺寸　143mm × 210mm
印　　张　14.75
字　　数　409 千
版　　次　2018 年 7 月第 1 版
印　　次　2018 年 7 月第 1 次
书　　号　978-7-220-10675-0
定　　价　60.00 元